教育部高等学校化工类专业教学指导委员会推荐教材

荣获中国石油和化学工业优秀教材一等奖

化工安全与环保

梁志武　主编

高红霞　李江胜　那艳清　副主编

化学工业出版社

·北京·

内 容 简 介

《化工安全与环保》主要内容为化工生产必须遵守的相关法律法规制度和管理知识，阐述了化学热反应失控原理以及工艺热风险评估技术、防火防爆安全技术和危险化学品事故救援、典型化学反应过程、特种设备及化工装置运行与维护安全技术、化工"三废"治理技术及各种职业危害的个体防护技术。

本书可作为高等院校化工类专业教材，也可供从事化工生产的技术和管理人员参考。

图书在版编目（CIP）数据

化工安全与环保/梁志武主编；高红霞，李江胜，那艳清副主编. —北京：化学工业出版社，2022.8（2025.1重印）
ISBN 978-7-122-41405-2

Ⅰ.①化… Ⅱ.①梁…②高…③李…④那… Ⅲ.①化工安全-高等学校-教材②化学工业-环境保护-高等学校-教材 Ⅳ.①TQ086②X78

中国版本图书馆 CIP 数据核字（2022）第 080487 号

责任编辑：徐雅妮 任睿婷   文字编辑：孙凤英
责任校对：刘曦阳   装帧设计：关 飞

出版发行：化学工业出版社（北京市东城区青年湖南街 13 号 邮政编码 100011）
印　　装：大厂回族自治县聚鑫印刷有限责任公司
787mm×1092mm　1/16　印张 17¼　字数 450 千字　2025 年 1 月北京第 1 版第 4 次印刷

购书咨询：010-64518888   售后服务：010-64518899
网　　址：http://www.cip.com.cn
凡购买本书，如有缺损质量问题，本社销售中心负责调换。

定　　价：59.00 元

序

化工是工程学科的一个分支，是研究如何运用化学、物理、数学和经济学原理，对化学品、材料、生物质、能源等资源进行有效利用、生产、转化和运输的学科。化学工业是美好生活的缔造者，是支撑国民经济发展的基础性产业，在全球经济中扮演着重要角色，处在制造业的前端，提供基础的制造业材料，是所有技术进步的"物质基础"，几乎所有的行业都依赖于化工行业提供的产品支撑。化学工业由于规模体量大、产业链条长、资本技术密集、带动作用广、与人民生活息息相关等特征，受到世界各国的高度重视。化学工业的发达程度已经成为衡量国家工业化和现代化的重要标志。

我国于 2010 年成为世界第一化工大国，主要基础大宗产品产量长期位居世界首位或前列。近些年，科技发生了深刻的变化，经济、社会、产业正在经历巨大的调整和变革，我国化工行业发展正面临高端化、智能化、绿色化等多方面的挑战，提升科技创新能力，推动高质量发展迫在眉睫。

党的二十大报告提出要坚持教育优先发展、科技自立自强、人才引领驱动，加快建设教育强国、科技强国、人才强国，坚持为党育人、为国育才。建设教育强国，龙头是高等教育。高等教育是社会可持续发展的强大动力。培养经济社会发展需要的拔尖创新人才是高等教育的使命和战略任务。建设教育强国，要加强教材建设和管理，牢牢把握正确政治方向和价值导向，用心打造培根铸魂、启智增慧的精品教材。教材建设是国家事权，是事关未来的战略工程、基础工程，是教育教学的关键要素、立德树人的基本载体，直接关系到党的教育方针的有效落实和教育目标的全面实现。为推动我国化学工业高质量发展，通过技术创新提升国际竞争力，化工高等教育必须进一步深化专业改革、全面提高课程和教材质量、提升人才自主培养能力。

教育部高等学校化工类专业教学指导委员会（简称"化工教指委"）主要职责是以人才培养为本，开展高等学校本科化工类专业教学的研究、咨询、指导、评估、服务等工作。高等学校本科化工类专业包括化学工程与工艺、资源循环科学与工程、能源化学工程、化学工程与工业生物工程、精细化工等，培养化工、能源、信息、材料、环保、生物、轻工、制药、食品、冶金和军工等领域从事科学研究、技术开发、工程设计和生产管理等方面的专业人才，对国民经济的发展具有重要的支撑作用。

2008 年起"化工教指委"与化学工业出版社共同组织编写出版面向应用型人才培养、突出工程特色的"教育部高等学校化学工程与工艺专业教学指导分委员会推荐教材"，包括国家级精品课程、省级精品课程的配套教材，出版后被全国高校广泛选用，并获得中国石油和化学工业优秀教材一等奖。

2018 年以来，新一届"化工教指委"组织学校与作者根据新时代学科发展与教学改革，持续对教材品种与内容进行完善、更新，全面准确阐述学科的基本理论、基础知识、基本方法和学术体系，全面反映化工学科领域最新发展与重大成果，有机融入课程思政元素，对接国家战略需求，厚植家国情怀，培养责任意识和工匠精神，并充分运用信息技术创新教材呈现形式，使教材更富有启发性、拓展性，激发学生学习兴趣与创新潜能。

希望"教育部高等学校化工类专业教学指导委员会推荐教材"能够为培养理论基础扎实、工程意识完备、综合素质高、创新能力强的化工类人才，发挥培根铸魂、启智增慧的作用。

教育部高等学校化工类专业教学指导委员会

2023 年 6 月

前言

随着化工行业的高速发展，化工生产事故和环境污染问题日益突出，如何确保化工生产安全和保护环境可持续发展越来越受到全社会的关注。掌握化工安全生产技术、环境保护及职业健康防护知识是化工专业国际工程认证对化工专业学生基本的毕业要求，"化工安全与环保"课程已成为化工专业的必修主课。本教材内容涵盖了"化工安全与环保"课程建设标准所含知识点，旨在培养学生的安全意识，使学生能够较全面地了解化工生产中的安全环保问题，学会识别各种危险因素，掌握采取合理可行的技术措施和管理手段来预防及控制化工事故的发生和发展。本教材适用于高等院校化学工程与工艺专业及其他化工相关专业。

本教材由梁志武担任主编，高红霞、李江胜、那艳清担任副主编。湖南大学梁志武编写绪论、第6章、第8章（8.1），高红霞编写第5章（5.6~5.8）和第9章，那艳清编写第5章（5.1~5.5）和第10章，金波编写第4章；长沙理工大学李江胜编写第1章，卢翠红编写第2、3章；湖南师范大学孟勇编写第7章、张超编写第8章（8.2、8.3）。全书由梁志武统稿。

感谢湖南省应急管理厅危险化学品监督管理处凡美莲博士、湖南大学肖珉博士和熊远钦老师对本书编写提出了宝贵意见。感谢湖南大学 CO_2 捕获与利用（iCCS）团队研究生孙蔷、赵芸蕾、张乔羽等帮忙收集资料及修改格式。在编写过程中参考了很多相关文献资料，在此，向其作者一并表示诚挚感谢。

由于时间有限，本书难免存在不足之处，恳请读者指正。

编　者

2022 年 1 月

目录

绪 论

化学工业是指生产过程主要为化学反应过程或生产化学产品的工业，其生产过程主要表现为化学工程和化学工艺，具有共同的生产技术特点和相同的技术经济规律。化工生产安全与否对社会经济发展和自然环境保护具有深远的影响。

0.1 化学工业的地位和特点

0.1.1 化学工业的地位

化工行业是国民经济不可或缺的重要组成部分，化学工业的发达程度是衡量国家工业化和现代化的重要标志。化学工业根据产品可分为化学矿、无机化工原料、有机化工原料、化学肥料、农药、高分子聚合物、涂料及无机颜料、染料及有机颜料、信息用化学品、化学试剂、食品和饲料添加剂、合成药品、日用化学品、胶黏剂、橡胶制品、催化剂及化学助剂、火工产品、化工机械制造及其他化学品（煤炭化学产品、林产化学产品及其他化工产品）等19个类别。中国大约有4万多种化工产品，化工行业的发展带动整个国家甚至整个社会的经济发展。化学工业作为国家和地方的支柱产业，在国民经济中具有十分重要的地位，不仅涉及农业、工业和国防的发展，化工产品也与人们的日常生活息息相关。

（1）化学工业为现代农业发展提供物质条件

化学农药、肥料、食品和饲料添加剂、植物生长剂、塑料薄膜等均为现代农业十分重要的生产资料。反过来又利用农副产品作原料，如淀粉、糖蜜、油脂、纤维素以及天然香料、色素、生物药材等，以制造工农业所需要的化工产品，形成良性循环。

（2）化学工业为工业部门提供基本原料和材料

化学合成涂料、胶黏剂、防水材料、混凝土外加剂等均是建筑工业的基本原料；化学工业生产的合成树脂、合成橡胶和其他合成材料，为许多工业部门提供了必需的原材料；半导体材料、感光材料、磁记录材料等，为现代科技的发展提供了重要的基础条件。

（3）化学工业直接或间接地提供国防工业所需物质

国防工业的生产和发展离不开化学工业提供的机器设备和原材料。军舰、潜艇、鱼雷以及军用飞机等装备都离不开化学工业的支持；导弹、原子弹、氢弹、超音速飞机、核动力舰艇等都需要质量优异的高级化工材料。

（4）化学工业为人们提供生活必需品

合成药品、日用化学品、涂料、颜料、染料等化工产品已成为人们日常生活中必不可少的产品。

世界主要工业化国家化学工业的发展速度一般均高于整个工业平均发展速度。化学工业的发展水平已经成为衡量一个国家综合国力的重要标志之一。我国属于世界第一化工大国，主要基础大宗产品产量位居世界首位或前列。然而部分传统化工产业面临环保压力大以及安全管理不到位等突出问题，解决好化学工业中的污染和安全问题，对化学工业乃至整个社会的经济效益和发展都有积极意义。

0.1.2　化学工业的特点

化学工业在国民经济中起主导作用，生产过程中的工艺技术具有特殊性，具有许多不同于其他工业部门的特点。

（1）装置型工业

化工生产过程通常是在若干种设备构成的整套装置中进行的，基本上有设备、管路、电气、仪表等，通过若干化工单元操作（过程）制得产品。

（2）资金密集型工业

化工产品的生产是由一整套装置实现的，生产装置的投资额占总投资的比例很大；除了一次性投资较高外，由于多数化工产品的生产工艺流程较长，流动资金的占用时间也长；此外，化工生产过程往往涉及高温、高压、低温、真空以及较强的腐蚀性等苛刻条件，每年必须花费的设备维修费也常常高于其他工业。

（3）知识密集型工业

化工产品品种繁多，原料、路线和工艺技术的多样性及复杂性，特别是化工生产朝着自动化程度更高的生产过程发展；国民经济的迅速发展，需要品种更加广泛、性能更为优良和质量更好的化工产品，如新化工材料，这些对技术和知识提出了更高的要求。

（4）高能耗、资源密集型工业

能源既是化学工业的原料，又是它的燃料和动力。化学工业的能耗仅次于冶金工业，而耗电量则居首位。在化工生产中，原材料费用占产品成本的 $60\%\sim70\%$，其中大部分原料是自然资源。化学工业，特别是基本化学工业的发展，受到资源和能源供应的约束。

（5）多污染工业

化学工业是产生污染最多的行业之一。化工生产过程的中间产物多，副产物也多，可能导致的有害物质排放也相应增多，"工业三废"对环境的污染达到空前严重的程度。化工建设项目必须与相应的污染治理工程同步进行，才能获得批准和实施。防止和治理污染是化学工业面临的重要问题，也是化学工业可持续发展必须解决的重要课题。

（6）高危险行业

化工生产的操作条件往往具有高温、高压、低温、真空等极端特性，工作介质大多属于危险化学品，具有可燃烧、爆炸、毒性或腐蚀性等危险因素，这些特点决定了化工生产的高危性。

0.2　化工生产的危险性

化工生产的危险性基本上是由所用原料的特性、加工工艺方法和生产规模决定的。化工原料的易燃性、反应性和毒性本身确定了火灾、爆炸和中毒事故的频发。反应器、压力容器的超温超压爆炸会造成破坏力极强的冲击波，使生产设施和周围环境瞬间崩塌。受材质、加工缺陷和腐蚀介质的作用，导致管线破裂或设备损坏，大量易燃气体或液体瞬间泄放，会迅速蒸发形成的蒸气云团与空气混合达到爆炸极限范围，遇明火就会爆炸。化工生产的危险性主要表现在生产过程中潜在的、可能引发生产安全事故的燃烧性、爆炸性、毒性和腐蚀性等。这里只介绍其基本概念，具体危险性的评估及其事故预防措施将在后续章节详细讨论。

0.2.1 燃烧性和火灾危险性

① **闪点**：是指可燃液体挥发出来的蒸气与空气形成的混合物，遇火源能够发生闪燃（一闪即灭）的最低温度。闪点越低，危险性越大。

② **易燃或可燃液体**：是指在可预见的使用条件下能产生可燃蒸气或薄雾，闪点低于45℃的液体称易燃液体；闪点在45～120℃的液体称可燃液体。

③ **易燃气体**：是指在常压下，与空气的混合物中体积分数≤13%时可点燃的气体或与空气混合，不论燃烧下限值如何，可燃范围至少为12个百分点的气体。常见易燃气体有氢气、甲烷、丙烷、乙烯、乙烷、乙炔、硫化氢等，极易燃烧，个别有麻醉性和毒害性。

④ **易燃薄雾**：是指弥散在空气中的易燃液体的微滴。

⑤ **易燃物质**：是指易燃的气体、蒸气、液体和薄雾。

⑥ **燃点**：是指可燃物质加温受热并点燃后，所放出的燃烧热能使该物质挥发足够量的可燃蒸气持续燃烧，加温该物质所需的最低温度，也称"着火点"。物质的燃点越低，越容易燃烧。

⑦ **自燃点**：是指可燃物质达到某一温度时，与空气接触，无需引火即可剧烈氧化而自行燃烧的最低温度。

⑧ **引燃温度**：可燃液体或气体在被加热的试验烧瓶内，发生清晰可见的火焰和/或爆炸的化学反应，这种反应的延迟时间不超过5min，发生引燃时的最低温度。

⑨ **火灾危险性**：《石油化工企业设计防火标准（2018年版）》GB 50160—2008中对可燃气体的火灾危险性分类见表0-1，对液化烃、可燃液体的火灾危险性分类见表0-2。

表 0-1 可燃气体的火灾危险性分类

类别	可燃气体与空气混合物的爆炸下限(体积分数)/%
甲	<10%
乙	≥10%

表 0-2 液化烃、可燃液体的火灾危险性分类

类别		名称	特征
甲	A	液化烃	15℃时的蒸气压力>0.1MPa的烃类液体及其他类似的液体
	B		甲A类以外,闪点<28℃
乙	A	可燃液体	28℃≤闪点≤45℃
	B		45℃<闪点<60℃
丙	A		60℃≤闪点≤120℃
	B		闪点>120℃

0.2.2 爆炸危险性

（1）爆炸性基本概念

① **爆炸性气体混合物**：大气条件下气体、蒸气、薄雾状的易燃物质与空气的混合物，点燃后燃烧将在全范围内传播。

② **爆炸气体环境**：含有爆炸性气体混合物的环境。

③ **爆炸性粉尘混合物**：大气条件下粉尘或纤维状易燃物质与空气的混合物，点燃后燃烧将在全范围内传播。

④ **爆炸性粉尘环境**：含有爆炸性粉尘混合物的环境。

⑤ **自然通风环境**：由于天然风力或温差的作用能使新鲜空气置换原有混合物的区域。

⑥ **机械通风环境**：用风扇、排风机等设备使新鲜空气置换原有混合物的区域。

⑦ **爆炸极限**：易燃气体、易燃液体的蒸气或可燃粉尘和空气混合达到一定浓度时，遇到火源就会发生爆炸。达到爆炸的空气混合物的浓度。爆炸极限通常以可燃气体、蒸气或粉尘在空气中的体积分数来表示，其最低浓度称为"爆炸下限"，最高浓度称为"爆炸上限"。

（2）爆炸危险性区域概念

① **爆炸危险区域**：爆炸性混合物出现的或预期可能出现的数量达到足以要求对电气设备的结构、安装和使用采取预防措施的区域。

② **非爆炸危险区域**：爆炸性混合物预期出现的数量不足以要求对电气设备的结构、安装和使用采取预防措施的区域。

③ **释放源**：可释放出能形成爆炸性混合物的物质所在位置或地点。

④ **释放源分级**：释放源按易燃物质的释放频繁程度和持续时间的长短分为以下三个基本等级：连续级——预计长期释放或短时频繁释放的释放源；第一级——预计正常运行时周期或偶尔释放的释放源；第二级——预计在正常运行时不会释放，或偶尔短时释放的释放源。实际上，有时不只存在单一等级释放源，也可能是两个或两个以上等级释放源的组合。

⑤ **一次危险和次生危险**：一次危险是设备或系统内潜在的发生火灾或爆炸的危险，但在正常操作状况下设备完好，不会危害人身安全；次生危险是指由于一次危险而引起的危险，它会直接危害到人身安全，造成设备毁坏和建筑物倒塌等。

0.2.3 中毒危险性

化工生产中的原料、成品、半成品、中间体、反应副产物和杂质等形式存在的危险物质，在操作时可经呼吸道、皮肤或经口进入人体而对健康产生危害。按照我国职业卫生标准《职业性接触毒物危害程度分级》（GBZ 230—2010），以毒物的急性毒性、扩散性、蓄积性、致敏性、致癌性、生殖毒性、刺激与腐蚀性、实际危害后果与预后等九项指标为基础的定级标准，共分为四级：Ⅰ（极度危害）、Ⅱ（高度危害）、Ⅲ（中度危害）和Ⅳ（轻度危害）。

0.2.4 腐蚀性

化工生产设备、管道、阀门、安全配件等设施涉及的材料多为金属材料，其发生的腐蚀一般包括化学腐蚀和电化学腐蚀。化学腐蚀指金属材料在高温气体中的氧化，如钢铁材料在高温、高压和氢气中发生氢腐蚀，在高温含硫气体中发生硫化腐蚀。在各种酸、碱、盐溶液及在大气、土壤及工业用水、海水等介质中发生的腐蚀多为电化学腐蚀。金属耐腐蚀性分为10级标准，见表0-3所示。

表 0-3　金属耐蚀性的标准

耐蚀性类别	腐蚀率/(mm/a)	等级	耐蚀性类别	腐蚀率/(mm/a)	等级
Ⅰ 完全耐蚀	＜0.001	1	Ⅳ 尚耐蚀	0.1～0.5	6
Ⅱ 很耐蚀	0.001～0.005	2		0.5～1.0	7
	0.005～0.01	3	Ⅴ 欠耐蚀	1.0～5.0	8
Ⅲ 耐蚀	0.01～0.05	4		5.0～10.0	9
	0.05～0.1	5	Ⅵ 不耐蚀	＞10.0	10

0.3 安全原理基础

对任何行业来说，事故是最大的成本，安全是最大的效益。生产安全是保障和维护生产经营过程的前提和基本条件。生产安全的目的是保障生产作业人员的健康和生命安全，避免和减少生产资料损害和经济损失，促进社会经济健康有序持续发展。安全事故指在人们的生产或生活过程中发生的不期望、无意的，但与人的行为有关甚至是人为责任的，造成人的生命丧失、生理伤害、健康危害、财产损失或其他损害和损失的意外事件。安全作为生产过程的必然要求，是效益的根基所在。

0.3.1 事故的基本特性

事故是人（个人或集体）在为实现某种意图而进行的活动过程中，突然发生的、违反人的意志的、迫使活动暂时或永久停止、或迫使之前存续的状态发生暂时或永久性改变的事件。所谓安全生产事故，是指在生产经营活动中发生的意外的突发事件的总称，通常会造成人员伤亡或财产损失，使正常的生产经营活动暂时终止或永久终止。根据事故造成的人员伤亡或者直接经济损失，一般分为特别重大事故、重大事故、较大事故和一般事故四个等级，详细分级依据见本教材第1章。

事故的发生和发展具有客观规律性。通过人们长期的研究和分析，安全专业人员总结出很多事故理论，如事故致因理论、事故模型、事故统计学规律等，逐步形成一整套安全系统工程，为生产工艺和生产过程中的危险辨识和安全评价提供了有效的指导，以消除诱发事故的偶然性因素，积极防范各种事故发生。事故的最基本特性有因果性、偶然性、潜伏性和可预防性。

（1）因果性

事故的因果性指事故是由相互联系的多种因素共同作用的结果。引起事故的原因是多方面的，但事故的因果关系是确定的，如火灾发生的三要素、爆炸是能量意外释放的表现等。在伤亡事故调查分析过程中，找到事故发生的主要原因，有效地预防和控制事故的发生。任何事故都有事故隐患的存在，而事故隐患是事故发生的原因所在。事故隐患是物质危险因素和生产管理缺陷两者的集合。危险因素是指生产过程中物质条件所固有的危险性质及其潜在的破坏能量；管理缺陷是指人在生产过程中的错误指令和错误操作。危险因素是发生事故的物质基础，只是存在发生事故的可能性。管理缺陷是事故发生的激发条件，它作用于危险因素，便导致事故发生，若在事故中仍有管理缺陷继续起作用，则会进一步导致事故的发展和扩大。

（2）偶然性

事故是生产过程中的一种意外现象，是由人为因素、环境因素或设备原因致使生产过程意外中断并造成危害，具有随机性的特点。事故发生的时间、地点、形式、规模、后果的严重性都是不确定的，说明事故的预防具有一定的难度。但是，从事故的统计资料中可以找到事故发生的规律性，在偶然性背后隐藏着必然性，有着它存在、发展、发生的内在规律，事故统计分析对制定正确的预防措施有重大的意义。偶然性作为必然性的表现，总是有征兆可寻，有端倪可察。而安全生产中的隐患、违章就是这种偶然性的表现，如人缺乏专业知识，存在侥幸心理，工作马虎等，发生事故的概率必然加大。只要及时消除隐患，严加管理和教育，则可提高生产过程的安全性。

（3）潜伏性

表面上事故是一种突发事件，但是事故发生之前有一段潜伏期。在事故发生前、人、机、环境系统所处的这种状态是不稳定的，也就是说系统存在着事故隐患，具有危险性。假如这时有一触发因素出现，就会导致事故的发生。任何事故发生都存在着三个阶段，即前兆阶段、爆发阶段和持续阶段，不可能跳跃式进行。安全工作首要任务之一是尽早地发现灾害和事故的前兆，及时控制甚至予以消灭。只有在前兆阶段为处理事故做好准备，才能在其爆发时控制住事故，最大限度地减少损失。如管道有易燃危险品滴漏、反应器内压力急剧升高等状态就是火灾、爆炸事故的前兆。在生产活动中，企业较长时间内未发生事故，如麻痹大意，就是忽视了事故的潜伏性，必须克服这种思想隐患。

（4）可预防性

任何事故从理论和客观上讲，都是可预防的。现代工业生产系统给预防事故提供了基本的条件。为提高预防工作的正确性和有效性，一方面应重视经验的积累，对相同工艺或相同单元既往发生的事故和大量的未遂事故进行统计分析，发现规律；另一方面通过科学的安全分析评价和有效的管理、技术手段，在有可能发生意外人身伤害或健康危害的场合，采取事前的措施，防止人的不安全行为和物的不安全状态，排除安全生产管理上的缺陷，从根本上消除事故发生的隐患，从而使工业事故的发生概率降低到最小。

0.3.2 事故致因理论

事故致因理论是从大量典型事故的本质原因的分析中所提炼出的事故机理和事故模型，利用它可以找出事故发生的原因，分析出事故可能造成的后果，以及针对事故致因因素如何采取措施防止事故发生。从 20 世纪初开始，随着社会的发展和科技的不断进步，一百年来人们提出多种事故致因理论，从事故频发倾向论到事故遭遇倾向论，从多米诺骨牌理论到轨道交叉论，从管理失误论到能量转移理论，并依据现实的需要不断完善，为指导事故预防工作提供理论依据。

（1）海因里希法则

事故致因理论中最有影响的是美国安全工程师海因里希（Heinrich）在 1941 年提出的 300：29：1 法则，该工业安全理论是他的那个时期的代表性理论。当时，海因里希统计了 55 万件机械事故，其中死亡、重伤事故 1666 件，轻伤 48334 件，其余则为无伤害事故。从而得出一个重要结论，即在机械事故中，死亡或重伤、轻伤或故障以及无伤害事故的比例为 1：29：300，国际上把这一法则叫事故法则。这个法则说明，在机械生产过程中，每发生 330 起意外事件，有 300 件未产生人员伤害，29 件造成人员轻伤，1 件导致重伤或死亡。

对于不同的生产过程，不同类型的事故，上述比例关系不一定完全相同，但这个统计规律说明了在进行同一项活动中，无数次意外事件，必然导致重大伤亡事故的发生。要防止重大事故的发生，必须减少和消除无伤害事故，要重视事故的苗头和未遂事故，否则终会酿成大祸。例如，某机械师企图用手把皮带挂到正在旋转的皮带轮上，因未使用拨皮带的杆，且站在摇晃的梯板上，又穿了一件宽大长袖的工作服，结果被皮带轮绞入碾死。事故调查结果表明，他这种上皮带的方法已使用有数年之久。查阅其过去四年的病志，发现他有 33 次手臂擦伤后治疗处理记录，他手下工人均佩服他手段高明，结果还是导致死亡。这一事例说明，重伤和死亡事故虽有偶然性，但是不安全因素或动作在事故发生之前已暴露过许多次，如果在事故发生之前抓住时机，及时消除，许多重大伤亡事故是完全可以避免的。

海因里希认为，人的不安全行为、物的不安全状态（内容见表 0-4）是事故的直接原因，企业事故预防工作的中心就是消除人的不安全行为和物的不安全状态。

表 0-4　人的不安全行为和物的不安全状态分类

不安全行为	不安全状态
1. 不按规定的方法操作	1. 物体本身缺陷
2. 不采取安全措施	2. 防护措施、安全装置的缺陷
3. 对运转的设备、装置等清擦、加油、修理、调节	3. 工作场所的缺陷
4. 使安全防护装置失败	4. 个人保护用品、用具的缺陷
5. 制造危险状态	5. 作业方法的缺陷
6. 使用保护用具、保护服装方面的缺陷	6. 作业环境缺陷
7. 不安全放置	7. 其他不安全状态
8. 接近危险场所	
9. 某些不安全行为	
10. 误动作	
11. 其他不安全行为	

海因里希的研究说明大多数的工业伤害事故都是由于工人的不安全行为引起的，即使一些工业伤害事故是由于物的不安全状态引起的，则物的不安全状态的产生也是由于工人的缺点、错误造成的。因而，海因里希理论也和事故频发倾向论一样，把工业事故的责任归因于工人。从这种认识出发，海因里希进一步追究事故发生的根本原因，认为人的缺点来源于遗传因素和人员成长的社会环境。

（2）轨迹交叉论

R. Skiba 提出的轨迹交叉论认为，人的因素的运动轨迹与物的因素的运动轨迹的交点，即人的不安全行为与物的不安全状态同时、同地出现，则将发生事故。人的因素和物的因素的运动轨迹见表 0-5。

表 0-5　人的因素和物的因素的运动轨迹

人的因素	物的因素
1. 遗传、社会环境或管理缺陷	1. 设计、制造缺陷
2. 由于 1. 造成的心理、生理上的弱点，安全意识低下，缺乏安全知识及技能等特点	2. 使用、维修保养过程中潜在的或显现的故障、毛病。机械设备等随着使用时间的延长，由于磨损、老化、腐蚀等原因容易发生故障；超负荷运转、维修保养不良等导致物的不安全状态
3. 人的不安全行为	3. 物的不安全状态

通过消除人的不安全行为或物的不安全状态或避免二者运动轨迹交叉均可避免事故的发生，为事故预防指明了方向，对于事故发生原因的调查是一种很好的工具。

其实，许多情况下人与物又互为因果。例如，有时物的不安全状态诱发了人的不安全行为，而人的不安全行为又促进了物的不安全状态的发展，或者导致新的不安全状态出现。因而，实际的事故并非简单地按照上述的人、物两条轨迹进行，而是呈现非常复杂的因果关系。轨迹交叉论作为一种事故致因理论，强调人的因素、物的因素在事故致因中占有同样重要的地位。

（3）系统安全理论

最先进的事故致因理论是 20 世纪 50 年代出现的系统安全理论。系统安全是在系统寿命期间内应用系统安全工程和管理方法，辨识系统中的危险源，并采取控制措施使危险性最小，从而使系统在规定的性能、时间、范围内达到最佳的安全程度。按照系统安全的观点，世界上不存在绝对安全的事物，任何人类活动中都潜伏着危险因素。系统安全认为，系统中存在的危险源是事故发生的原因，不同的危险源可能有不同的危险性。能够造成事故的潜在的危险因素称作危险源，它们是一些物的故障、人的失误、不良的环境因素等。某种危险源造成人的伤害或物质损失的可能性称作危险性，它可以用危险度来衡量。系统安全理论认为，可能意外释放的能量是事故发生的根本原因，而对能量控制的失效是事故发生的直接原因，这涉及能量控制措施的可靠性问题。

在事故致因理论方面，系统安全强调通过改善物的系统的可靠性来提高系统的安全性，从而改变了以前人们只重视操作人员的不安全行为而忽略硬件故障在事故致因中作用的传统观念。作为系统元素的人在发挥其功能时会发生失误，人失误不仅包括了工人的不安全行为，而且涉及设计人员、管理人员等各类人员的行为失误，因而对人的因素的研究也较之前更加深入。

（4）综合原因理论

事故的发生不是单一因素的原因，也不是个人的一次失误或单纯设备故障造成的，而是多种因素共同作用的结果。事故的发生、发展过程可以描述为：基本原因-间接原因-直接原因-事故发生-伤害结果。装有危险化学物品的容器、运行的高压泵等，它们是事故发生的基础。但是能量载体和危险物质的存在并不一定会发生事故，发生事故的一个必要条件——触发因素。自然灾害、人的不安全行为、机械设备的磨损以及不良操作环境等都可能成为触发因素。事故的发生与否与人、物、周围环境、安全装置以及人的应变处理能力等有着密切的关系。通过避免使用危险物质和能量载体、提高人员素质、保障机械设备安全运行，可以有效规避触发因素，积极预防作业中突发事件的发生。

综合原因理论认为事故是社会因素、管理因素和生产中的危险因素被偶然事件触发造成的结果，其理论的结构模型见图 0-1。偶然事件之所以触发，是由于事故直接原因（人的不安全行为和物的不安全状态）的存在，直接原因又是由于管理责任（缺陷和失误）等间接原因所导致，而形成间接原因的因素包括社会经济、文化、教育、社会历史、法律等基础原因，统称为社会因素。反推事故形成的原因，通过事故现象，了解事故经过，查明造成事故的直接原因是人的原因还是物及环境的原因，并依此追查管理责任和社会因素。此理论为全面辨识各类危险源、通过多种手段和途径控制事故提供了思路，实用性强。

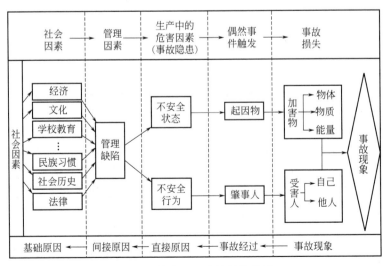

图 0-1 综合原因理论结构模型

事实表明，生产事故既是偶然现象，也有必然的规律性。运用事故致因理论可以揭示导致生产事故发生的多种因素及相互间的联系和影响，透过现象看本质，从表面原因可以追踪到深层次的原因，直至本质原因。

0.3.3 本质安全与安全设计

（1）本质安全理念

"本质安全"概念源于20世纪50年代世界宇航技术的发展，随着人类科学技术的进步和安全理论的发展，这一理念逐步被广泛接受并发展。本质安全是指通过设计等手段使生产设备、设施或生产技术工艺含有的、内在的安全性，能够从根本上防止事故发生。本质安全一般包括两种安全功能。

① **失误-安全功能**：即使人为操作失误，设备系统也能够自动排除、切换或安全地停止运转，不会受到伤害或发生其他事故。

② **故障-安全功能**：当设备、设施发生故障或损坏时，能暂时维持正常工作或自动转变为安全状态。

这两种安全功能均是设备、设施或工艺系统本身固有的，即在设计阶段充分考虑的。比如，一般设备在正常使用时，会因为开关、马达电刷、连接器或其他元件内部产生微小的火花，有可能引燃周遭的可燃气体。本质安全防爆方法是利用安全栅技术将提供给现场仪表的电能量限制在既不能产生足以引爆的火花，又不能产生足以引爆的仪表表面温升的安全范围内，从而消除引爆源。

过去人们普遍认为，高危险行业发生事故是必然的，不发生事故是偶然的。而本质安全理论则认为，如果我们在工作中始终遵守规章和按照规程作业，可以把事故降到最低甚至实现零事故，那么可以说发生事故是偶然的，不发生事故是必然的。

本质安全是生产中"预防为主"的具体体现，也是安全生产的最高境界。本质安全理念认为，所有事故都是可以预防和避免的。要实现本质安全理念所提出的零安全事故的目标，必须做到如下几点。

一是人的安全可靠性。不论在何种作业环境和条件下，都能按规程操作，杜绝"三违"，即不违章指挥、违章操作、违反劳动纪律，实现个体安全。要求员工具备基本的安全工作素养，不断进行进阶性的安全教育培训，提升安全素质，包括安全意识培养、安全技能培训、事故案例学习、经验分享和应急处理培训等。

二是物的安全可靠性。无论在动态过程中，还是静态过程中，使"物"始终处在能够安全运行的状态。在搬运、使用、储存等过程中，是否能保持物始终处于安全受控的状态下。在极端或意外情况下，如破坏、泄漏、高温、高压、辐射、冰冻等，不会造成严重后果，或者产生的后果在可接受的程度范围内。对于单一的某种危险物质，通过管理和技术手段，完全规避风险或减小到可接受的程度范围内。

三是系统的安全可靠性。生产中体现安全人机学的原则，要适应人体特征、坚持以人为本，提高设备的可靠性和可操作性。形成"人机互补、人机制约"的自动控制安全系统。在设计上充分考虑失效安全，预先考虑材料、工艺、设备可能潜在的危害，在设计规划过程中就予以避免，强调由"设备、材料、方法和工艺"构成的安全生产系统各要素之间的协调。当人的操作发生偏差，或设备发生故障时，系统能够自动停止运行，从而终止危险。

四是管理规范和持续改进。通过规范制度、科学管理，杜绝管理上的失误，在生产中实现零缺陷、零事故。实现本质安全的另一重要措施就是"标准化"，从管理层到作业层，建立并遵循科学的工作流程和操作方法。

从安全管理学角度，本质安全是安全管理理念的转变，表现为对事故由被动接受到积极事先预防，以实现从源头杜绝事故。实际上，受社会和环境等因素的制约，无法实现绝对的零事故。但是，本质安全的研究为提升企业安全生产水平作出了一定的贡献。

（2）四大基本原则

1985年英国化工安全专家 Trevor Kletz 把工艺过程本质安全归纳为消除、最小化、替代、缓和与简化五项技术原则，本质安全随后发展为最小化、替代、缓和与简化四大基本原则。

① **最小化原则**：减少危险物质库存量，不使用或使用最少量的危险物质。

② **替代原则**：用安全的或危险性小的原料、设备或工艺替代或置换危险的物质或工艺。

③ **缓和原则**：通过改变过程条件降低温度、压力或流动性来减少操作的危险性。

④ **简化原则**：消除不必要的复杂性，以减少错误和误操作的概率。简单的单元相对于复杂单元的本质安全性更高，因为前者导致人员发生误操作及设备出错的概率要明显低于后者。所以要求设计更简单和友好型单元以降低出错和误操作的机会。

（3）事故预防"3E"原则

广义的本质安全指"人-机-环境-管理"这一事故系统表现出的安全性能。简单来说，就是通过优化资源配置和提高其完整性，使整个系统安全可靠。事故系统涉及四个要素，通常称为"4M"要素，即人（Men）、机（Machine）、环境（Medium）和管理（Managment）。

① **人**（Men）：人的不安全行为是事故的最直接因素，约占80%。由于教育和培训不足导致作业人员缺乏安全生产知识和经验，操作技术和技能不熟练等；又或者由于生理状态或健康状态不佳，如听力、视力不良，反应迟钝，疾病、醉酒、疲劳等生理机能障碍；急慢、不满等情绪，消极或亢奋的工作态度等。

② **机**（Machine）：设备的不安全状态也是事故的最直接因素，约占10%。机或称为技术因素，包括设备、工具有缺陷并缺乏保养防护与报警装置的配备和维护存在技术缺陷。

③ **环境**（Medium）：不良的生产环境会影响人的行为和对机械设备产生不良的作用，是构成事故的重要因素。包括作业环境不良（如照明、温度、湿度、通风、噪声、振动等），物料堆放杂乱，作业空间狭小；也包括自然环境因素等。

④ **管理**（Management）：管理的欠缺是事故发生的间接因素，但也是最重要的因素，因为管理对人、机、环境都会产生作用和影响。其中包括领导层对安全不重视，安全投入不足，机构不健全，专业人员配备不完善，操作规程不合理，安全规程缺乏或执行不力等。

针对这四个方面的原因，可以采取三种有效防止对策，即工程技术（Engineering）对策、教育（Education）对策和法制（Enforcement）对策。这三种对策就是所谓的"3E"原则。

工程技术对策是运用工程技术手段消除生产设施设备的不安全因素，改善作业环境条件，完善防护与报警装置，实现生产条件的安全和卫生。教育对策是提供各种层次的、各种形式和内容的教育和训练，使职工牢固树立"安全第一"的思想，掌握安全生产所必需的知识和技能。法制对策是利用法律、规程、标准以及规章制度等必要的强制性手段约束人们的行为，从而达到消除不重视安全、违章作业等现象的目的。

在应用"3E"原则时，应该针对人的不安全行为和物的不安全状态的四种原因，综合地、灵活地运用，不要片面强调其中某一个对策。

（4）安全设计

关于安全设计，在设计的各阶段，需充分审查并制订与各专业设计有关的必要的安全措施。各技术专业要同时进行研究，对安全设计一定要进行特别慎重的审查，完全消除考虑不到和缺陷之处。例如化工非标设备是按图纸加工和安装，在进入制造阶段以后就难以发现问题，即使发现问题，也很难采取完备的改善措施。在安全设计方面严格要求按化工建设生产程序进行设计和审查；各技术专业都要进行安全审查，制订检查表；审查部门或设计部门在设计后期进行综合审查，要征求工艺、设备、电控、自动化、安全、技术管理、生产运行等尽量多的相关专业的意见，以提高安全性、可靠性。安全设计过程的基本内容包括：

  ① 装置结构与材料的安全设计；
  ② 过程安全装置设计，包括温度、压力、投料速度和配比等工艺参数的安全控制；
  ③ 电力及动力系统安全设计；
  ④ 引燃、引爆能量的安全设计；
  ⑤ 防止误操作的仪表自控安全设计；
  ⑥ 防止意外事故破坏或扩展的安全设计；
  ⑦ 平面布置安全设计；
  ⑧ 耐火结构及防止火灾蔓延及爆炸扩展的安全设计；
  ⑨ 流体局限化安全设计；
  ⑩ 消防灭火系统安全设计；
  ⑪ "三废"处理的安全设计。

0.4 化工与环境问题

  环境是人类赖以生存和发展、从事生产和生活活动的基础条件。由于人类活动或自然原因使环境条件发生不利于人类和地球的变化，以致影响人类的生产和生活，给社会带来灾害，这就是环境问题。通常，第一环境问题是指自然演变和自然灾害引起的原生环境问题，如地震、洪涝、干旱、台风、崩塌、泥石流等；第二环境问题是指人类活动引起的次生环境问题——环境污染和环境破坏，其中工业生产特别是化学工业的生产是造成大气、水环境恶化等的重要因素。

  早期的环境问题出现在人口集中的城市，如各种手工业作坊和居民抛弃的生活垃圾。从工业革命到1984年发现南极臭氧空洞，近现代环境问题主要表现为出现了大规模环境污染，局部地区的严重环境污染导致"公害"病和重大公害事件的出现；自然环境的破坏，造成资源稀缺甚至枯竭，开始出现区域性生态平衡失调现象。当代环境问题表现为环境污染范围扩大、危害严重、难以防范的特点，自然环境和自然资源难以承受高速工业化和高效城市化进程的巨大压力，世界自然灾害显著增加。到目前为止已经威胁人类生存并已被人类认识到的环境问题包括：全球变暖、臭氧层破坏、酸雨、淡水资源危机、能源短缺、森林资源锐减、土地荒漠化、物种加速灭绝、垃圾成灾、有毒化学品污染等众多方面，多数与化工生产有关。

  导致全球变暖的主要原因是大量使用矿物燃料（如煤、石油等），排放出大量的 CO_2 等多种温室气体。全球变暖的后果，会使全球降水量重新分配、冰川和冻土消融、海平面上升等，既危害自然生态系统的平衡，也威胁人类的食物供应和居住环境。

  酸雨是由于空气中 SO_2 和氮氧化物（NO_x 等酸性污染物）引起的 pH 值小于 5.6 的酸性降水。受酸雨危害的地区，出现了土壤和湖泊酸化，植被和生态系统遭受破坏，建筑材料、金属结构和文物被腐蚀等一系列严重的环境问题。

当前世界上资源和能源短缺问题的出现，主要是人类无计划、不合理地大规模开采导致。从目前石油、煤、水利和核能发展的需求量来看，在新能源（如太阳能、核聚变电站等）开发利用尚未取得较大突破之前，世界能源供应将日趋紧张。此外，其他不可再生性矿产资源的储量也在日益减少，这些资源终究会被消耗殆尽。

化学品的广泛使用，使全球的大气、水体、土壤乃至生物都受到了不同程度的污染和毒害。自 20 世纪 50 年代以来，涉及有毒有害化学品的污染事件日益增多，如果不采取有效防治措施，将对人类和动植物造成严重的危害。

全球每年产生垃圾近 100 亿吨，而垃圾处理能力远远赶不上垃圾增加的速度，特别是一些发达国家，已处于垃圾危机之中。垃圾占用大量土地，还污染环境。危险垃圾，特别是有毒、有害垃圾的处理问题（包括运送、存放），因其造成的社会危害更为严重，产生的社会影响更为深远，是世界各国共同面临的一个十分棘手的环境问题。

化学工业的快速发展极大地改善了人类的物质生活条件，丰富了人们的精神生活，同时也对人类赖以生存的自然环境带来了一定的破坏。传统的化学工业因原料和产品品种繁多，工艺路线多样、流程复杂，生产过程产生大量的污染物，即工业废气、工业废水、工业废渣种类繁多，成为污染环境大户。这就表明化工生产迫切需要解决的问题：一是"三废"治理问题，努力达到零排放、零污染的目标；二是发展清洁生产和绿色化工，走可持续发展战略。

化工企业"三废"治理技术虽然在一定程度上减轻了环境污染，但并未改变整体环境恶化趋势，属于末端处理技术，治理环境问题效果不突出。要树立"防污"重于"治污"的观念，从源头消除环境污染，实行清洁生产是可持续发展战略的最佳模式。1992 年，我国政府将清洁生产列入《环境与发展十大对策》中，提出"新建、改建、扩建项目时，技术起点要高，尽量采用能耗物耗小、污染排放量少的清洁生产工艺"。《中华人民共和国清洁生产促进法》指出"新建、改建和扩建项目应当进行环境影响评价，对原料使用、资源消耗、资源综合利用以及污染物产生与处置等进行分析论证，优先采用资源利用率高以及污染物产生量少的清洁生产技术、工艺和设备"，在法律方面确立了发展清洁生产的重要地位。

清洁生产，是指不断采取改进设计，使用清洁的能源和原料，采用先进的工艺技术与设备，改善管理，综合利用等措施，从源头削减污染，提高资源利用率，减少或者避免生产、服务和产品使用过程中污染物的产生和排放，以减轻或者消除对人类健康和环境的危害。其实质是达到一种物料和能耗最少的人类生产活动的规划和管理，将废物减量化、资源化和无害化，或消灭于生产过程之中。清洁生产包括清洁的能源、清洁的生产过程和清洁的产品。

绿色化工理念已被列为 21 世纪实现可持续发展的一项重要战略，也是实现碳达峰、碳中和"3060 双碳目标"的重要途径。绿色化工是指在化工产品生产过程中，从工艺源头上就运用环保的理念，推行源消减、进行生产过程的优化集成，废物再利用与资源化，从而降低成本与消耗，减少废弃物的排放和毒性，减少产品全生命周期对环境的不良影响。绿色化工生产基于化学反应的原子经济性和绿色化工工艺技术。"原子经济性"概念是绿色化学的核心内容之一，其考虑的是在化学反应中究竟有多少原料的原子进入到产品之中，要求尽可能地节约不可再生资源，又最大限度地减少废弃物排放。理想的原子经济反应是原料分子中的原子百分之百地转变成所需产物，不产生副产物或废物，实现废物的"零排放"。绿色化工技术是指在绿色化学基础上开发的从源头上阻止环境污染的化工技术，即设计环境友好的化学反应路线，包括采用高新技术和先进设备，使物质和能量构成闭路循环的化工工艺流程，同时生产绿色化学产品，使化学反应和化工过程不产生环境污染，将传统的化学工业建设和改造成为可持续发展的绿色化学工业。

　　绿色化工的宗旨是将现有的化工生产技术路线从"先污染、后治理"转向"从源头上根除污染"。绿色化工的内涵包括：①合理有效地利用资源能源、尽可能减少废物或污染物的产生；②以资源节约和环境安全的方式对无法避免产生的废物或污染物进行循环回用和综合利用；③采取适当的环境治理技术消减未被利用的废物或污染物；④以安全的方式将残余的废物或污染物排入环境。

思考题

　　1. 化学工业的特点是什么？

　　2. 化工生产有哪些危险性？

　　3. 简述闪点、燃点、爆炸极限概念。

　　4. 事故有哪些基本特性？

　　5. 简述四种事故致因理论的含义。

　　6. 人的不安全行为和物的不安全状态是指什么？

　　7. 本质安全理念的主要功能是什么？

　　8. 事故系统"4M"要素和"3E"原则是指什么？

　　9. 如何彻底解决环境污染问题？

　　10. 简述清洁生产和绿色化工的意义。

　　11. 试述绿色化工的内涵。

第1章
化工生产安全管理基础

1.1 安全管理基本制度

随着科学技术的发展，化学品种类变得越来越多，同时生产工艺过程中的危险性也逐步增加。20世纪末发生了一系列对人类和环境具有影响的重大安全事故，如1984年的印度博帕尔毒气泄漏事故、1988年的英国阿尔法平台大爆炸事故，这些事故引起了世界各国对化工安全管理的思考，一系列关于化工安全管理的法律法规得以出台。我国从20世纪80年代改革开放以来，正式推行安全监管制度，随着社会主义市场经济体制的建立，安全生产监督管理的政策正在进一步深化和完善。按照"安全第一、预防为主、综合治理"的安全生产方针，我国制定了一系列的安全生产法律法规和标准，基本形成了安全生产法律体系。

1.1.1 安全生产法律体系

安全生产法律体系是调整安全生产关系的法律规范的总称，是我国法律体系的重要组成部分，是一个包含多种法律形式和法律层次的综合性系统。目前，我国安全生产法律体系按法律地位及效力同等原则，主要分为以下五大类。

一是《宪法》。《宪法》是安全生产法律体系框架的最高层级，"加强劳动保护，改善劳动条件"是有关安全生产方面最高法律效力的规定。

二是安全生产方面的法律。我国有关安全生产的法律包括《中华人民共和国安全生产法》（以下简称《安全生产法》）和与它平行的专门法律和相关法律。《安全生产法》是综合规范安全生产法律制度的法律，它适用于所有生产经营单位，是我国安全生产法律体系的核心。与安全生产有关的其他法律主要有：《中华人民共和国特种设备安全法》《中华人民共和国职业病防治法》《中华人民共和国消防法》《中华人民共和国道路交通安全法》《中华人民共和国环境保护法》《中华人民共和国劳动法》《中华人民共和国建筑法》《中华人民共和国刑法》《中华人民共和国刑事诉讼法》《中华人民共和国行政处罚法》《中华人民共和国行政复议法》《中华人民共和国国家赔偿法》和《中华人民共和国标准化法》等。

三是行政法规。包括国务院行政法规和地方性行政法规，是为实施安全生产法律或规范安全生产监督管理制度而制定并颁布的一系列具体规定，具有较强的针对性和可操作性，是我们实施安全生产监督管理和监察工作的重要依据。

四是规章。包括部门规章和地方性规章。根据《中华人民共和国立法法》的有关规定，部门规章之间、部门规章与地方政府规章之间具有同等效力，在各自的权限范围内施行。安全生产规章作为安全生产法律法规的重要补充，在我国安全生产监督管理工作中起着十分重要的作用。

五是标准规范。安全生产标准规范是安全生产法规体系中的一个重要组成部分，也是安全生产管理的基础和监督执法工作的重要技术依据。

1.1.1.1 安全生产法

《安全生产法》是我国第一部全面规范安全生产的专门法律，它是我国安全生产法律体系的主体法，是各类生产经营单位及其从业人员实现安全生产所必须遵循的行为准则，是各级人民政府及其有关部门进行安全监督管理和行政执法的法律依据，是制裁各种安全生产违法犯罪行为的有力武器。

（1）我国安全生产方针和工作机制

《安全生产法》于 2002 年 6 月颁布，2009 年 8 月第一次修正，2014 年 8 月第二次修正，2021 年 6 月第三次修正。新时期新修订的《安全生产法》为安全生产工作提出了新要求新理念，规定安全生产工作应当以人为本，坚持人民至上、生命至上，树牢安全发展理念，坚持安全第一、预防为主、综合治理的方针，实行管行业必须管安全、管业务必须管安全、管生产经营必须管安全（以下简称"三个必须"），强化和落实生产经营单位的主体责任，与政府监管责任建立生产经营单位负责、职工参与、政府监管、行业自律和社会监督的机制。"综合治理"就是要综合运用法律、经济、行政等多种手段，秉承"安全发展"理念，从发展规划、行业管理、安全投入、科技进步、经济政策、教育培训、安全文化以及责任追究等方面着手，充分发挥社会、职工、舆论的监督作用，形成标本兼治、齐抓共管的格局。做好安全生产工作，落实生产经营单位主体责任是根本，职工参与是基础，政府监管是关键，行业自律是发展方向，社会监督是实现预防和减少生产安全事故目标的保障。

按照"三个必须"的要求，《安全生产法》明确规定了各级人民政府在安全生产工作中的地位、任务和责任；规定了各级安全生产监督管理部门依照该法对安全生产进行综合监督管理；同时规定了有关部门依照有关法律、行政法规规定的职责范围，对有关专项安全生产工作实施监督管理。生产经营单位是安全生产的主体，《安全生产法》对其生产经营所必须具备的安全生产条件、主要负责人的安全生产职责、安全生产管理机构和管理人员配置、生产经营现场的安全管理和安全生产违法行为的法律责任，都做出了严格、明确的规定。《安全生产法》在赋予从业人员安全生产权利的同时，还明确规定了他们必须履行的法定义务及其法律责任。

（2）有关安全生产的基本法律制度

《安全生产法》作为我国安全生产的基本法律，具有非常丰富的法律内涵，主要内容集中体现在它所确定的基本法律制度中。

① **安全生产监督管理制度**：这项制度主要包括安全生产监督管理体制、各级人民政府和安全生产监督管理部门以及其他有关部门各自的安全监督管理职责、安全监督管理人员职责、社区基层组织和新闻媒体进行安全生产监督的权利和义务等。

② **生产经营单位安全保障制度**：这项制度主要包括生产经营单位的安全生产条件、安全管理机构及其人员配置、安全投入、从业人员安全资质、安全评价、安全设施的设计审查和竣工验收、安全技术装备管理、生产经营场所安全管理、社会工伤保险等。

③ **生产经营单位的全员安全生产责任制度**：这项制度主要包括生产经营单位主要负责人和安全生产管理机构、安全生产管理人员的资质及其在安全生产工作中的主要职责，以及其他各岗位的人员安全职责。

④ **从业人员安全生产权利义务制度**：这项制度主要包括生产经营单位的从业人员在生产经营活动中的基本权利和义务，以及应当承担的法律责任。

⑤ **安全中介服务制度**：这项制度主要包括从事安全评价、评估、检测、检验、咨询服务等工作的安全中介机构和安全专业技术人员的法律地位、任务和责任。

⑥ **安全生产责任追究制度**：这项制度主要包括安全生产的责任主体，安全生产责任的确定和责任形式，追究安全责任的机关、依据、程序和安全生产法律责任。

⑦ **事故应急救援和处理制度**：这项制度主要包括事故应急预案的制定、事故应急体系的建立、事故报告、调查处理的原则和程序、事故责任的追究、事故信息发布等。

⑧ **生产安全事故隐患排查治理制度**：生产经营单位必须建立生产安全事故隐患排查治理制度，采取技术、管理措施及时发现并消除事故隐患，并向从业人员通报隐患排查治理情况。负有安全生产监督管理职责的部门应当建立、健全重大事故隐患治理督办制度。

⑨ **安全生产违法行为处罚制度**：为加大对安全生产违法行为的责任追究力度，重新规定了违法行为处罚制度，包括经济处罚和行政处罚在内，都加大了处罚力度，并且规定了对情节严重违法行为的公告和通报制度。

此外，《安全生产法》还规定了注册安全工程师制度、重大事故隐患强制性措施、安全生产标准化制度、安全生产责任保险、安全生产行政审批等制度。

（3）三套事故对策体系

《安全生产法》从法律制度层面指明了实现安全生产的三套事故对策体系：事前预防对策体系、事中应急救援体系和事后处理对策体系。

① **事前预防对策体系**：要求生产经营单位建立全员安全生产责任制、坚持"三同时"（建设项目安全设施与主体工程同时设计、同时施工、同时投入生产和使用）、保证安全管理机构及专业人员落实安全投入、进行安全培训、实行危险源管理、进行项目安全评价、推行安全设备管理、落实现场安全管理、严格交叉作业管理、实施高危作业安全管理、保证承包租赁安全管理、落实工伤保险等。同时加强政府监管、发动社会监督、推行中介技术支持等都是预防策略。

② **事中应急救援体系**：要求政府建立行政区域的重大安全事故救援体系，制定社区事故应急救援预案；要求生产经营单位进行危险源的预控，制定事故应急救援预案等。

③ **事后处理对策体系**：包括推行严密的事故处理及严格的事故报告制度，实施事故后的行政责任追究制度，强化事故经济处罚，明确事故刑事责任追究等。

1.1.1.2　行政法规与规章

行政法规是根据国家有关法律制定，国务院各部委以及各省、自治区、直辖市的人民政府和省、自治区的人民政府所在地的市以及设区市的人民政府根据宪法、法律和行政法规等制定和发布的规范性文件。与安全生产有关的法规主要有：《危险化学品安全管理条例》《特种设备安全监察条例》《使用有毒物品作业场所劳动保护条例》《易制毒化学品管理条例》《安全生产许可证条例》《生产安全事故报告和调查处理条例》等。

部门规章是由国务院的组成部门和直属机构在它们的职权范围内制定的规范性文件。与安全生产有关的主要有：《危险化学品建设项目安全监督管理办法》《危险化学品生产企业安全生产许可证实施办法》《危险化学品重大危险源监督管理暂行规定》《安全生产培训管理办法》（原国家安全生产监督管理总局令）《仓库防火安全管理规则》（公安部）等。

1.1.1.3　标准与规范

安全生产标准是安全生产法律法规体系的重要组成部分，是安全生产管理的基础，也是监管执法工作的重要技术依据。许多事故之所以发生，是因为没有严格执行安全生产标准或规范；使用不符合标准的设备、阀门、仪表等产品，也是导致事故的重要原因。对照安全生产标准，企业可以找危险源、找隐患，不断提高安全管理工作的水平。企业应确保安全设施配备符合国家和行业相关标准。

按照内容分类，安全生产标准分为管理类和技术类两大类。管理类标准是安全管理的依据；技术类标准是安全技术的依据。技术类标准专业性很强，可大致分为基础类、设计规范类、设备及工具类、劳动保护用品类、工业卫生类和综合类。行业标准中还有操作或作业规范类技术标准。根据《中华人民共和国标准化法》的规定，在保障人体健康、人身、财产安全标准的领域，实行国家、行业强制性标准。化工行业许多安全标准或规范包括管理类标准属于强制性标准。

按照制定部门分类，安全生产标准分为国家标准（GB）、行业标准、地方标准及企业标准。根据国家标准委员会相关规定和《采用国际标准管理办法》第六条规定："采用国际标准时，应当尽可能等同采用国际标准"。目前，我国从工业技术先进国家引进的项目，多采用国外相应的安全卫生标准，目的是使化工生产装置的设计达到技术先进、经济合理、安全可靠的要求。但采用国外安全卫生标准，要根据实际情况，经过分析研究和试验验证，等同或修改转化为我国标准（包括国家标准、行业标准、地方标准和企业标准），并按我国标准审批发布程序审批发布。

1.1.2 化工企业安全管理制度

企业是安全生产的主体。为了安全生产与职工健康，企业必须依据国家有关安全生产的法律、规章、标准和本企业的特点制定安全管理制度。安全管理制度一般包括以下几个方面的制度：①安全生产责任制度；②安全教育制度；③安全考核制度；④安全作业证制度；⑤安全检查制度；⑥安全技术措施管理制度；⑦安全事故管理制度；⑧事故应急救援制度。此外，还应根据本企业具体情况，制定有关危险化学品、生产设施（含安全设施、特种设备）、消防以及职业危害因素等管理制度。安全生产责任制度是企业安全管理制度的核心。

1.1.2.1 安全生产责任制度

安全生产责任制度要求：把企业的各项安全工作全部落实到人，做到事事有人负责。企业安全工作实行各级首长负责制。企业各级领导和职能部门应在各自的工作范围内，对实现安全生产和职工健康负责，同时向各自的首长负责。安全生产人人有责，企业每个职工必须认真履行各自的安全职责，做到各尽职守、各负其责。安全生产的第一责任人是总经理（厂长）。生产经营单位的安全生产责任制度应当明确各岗位的责任人员、责任范围和考核标准等内容。

1.1.2.2 安全事故管理制度

（1）事故分类管理

事故是造成死亡、职业病、伤害财产损失或其他损失的意外事件。化工企业安全事故主要分以下几类分别进行管理。

① **伤亡事故**：企业职工在规定工作时间内，在企业生产活动涉及的区域内，由于生产过程中存在危险因素的影响，使人体组织突然受到损伤或使部分器官失去正常机能，以致负伤人员立即工作中断满一个工作日以上者（含一个工作日）。

② **火灾事故**：在企业生产区域内凡发生着火给企业财产造成损失或人员伤亡，称为火灾事故。虽发生着火，但抢救及时，未造成财产大的损失或人员伤亡，称为火警事故。

③ **爆炸事故**：由于某种原因发生化学或物理化学爆炸，使企业财产遭受损失或人员受到伤亡以及造成停产等的事故。

④ **生产操作事故**：在生产操作中，因违反工艺指标、岗位操作法或因操作不当、指挥有误造成损失，如原料、半成品、产品假冒、不合格以及报废，使生产波动而减产或停车等，均称为生产操作事故。

⑤ **设备事故**：各种生产设备〔包括化工生产，动力供应，机、电、仪器设备，管道、厂房、建（构）筑物，设备基础以及电讯、运输设备等〕由于各种原因造成损坏、减产或停产事故，均称为设备事故。

⑥ **质量事故**：由于各种原因造成产品或中间产品不符合规定的质量标准，如基建工程不按设计施工和工程质量不符合要求，机电设备检修质量不合标准，原材料产品因保管不善或包装不良而变质，采用的物料不合规格要求而影响生产或检修计划的完成等，均称为质量事故。

⑦ **污染事故**：由于各种原因造成产品、半成品、化工原料、放射性等各种有害物质大量消失，严重污染大气或水源，致使人员伤亡或经济严重损失，甚至破坏生态平衡，形成公害的均称为污染事故。

⑧ **交通事故**：凡违反公路、铁路运输管理规则，或由于责任心不强、操作不当，发生车辆冲突、脱轨、翻车、撞碾伤人及因车辆装载货物事先检查不周，在运输途中造成意外损失和人员伤害的，均称为交通事故。

⑨ **自然灾害事故**：凡属外界原因影响，或客观上尚未被认识而发生的各种不可抗拒的灾害事故，称为自然灾害事故。各职能部门应按分类管理的要求调查、统计、存档，按时将事故情况送安全管理部门。

（2）事故抢险与救护

企业发生事故后，必须积极抢救，妥善处理，以防止事故蔓延扩大。发生重大事故时，企业领导要直接指挥，安全技术、设备动力生产、防火等部门应按照应急预案，各司其职、有条不紊地进行事故抢救工作。保卫等部门应做好现场抢救的警戒工作。在抢救时，应注意保护现场，因抢救伤员和防止事故扩大需要移动现场物件时，必须做好标志。有害物大量外泄的事故或火灾事故现场，必须划出警戒区域设置警戒线；紧急疏散与应急处置无关的人员；对中毒、烧伤、烫伤等人员及时进行现场急救和送医院抢救；及时控制泄漏源和正确处置泄漏物。

（3）生产安全事故报告和调查处理

化工生产中发生的许多安全事故很难在实验室中模拟研究，因此，每一次事故都是宝贵的反面经验。从事故中吸取经验教训，对事故进行科学的统计分析，是预防事故和减少事故损失的重要途径。根据《生产安全事故报告和调查处理条例》（国务院令第493号）规定，生产经营活动中发生的造成人身伤亡或者直接经济损失的，都属于生产安全事故。根据生产安全事故（以下简称事故）造成的人员伤亡或者直接经济损失，事故一般分为以下等级。

① **特别重大事故**：是指造成30人以上死亡，或者100人以上重伤（包括急性工业中毒，下同），或者1亿元以上直接经济损失的事故。

② **重大事故**：是指造成10人以上30人以下死亡，或者50人以上100人以下重伤，或者5000万元以上1亿元以下直接经济损失的事故。

③ **较大事故**：是指造成3人以上10人以下死亡，或者10人以上50人以下重伤，或者1000万元以上5000万元以下直接经济损失的事故。

④ **一般事故**：是指造成 3 人以下死亡，或者 10 人以下重伤，或者 1000 万元以下直接经济损失的事故。

事故发生后，企业应当及时报告政府有关部门。报告内容应准确、完整，任何单位和个人对事故不得迟报漏报、谎报或者瞒报。事故报告后出现新情况的，应当及时补报。事故调查处理应当按照科学严谨、依法依规、实事求是、注重实效的原则，及时、准确地查清事故经过、事故原因和事故损失，查明事故性质，认定事故责任，总结事故教训，提出整改措施，并对事故责任者提出处理意见。事故调查报告应当依法及时向社会公布。做到"四不放过"：事故原因没有查清不放过，责任没有得到追究不放过，职工没有受到教育不放过，防范措施没有落实不放过。事故调查报告等资料应存档。

1.1.2.3 事故应急救援制度

事故现场急救就如同战斗，既有高度的科学性，对瞬息万变的情况又需要临机决断。生产经营单位应当制定本单位生产安全事故应急救援预案，与所在地县级以上地方人民政府组织制定的生产安全事故应急救援预案相衔接，并定期组织演练。

企业可按照《生产经营单位安全生产事故应急预案编制导则》AQ/T 9002，根据风险评价的结果，针对重大危险源和突发事故制定相应的事故应急预案。应急预案分为综合应急预案、专项应急预案和现场处置方案。应急预案要有科学性，包括：对事故发生发展过程的科学预测，应急资源的科学评价，人员及机构的科学调度，应急程序的科学制定。预案要有系统性，即应包括危险分析和风险评价、应急能力评价、应急管理、应急措施（包括消防、人员抢救、物资供应、对外联络）等。预案时间跨度应该从应急准备到现场急救直至恢复生产。预案还要有实用性，即可操作性；有灵活性，即应有多种备选方案；有动态性，即不断修订、完善。

综合应急预案是应对各类事故的综合性文件，它从总体上阐述本企业处理事故的应急方针、政策，应急组织结构及相关应急职责，应急行动、措施和保障等基本要求和程序是应对各类事故的综合性文件。

专项应急预案是针对具体的事故类别（如爆炸、危险化学品泄漏等事故）、危险源和应急保障而制定的计划或方案，是综合应急预案的组成部分，应按照综合应急预案的程序和要求组织制定，并作为综合应急预案的附件。专项应急预案应制定明确的救援程序和具体的应急救援措施。

现场处置方案是针对具体的装置、场所或设施、岗位所制定的应急处置措施。现场处置方案应具体、简单、针对性强。现场处置方案应根据风险评估及危险性控制措施逐一编制，做到事故相关人员熟练掌握，并通过应急演练，做到迅速反应、正确处置。

事故应急预案演练的目的是使从业人员了解、熟悉应急预案，在演练中不断修订、完善预案。事故应急预案的演练包括桌面演练、功能演练和全面演练。桌面演练即指挥系统演练，功能演练即专项演练（如灭火演练），全面演练即从实战出发进行系统的演练。

1.1.2.4 安全检查制度

安全检查的基本任务是查找生产中存在的安全隐患，监督各项安全规章制度的执行，建立完善的安全隐患排查治理体系。安全检查是安全管理的重要手段，它包括企业自身进行的检查，也包括由地方政府部门、行业主管部门组织的检查。企业应制定安全检查制度和安全检查计划，包括定期性、专业性、季节性、经常性安全检查，使安全检查工作制度化、规范化。对排查的隐患要及时收集、查找并上报发现的事故隐患，积极采取措施（定整改时间、定整改措施、定落实责任人、定整改验收人）对隐患进行整改到位。

1.2 HSE 管理体系

HSE 管理体系指的是健康（Health）、安全（Safety）和环境（Environment）三位一体的管理体系，其核心是责任制。HSE 管理体系是一种事前通过识别与评价，确定在活动中可能存在的危害及后果的严重性，从而采取有效的防范手段、控制措施和应急预案来防止事故的发生或把风险降到最低程度，以减少人员伤害、财产损失和环境污染的有效管理方法，具有系统化、科学化、规范化、制度化等特点。这个一体化不是三项管理的简单加和，也不仅是企业有关管理机构的简单合并，而是更符合现代企业要求的管理模式；以人为本的理念、"安全第一、预防为主、综合治理"的安全工作方针和环境保护的基本国策都可以在 HSE 管理体系得到充分体现。目前我国大型化工企业正在推广 HSE 管理体系。

1.2.1 HSE 管理的十大要素

各企业 HSE 实施的标准不一，标准要素排列各异，但核心内容都是系统安全的基本思想。下面以中国石化集团公司的 HSE 管理体系为例，来说明 HSE 管理的十大要素。

（1）领导承诺、方针目标和职责

在 HSE 管理上，应有形成文件的明确的领导承诺、方针和战略目标。高层管理者提供强有力的领导和自上而下的承诺，表达了对 HSE 的高度重视，是成功实施 HSE 管理体系的基础。方针和战略目标是企业在 HSE 管理方面的指导思想和原则，是实现良好的 HSE 业绩的保证，是承诺的最终目的。中国石化集团公司 HSE 方针是：安全第一、预防为主，全员动手、综合治理，改善环境、保护健康，科学管理、持续发展。其 HSE 目标是：努力实现无事故、无污染、无人身伤害，创国际一流的 HSE 业绩。

（2）组织机构、职责、资源和文件控制

为了保证体系的有效运行，要求企业必须合理配置人力、物力和财力资源，明确各部门、人员的 HSE 管理职责。公司和直属企业应建立组织机构，明确职责，合理配置人力、财力和物力资源；建立培训记录，不断完善培训计划，制定严格的培训考核制度，定期开展培训以提高全体员工的素质，遵章守纪规范行为，确保员工履行自己的 HSE 职责；公司应有效地控制 HSE 管理文件，为实施 IISE 管理提供切实可行的依据，确保这些文件与公司的活动相适应，文件发布前要经授权人批准，对文件要定期评审，必要时进行修订，需要时现行版本随时可得，失效时要及时收回，文件控制的范围要有明确规定。

（3）风险评价和隐患治理

风险评估和隐患治理是一个不间断的过程，是所有 HSE 要素的基础。通过风险评价搞清楚企业运行过程，汇总可能的 HSE 影响，并对以往的 HSE 管理进行总结，找出优势和不足。企业的高层管理者应不间断地组织风险评价和隐患治理工作，识别与业务活动有关的危害、影响和隐患，并对其进行科学的评价分析，确定最大的危害程度和可能影响的最大范围。根据风险评价的结论，按照自己的实际情况，制定预防危险和控制风险措施的应急反应计划和隐患治理措施，将企业的生产、经营活动对 HSE 的不利影响降到最低。

（4）承包商和供应商管理

承包商和供应商及相关方对企业的 HSE 业绩十分重要，应评估他们的 HSE 表现，对供应商的产品和售后服务进行验证，确保其符合企业的 HSE 管理规定和要求。这项管理要求对承包商和供应商的资格预审、选择、作业过程进行监督，对承包商和供应商的表现评价等方面进行管理。供应商不仅应当具备相应的资质，提供质量合格的产品，还应当提供中文说明书，载明产品性能、可能产生的危害、安全操作和维护注意事项、危害防护措施等内容。

（5）装置（设施）设计和建设

要求新建、改建或扩建装置（设施）时，要按照"三同时"的原则，按照有关标准、规范进行设计、设备采购、安装和试车，以确保装置（设施）保持良好的运行状态。

（6）运行和维护

要求对生产装置、设施、设备、危险物料、特殊工艺过程和危险作业环境进行有效控制，提高设施、设备运行的安全性和可靠性，结合现有行之有效的管理方面和制度，对生产的各个环节进行管理。

（7）变更管理和应急管理

变更管理是指对人员、工作过程、工作程序、技术、设施等永久性或暂时性的变化进行有计划的控制，以避免或减轻对安全、环境与健康方面的危害和影响。应急管理是指对生产系统进行全面、系统、细致的分析和研究，针对可能发生的突发性事故，制定防范措施和应急预案，并进行演练，确保万一发生事故时能控制事故，把事故损失减小到最低程度。

（8）检查和监督

检查和监督是 HSE 体系的一个重要链接环，是确保组织按照其所阐述的 HSE 管理程序开展工作。企业要建立定期检查和监督制度，定期对已建立的 HSE 管理体系运行情况进行检查与监督，保证 HSE 管理方针目标的实现。检查和监督应依据国家法律、法规、标准及企业规定、制度开展工作。

（9）事故处理和预防

事故处理和预防是 HSE 管理体系中的关键要素，它既有检查环节的内容，又有改进环节的内容，它是在一种特殊条件和非常情况下，对 HSE 管理体系相关要素进行的一次检查和改进。企业要建立一套完善有效的事故报告、调查处理和预防机制；对于事故调查应遵循分级负责、行（专）业负责及"四不放过"原则。

（10）审核、评审和持续改进

企业在 HSE 管理体系运作中，有效的内部审核是克服企业内部惰性、促进体系动作的动力。评审和持续改进是体系运作的一个重要环节。通过评审，形成新的方针、目标，制定新的 HSE 管理方案，并对所确定的危险因素实施控制和管理，不断改进、完善 HSE 管理体系，提高 HSE 管理水平，最终实现持续改进。

1.2.2 HSE 管理的主要措施

把 HSE 方针、目标分解到企业的基层单位，把识别危害、削减风险的措施、责任逐级落实到岗位人员，真正使 HSE 管理体系从上到下地规范运作，体现"全员参加、控制风险、持续改进、确保绩效"的工作要求。如中国石油天然气集团公司实施 HSE 管理体系采取了《HSE 作业指导书》、《HSE 作业计划书》和"HSE 检查表"（简称"两书一表"）的整套做法。"两书一表"都属于 HSE 体系第三层次的作业文件，其基础，是 HSE 风险管理，"两书一表"的关键是落实责任，作用是推动持续改进。

1.2.2.1 HSE 作业指导书编写指南

指导书的内容和要求一般不随项目的变化而改变，相对具有静态特性。用于固定作业场所的作业描述。计划书是指导书的补充，它是在指导书的基础上为满足新的项目或新的条件的要求而编制，相当于一个"变更"文件。更具有动态特性。对相对固定的生产作业场所，可将"两书"合并，形成一套作业文件。

（1）目的和范围

本指南规定了《HSE作业书》编制的基本要求，适用于所属基层组织。是对基层岗位HSE工作、基层组织削减和控制各类风险的基本要求，是支持而不是取代现有的岗位操作规程和HSE作业文件。

（2）编制要求

基层组织可按照工艺单元进行划分，也可以根据设备操作单元进行划分（如车间、检修组等），但应尽可能保持其完整性。编制由相关技术人员或有经验的岗位操作人员编写，经HSE管理部门组织评审后实施。编制应尽可能满足本要求，由于生产作业特点，可在不影响健康安全环境表现水平的前提下进行调整。

（3）编写指南

1）HSE管理体系

描述基层组织执行的HSE管理体系，以及根据HSE管理体系的方针、目标、分解到该基层组织的具体HSE指标，主要包括HSE承诺，HSE方针和目标，基层组织的HSE控制指标。

2）组织结构

① **管理模式**：描述基层组织隶属关系，生产经营性质、范围，主要技术装备，以及生产管理模式和HSE管理网络结构。主要包括生产管理组织结构图及职责，HSE管理网络结构图及职责，主要技术装备一览表。

② **岗位分布**：描述基层组织的生产或工艺流程、危险点源分布、岗位构成，以及相互关系。主要包括生产流程及岗位分布图，危险点源及岗位位置图，岗位构成表。

③ **岗位条件**：根据HSE管理体系及法律、法规的要求，明确从事本岗位工作人员应具备的HSE条件。主要包括文化素质，技能资质，业务水平，工作经验，身体素质，工作表现。

④ **岗位职责**：根据基层的生产管理和HSE组织、网络、岗位之间的关系，界定岗位的HSE职责。主要包括对上向谁负责，对下负责什么，HSE权利，HSE义务。

⑤ **岗位风险**：描述本岗位常见的风险，明确应采取或防范的风险削减及控制措施。主要包括岗位风险是什么，可能产生的危害程度及频率，采取什么样的控制措施。

⑥ **岗位规定**：按照岗位性质和岗位的HSE职责，明确应遵守的HSE管理文件目录。主要包括法律、法规、HSE管理体系文件、合同规定。

⑦ **操作指南**：详细描述涉及HSE风险的操作程序。主要包括岗位HSE操作程序，岗位操作程序，操作程序图，注意事项。

3）危险及控制

① **风险识别**：描述基层组织存在的各种显在和常见的风险。可采用风险矩阵或列表方式说明风险的危险程度、频率，以及涉及的岗位。

② **风险削减及控制**：对于通常可能构成的风险，削减和控制风险的常规措施，可采用关键岗位HSE任务单、分类，分项列出危害、地点或环节，潜在后果、频率和控制措施，并专门标明岗位操作的关键工序和关键点。针对具体或特殊施工作业时，在识别上述风险基础上，还应结合因项目变更、作业内容变化或人员变动具体分析可能引起的潜在风险，通过《HSE作业计划书》进一步细化和补充控制措施，并落实到有关岗位、人员。

③ **应急措施**：根据可能遇到的自然灾害、突发事件，制定应急反应预案，明确应急组

织、各岗位在应急中的职责和义务。主要包括应急反应图、应急程序。

4）记录与考核

① 记录管理：明确各岗位在生产过程中应报告的 HSE 内容和填写的 HSE 记录。主要包括填写要求、资料管理、验收要求。

② 岗位考核：按《岗位 HSE 作业指导卡》定期对员工的 HSE 业绩和表现水平进行考核，规定考核方式及实施程序。主要包括考核组织、实施办法、考核程序、考核周期、奖惩制度。

作业指导书结构和层次图见图 1-1。

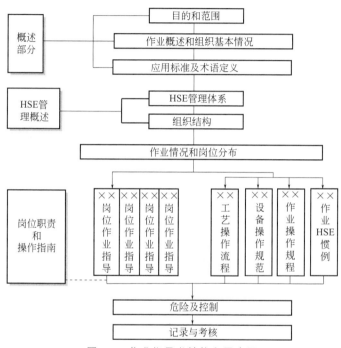

图 1-1 作业指导书结构和层次图

1.2.2.2 HSE 作业计划书编写指南

《HSE 作业计划书》是 HSE 管理体系实施计划文件。

（1）目的和范围

《HSE 作业计划书》适用于 HSE 管理体系单位所属的基层组织。基层组织应该在开工前对作业全过程中的危害进行辨识、评价，制定防控措施。

《HSE 作业计划书》是项目执行过程中的 HSE 管理文件，应随作业项目的变化而改变，必须针对《HSE 作业指导书》有关风险管理、应急预案等内容，结合具体作业项目做出细化和补充。

（2）编制要求

《HSE 作业计划书》的编写应以基层组织的人员为主，要充分考虑业主、承包商，以及其他相关方的要求。《HSE 作业计划书》应在作业项目开工前编写完成，经项目方评审后实施。基层组织的活动应尽可能满足本指南的所述要求。由于生产作业性质、复杂程度及危害程度的不同，可在不影响健康、安全与环境表现水平的前提下进行调整。

（3）编写指南

《HSE 作业计划书》主要有 10 个部分的内容：作业项目概述，政策和目标，人员组织机构与职责，主要施工设备，HSE 设施及用品，危害识别与控制，应急计划，管理制度和文件控制，信息交流，检测和整改，审核和总结回顾。

1.2.2.3　HSE 检查表

HSE 检查表，又称 HSE 管理监测检查表，它是监测现场 HSE 管理实施效果，评价 HSE 管理体系运行有效性的重要工具，通过检查表对监测检查结果的记录，有利于发现事故隐患，降低作业 HSE 风险，促进 HSE 管理体系的顺利运行。

1.2.3　HSSE 管理

安全发展、绿色发展是企业生存和可持续发展的前提和基础。2018 年，中国石化集团公司在原有的 HSE 基础上，增加了一个代表公共安全的"S"，形成 HSSE（生产安全、环境、健康和公共安全）管理体系。HSSE 是由卫生（Health）、安全（Safety）、安保（Security）和环境（Environment）第一个英文字母的缩写，HSSE 管理体系既是完善安全管理体系的需要，也是思想认识的深化和公司管理实践的提升，有利于推动化工企业实现全面安全。中国石化 HSSE 管理体系由《HSSE 管理体系（要求）》《HSSE 管理体系实施要点》和《HSSE 管理制度》三个部分组成，并首次将公共安全纳入 HSSE 管理体系。同时为确保 HSSE 管理体系的有效运行，制定了《中国石化 HSSE 管理体系管理规定》。《中国石化 HSSE 管理体系管理规定》于 2019 年 1 月 1 日正式实施。

HSSE 管理体系采用基于风险的原则和系统化的方法，融合了职业健康、安全、环境、设备完整性、管道完整性和过程安全等管理体系的目标和要求。《HSSE 管理体系（要求）》明确"零伤害、零污染、零事故"的 HSSE 目标和"组织引领、全员尽责、管控风险、夯实基础"的 HSSE 方针，结合国家安全环保要求及集团公司实际，提出"安全第一、环保优先、身心健康、严细实恒"的 HSSE 理念。

《HSSE 管理体系（要求）》包括 5 个部分 30 个要素 189 项条款，融合国内外行业通行的职业健康安全管理体系、环境管理体系、责任关怀体系、化工过程安全管理体系、设备完整性管理体系、管道完整性管理体系和安全生产标准化等要求，符合国家安全环保法规政策要求，体现了安全发展、绿色发展和可持续发展的精神，是集团公司 HSSE 管理的纲领性、强制性文件，是公司各级组织和全体员工必须遵循的原则和要求。集团各企事业单位应依据 HSSE 管理体系的要求，不断完善和改进 HSSE 管理。

1.3　化工企业监管

2011 年，国家安全生产监督管理总局先后下发了《首批重点监管的危险化学品名录》《首批重点监管的危险化学品安全措施和应急处置原则》及《危险化学品重大危险源安全监督管理暂行规定》，连同 2009 年实施的《关于公布首批重点监管的危险化工工艺目录的通知》，我国已逐渐形成了危险化学品安全监管"两重点一重大"的工作格局。"两重点一重大"即重点监管的危险化工工艺、重点监管的危险化学品目录、危险化学品重大危险源。

近年来，我国采取了一系列强化危险化学品安全监管的措施，强化源头管理，特别是化工（危险化学品）建设项目"三同时"管理，全国危险化学品安全生产形势呈现稳定好转的发展态势。但是，由于危险化学品企业 80% 以上是小企业，大多工艺技术落后、设备简陋、管理水平低，从业人员素质不能满足安全生产需要，安全监管体制机制也需进一步完善，因而危险化学品事故还时有发生，形势依然严峻。因此，迫切需要国家对危险化学品安全监管加强指导，突出重点，完善体系。

1.3.1 重点监管的危险化工工艺

首批重点监管的 15 种危险化工工艺已于 2009 年公布实施，并取得了良好的效果；2013 年公布了第二批重点监管的危险化工工艺 3 种。目前，重点监管的危险化工工艺，包括光气及光气化、电解（氯碱）、氯化、硝化、合成氨、裂解（裂化）、氟化、加氢、重氮化、氧化、过氧化、胺基化、磺化、聚合、烷基化、新型煤化工、电石生产、偶氮化等 18 种工艺。文件规定，采用危险化工工艺的新建生产装置原则上要由甲级资质化工设计单位进行设计，各危险化学品生产企业应确定重点监控的工艺参数，装备和完善自动控制系统等。从目前的实践看，这些重点监管的危险工艺的公布，明确了化工生产工艺监管重点，提高了化工装置和危险化学品储存设施的安全水平。

1.3.1.1 危险化工工艺分类

根据反应原料和产品的危险性、反应条件、剧烈程度等，将危险化工工艺分为 4 大类。

① 使用、产生了剧毒、易燃易爆等危险化学品，一旦泄漏，容易造成影响较大的事故，但反应条件较温和，工艺参数相对比较好控制，如：光气及光气化工艺、电解工艺（氯碱）、氧化工艺（部分）等。

② 使用的原料和生产的产品危险性相对较小，但反应迅速，放热量大，反应不易控制，一旦失控，会发生爆炸、燃烧等影响较大的事故，如：硝化工艺（部分）、重氮化工艺、氧化工艺（部分）、胺基化工艺（部分）、聚合工艺（部分）、磺化工艺、烷基化工艺（部分）等。

③ 使用、产生了剧毒、易燃易爆等危险化学品，且反应大量放热，反应迅速，反应不容易控制，一旦失控，会发生爆炸、燃烧、中毒等影响巨大的事故，如氯化工艺、硝化工艺（部分）、氟化工艺、加氢工艺、胺基化工艺（部分）、聚合工艺（部分）、烷基化工艺（部分）、过氧化工艺、偶氮化工艺等。

④ 使用的原料危险性相对较小，但产品的危险性较大，且反应条件非常苛刻，必须在高温、高压和催化剂的作用下才能进行，这类工艺不但容易发生燃烧爆炸，还会发生物理爆炸，如：合成氨工艺、裂解工艺、新型煤化工工艺、电石生产工艺等。

1.3.1.2 危险工艺自动控制设施

第 1 类自动控制设施主要措施：防止原料、产品中危险化学品的泄漏而造成重大事故，主要措施包括可燃和有毒气体检测报警装置控制参数的报警和联锁系统、紧急联锁切断装置、吸收（破坏）系统、通风系统和紧急冷却系统等。

第 2 类自动控制设施主要措施：反应物料的配比控制联锁系统、控制参数的报警和联锁系统、紧急联锁切断装置、安全泄放系统、紧急冷却系统和搅拌的稳定控制系统等。

第 3 类自动控制设施主要措施：反应物料的配比控制联锁系统、控制参数的报警和联锁系统、紧急联锁切断装置、安全泄放系统、紧急冷却系统、搅拌的稳定和联锁系统、可燃和有毒气体检测报警装置、吸收中和（破坏）系统、通风系统和紧急加入终止剂装置、惰性气体保护装置。

第 4 类自动控制设施主要措施：物料配比控制联锁系统、重要设备控制参数的报警和联锁系统、紧急联锁切断装置、安全泄放系统、紧急冷却系统、可燃和有毒气体检测报警装置、反应压力与压缩机转速联锁控制、火炬燃烧装置、锅炉的熄火保护、通风系统和惰性气体保护装置等。

1.3.1.3 生产安全要求

化工企业要根据重点监管危险化工工艺目录及其重点监控参数，按基本要求和推荐的控制方案要求对照本企业采用的危险化工工艺及其特点，确定重点监控的工艺参数，装备和完善自动控制系统，大型和高度危险的化工装置要按照推荐的控制方案装备安全仪表系统（紧急停车或安全联锁）。根据《特种作业人员安全技术培训考核管理规定》（国家安全生产监督管理总局令第 30 号），危险化学品安全作业（指从事危险化工工艺过程操作及化工自控仪表安装、维修、维护的作业）人员要取得特种作业操作证，方可上岗作业。

1.3.1.4 事故案例

（1）氯化反应

2006 年 7 月 28 日 8 时 45 分，江苏省盐城市射阳县盐城氟源化工有限公司临海分公司 1 号厂房（2400m²，钢框架结构）发生爆炸事故，死亡 22 人，受伤 29 人，其中 3 人重伤。事故直接原因是操作工在发现氯化反应塔塔顶冷凝器没通冷却水的情况下，仍向氯化反应塔通入氯气并开导热油阀门继续加热升温，致使氯化反应塔发生爆炸。

（2）硝化反应

2007 年 5 月 8 日 15 时 20 分左右，江西省新干县淦辉医药化工有限公司缩合车间反应釜因夹套冷却水泄漏，维修人员擅自关闭冷却水阀门检修，导致反应釜冲料，发生爆炸且引发火灾，事故造成 3 人死亡、1 人重伤、11 人轻伤，部分事故废水注入赣江，造成部分水体污染，并对下游城市供水造成影响。

（3）胺化反应

2010 年 6 月 15 日 5 时 50 分左右，在江西旺顺化工有限公司对硝基苯胺车间，1 台胺基化反应釜冷却水因循环水泵发生故障无法移除反应热量导致反应釜内物料温度急剧上升，失控引起反应釜爆炸，造成 2 人死亡。这次事故造成直接经济损失约 280 万元。

（4）重氮化反应

2011 年 11 月 27 日 10 时 20 分，江苏联化科技有限公司重氮盐生产过程中发生爆炸，造成 8 人死亡、5 人受伤（其中 2 人重伤），直接经济损失约 400 万元。事故直接原因是操作人员没有将加热蒸汽阀门关到位，造成重氮化反应釜在保湿过程中被继续加热，重氮化釜内重氮盐剧烈分解，发生化学爆炸。

（5）磺化反应

2012 年 5 月 16 日早上，江西省新干县海晨鸿华化工有限公司磺化车间发生磺化反应釜爆炸事故，事故造成 3 人死亡、2 人受伤。事故原因可能是磺化反应过程中因冷凝器漏水进入反应釜内，与氯磺酸发生剧烈反应引起冲料，发生爆炸。

（6）合成氨反应

2013 年 6 月 3 日 23 时 10 分左右，江西省双强化工有限公司二合成车间变换工段发生一起半水煤气爆炸事故。造成 1 人死亡、1 人受伤，直接经济损失约 556 万元。事故主要原因是在检修电除尘器出口水封时，打开排污阀排水又未关阀门，导致出口检修水封失去水封作用，使大量空气通过电除尘的人孔进入煤气总管，造成半水煤气中氧含量超标，形成爆炸性混合气体送往二合成变换工段，导致二合成变换工段发生半水煤气爆炸事故。

1.3.2 重点监管的危险化学品目录

首批和第二批重点监管的危险化学品名录分别于 2011 年 6 月和 2013 年 2 月公布。现行《危险化学品名录》（2015 年版）中有 2828 种危险化学品，对危险性较大的危险化学品实施重点监管，已成为各国化学品安全管理的共识。原国家安全生产监督管理总局组织专门技术力量开展了专题研究，进行了认真筛选，综合考虑了化学品的固有危险性、发生事故情况、生产量、国内外重点监管品种等要素，并研究、借鉴国外相关安全管理名录，确定了首批重点监管的危险化学品 60 种名录和第二批重点监管的危险化学品 14 种名录。

1.3.2.1　重点监管的危险化学品品种

重点监管的危险化学品是指列入《危险化学品名录》的危险化学品以及在温度 20℃ 和标准大气压 101.3kPa 条件下属于以下六大类别的危险化学品。

① 易燃气体类别（爆炸下限≤13% 或爆炸极限范围≥12% 的气体）：如液化石油气、氨、硫化氢、甲烷、氢气、一氧化碳、环氧乙烷、乙炔、氯乙烯、乙烯、一氯甲烷、1,3-丁二烯、丙烯、甲醚、二甲胺、乙烷、磷化氢、一甲胺等。

② 易燃液体类别（闭杯闪点<23℃ 并初沸点≤35℃ 的液体）：如汽油、苯、甲醇、丙烯腈、甲苯、硝基苯、苯乙烯、环氧丙烷、硫酸二甲酯、苯胺、丙烯醛、氯苯、乙酸乙烯酯、过氧乙酸、二硫化碳、环氧氯丙烷、氯甲基甲醚、烯丙胺、异氰酸甲酯、甲基叔丁基醚、乙酸乙酯、丙烯酸、甲基肼、乙醛、乙醚等。

③ 自燃液体类别（与空气接触不到 5min 便燃烧的液体）。

④ 自燃固体类别（与空气接触不到 5min 便燃烧的固体）。

⑤ 遇水放出易燃气体的物质类别（在环境温度下与水剧烈反应产生的气体通常显示自燃的倾向，或释放易燃气体的速度等于或大于每千克物质在任何 1min 内释放 10L 的任何物质或混合物）。

⑥ 三光气等光气类化学品：如光气、氯甲酸三氯甲酯等。

1.3.2.2　生产、储存安全要求

目前国内部分危险化学品从业单位缺少有经验的安全生产管理人员，安全生产管理水平不高，从业人员不掌握或不完全掌握相关危险化学品的危险特性和安全生产知识。针对这种现状，原国家安全生产监督管理总局还组织有关单位和专家配套编制了《首批重点监管的危险化学品安全措施和应急处置原则》（以下简称《措施和原则》）。《措施和原则》从特别警示、理化特性、危害信息、安全措施、应急处置原则等方面，对首批重点监管的危险化学品逐一提出了安全措施和应急处置原则，既可以指导企业加强安全生产工作，又为各地负责安全生产监督管理的部门执法检查提供参考和指导。

涉及重点监管的危险化学品的生产、储存装置，原则上须由具有甲级资质的化工行业设计单位进行设计。地方各级负责安全生产监督管理的部门应当将生产、储存、使用、经营重点监管的危险化学品的企业，优先纳入年度执法检查计划，实施重点监管。生产、储存、使用、经营重点监管的危险化学品的企业，应根据本企业工艺特点，装备功能完善的自动化控制系统，增设和完善必要的紧急停车和紧急切断系统；对储存重点监管危险化学品的设施，应装备自动化控制系统，实现温度、压力、液位及泄漏报警等重要数据的连续自动检测和数据远传记录，增设和完善必要紧急切断系统。

1.3.3　危险化学品重大危险源

《危险化学品重大危险源安全监督管理暂行规定》（国家安全生产监督管理总局第 40 号令，以下简称《规定》）已于 2011 年 12 月发布施行。危险化学品重大危险源，按照《危险化学品重大危险源辨识》（GB 18218—2018）标准辨识，是指长期地或临时地生产、储存、使用和经营危险化学品，且危险化学品的数量等于或者超过临界量的单元（包括场所和设施）。重大危险源根据危险程度，分为一级、二级、三级和四级，一级为最高级。

1.3.3.1 重大危险源辨识与评估

危险化学品单位应当按照《危险化学品重大危险源辨识》标准，对本单位的危险化学品生产、经营、储存和使用装置、设施或者场所进行重大危险源辨识，并记录辨识过程与结果。

危险化学品单位应当对重大危险源进行安全评估并确定重大危险源等级。危险化学品单位可以组织本单位的注册安全工程师、技术人员或者聘请有关专家进行安全评估，也可以委托具有相应资质的安全评价机构进行安全评估。依照法律、行政法规的规定，危险化学品单位需要进行安全评价的，重大危险源安全评估可以与本单位的安全评价一起进行，以安全评价报告代替安全评估报告，也可以单独进行重大危险源安全评估。

重大危险源有下列情形之一的，应当委托具有相应资质的安全评价机构，按照有关标准的规定采用定量风险评价方法进行安全评估，确定个人和社会风险值。

① 构成一级或者二级重大危险源，且毒性气体实际存在（在线）量与其在《危险化学品重大危险源辨识》中规定的临界量比值之和大于或等于1的。

② 构成一级重大危险源，且爆炸品或液化易燃气体实际存在（在线）量与其在《危险化学品重大危险源辨识》中规定的临界量比值之和大于或等于1的。

1.3.3.2 重大危险源安全管理

① 危险化学品单位应当建立完善重大危险源安全管理规章制度和安全操作规程，并采取有效措施保证其得到执行。

② 危险化学品单位应当对重大危险源的化工生产装置装备满足安全生产要求的自动化控制系统；一级或者二级重大危险源，装备紧急停车系统；对重大危险源配备温度、压力、液位、流量、组分等信息的不间断采集和监测系统以及可燃气体和有毒有害气体泄漏检测报警装置，并具备信息远传、连续记录、事故预警、信息存储等功能；对重大危险源中的毒性气体、剧毒液体和易燃气体等重点设施，设置紧急切断装置；毒性气体的设施，设置泄漏物紧急处置装置。涉及毒性气体、液化气体、剧毒液体的一级或者二级重大危险源，配备独立的安全仪表系统（SIS）；对重大危险源中储存剧毒物质的场所或者设施，设置视频监控系统；安全监测监控系统符合国家标准或者行业标准的规定。

③ 危险化学品单位应当按照国家有关规定，定期对重大危险源的安全设施和安全监测监控系统进行检测、检验，并进行经常性维护、保养，保证重大危险源的安全设施和安全监测监控系统有效、可靠运行。维护、保养、检测应当作好记录，并由有关人员签字。

④ 危险化学品单位应当明确重大危险源中关键装置、重点部位的责任人或者责任机构，并对重大危险源的安全生产状况进行定期检查，及时采取措施消除事故隐患。事故隐患难以立即排除的，应当及时制定治理方案，落实整改措施、责任、资金、时限和预案。

⑤ 危险化学品单位应当对重大危险源的管理和操作岗位人员进行安全操作技能培训，使其了解重大危险源的危险特性，熟悉重大危险源安全管理规章制度和安全操作规程，掌握本岗位的安全操作技能和应急措施。

⑥ 危险化学品单位应当在重大危险源所在场所设置明显的安全警示标志，写明紧急情况下的应急处置办法；将重大危险源可能发生的事故后果和应急措施等信息，以适当方式告知可能受影响的单位、区域及人员。

1.3.3.3　重大危险源事故应急预案管理

根据《生产安全事故应急预案管理办法》（原国家安全生产监督管理总局令第 88 号）规定，生产安全事故应急预案（以下简称应急预案）分为综合应急预案、专项应急预案和现场处置方案，包括编制、评审、公布、备案、宣传、教育、培训、演练、评估、修订及监督管理工作；应急预案的管理实行属地为主、分级负责、分类指导、综合协调、动态管理的原则。

① 危险化学品单位应当依法制定重大危险源事故应急预案，建立应急救援组织或者配备应急救援人员，配备必要的防护装备及应急救援器材、设备、物资，并保障其完好和方便使用；配合地方人民政府安全生产监督管理部门制定所在地区涉及本单位的危险化学品事故应急预案。

② 对存在吸入性有毒、有害气体的重大危险源，危险化学品单位应当配备便携式浓度检测设备、空气呼吸器、化学防护服、堵漏器材等应急器材和设备；涉及剧毒气体的重大危险源，还应当配备两套以上（含本数）气密型化学防护服；涉及易燃易爆气体或者易燃液体蒸气的重大危险源，还应当配备一定数量的便携式可燃气体检测设备。

③ 危险化学品单位应当制定重大危险源事故应急预案演练计划，对重大危险源专项应急预案，每年至少进行一次；对重大危险源现场处置方案，每半年至少进行一次。应急预案演练结束后，危险化学品单位应当对应急预案演练效果进行评估，撰写应急预案演练评估报告，分析存在的问题，对应急预案提出修订意见，并及时修订完善。

1.3.3.4　重大危险源登记建档

重大危险源档案应当包括下列文件、资料：

① 辨识、分级记录；

② 重大危险源基本特征表；

③ 涉及的所有化学品安全技术说明书；

④ 区域位置图、平面布置图、工艺流程图和主要设备一览表；

⑤ 重大危险源安全管理规章制度及安全操作规程；

⑥ 安全监测监控系统、措施说明、检测检验结果；

⑦ 重大危险源事故应急预案、评审意见、演练计划和评估报告；

⑧ 安全评估报告或者安全评价报告；

⑨ 重大危险源关键装置、重点部位的责任人、责任机构名称；

⑩ 重大危险源场所安全警示标志的设置情况；

⑪ 其他文件、资料。

1.3.4　建设项目"三同时"管理

根据《安全生产法》《危险化学品安全管理条例》《建设项目安全设施"三同时"监督管理办法》《危险化学品建设项目安全监督管理办法》等相关规定，生产、储存危险化学品（包括使用长输管道输送危险化学品）的建设项目及使用危险化学品从事生产并且使用量达到规定数量的化工建设项目的安全设施［主要指生产经营单位在生产经营活动中用于预防生产安全事故的设备、设施、装置、构（建）筑物和其他技术措施的总称］必须与主体工程同时设计、同时施工、同时投入生产和使用。安全设施投资应当纳入建设项目概算。安全生产监督管理部门应当加强建设项目安全设施建设的日常安全监管，落实有关行政许可及其监管责任，督促生产经营单位落实安全设施建设责任。涉及重点监管危险化工工艺、重点监管危险化学品或者危险化学品重大危险源的建设项目，应当由具有石油化工医药行业相应资质的设计单位设计。

1.3.4.1 建设项目安全预评价

建设单位应当在建设项目的可行性研究阶段，委托具有相应资质的安全评价机构，对其建设项目下列安全条件进行论证，编制安全条件论证报告：

① 建设项目是否符合国家和当地政府产业政策与布局；

② 建设项目是否符合当地政府区域规划；

③ 建设项目选址是否符合《工业企业总平面设计规范》（GB 50187）《化工企业总图运输设计规范》（GB 50489）等相关标准，涉及危险化学品长输管道的，是否符合《输气管道工程设计规范》（GB 50251）《石油天然气工程设计防火规范》（GB 50183）等相关标准；

④ 建设项目周边重要场所、区域及居民分布情况，建设项目的设施分布和连续生产经营活动情况及其相互影响情况，安全防范措施是否科学、可行；

⑤ 当地自然条件对建设项目安全生产的影响和安全措施是否科学、可行；

⑥ 主要技术、工艺是否成熟可靠；

⑦ 依托原有生产、储存条件的，其依托条件是否安全可靠。

1.3.4.2 建设项目安全设施设计审查

生产经营单位在建设项目初步设计时，应当委托有相应资质的初步设计单位对建设项目安全设施同时进行设计，编制安全设施设计。

建设项目安全设施设计应当包括下列内容：

① 设计依据；

② 建设项目概述；

③ 建设项目潜在的危险、有害因素和危险、有害程度及周边环境安全分析；

④ 建筑及场地布置；

⑤ 重大危险源分析及检测监控；

⑥ 安全设施设计采取的防范措施；

⑦ 安全生产管理机构设置或者安全生产管理人员配备要求；

⑧ 从业人员教育培训要求；

⑨ 工艺、技术和设备、设施的先进性和可靠性分析；

⑩ 安全设施专项投资概算；

⑪ 安全预评价报告中的安全对策及建议采纳情况；

⑫ 预期效果以及存在的问题与建议；

⑬ 可能出现的事故预防及应急救援措施；

⑭ 法律、法规、规章、标准规定需要说明的其他事项。

1.3.4.3 建设项目安全设施施工和竣工验收

建设项目安全设施的施工应当由取得相应资质的施工单位进行，并与建设项目主体工程同时施工。施工单位应当严格按照安全设施设计和相关施工技术标准、规范施工，并对安全设施的工程质量负责。

建设项目安全设施建成后，生产经营单位应当对安全设施进行检查，对发现的问题及时整改。

建设项目竣工投入生产或者使用前，生产经营单位应当组织对安全设施进行竣工验收，并形成书面报告备查。安全设施竣工验收合格后，方可投入生产和使用。

1. 针对目前法律法规体系现状，结合化工生产实际，如何从立法层面进一步完善化工生产法律法规体系，确保危险化学品、化工医药等企业的规范化管理？

2. 如何把安全生产标准化创建工作与企业的 HSE 管理、安全生产过程管理等制度有机融合起来，切实抓好化工企业安全监管工作？

第2章

危险化学品的分类及应急救援

危险化学品是指具有爆炸、易燃、毒害、感染、腐蚀、放射性等危险特性，在生产、经营、储存、运输使用和废弃物处置过程中，容易造成人身伤亡和财产损毁需要特别防护的化学品。认识危险化学品种类，了解其特性及危险有害因素，掌握危险化学品事故应急处置方案，才能应用相应的科学手段有效控制危险化学品事故。

2.1 危险化学品的分类和特性

2.1.1 危险化学品的分类

根据《危险货物分类和品名编号》（GB 6944—2012）将危险化学品按其主要危险特性分为九个类别，包括爆炸品，气体，易燃液体，易燃固体、易于自燃的物质、遇水放出易燃气体的物质，氧化性物质和有机过氧化物，毒性物质和感染性物质，放射性物质，腐蚀性物质，杂项物质和物品（包括危害环境物质），其中第1、2、4、5、6类再分成项别。

（1）爆炸品

爆炸品系指在外界作用下（如受热、受压、撞击等），能发生剧烈的化学反应，瞬时能产生大量的气体和热量，使周围压力急剧上升，发生爆炸，对周围环境造成破坏的物品；也包括无整体爆炸危险，但具有燃烧、抛射及较小爆炸危险，或仅产生热、光或烟雾等一种或几种作用的烟火物品。

本类危险化学品包括以下六项。

① 具有整体爆炸危险的物质和物品，如重氮甲烷、高氯酸等。

② 具有迸射危险，但无整体爆炸危险的物质和物品。

③ 具有燃烧危险并有局部爆炸危险或局部迸射危险、或两者兼有，但无整体爆炸危险的物质和物品，如硝化二乙醇胺火药、二亚硝基苯。

④ 不呈现重大危险的爆炸物质和物品，本项包括运输中万一被点燃或引发时仅造成较小危险的物质和物品；其影响主要限于包件本身，并预计射出的碎片不大、射程也不远，外部火烧不会引起包件几乎全部内装物的瞬间爆炸。

⑤ 有整体爆炸危险的非常不敏感物质，本项包括有整体爆炸危险性，但非常不敏感，以致在正常运输条件下引发或由燃烧转为爆炸的可能性极小的物质；船舱内装有大量本项物质时，由燃烧转为爆炸的可能性较大。

⑥ 无整体爆炸危险的极端不敏感物质，本项包括仅含有极不敏感爆炸物质，并且其意外引发爆炸或传播的概率可忽略不计的物品；本项物品的危险仅限于单个物品的爆炸。

（2）气体

本类气体指满足下述两种情况之一的物质：在 50℃ 时，蒸气压力大于 300kPa 的物质；20℃ 时在 101.3kPa 标准压力下完全是气态的物质。

本类包括压缩气体、液化气体、溶解气体和冷冻液化气体、一种或多种气体与一种或多种其他类别物质的蒸气混合物、充有气体的物品和气雾剂。

本类危险化学品分为以下三项。

① **易燃气体**：本项气体极易燃烧，与空气混合能形成爆炸性混合物。在常温常压下遇明火、高温即会发生燃烧或爆炸。如氢气、氨气、一氧化碳、甲烷等。

② **非易燃无毒气体**：本项系指无毒、不燃气体，包括窒息性气体、氧化性气体以及不属于其他项别的气体，不包括在温度 20℃ 时的压力低于 200kPa，并且未经液化或冷冻液化的气体。窒息性气体高浓度时有窒息作用，助燃气体有强烈的氧化作用，遇油脂能发生燃烧或爆炸。如氮气、氧气等。

③ **毒性气体**：该项气体有毒，其毒性或腐蚀性对人类健康造成危害；极性半致死浓度 LC_{50} 值小于或等于 $500mL/m^3$，对人畜有强烈的毒害、窒息、灼伤、刺激作用。其中有些还具有易燃、氧化腐蚀等性质，如液氯、液氨等。

（3）易燃液体

本类包括易燃液体和液态退敏爆炸品。易燃液体是指易燃的液体或液体混合物，或是在溶液或悬浮液中有固体的液体，其闭杯试验闪点不高于 60℃，或开杯试验闪点不高于 65.6℃。液态退敏爆炸品是指为抑制爆炸性物质的爆炸性能，将爆炸性物质溶解或悬浮在水中或其他液态物质后，而形成的均匀液态混合物。易燃液体按闪点可分为低闪点、中闪点、高闪点液体。低闪点液体，指闭杯试验闪点低于 −18℃ 的液体，如乙醛、正戊烷、丙酮等；中闪点液体，指闭杯试验闪点在 18～23℃ 的液体，如苯、正辛烷、甲醇等；高闪点液体，指闭杯试验闪点在 23～61℃ 的液体，如煤油、环辛烷、氯苯、苯甲醚等。

（4）易燃固体、易于自燃的物质、遇水放出易燃气体的物质

本类危险化学品包括以下三项。

① **易燃固体**：指燃点低，对热、撞击、摩擦敏感，易被外部火源点燃，燃烧迅速，并可能散发出有毒烟雾或有毒气体的固体，但不包括已列入爆炸品的物质。如红磷、萘、硫黄等。

② **易于自燃的物质**：指自燃点低，在空气中易于发生氧化反应，放出热量而自行燃烧的物品。如黄磷、三氯化钛等。

③ **遇水放出易燃气体的物质**：指遇水或受潮时发生剧烈化学反应，放出大量的易燃气体和热量的物品。有些不需明火，即能燃烧或爆炸。如金属锂、金属钠、氢化钾等。

（5）氧化性物质和有机过氧化物

本类危险化学品包括以下两项。

① **氧化剂**：系指处于高氧化态、具有强氧化性、易分解并放出氧和热量的物质。其本身不一定可燃，但能导致可燃物的燃烧，能与松软的粉末状可燃物组成爆炸性混合物，对热、震动或摩擦较敏感。如氯酸铵、高锰酸钾等。

② **有机过氧化物**：系指分子组成中含有过氧基的有机物，其本身易燃易爆，极易分解，对热、震动和摩擦极为敏感。

（6）毒性物质和感染性物质

本类危险化学品包括以下两项。

① **毒性物质**：系指进入肌体后，累积达一定的量，能与体液和组织发生生物化学作用

或生物物理学变化，扰乱或破坏肌体的正常生理功能，引起暂时性或持久性的病理状态，甚至危及生命的物品。凡经口摄取半数致死量 $LD_{50} \leqslant 300mg/kg$；经皮肤接触24h，半数致死量 $LD_{50} \leqslant 1000mg/kg$；急性吸入粉尘、烟雾毒性 $LC_{50} \leqslant 4mg/L$；急性吸入蒸气毒性 $LC_{50} \leqslant 5000mL/m^3$，且在20℃和标准大气压下的饱和蒸气浓度大于或等于 $1/5LC_{50}$ 的物质都属于本项，如各种氰化物、砷化物、化学农药等。

② **感染性物质**：指已知或有理由认为含有病原体的物质，包括生物制品、诊断样品、基因突变的微生物、生物体和其他媒介。如病毒蛋白等。

（7）放射性物品

本类化学品系指任何含有放射性核素并且其活度浓度和放射性总活度都超过《放射性物品安全运输规程》（GB 11806—2019）规定限值的物质。

具有放射性物质放出的射线可分为四种：α射线，也叫甲种射线；β射线，也叫乙种射线；γ射线，也叫丙种射线；还有中子流。各种射线对人体的危害都大。

许多放射性物品毒性很大，不能用化学方法中和使其不放出射线，只能设法把放射性物质清除或者用适当的材料予以吸收屏蔽。

（8）腐蚀性物质

腐蚀性物质是指通过化学作用使生物组织接触时造成严重损失或在渗漏时会严重损害甚至毁坏其他货物或运载工具的物质。本类包括使完好皮肤组织在暴露超过60min，但不超过4h之后开始的最多14d观察期内全厚度毁损的物质或被判定不引起完好皮肤组织全厚度的毁损，但在55℃试验温度下，对钢或铝的表面均匀腐蚀率超过6.25mm/a的物质。

腐蚀性物质有酸性腐蚀品，如硫酸、硝酸、盐酸等；碱性腐蚀品，如氢氧化钠、氢氧化钾、硫氢化钙等；其他腐蚀品，如二氯乙醛、苯酚钠等。

（9）杂项危险物质和物品

本类指存在危险但不能满足其他类别定义的物质和物品，包括以微细粉尘吸入可危害健康的物质；会放出易燃气体的物质；锂电池组；救生设备；一旦发生火灾可形成二噁英的物质和物品；液态温度达到或超过100℃或固态温度达到或超过240℃的高温下运输或提交运输的物质；危害环境物质；不符合毒性物质或感染性物质定义的经基因修改的微生物和生物体。如乙醛合氨、固态二氧化碳（干冰）、苯甲醛、锂电池、磁化材料等。

由于每种危险化学品往往具有多种危险性，如毒害品，不但具有毒性，而且具有易燃易爆、腐蚀等特性。因此危险化学品的分类是按照"择重入列"的原则，即根据危险化学品特性中的主要危险性，确定其归于哪一类。如毒害品因其毒性较突出故列入毒害品，也有剧毒的有机化合物（如丙烯腈）因其燃烧的危险性更大而列入易燃液体类。

2.1.2 危险化学品的危险特性

（1）危险的多重性和复杂性

由于物质本身是复杂多变的，其危险性是由多种因素决定的，所以一种危险化学品的危险性可能是多种多样的。如有易燃性、易爆性、氧化性，还可能兼有毒害性、放射性和腐蚀性等。一种物质不会只有一种危险性，如磷化锌既可遇水放出易燃气体，又有相当强的毒害性；硝酸既有强烈的腐蚀性，又有很强的氧化性。

（2）爆炸危险性

① **易爆性**：爆炸品在受到环境的加热、撞击、摩擦或电火花等外能作用时发生猛烈的爆炸造成人员伤亡、厂房倒塌、设备损坏等。

② **自燃危险性**：有些爆炸品在一定的温度下，可不用火源的作用而自行着火或爆炸。如双基炸药长时间堆放在一起时，由于火药缓慢热分解放出的热量及 NO_2 气体不能及时散发出去，当积热达到自燃点时便会自行着火或爆炸，对这类火药在储存和运输过程中要特别注意安全问题。

③ **静电危险性**：炸药是电的不良导体，在生产、包装、运输和使用过程中，经常与容器或其他介质摩擦而产生静电荷，在没有采取有效导除静电措施时，会使静电荷集聚起来，当静电荷集聚到一定的电位值时会发生放电火花，而引起着火、爆炸事故。

（3）易燃危险性

许多危险化学品都具有易燃性，如易燃气体、易燃液体、易燃固体和有些毒害物品都具有易燃的危险性，当它们所处环境具备燃烧条件时，就会发生火灾。

（4）毒害危险性

毒性物质有严重的毒害性，当人体接触时，会发生中毒事故；当发生泄漏时，会发生污染事故，破坏环境。

（5）放射性危险

放射性物质具有严重的放射性，当人体接触时，可造成外照射或内照射，发生电离辐射作用而引起急性或慢性放射性疾病。若发生泄漏，则发生放射性污染事故。

（6）腐蚀性危险

腐蚀性物质无论是酸性物质，还是碱性物质，或其他腐蚀品都具有严重的腐蚀性，人体接触后，可造成化学灼伤，有的还可以引起中毒。

2.2 危险化学品的包装与标志

2.2.1 安全技术要求

国务院《危险化学品安全管理条例》中指出，危险化学品的包装应当符合法律、行政法规、规章的规定以及国家标准、行业标准的要求。危险化学品包装物、容器的材质以及危险化学品包装的型式、规格、方法和单件质量（重量），应当与所包装的危险化学品的性质和用途相适应。危险化学品必须要有严密良好的包装，可以防止危险化学品因接触雨、雪、阳光、空气和杂质而变质，或发生剧烈的化学反应而造成事故；可以避免和减少危险物品在储运过程中所受的撞击与摩擦，保证安全运输；也可防止危险化学品泄漏造成事故。因此，对于危险化学品的包装，技术上应有严格要求，具体有以下几点。

① 根据危险化学品的特性选用包装容器的材质。

② 选择适用的封口密封方式和密封材料。

③ 根据危险化学品在运输、装卸过程中能够经受摩擦、撞击、振动、挤压及受热的程度，设计包装容器的机械强度。选择适用的材料作为容器口和容器外的衬垫、护圈，常用的材料有橡胶、泡沫塑料等。

2.2.2 包装容量和标志

（1）包装

危险化学品的包装应遵照《危险货物运输规则》《气瓶安全检查规则》和原化学工业部《液化气体铁路槽车安全管理规定》等有关要求进行。

（2）包装容量

为便于搬运和装卸，危险化学品小包装容量不宜过大。

（3）包装标志

为便于人们提高对危险化学品的警戒，危险化学品包装容器外应牢固清晰印贴我国统一规定的包装标志，标志分为标记和标签，标记有 4 个，标签有 26 个，表 2-1 和表 2-2 分别摘自《危险货物包装标志》（GB 190—2009）。

表 2-1　GB 190—2009 危险货物包装标记

序号	标记名称	标记图形
1	危害环境物质和物品标记	 （符号：黑色；底色：白色）
2	方向标记	 （符号：黑色或正红色；底色：白色） （符号：黑色或正红色；底色：白色）
3	高温运输标记	 （符号：正红色；底色：白色）

表 2-2　GB 190—2009 危险货物包装标签

序号	标签名称	标签图标		对应的危险货物类项号
1	爆炸性物质或物品		（符号：黑色；底色：橙红色）	1.1 1.2 1.3
			（符号：黑色；底色：橙红色）	1.4
			（符号：黑色；底色：橙红色）	1.5
			（符号：黑色；底色：橙红色）	1.6
		＊＊项号的位置如果爆炸性是次要危险性，留空白 ＊配装组字号的位置如果爆炸性是次要危险性，留空白		
2	易燃气体		（符号：黑色；底色：正红色）	2.1
			（符号：白色；底色：正红色）	
	非易燃气体		（符号：黑色；底色：绿色）	2.2
			（符号：白色；底色：绿色）	
	毒性气体		（符号：黑色；底色：白色）	2.3

序号	标签名称	标签图标		对应的危险货物类项号
3	易燃液体		（符号：黑色；底色：正红色）	3
			（符号：白色；底色：正红色）	
4	易燃固体		（符号：黑色；底色：白色红条）	4.1
	易于自燃的物质		（符号：黑色；底色：上白下红）	4.2
	遇水放出易燃气体的物质		（符号：黑色；底色：蓝色）	4.3
			（符号：白色；底色：蓝色）	
5	氧化性物质		（符号：黑色；底色：柠檬黄色）	5.1
	有机过氧化物质		（符号：黑色；底色：红色和柠檬黄色）	5.2
			（符号：白色；底色：红色和柠檬黄色）	

序号	标签名称	标签图标	对应的危险货物类项号
6	毒性物质	(符号:黑色;底色:白色)	6.1
	感染性物质	(符号:黑色;底色:白色)	6.2
7	一级放射性物质	(符号:黑色;底色:白色,附一条红竖条) 黑色文字,在标签下半部分写上:"RADIOACTIVE(放射性)"、"CONTENTS(内装物)"、"ACTIVITY(放射性强度)",在"RADIOACTIVE(放射性)"字样之后应有一条红竖条	7A
	二级放射性物质	(符号:黑色;底色:上黄下白,附两条红竖条) 黑色文字,在标签下半部分写上:"RADIOACTIVE(放射性)"、"CONTENTS(内装物)_____"、"ACTIVITY(放射强度)_____",在一个黑边框格内写上:"TRANSPORT INDEX(运输指数)",在"RADIOACTIVE(放射性)"字样之后应有两条红竖条	7B
	三级放射性物质	(符号:黑色;底色:上黄下白,附三条红竖条) 黑色文字,在标签下半部分写上:"RADIOACTIVE(放射性)"、"CONTENTS(内装物)_____"、"ACTIVITY(放射强度)_____",在一个黑边框格内写上:"TRANSPORT INDEX(运输指数)",在"RADIOACTIVE(放射性)"字样之后应有三条红竖条	7C
	裂变性物质	(符号:黑色;底色:白色) 黑色文字,在标签上半部分写上:"FISSILE(易裂变)",在标签下半部分的一个黑边框格内写上:"CRITICALITY SAFETY INDEX(临界安全指数)"	7E

序号	标签名称	标签图标	对应的危险货物类项号
8	腐蚀性物质	（符号：黑色；底色：上白下黑）	8
9	杂项危险物质和物品	（符号：黑色；底色：白色）	9

（4）标志使用的注意事项

① 标志的标打，可采用粘贴、钉附及喷涂等方法。

② 标志的位置规定，箱状包装位于包装端面或侧面的明显处；袋、捆包装位于包装明显处；桶形包装位于桶身或桶盖；集装箱、成组货物粘贴四个侧面。

③ 每种危险品的包装件应按其类别贴相应的标志，但如果某种物质或物品还有属于其他类别的危险性质，包装上除了粘贴该类标志作为主标志以外，还应粘贴表明其他危险性的标志作为副标志，副标志图形的下角不应标有危险货物的类项号。

④ 储运的各种危险货物性质的区分及其应标打的标志，应按 GB 6944、GB 12268 及有关国家运输主管部门规定的危险货物安全运输管理的具体办法执行，出口货物的标志应按我国执行的有关国际公约（规定）办理。

⑤ 标志应清晰，并保证在货物储运期内不脱落。

⑥ 标志应由生产单位在货物出厂前标打，出厂后如改换包装，其标志由改换包装单位标打。

2.3 危险化学品的储存和运输

2.3.1 危险化学品的储存

危险化学品仓库是易燃、易爆和有毒物品存储的场所。库址必须选择适当，布局合理。建筑条件应符合《建筑设计防火规范（2018 年版）》（GB 50016—2014）的要求，并进行科学管理，确保储存和保管的安全。

2.3.1.1 危险化学品储存的安全要求

危险化学物品的储存必须严格执行以下几点：

① 放射性物品不能与其他危险物品同库储存。

② 炸药不能与起爆器材同库储存。

③ 仓库已储存炸药或起爆器材，在未搬出仓库前不能再搬进与储存规格不同的炸药或起爆器材同库储存。

④ 炸药不能和爆炸性药品同库储存。

⑤ 各类危险品不得与禁忌物料混合储存，灭火方法不同的危险化学品不能同库储存。

⑥ 所有爆炸物品都不能与酸、碱、盐类、活泼金属和氧化剂等存放在一起。

⑦ 遇水燃烧、易燃、易爆及液化气体等危险物品不能在露天场地储存。

2.3.1.2 危险化学品分类储存的安全要求

（1）爆炸性物质储存的安全要求

爆炸性物质的储存按原公安、铁道、商业、化工、卫生和农业等部门关于"爆炸物品管理规则"的规定办理。

① 爆炸性物质必须存放在专用仓库内。储存爆炸性物质的仓库禁止设在城镇、市区和居民聚居的地方。并且应当和周围建筑、交通要道、输电线路等保持一定的安全距离。

② 存放爆炸性物质的仓库，不得同时存放相抵触的爆炸物质，并不得超过规定的储存数量。如雷管不得与其他炸药混合储存。

③ 一切爆炸性物质不得与酸、碱、盐类以及某些金属、氧化剂等同库储存。

④ 为了通风、装卸和便于出入检查，爆炸性物质堆放时堆垛不应过高过密。

⑤ 爆炸性物质仓库的温度、湿度应加强控制和调节。

（2）压缩气体和液化气体储存的安全要求

① 压缩气体和液化气体不得与其他物质共同储存；易燃气体不得与助燃气体、剧毒气体共同储存；易燃气体和剧毒气体不得与腐蚀物质混合储存；氧气不得与油脂混合储存。

② 液化石油气储罐区的安全要求。液化石油气储罐区应布置在通风良好而远离明火或散发火花的露天地带，不宜与易燃、可燃液体储罐同组布置，更不应设在一个土堤内。压力卧式液化气罐的纵轴，不宜对着重要建筑物、重要设备、交通要道及人员集中的场所。

液化石油气罐既可单独布置，也可成组布置。成组布置时，组内储罐不应超过两排。

液化石油气储罐的罐体基础的外露部分及储罐组的地面应为非燃烧材料，罐上应设有安全阀、压力计、液面计、温度计以及超压报警装置。无绝热措施时，应设淋水冷却设施。储罐的安全阀及放空管应接入全厂性火炬。独立储罐的放空管应通往安全地点放空。安全阀和储罐之间安装有截止阀，应常开并加铅封。储罐应设置静电接地及防雷设施，罐区内的电气设备应防爆。

③ 对气瓶储存的安全要求。储存气瓶的仓库应为单层建筑，在其上设置易揭开的轻质屋顶，地坪可用不发火沥青砂浆混凝土铺设，门窗都向外开启，玻璃涂以白色。库温不宜超过35℃，有通风降温措施。瓶库应用防火墙分隔为若干单独分间，每一分间有安全出入口。气瓶仓库的最大储存量应按有关规定执行。

对直立放置的气瓶应设有栅栏或支架加以固定，以防止倾倒。卧放气瓶应加以固定，以防止滚动。盛气瓶的头尾方向在堆放时应取一致。高压气瓶的堆放高度不宜超过五层。气瓶应远离热源并旋紧安全帽。对盛装易发生聚合反应的气体的气瓶，必须规定储存限期。随时检查有无漏气和堆垛不稳的情况，如检查中发现有漏气时，应首先做好人身保护，站立在上风处，向气瓶倾浇冷水，使其冷却后再去旋紧阀门。若发现气瓶燃烧，可以根据所盛气体的性质，使用相应的灭火器具。但最主要的是用雾状水去喷射，使其冷却再进行扑灭。

扑灭有毒气体气瓶的燃烧，应注意站在上风向，并使用防毒面具，切勿靠近气瓶的头部或尾部，以防发生爆炸造成伤害。

（3）易燃液体储存的安全要求

① 易燃液体应储存于通风阴凉的处所，并与明火保持一定的距离，在一定区域内严禁烟火。

② 沸点低于或接近夏季气温的易燃液体，应储存于有降温设施的库房或储罐内。盛装易燃液体的容器应保留不少于5%容积的空隙，夏季不可暴晒。易燃液体的包装应无渗漏，封口要严密。铁桶包装不宜堆放太高，防止发生碰撞、摩擦而产生火花。

③ 闪点较低的易燃液体，应注意控制库温。气温较低时容易凝结成块的易燃液体，受冻后易使容器胀裂，故应注意防冻。

④ 易燃、可燃液体储罐分地上、半地上和地下三种类型。地上储罐不应与地下或半地下储罐布置在同一储罐组内，且不宜与液化石油气储罐布置在同一储罐组内。储罐组内储罐的布置不应超过两排。在地上和半地下的易燃、可燃液体储罐的四周应设置防火堤。

⑤ 储罐高度超过17m时，应设置固定的冷却和灭火设备；低于17m时，可采用移动式灭火设备。

⑥ 闪点低、沸点低的易燃液体储罐应设置安全阀并有冷却降温设施。

⑦ 储罐的进料管应从罐体下部接入，以防止液体冲击飞溅产生静电火花引起爆炸。储罐及其有关设施必须设有防雷击、防静电设施，并采用防爆电气设备。

⑧ 易燃、可燃液体桶装库应设计为单层仓库，可采用钢筋混凝土排架结构，设防火墙分隔数间，每间应有安全出口。桶装的易燃液体不宜于露天堆放。

（4）易燃固体储存的安全要求

储存易燃固体的仓库要求阴凉、干燥，要有隔热措施，忌阳光照射，易挥发、易燃固体宜密封堆放，仓库要求严格防潮；易燃固体多属于还原剂，应与氧和氧化剂分开储存。有很多易燃固体有毒，故储存中应注意防毒。

（5）自燃物质储存的安全要求

自燃物质不能和易燃液体、易燃固体、遇水燃烧物质混合储存，也不能与腐蚀性物质混合储存；自燃物质在储存中，对温度、湿度的要求比较严格，必须储存于阴凉、通风、干燥的仓库中，并注意做好防火、防毒工作。

（6）遇水燃烧物质储存的安全要求

遇水燃烧物质的储存仓库，宜设在地势较高的安全地带，注意防水、防潮，严防雨雪侵袭，严禁火种接近。储存遇水燃烧物质的库房要求干燥，门窗密封，库房的相对湿度一般保持在75%以下，最高不超过80%。遇水燃烧物质不得与酸、氧化剂等危险品以及灭火方法不同的物品共储；堆垛储存时要用干燥的枕木或垫板；钾、钠等应储存于不含水分的矿物油或液体石蜡中。

（7）氧化剂储存的安全要求

一级无机氧化剂与有机氧化剂不能混合储存，不能和其他弱氧化剂混合储存，不能与压缩气体、液化气体混合储存。氧化剂与有毒物质不得混合储存。有机氧化剂不能与溴、过氧化氢、硝酸等酸性物质混合储存。硝酸盐与硫酸、发烟硫酸、氯磺酸接触时都会发生化学反应，不能混合储存。储存氧化剂，应严格控制温度、湿度。可以采取整库密封、分垛密封与自然通风相结合的方法。在不能通风的情况下，可以采用吸潮和人工降温的方法。

（8）有毒物质储存的安全要求

有毒物质应储存在阴凉通风的干燥场所，要避免露天存放，不能与酸类物质接触；有毒物质严禁与食品同存一库；包装封口必须严密，无论是瓶装、盒装、箱装或其他包装，外面均应贴（印）有明显名称和标志；工作人员应按规定穿戴防毒用具，禁止用手直接接触有毒物质。储存有毒物质的仓库应有中毒急救、清洗、中和、消毒用的药物等备用。

（9）腐蚀性物质储存的安全要求

腐蚀性物质均须储存在冬暖夏凉的库房里，保持通风、干燥、防潮、防热；腐蚀性物不能与易燃物质混合储存，可用墙分隔同库储存不同的腐蚀性物质；采用相应的耐腐蚀容器盛装腐蚀性物质，且包装封口要严密；储存中应注意控制腐蚀性物质的储存温度，防止受热或受冻造成容器胀裂。危险化学品的储存应根据危险化学品品种特性，严格按照表2-3的规定分类存储。

表 2-3　危险化学品分类储存原则

物质名称	应用举例	储存原则	附注
爆炸性物质	叠氮化铅、雷汞、三硝基甲苯、硝铵炸药等	不准和其他类物品同储，必须单独储存	
易燃和可燃液体	汽油、苯、二硫化碳、丙酮、甲苯、乙醇、松节油、樟脑油等	避热储存，不准与氧化剂及有氧化性的酸类混合储存	如数量很少，允许与固体易燃物质隔开后共存
压缩气体和液化气体、易燃气体	氢气、甲烷、乙烯、丙烯、乙炔、丙烷、甲醚、氯乙烷、一氧化碳、硫化氢等	除不燃气体外，不准和其他类物品同储	
不燃气体	氮气、二氧化碳、氖、氩等	除助燃气体、氧化剂外，不准和其他类物品同储	氯兼有毒害性
有毒气体	氯气、二氧化硫、氨气、氰化氢等	除不燃气体外，不准和其他类物品同储	
遇水或空气能自燃的物质	钾、钠、磷化钙、锌粉、铝粉、黄磷、三乙基铝等	不准和其他类物质同储	钾、钠须浸入石油中，黄磷须浸入水中
易燃固体	红磷、萘、樟脑、硫黄、二硝基萘、三硝基苯酚等	不准和其他类物质同储	赛璐珞须单独储存
能形成爆炸性混合物的氧化剂	氯酸钾、氯酸钠、硝酸钾、硝酸钠、硝酸钡、次氯酸钙、亚硝酸钠、过氧化钠、过氧化钡、30%的过氧化氢等	除惰性气体外，不准和其他类物品同储	过氧化物有分解爆炸的危险，应单独储存。过氧化氢应储存在阴凉处，表中的两类氧化剂应隔离储存
能引起燃烧的氧化剂	溴、硝酸、硫酸、铬酸、高锰酸钾、重铬酸钾等		
有毒物品	氰化钾、三氧化二砷、氯化汞等	不准和其他类物品同储，存储在阴凉、通风、干燥的场所，不要露天存放，不要接近酸类物质	
腐蚀性物质	硫酸、硝酸、氢氧化钠、硫化钠、苯酚钠等	严禁与液化气体和其他类物品同储，包装必须严密、不允许泄漏	

2.3.1.3　危险化学品专用仓库的管理

依据《危险化学品安全管理条例》第二十四条、第二十五条、第二十六条的规定，生产、储存危险化学品的仓库应当遵循下列要求。

① 危险化学品应当储存在专用仓库、专用场地或者专用储存室（统称专用仓库）内，并由专人负责管理；剧毒化学品以及储存数量构成重大危险源的其他危险化学品，应当在专用仓库内单独存放，并实行双人收发、双人保管制度。

② 危险化学品的储存方式、方法以及储存数量应当符合国家标准或者国家有关规定。

③ 储存危险化学品的单位应当建立危险化学品出入库核查、登记制度。

④ 对剧毒化学品以及储存数量构成重大危险源的其他危险化学品，储存单位应当将其储存数量、储存地点以及管理人员的情况，报所在地县级人民政府安全生产监督管理部门（在港区内储存的，报港口行政管理部门）和公安机关备案。

⑤ 危险化学品专用仓库应当符合国家标准、行业标准的要求，并设置明显的标志。储存剧毒化学品、易制爆危险化学品的专用仓库，应当按照国家有关规定设置相应的技术防范设施。

⑥ 储存危险化学品的单位应当对其危险化学品专用仓库的安全设施、设备定期进行检测、检验。

2.3.2 危险化学品的运输

根据危险化学品的种类和性质，要科学地安排装卸和运输，必须按照我国危险货物运输管理法规要求，组织管理工作，要做到三定，即定人、定车和定点；三落实，即发货、装卸货物和提货工作落实。依据《危险化学品安全管理条例》规定，危险化学品的装卸运输应做好以下安全工作。

(1) 装卸场地和运输设备

① 危险化学品的发货、中转和到货，都应在远离市区的指定专用车站或码头装卸货物。

② 危险化学品的运输设备，要根据危险化学品的类别和性质合理选用车、船等。

③ 运输易燃、易爆物品的机动车，其排气管应装阻火器，并悬挂"危险品"标志。

④ 装运危险化学品的车、船、装卸工具，必须符合防火防爆规定，并装设相应的防火、防爆、防毒、防水、防粉尘飞扬和防晒等设施，并配备相应的消防器具和防毒器具。

⑤ 危险化学品的装卸场地和运输设备（车、船等），在危险物品装卸前后都要进行必要的通风、清扫或清洗，扫出的垃圾和残渣应放入专用容器内，以便统一安全处理。

(2) 装卸和运输

① 装运危险化学品应遵守危险货物配装规定，性质相抵触的禁忌物品不能一同混装。

② 装卸危险化学品，必须轻拿轻放，防止撞击、摩擦和倾斜，严禁摔拖，不得损坏包装容器，保持包装外的标志完好，堆放稳妥。

③ 装运危险化学品的车辆，应由指定的专人开车，运输危险品的行车路线，必须事先经当地公安部门批准，按指定的运输路线和时间运输，必须保持安全车速，保持车距，严禁超车、超速和强行会车。

④ 装运危险化学品的车船，不宜在繁华市区道路上行驶和停留，不能在行驶途中随意装上其他货物或卸下危险品。停运时应保持装运危险物品的车船与其他车船、明火场所、高压电线、仓库和居民密集的区域保持一定的安全距离，严禁滑车和强行超车。

⑤ 禁止利用内河的封闭水域运输剧毒化学品，通过公路运输剧毒化学品的，托运人应当向始发地或目的地的县级人民政府公安部门申请办理剧毒化学品公路运输通行证。

(3) 人员培训和安全要求

① 危险化学品的装卸和运输，应选派责任心强、经过安全防护技能培训的人员担任。

② 危险化学品运输企业应当对驾驶员、船员、装卸管理人员、押运人员、申报人员、集装箱装箱现场管理人员进行有关安全知识培训，并经交通运输部门考核合格，取得上岗资格证，方可上岗作业。

③ 装卸危险化学品的人员，应按规定佩戴相应的劳动保护用品。

④ 运送爆炸、剧毒和放射性物品时，应按照公安部门规定指派押运人员，并使运送物品在押运人的可控范围之内。

2.4 危险化学品事故

危险化学品事故指由一种或数种危险化学品或其能量意外释放造成的人身伤亡、财产损失或环境污染事故。危险化学品事故后果通常表现为人员伤亡、财产损失或环境污染。

2.4.1 危险化学品事故的特点

（1）突发性

危险化学品事故往往是在没有先兆的情况下突然发生的，而不需要一段时间的酝酿。

（2）复杂性

事故的发生机理常常非常复杂，许多着火、爆炸事故并不是简单地由滑漏的气体、液体引发那么简单，而往往是由腐蚀等化学反应等引起的，事故的原因往往很复杂，并使之具有相当的隐蔽性。

（3）严重性

事故造成的后果往往非常严重，单个罐体的爆炸，会造成整个罐区的连环爆炸，一个罐区的爆炸，可能殃及生产装置，进而造成全厂性爆炸。更有一些化工厂由于生产工艺的连续性，装置布置紧密，会在短时间内发生厂毁人亡的恶性爆炸。危险化学品事故不仅会因设备、装置的损坏，生产的中断，而造成重大的经济损失，同时，也会对人员造成重大的伤亡。

（4）持久性

事故造成的事故后果往往在长时间内都得不到恢复，具有事故危害的持久性。譬如，人员严重中毒，常常会造成终生难以消除的后果；对环境造成的破坏，往往需要几十年的时间进行治理。

（5）社会性

危险化学品事故往往造成惨重的人员伤亡和巨大的经济损失，影响社会稳定。灾难性事故，常常会给受害者、亲历者造成不亚于战争留下的创伤，在很长时间内都难以消除痛苦与恐怖。如 2003 年重庆开县的井喷事故，造成了 243 人死亡，许多家庭都因此残缺破碎，生存者可能永远无法抚平他们心中的创伤。同时，一些危险化学品泄漏事故，还可能对子孙后代造成严重的生理影响。如 1976 年 7 月意大利塞维索一家化工厂爆炸，剧毒化学品二噁英扩散，这次事故使许多人中毒，附近居民被迫迁走，半径 1.5km 范围内植物被铲除深埋，数公顷的土地均被铲掉几厘米厚的表土层。但是，由于二噁英具有致畸和致癌作用，事隔多年后，当地居民的畸形儿出生率大为增加。

由于危险化学品具有上述特性，致使危险化学品在发生重大或灾害性事故时常可导致严重事故后果。

2.4.2 危险化学品事故的后果

引发危险化学品事故的原因很多，危险化学品种类繁多，所以发生危险化学品事故的后果也大不相同，可引起爆炸、燃烧或中毒，因而常常危及人们生命和财产的安全，带来不可估量的严重后果。

危险化学品事故对从业人员造成的危害主要有以下四种情况。

（1）中毒

引起中毒的危险化学品有以下种类：气体（窒息性气体如一氧化碳、硫化氢、氰化物；刺激性气体如氮氧化物、氯、氨、二氧化硫等），有机溶剂（苯胺、三硝基甲苯等），以及有机磷农药等。危险化学品中毒事故多集中在某几种化学物质上：氯气、氨气、氮氧化物、一氧化碳、硫化氢、硫酸二甲酯、光气等，主要由刺激性气体和窒息性气体组成，占全部中毒事故的75％以上。而其中氯气、一氧化碳、氨气三类化合物所致的危险化学品中毒事故占55％左右。这些物质在化工、石油、石油化工等产业中应用非常广泛。另外，由于有些化学物质腐蚀性很强，常使设备、管线损坏，发生跑、冒、滴、漏，外逸的气体极易通过呼吸道进入人体而导致人体中毒。

（2）烧伤

危险化学品事故现场常发生爆炸和燃烧，伤员往往出现烧伤情况，并且常伴有复合伤。

（3）窒息

窒息性气体可分为两大类：一类为单纯性窒息性气体，如氢气、甲烷、二氧化碳等，这类气体本身毒性很低，但因其空气中含量高，使氧的相对含量降低，肺内氧分压降低，导致机体缺氧；另一类为化学性窒息性气体，如一氧化碳、氰化物、硫化氢等，主要危害是对血液或组织产生特殊的化学作用，使血液运送氧的能力和组织利用氧的能力发生障碍，造成全身组织缺氧。

（4）死亡

火灾、爆炸等危险化学品事故可直接导致人员死亡，同时现场的中毒、烧伤、窒息伤员如得不到及时有效的现场救护，也将导致死亡。

由于危险化学品的上述事故特点及后果，致使危险化学品事故应急救援工作的组织与实施显得尤其重要。

2.5 典型危险化学品事故应急处置方案

为了加强生产安全事故应急能力建设，《生产安全事故应急条例》规定，易燃易爆物品、危险化学品等危险物品的生产、经营、储存、运输单位应当制定生产安全事故应急救援预案，并定期组织应急救援预案演练。危险化学品企业应当根据危险化学品事故的特点分类制定事故应急处置方案。

2.5.1 火灾事故

2.5.1.1 扑救危险化学品火灾事故总的处置措施

① 迅速扑救初期火灾，关闭火灾部位上下游阀门，切断进入火灾事故地点的一切物料；在火灾尚未扩大到不可控制之前，使用移动式灭火器或现场其他各种消防设备、器材扑灭初期火灾和控制火源。

② 应迅速查明燃烧范围、燃烧物品及其周围物品的品名和主要危险特性，火势蔓延的主要途径，燃烧的危险化学品及燃烧产物是否有毒。

③ 先控制，后消灭。针对危险化学品火灾的火势发展蔓延迅速和燃烧面积大的特点，为防止火灾危及相邻设施，应对周围设施及时采取冷却降温保护措施，迅速转移受火势威胁的物资；如火灾可能造成易燃液体外流，可用沙袋或其他材料筑堤拦截漂散流淌的

液体或挖沟导流将物料导向安全地点；用毛毡、海草帘堵住下水井、阴井口等处，防止火焰蔓延。

④ 扑救人员应占领上风或侧风阵地进行灭火，并有针对性地采取自我防护措施，如佩戴防护面具、穿戴专用防护服等。

⑤ 对有可能发生爆炸、爆裂、喷溅等特别危险需紧急撤离的情况，应按照统一的撤退信号和撤退方法及时撤退（撤退信号应格外醒目，能使现场所有人员都看到或听到，并应经常演练）。

⑥ 火灾扑灭后，仍然要派人监护现场，消灭余火。起火单位应当保护现场，接受事故调查，协助公安消防部门和安全管理部门调查火灾原因，核定火灾损失，查明火灾责任，未经公安消防部门和安全监督管理部门的同意，不得擅自清理火灾现场。

扑救化学品火灾时，特别注意的是：扑救危险化学品火灾决不可盲目行动，应针对每一化学品，选择正确的灭火剂和灭火方法来安全地控制火灾。化学品火灾的扑救应由专业消防队来进行。其他人员不可盲目行动，待消防队到达后，介绍物料性质，配合扑救。

2.5.1.2 不同种类危险化学品的灭火扑救方法

（1）扑救易燃液体的基本方法

扑救易燃液体火灾，首先应切断火势蔓延的途径，冷却受火势威胁的压力及密闭容器和可燃物，控制燃烧范围，并积极抢救受伤和被困人员。及时了解和掌握着火液体的品名、密度、水溶性以及有无毒害、腐蚀、沸溢、喷溅危险性，以便采取相应的灭火和防护措施。对较大的储罐或流淌火灾，应准确判断着火面积。小面积（50m^2 以内）液体火灾，一般可用雾状水扑灭，用泡沫、干粉、二氧化碳、卤代烷（1211，1301）灭火一般更有效，大面积液体火灾则必须根据其相对密度（密度）、水溶性和燃烧面积大小，选择正确的灭火剂扑救。比水轻又不溶于水的液体（如汽油、苯等），用普通蛋白泡沫或轻水泡沫灭火。比水重又不溶于水的液体（如二硫化碳）起火时可用水扑灭，水能覆盖在液面上灭火。具有水溶性的液体（如醇类、酮类等），最好用抗溶性泡沫扑救，用干粉或卤代烷扑救时，灭火效果要视燃烧面积大小和燃烧条件而定，也需用水冷却罐壁。扑救毒害性、腐蚀性或燃烧产物毒害性较强的易燃液体火灾，扑救人员必须佩戴防护面具，采取防护措施。

（2）扑救毒害品和腐蚀品的方法

灭火人员必须穿防护服，佩戴防护面具。一般情况下采取全身防护即可，对有特殊要求的物品火灾，应使用专用防护服。扑救时应尽量使用低压水流或雾状水，避免腐蚀品、毒害品溅出。遇酸类或碱类腐蚀品最好调制相应的中和剂稀释中和。浓硫酸遇水能放出大量的热，会导致沸腾飞溅，需特别注意防护。扑救浓硫酸与其他可燃物品接触发生的火灾，浓硫酸数量不多时，可用大量低压水快速扑救。如果浓硫酸量很大，应先用二氧化碳、干粉、卤代烷等灭火，然后再把着火物品与浓硫酸分开。

（3）扑救易燃固体、易燃物品火灾的基本方法

易燃固体、易燃物品一般都可用水或泡沫扑救，相对其他种类的化学危险物品而言是比较容易扑救的，只要控制住燃烧范围，逐步扑灭即可。但也有少数易燃固体、自燃物品的扑救方法比较特殊，如 2,4-二硝基苯甲醚、二硝基萘、萘、黄磷等。

2,4-二硝基苯甲醚、二硝基萘、萘等是能升华的易燃固体，受热产生易燃蒸气，在扑救程中应不时向燃烧区域上空及周围喷射雾状水，并用水浇灭燃烧区域及其周围的一切火源。遇黄磷火灾时，用低压水或雾状水扑救，用泥土、沙袋等筑堤拦截黄磷熔融液体并用雾状水冷却，对磷块和冷却后已固化的黄磷，应用钳子夹入储水容器中。

（4）扑救遇湿易燃物品火灾的基本方法

遇湿易燃物品在潮湿环境下与水发生化学反应，产生可燃气体和热量，有时即使没有明火也能自动着火或爆炸，如金属钾、钠以及三乙基铝（液态）等。因此，这类物品有一定数量时，绝对禁止用水、泡沫、酸碱灭火器等湿性灭火剂扑救，应用干粉、二氧化碳、卤代烷扑救，只有金属钾、钠、铝、镁等个别物品用二氧化碳、卤代烷无效。固体遇湿易燃物品应用水泥、干沙、干粉、硅藻土和蛭石等覆盖。

2.5.2 爆炸事故

（1）爆炸事故扑救要点

由于爆炸事故都是瞬间发生，而其往往同时引发火灾，危险性、破坏性极大，给扑救带来很大困难。因此，在保证扑救人员安全的前提下，把握以下要点。

① 采取一切可能的措施，全力制止再次爆炸。

② 应迅速组织力量及时疏散火场周围的易爆、易燃品，使火区周边出现一个隔离带。

③ 切忌用沙土遮盖、压埋爆炸物品，以免增加爆炸时爆炸威力。

④ 灭火人员要利用现场的有利地形或采取卧姿行动，尽可能采取自我保护措施。

⑤ 如果发生再次爆炸征兆或危险时，指挥员应迅速做出正确判断，下达命令，组织人员撤退。

（2）扑救爆炸物品的基本方法

遇爆炸物品火灾时，一般应采取以下基本对策。

① 迅速判断和查明再次发生爆炸的可能性和危险性，紧紧抓住爆炸后和再次发生爆炸之前的有利时机。采取一切可能的措施，全力制止再次爆炸的发生。

② 切忌用沙土盖压，以免增强爆炸物品爆炸时的威力。

③ 如果有疏散可能，人身安全上确有可靠保障，应迅即组织力量及时疏散着火区域周围的爆炸物品，使着火区周围形成一个隔离带。

④ 扑救爆炸物品堆垛时，水流应采用吊射，避免强力水流直接冲击堆垛，以免堆垛倒塌引起再次爆炸。

⑤ 灭火人员应尽量利用现场现成的掩蔽体或尽量采用卧姿等低姿射水，尽可能地采取自我保护措施。消防车辆不要停靠离爆炸物品太近的水源。

⑥ 灭火人员发现有发生再次爆炸的危险时，应立即向现场指挥报告，现场指挥应迅即作出准确判断，确有发生再次爆炸征兆或危险时，应立即下达撤退命令。灭火人员看到或听到撤退信号后，应迅速撤至安全地带，来不及撤退时，应就地卧倒。

（3）扑救压缩或液化气体火灾的基本方法

压缩或液化气体总是被储存在不同的容器内，或通过管道输送。其中储存在较小钢瓶内的气体压力较高，受热或受火焰熏烤容易发生爆裂。气体泄漏后遇火源已形成稳定燃烧时，其发生爆炸或再次爆炸的危险性与可燃气体泄漏未燃时相比要小得多。遇压缩或液化气体火灾一般应采取以下基本对策。

首先应扑灭外围被火源引燃的可燃物火势，控制燃烧范围，切忌盲目扑灭主体火势，在没有采取堵漏措施的情况下，必须保持稳定燃烧。否则，大量可燃气体泄漏出来与空气混合，遇着火源就会发生爆炸，后果将不堪设想。

如果火势中有压力容器或有受到火焰辐射热威胁的压力容器，能疏散的应尽量在掩护下疏散到安全地带，不能疏散的应部署足够的水枪进行冷却保护。为防止容器爆裂伤人，进行冷却的人员应尽量采用低姿射水或利用现场坚实的掩蔽体防护。对卧式储罐人员应选择储罐四侧角作为射水阵地。

如果是输气管道泄漏着火，应设法找到气源阀门。阀门完好时，只要关闭气体的进出阀门，火势应会自动熄灭。关阀无效时，应根据火势判断气体压力和泄漏口的大小及其形状，准备好相应的堵漏材料（如软木塞、橡胶塞、气囊塞、黏合剂、弯管工具等）。

堵漏工作准备应绪后，即可用水扑救火势，也可用干粉、二氧化碳、卤代烷灭火，但仍需要水冷却烧烫的罐或管壁。火扑灭后，应立即用堵漏材料堵漏，同时用雾状水稀释和驱散泄漏出来的气体。如果确认泄漏口非常大，根本无法堵漏，只需冷却着火容器及其周围容器和可燃物品，控制着火范围，直到燃气燃尽，火势自动熄灭。

现场指挥应密切注意各种危险征兆，遇有火势熄灭后较长时间未能恢复稳定燃烧或受热辐射的容器安全阀火焰变亮耀眼、尖叫、晃动等爆裂征兆时，指挥员必须适时作出准确判断，及时下达撤退命令。现场人员看到或听到事先规定的撤退信号后，应迅速撤退至安全地带。

2.5.3 泄漏事故

在化学品的生产、储存和使用过程中，盛装化学品的容器常常发生一些意外的破裂、洒漏等事故，造成化学危险品的外漏，因此需要采取简单、有效的安全技术措施来消除或减少泄漏危险。下面介绍一下化学品泄漏必须采取的应急处理措施。

(1) 疏散与隔离

在化学品生产、储存和使用过程中一旦发生泄漏，首先要疏散无关人员，隔离泄漏污染。如果是易燃易爆化学品大量泄漏，这时一定要打"119"报警，请求消防专业人员救援，同时要保护、控制好现场。

(2) 泄漏源控制

① **泄漏控制**：如果在生产使用过程中发生泄漏，要在统一指挥下，通过关闭有关阀门，切断与之相连的设备、管线，停止作业，或改变工艺流程等方法来控制化学品的泄漏。对容器壁、管道壁堵漏，可使用专用的软橡胶封堵物（圆锥状、楔子状等多种形状和规格的塞子）、木塞子、胶泥、棉纱和肥皂封堵，对于较大的孔洞，还可用湿棉絮封堵、捆扎。需要注意的是，在化工工艺流程中的容器泄漏处直接堵漏时，一般不要先轻易关闭阀门或开关，而应先根据具体情况，在事故单位工程技术人员的指导下，正确地采取降温降压措施（消防部队可在技术人员的指导下，实施均匀的开花水流冷却），然后再关闭阀门、开关止漏，以防因容器内压力和温度突然升高而发生爆炸。对不能立即止漏而继续外泄的有毒有害物质，可根据其性质，与水或相应的溶液混合，使其迅速解毒或稀释。泄漏物正在燃烧时，只要是稳定型燃烧，一般不要急于灭火，而应首先用水枪对泄漏燃烧的容器、管道及其周围的容器、管道、阀门等设备以及受到火焰、高温威胁的建筑物进行冷却保护，在充分准备并确有把握处置事故的情况下，方才灭火。

② **切断火源**：切断火源对化学品的泄漏处理特别重要，如果泄漏物品是易燃品，必须立即消除泄漏污染区域的各种火源。

③ **个人防护**：进入泄漏现场进行处理时，应注意安全防护，进入现场救援人员必须配备必要的个人防护器具。参加泄漏处理人员应对泄漏品的化学性质和反应特征有充分的了解，要于高处和上风处进行处理，严禁单独行动，要有监护人。必要时要用水枪（雾状水）掩护。要根据泄漏品的性质和毒物接触形式，选择适当的防护用品，防止事故处理过程中发生伤亡、中毒事故。如果泄漏物是有毒的，应使用专用防护服、隔绝式空气面具，立即在事故中心区边界设置警戒线，根据事故情况和事故发展，确定事故波及区人员的撤离。为了在现场上能正确使用和适应，平时应进行严格的适应性训练。

（3）泄漏物的处理

如果泄漏危险化学品为液体，泄漏到地面上时会四处蔓延扩散，难以收集处理，为此需要筑堤堵截或者引流到安全地点。对于储罐区发生液体泄漏时，要及时关闭雨水阀，防止物料沿明沟外流。向有害物蒸气喷射雾状水，加速气体向高空扩散。对于可燃物，也可以在现场施放大量水蒸气或氮气，破坏燃烧条件。对于液体泄漏，为降低物料向大气中的蒸发速度，可用泡沫或其他覆盖物品覆盖外泄的物料，在其表面形成覆盖层，抑制其蒸发。

对于大型泄漏，可选用隔膜泵将泄漏出的物料抽入容器内或槽车内；漏量小时，可用沙子、吸附材料、中和材料等吸收中和。将收集的泄漏物运至废物处理场所处置。用消防水冲洗剩下的少量物料，冲洗水排入污水系统处理。

需特别注意的是，对参与化学事故抢险救援的消防车辆及其他车辆、装备、器材也必须进行消毒处理。否则会成为扩散源。对参与抢险救援的人员除必须对其穿戴的防化服、战斗服、作训服和使用的防毒设施、检测仪器、设备进行消毒外，还必须彻底地淋浴冲洗躯体、皮肤，并注意观察身体状况，进行健康检查。

2.5.4　中毒窒息事故

在化工生产和检修现场，有时由于设备突发性损坏或泄漏致使大量毒物外溢造成作业人员急性中毒。中毒窒息往往病情严重，且发展变化快。因此必须全力以赴，争分夺秒地及时抢救。

中毒窒息现场应急处置应遵循下列原则。

（1）安全进入毒物污染区

对于高浓度的硫化氢、一氧化碳等毒物污染区以及严重缺氧环境，必须先予通风。参加救护人员需佩戴供氧式防毒面具。其他毒物也应采取有效防护措施方可入内救护。同时应佩戴相应的防护用品、氧气分析报警仪和可燃气体报警仪。

（2）切断毒物来源

救护人员进入现场后，除对中毒者进行抢救外，同时应侦查毒物来源，并采取果断措施切断其来源，如关闭泄漏管道的阀门、堵加盲板、停止加送物料、堵塞泄漏设备等，以防止毒物继续外溢（逸）。对于已经扩散出来的有毒气体或蒸气，应立即启动通风排毒设施或开启门窗，以降低有毒物质在空气中的含量，为抢救工作创造有利条件。

（3）彻底清除毒物污染，防止继续吸收

救护人员进入现场后，应迅速将中毒者转移至有新鲜空气处，并解开中毒者的颈、脑部纽扣及腰带，以保持呼吸通畅。同时对中毒者要注意保暖和保持安静，严密注意中毒者神志、呼吸状态和循环系统的功能。

救护人员脱离污染区后，立即脱去受污染的衣物。对于皮肤、毛发甚至指甲缝中的污染都要注意清除。对能由皮肤吸收的毒物及化学灼伤，应在现场用大量清水或其他备用的解毒、中和液冲洗。毒物经口侵入体内，应及时彻底洗胃或催吐，除去胃内毒物，并及时以中和、解毒药物减少毒物的吸收。

（4）迅速抢救生命

中毒者脱离染毒区后，应在现场立即着手急救。心脏停止跳动的，立即拳击心脏部位的胸壁或作胸外心脏按压（见2.6）；直接对心脏内注射肾上腺素或异丙肾上腺素，抬高下肢使头部低位后仰。呼吸停止者赶快做人工呼吸，做好用口对口吹气法（见2.6）。剧毒品不适宜用口对口法时，可使用史氏人工呼吸法。操作要领如下：使患者仰卧，松解衣扣和腰带，除去假牙，清除病人口腔内痰液、呕吐物、血块、泥土等异物，保持呼吸道畅通；救护人员位于患者头顶一侧，两手握住患者两手，交叠在胸前，然后握住两手向左右分开伸展180°。接触地面。速度与其他人工呼吸法速度相同，约为 16～18 次/min（成人）、18～24 次/min（儿童）。人工呼吸与胸外心脏按压可同时交替进行，直至恢复自主心搏和呼吸。急救操作不可动作粗暴，造成新的损伤。眼部溅入毒物，应立即用清水冲洗，或将脸部浸入满盆清水中，张眼并不断摆动头部，稀释洗去毒物。

（5）及时解毒和促进毒物排出

发生急性中毒后应及时采取各种解毒及排毒措施，降低或消除毒物对机体的作用。如采用各种金属配位剂与毒物的金属离子配合成稳定的有机配合物，随尿液排出体外。

毒物经口引起的急性中毒，若毒物无腐蚀性，应立即用催吐或洗胃等方法清除毒物。对于某些毒物，亦可使其变为不溶的物质以防止其吸收，如氯化钡、碳酸钡中毒，可口服硫酸钠，使胃肠道尚未吸收的钡盐成为硫酸钡沉淀而防止吸收。氨、铬酸盐、铜盐、汞盐、羧酸类、醛类、脂类中毒时，可给中毒者喝牛奶、生鸡蛋等缓解剂。烷烃、苯、石油醚中毒时，可给中毒者喝一汤匙液体石蜡和一杯含硫酸镁或硫酸钠的水。一氧化碳中毒应立即吸入氧气，以缓解机体缺氧并促进毒物排出。

（6）送医院治疗

经过初步急救，速送医院继续治疗。

2.5.5 化学烧伤事故

（1）化学烧伤的特点及致伤机理

化学烧伤不同于一般的热力烧伤，具有化学烧伤危害的物质与皮肤的接触时间一般比热烧伤的长，因此某些化学烧伤可以是局部很深的进行性损害，甚至通过创面等途径吸收，导致全身各脏器的损害。

① **局部损害**：局部损害的情况与化学物质的种类、浓度及与皮肤接触的时间等均有关系。化学物质的性能不同，局部损害的方式也不同。如酸凝固组织蛋白，碱则皂化脂肪组织；有的毁坏组织的胶体状态，使细胞脱水或与组织蛋白结合；有的则因本身的燃烧而引起烧伤，如磷烧伤；有的本身对健康皮肤并不致伤，但由于大爆炸燃烧致皮肤烧伤，进而引起毒物从创面吸收，加深局部的损害或引起中毒等。局部损害中，除皮肤损害外，黏膜受伤的机会也较多，尤其是某些化学蒸气或发生爆炸燃烧时更为多见。因此，化学烧伤中眼睛和呼吸道的烧伤比一般火焰烧伤更为常见。

② **全身损害**：化学烧伤的严重性不仅在于局部损害，更严重的是有些化学药物可以从创面、正常皮肤、呼吸道、消化道黏膜等吸收，引起中毒和内脏继发性损伤，甚至死亡。有的烧伤并不太严重，但由于有合并中毒，增加了救治的困难，使治愈效果比同面积与深度的一般烧伤差。由于化学工业迅速发展，能致伤的化学物品种类繁多，有时对某些致伤物品的性能一时不了解，更增加了抢救困难。

（2）危险化学品导致化学烧伤的处理原则

化学烧伤的处理原则同一般烧伤相似，应迅速脱离事故现场，终止化学物质对机体的继续损害；采取有效解毒措施，防止中毒；进行全面体检和化学监测。

① **脱离现场与危险化学品隔离**：为了终止危险化学品对机体继续损害，应立即脱离现场，脱去被化学物质浸渍的衣服，并迅速用大量清水冲洗。其目的一是稀释，二是机械冲洗，将化学物质从创面和黏膜上冲洗干净，冲洗时可能产生一定热量，所以冲洗要充分，可使热量逐渐消散。

头、面部烧伤时，要注意眼睛、鼻、耳、口腔内的清洗。特别是眼睛，应首先冲洗，动作要轻柔，一般清水亦可，如有条件可用生理盐水冲洗。如发现眼睑痉挛、流泪、结膜充血、角膜上皮肤及前房混浊等，应立即用生理盐水或蒸馏水冲洗。用消炎眼药水、眼膏等以预防继发性感染。局部不必用眼罩或纱布包扎，但应用单层油纱布覆盖以保护裸露的角膜，防止干燥所致损害。

石灰烧伤时，在清洗前应将石灰去除，以免遇水后石灰产生热，加深创面损害。

有些化学物质则要按其理化特性分别处理。大量流动水的持续冲洗，比单纯用中和剂拮抗的效果更好。用中和剂的时间不宜过长，一般 20min 即可，中和处理后仍须再用清水冲洗，以避免因为中和反应产生热而给机体带来进一步的损伤。

② **防止中毒**：有些化学物质可引起全身中毒，应严密观察病情变化，一旦诊断有化学中毒可能时，应根据致伤因素的性质和病理损害的特点，选用相应的解毒剂或对抗剂治疗，有些毒物迄今尚无特效解毒药物。在发生中毒时，应使毒物尽快排出体外，以减少其危害。

一般可静脉补液和使用利尿剂，以加速排尿。

2.5.6　环境污染事故

（1）陆地上危险化学品泄漏物的控制与处置

危险化学品由于各种原因造成大量泄漏，泄漏物会四处流淌，使表面积增加，燃爆危害、健康危害和环境危害危险性随之增大。所以，减小危险化学品泄漏次生灾害，需要对危险化学品的泄漏面积进行控制。事故处置中可以使用相应的方法处理泄漏物（参考泄漏事故的处理），残留在环境中的危险化学品可用消防水（加药剂）冲洗，冲洗水进行无毒化处理，防止次生灾害的发生。

（2）水中危险化学品的拦截与清除

危险化学品泄漏如果进入水环境，需要根据泄漏物的理化性质和水体情况进行修筑水坝、挖掘沟槽、设置表面水栅等方法拦截泄漏物。

修筑水坝是控制小河流上的水体泄漏物常用的拦截方法。挖掘沟槽是控制泄漏到水体的不溶性沉块常用的拦截方法。表面水栅可用来收容水体的不溶性漂浮物。

水环境中危险化学品拦截后，可以采用撇取法、抽取法、吸附法、固化法、中和法处置泄漏物。撇取法可清除水面上的液体漂浮物。抽取法可清除水中被限制住的固体和液体泄漏物。吸附法通过采用适当的吸附剂来吸附净化危险化学品。如用活性炭吸附苯、甲苯、汽油、煤油等。固化法通过加入能与泄漏物发生化学反应的固化剂（水泥、凝胶、石灰）或稳定剂使泄漏物转化成稳定形式，以便于处理、运输和处置。对于泄入水体的酸、碱或泄入水体后能生成酸、碱的物质，可用中和法处理。

（3）大气中危险化学品的处置

气体包括压缩气体和液化气体，这些有毒的释放物必须及时彻底地消除。压缩气体和液化气体在大气中形成的气团或烟雾，可以采用液体吸收净化法、吸附净化法等方法来处理。如用雾状水吸收 SO_2、H_2S 等水溶性的有毒气体，或用活性炭吸附。

2.6　危险化学品事故的 CPR 救护

应急救援工作中一项重要任务是对发生事故的处理和人员的及时救护，在现场救护中人们常常将抢救危重急症、意外伤害伤员寄托于医院和专业的医护人员，缺乏对在现场救护伤员的重要性和可实施性的认识。这种传统的观念。往往使处在生死之际的伤员丧失了几分钟、十几分钟最宝贵的"救命的黄金时刻"。实际在救援中最有效的救援人员往往是第一目击者。

现场救护是指在事发现场，对伤员实施及时、有效的初步救护，是立足于现场的抢救。事故发生后的几分钟、十几分钟，是抢救危重伤员最重要的时刻，医学上称之为"救命的黄金时刻"。在此时间内，抢救及时、正确，生命有可能被挽救，反之，生命丧失或病情加重。现场及时、正确的救护，为医院救治创造条件，能最大限度地挽救伤员的生命和减轻伤残。在事故现场，"第一目击者"对伤员实施有效的初步紧急救护措施，以挽救生命，减轻伤残和痛苦。然后，在医疗救护下或运用现代救援服务系统，将伤员迅速送到就近的医疗机构，继续进行救治。

危险化学品事故容易导致伤员呼吸循环停止，所以，心肺复苏术（简称 CPR）在危险化学品事故急救中十分重要。

心肺复苏术是针对呼吸和心跳突然停止、意识丧失病人的一种现场急救方法。即通过口对口吹气和胸外心脏按压形成暂时的人工循环，恢复心脏自主搏动和血液循环，用人工呼吸代替自主呼吸，达到恢复苏醒和挽救生命的目的。呼吸心搏骤停，医学上叫猝死，多见于冠心病、溺水、电击、雷击、严重创伤、大出血等病人。心搏骤停一旦发生，如得不到即刻及时的抢救复苏，$4 \sim 6 min$ 后会造成患者大脑和其他人体重要器官组织的不可逆的损害，在发病 $4 min$ 内能开始进行正确有效的心肺复苏术，能为进一步抢救直至挽回病人生命赢得最宝贵的时间。因此，让更多的人掌握和熟练现场心肺复苏术，具有很大的社会意义。

2.6.1　呼吸复苏术

人工呼吸是用人工方法（手法或机械）借外力来推动肺、膈肌及胸廓的运动，使气体被动进入或排出肺脏，采用人工强制作用维持气体交换，以保证机体氧气的供给及二氧化碳的排出。人工呼吸是对呼吸受到抑制或突然停止的危重病人的首要抢救措施之一。

（1）手法打开气道

① **仰面抬颈法**：病人去枕，术者位于病人一侧，一手置病人前额向后加压，使头后仰，另一手托住颈部向上抬颈。

② **仰面举颏法**：术者位于病人一侧，一手置病人前额向后加压使头后仰，另一手（除拇指外）的手指置于下颏外之下颌骨上，将颏部上举。注意勿压迫颌下软组织，以免压迫气道。

③ **托下颌法**：术者位于病人头侧，两肘置于病人背部同一水平面上，用双手抓住病人两侧下颌角向上牵拉，使下颏向前、头后仰，同时两拇指可将下唇下拉，使口腔通畅。

（2）人工呼吸法

① **口对口人工呼吸**：术者以置于前额处手的拇、食指轻轻捏住病人的鼻翼，深吸一口气，将嘴张大，用口唇包住病人口部，用力将气体吹入，每次吹气后即将捏鼻的手指放松，同时将头转向病人胸部，以吸入新鲜空气并观察病人被动呼气（图 2-1）。为防止病人肺泡萎缩，在开始人工通气时，要快速足量连续向肺内吹气 4 口，且在第 2、3、4 次吹气时，不必等待呼气结束。吹气频率，成人 $14 \sim 16$ 次/min，儿童 $18 \sim 20$ 次/min，婴幼儿 $30 \sim 40$ 次/min。

② **口对鼻人工呼吸**：适用于口部外伤或张口困难的病人。术者手将病人额向后推。另一手将颏部上抬，使上下唇闭拢，术者深吸一口气将口唇包住病人鼻孔，用力吹气。吹气后放开病人口唇使气呼出。其余操作与口对口吹气相同，但吹气阻力较口对口为大。

人工呼吸有效指征是看到病人胸部起伏，呼气时听到或感到病人有气体逸出。

  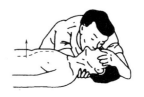

仰头-举颏体位时的口对口吹气　　仰头-托颌体位时的口对口吹气　　仰头-抬颈体位时的口对口吹气

图 2-1　口对口人工呼吸示意

2.6.2　胸外心脏按压术

胸外心脏按压目的是通过胸外心脏按压形成胸腔内外压差，采用人工机械的强制作用维持血液循环，并使其逐步过渡到正常的心脏跳动。

（1）按压位置

正确的按压位置（称"压区"）是保证胸外按压效果的重要前提。确定正确按压位置的步骤如下（图 2-2）：

① 右手食指和中指沿病人右侧肋弓下缘向上，找到肋骨和胸骨结合处的中点；

② 两手指并齐，中指放在切迹中点（剑突底部），食指平放在胸骨下部；

③ 另一手的掌根紧挨食指上缘，置于胸骨上，此处即为正确的按压位置。

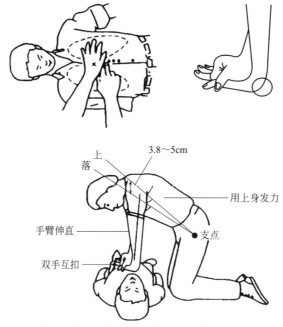

图 2-2　按压部位确定及按压作用力方向示意

（2）按压姿势

正确的按压姿势是达到胸外按压效果的基本保证，正确的按压姿势如下。

① **病人体位**：病人仰卧于硬板床或地面上，头部与心脏在同一水平，以保证脑血流量。如有可能应抬高下肢，以增加回心血量。

② **术者体位**：紧靠病人胸部一侧，为保证按压力垂直作用于病人胸骨，术者应根据抢救现场的具体情况，采用站立地面或脚凳上，或采用跪式等体位。

（3）按压方法

术者双臂伸直，肘关节固定不屈，借身体和上臂的力量，向脊柱方向按压。使胸廓下陷 3.8～5cm，而后迅即放松，解除压力，让胸廓自行复位，使心脏舒张，如此有节奏地反复进行。按压与放松的时间大致相等，放松时掌根部不得离开按压部位，以防改变正确的按压位置，但放松应充分，以利血液回流。按压频率 80～100 次/min（婴幼儿及新生儿 100 次/min）。按压时正确的操作是关键，尤应注意，术者双臂应绷直，双肩在胸骨上方正中，垂直向下用力按压。按压时应利用上半身的体重和肩、臂部肌肉力量，避免不正确的按压。

（4）按压与通气的协调

① **一人操作**：现场只有一个人抢救，吹气与按压之比为 2∶15，即连续吹气 2 次、按压 15 次，两次吹气间不必等第一口气完全呼出，2 次吹气的总时间应在 4～5s 之内。

② **两人操作**：负责按压者位于病人一侧胸旁，另一人位于同侧病人头旁，负责疏通气管和吹气，同时也负责监测颈动脉搏动。吹气与按压之比为 1∶5，为避免术者疲劳，二人工作可互换，调换应在完成一组 5∶1 的按压吹气后间隙中进行。在按压过程中可暂停按压以核实病人是否恢复自主心搏。但核实过程和术者调换所用时间，均不应使按压中断 5s 以上。

2.6.3 进行心肺复苏法的注意事项

① 口对口吹气和胸外心脏按压应同时进行（可单人或双人同时进行），按压与吹气的比例为：单人抢救 15∶2，双人抢救 5∶1。即吹气两次（单人）或一次（双人），胸外心脏按压 15 次（单人）或 5 次（双人），吹气与按压的次数过多过少，均会影响复苏的成败。

② 胸外按压的部位不宜过低，以免损伤肝、脾、胃等内脏。按压的力量要适宜，过猛过大，会使胸骨骨折，带来气胸血胸。按压力过轻，形成的胸腔压力过小，不足以推动血液循环。

③ 口对口的吹气不宜过大（不应超过 1200mL），吹入时间不宜过长，以免发生急性胃扩张。吹气过程要注意观察病人气道是否通畅，胸腔是否被吹起。

④ 复苏的成功与终止。进行心肺复苏术后，病人瞳孔由大变小，对光反应恢复，脑组织功能开始恢复（如病人挣扎、肌张力增强、有吞咽动作等），能自主呼吸，心跳恢复，发绀消退等，可认为心肺复苏成功。若经过约 30min 的心肺复苏抢救，不出现上述复苏的表现，预示复苏失败。若有脉搏，收缩压保持在 60mmHg 以上，瞳孔处于收缩状态，应继续进行心肺复苏抢救。如病人深度意识不清，缺乏自主呼吸，瞳孔散大固定，表明脑死亡。心肺复苏持续 1h 之后，心电活动不恢复，表示心脏死亡。患者出现尸斑时，可放弃心肺复苏抢救。

━━━━━━┫ **思考题** ┣━━━━━━

1. 危险化学品按其危险性划分为哪几类？
2. 危险化学品储存的基本安全要求是什么？
3. 危险化学品在装卸和运输中的安全要求有哪些？
4. 简述危险化学品事故的特点。

第3章

防火防爆安全基础

化工生产过程中的原料、生产中的中间体和产品很多都是易燃、易爆的物质，而且一般都在高温、高压、高速、真空或低温等复杂的工艺条件下操作，化工生产普遍具有过程复杂的特性，在生产或储运中，任何一个环节控制不当，都会存在严重的安全隐患，都有可能引发火灾或爆炸事故，一旦发生火灾爆炸事故，常会带来非常严重的后果，造成巨大的经济损失和人员伤亡。在化工企业生产中，为了更好地促进生产过程的安全性和高效性，必须切实注重防火防爆安全技术的应用，才能更好地促进生产效率的提升。所以，防火防爆对于化工生产的安全运行是至关重要的。

3.1 防火安全技术

3.1.1 燃烧与类型

3.1.1.1 燃烧及其条件

燃烧是可燃物质与助燃物质（氧或其他助燃物质）发生的一种发光发热的氧化反应，其特征是发光、发热、生成新物质。例如，氢气在氯气中的反应属于燃烧反应，而铜与稀硝酸反应生成硝酸铜、灯泡通电后灯丝发光发热则不属于燃烧。

燃烧发生必须同时具备以下三个条件。

① **可燃物**：凡是能与空气、氧气或其他氧化剂发生剧烈氧化反应的物质，都称为可燃物。可燃物包括可燃固体，如木材、煤、纸张、棉花等；可燃液体，如石油、酒精、甲醇等；可燃气体，如甲烷、氢气、一氧化碳等。

② **助燃物**：凡是能帮助和维持燃烧的物质，均称为助燃物。常见的有空气、氧气以及氯气和氯酸钾等氧化剂。

③ **点火源**：凡是能引起可燃物质燃烧的热能源都叫点火源。如撞击、摩擦、明火、高温表面、发热自燃、电火花、光和射线、化学反应热等。

可燃物、助燃物和点火源是构成燃烧的三个要素，缺少其中任何一个燃烧便不能发生。然而，燃烧反应在温度、压力、组成和点火源等方面都存在着极限值。在某些情况下，比如可燃物没有达到一定的浓度、助燃物数量不足、点火源没有足够的热量或一定的温度，即使具备了三个条件，燃烧也不会发生。例如氢气在空气中体积分数低于4％时便不能点燃，一般可燃物质在含氧量低于14％的空气中不能燃烧，一根火柴燃烧时释放出来的热量不足以点燃一根木材或一堆煤。反过来，对于已经发生的燃烧，若消除其中的任何一个条件，燃烧便会终止。因此，一切防火和灭火的措施都是根据物质的性质和生产条件，阻止燃烧的三个条件同时存在、相互结合和相互作用。例如，降低厂房空气中可燃气体或粉尘的浓度，就是控制可燃物；把黄磷保存在水中，就是为了隔绝空气；有火灾危险的爆炸区严禁烟火等，就是为了消除点火源。

3.1.1.2　燃烧过程

可燃物质的燃烧一般是在气相中进行的，由于可燃物质的状态不同，其燃烧过程也不相同。

可燃气体最易燃烧，只要达到其本身氧化分解所需要的热量便能燃烧，其燃烧速率很快。

液体燃烧物在火源作用下，首先发生蒸发，然后蒸气再氧化分解，进行燃烧。

固体燃烧物分为简单物质和复杂物质，简单物质，如硫、磷等，受热时首先熔化，而后蒸发为蒸气进行燃烧，无分解过程；复杂物质在受热时分解成气态和液态产物，然后气态产物和液态产物的蒸气着火燃烧。任何可燃物的燃烧都经历氧化分解、着火、燃烧等阶段。

物质在燃烧时，其温度变化也是很复杂的。如图 3-1 所示，$T_初$ 为可燃物开始加热的温度。最初一段时间，加热的大部分热量用于熔化或分解、气化，故可燃物温度上升较缓慢。到达 $T_氧$，可燃物质开始氧化，由于温度较低，故氧化速率不快，还需外界供给能量，此时若停止加热，尚不会引起燃烧。如继续加热，至 $T_自$ 时，氧化产生的热量和系统向外界散失的热量相等，此时温度再稍有升高，超过平衡状态，即停止加热，温度仍自行升高，到达 $T'_自$ 就着火燃烧起来。这里，$T_自$ 是理论上的自燃点；$T'_自$ 是开始出现火焰的温度，为实际测得的自燃点；$T_燃$ 为

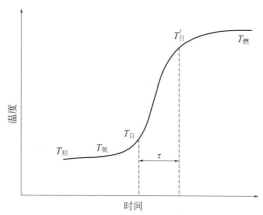

图 3-1　物质燃烧时的温度变化

物质的燃烧温度；$T_自$ 到 $T'_自$ 间的时间间隔称为诱导期，在安全技术管理上有一定实际意义，诱导期越短，说明物质越易燃烧。

3.1.1.3　燃烧机理

（1）活化能理论

燃烧是剧烈的化学反应，而分子间发生化学反应的必要条件是互相碰撞，不是所有碰撞的分子都能起化学反应，而是只有具有一定能量的分子碰撞才能发生化学反应，这种分子称为活化分子，它具有的最低能量称为活化能。如氢气和氧气反应时活化能为 25.1kJ/mol，在 27℃ 时只有十万分之一的碰撞概率，只有高出平均能量的一定数值的分子，才能进入反应，使化学反应得以进行。随温度的变化而概率发生变化，当用明火去接近氢气和氧气分子时，会促使更多的分子活化，使更多的氢和氧发生反应，反应所产生的热量又继续活化其他分子，互为影响就发展成为燃烧或爆炸。

（2）过氧化物理论

气体分子在各种能量（例如热能、辐射能、电能、化学反应能等）作用下可被活化。在燃烧反应中，首先是氧分子在热能作用下活化，被活化的氧分子形成过氧键。这种基团加在被氧化物的分子上成为过氧化物。此种过氧化物是强氧化剂，不仅能氧化形成过氧化物的物质，而且也能氧化其他较难氧化的物质，所以，过氧化物是可燃物质被氧化的最初产物，是不稳定的化合物，能在受热、撞击、摩擦等情况下分解，甚至引起燃烧或爆炸。

（3）链反应理论

可燃物质或助燃物质先吸收能量离解成自由基，然后自由基与另一分子作用产生一个新的自由基……如此延续下去形成一系列的反应，将燃烧热释放出来，直至全部物质燃烧完或由于中途受到抑制而停止燃烧。

3.1.1.4 燃烧类型和形式

（1）燃烧类型

根据燃烧的起因不同，燃烧可分为闪燃、自燃和着火三种类型。

① **闪燃和闪点**：液体表面都有一定量的蒸气存在，蒸气压的大小取决于液体所处的温度，因此，蒸气的浓度也由液体的温度所决定。可燃液体表面的蒸气与空气形成的混合气体一旦遇到火源就会发生瞬间燃烧，出现瞬间火苗或闪光。这种现象称为闪燃，闪燃的最低温度称为闪点。可燃液体的温度高于其闪点时，随时都有被火点燃的危险。

闪点这个概念主要适用于可燃液体。某些可燃固体，如樟脑和萘等，也能蒸发或升华为蒸气，因此也有闪点。某些可燃液体的闪点列于表3-1。

表3-1　某些可燃液体的闪点

物质名称	闪点/℃	物质名称	闪点/℃	物质名称	闪点/℃
戊烷	−40	丙酮	−19	乙酸甲酯	−10
己烷	−21.7	乙醚	−45	乙酸乙酯	−4.4
庚烷	−4	苯	−11.1	氯苯	28
甲醇	11	甲苯	4.4	二氯苯	66
乙醇	11.1	二甲苯	30	二硫化碳	−30
丙醇	15	乙酸	40	氰化氢	−17.8
丁醇	29	乙酸酐	49	汽油	−42.8
乙酸丁酯	22	甲酸甲酯	−20		

② **着火和着火点**：可燃物质在助燃物充足的条件下，达到一定温度与火源接触即行着火，移去火源后仍能持续燃烧达5min以上，这种现象称为着火。使可燃物发生持续燃烧的最低温度称为着火点，可燃液体的着火点约高于其闪点5～20℃。但闪点在100℃以下时，两者往往相同，因此在没有闪点数据的情况下，也可以用着火点表征物质的火灾危险性。表3-2列出某些可燃物质的着火点。

表3-2　某些可燃物质的着火点

物质名称	着火点/℃	物质名称	着火点/℃	物质名称	着火点/℃
赤磷	160	聚丙烯	400	吡啶	482
石蜡	158～195	醋酸纤维	482	有机玻璃	260
硝酸纤维	180	聚乙烯	400	松香	216
硫黄	255	聚氯乙烯	400	樟脑	70

③ **自燃和自燃点**：在无外界火源的直接作用下，物质自行引发的燃烧称为自燃。自燃的最低温度称为自燃点。表3-3列出了某些物质的自燃点。物质自燃有受热自燃和自热燃烧两种。

表3-3　某些可燃物质的自燃点

物质名称	自燃点/℃	物质名称	自燃点/℃	物质名称	自燃点/℃
二硫化碳	102	苯	555	甲烷	537
乙醚	170	甲苯	535	乙烷	515
甲醇	455	乙苯	430	丙烷	466

物质名称	自燃点/℃	物质名称	自燃点/℃	物质名称	自燃点/℃
乙醇	422	二甲苯	465	丁烷	365
丙醇	405	氯苯	590	水煤气	550～650
丁醇	340	萘	540	天然气	550～650
乙酸	485	汽油	280	一氧化碳	605
乙酸酐	315	煤油	380～425	硫化氢	260
乙酸甲酯	475	重油	380～420	焦炉气	640
丙酮	537	原油	380～530	氨	630
甲胺	430	乌洛托品	685	半水煤气	700

可燃物质在外部热源作用下温度升高，达到其自燃点而自行燃烧称为受热自燃。在化工生产中，可燃物质由于接触高温热表面、加热或烘烤、撞击或摩擦等，均有可能导致自燃。

可燃物质在无外部热源的影响下，其内部发生物理、化学或生化变化而产生热量，并不断积累使物质温度上升，达到其自燃点而燃烧。这种现象称为自热燃烧。引起物质自热的原因有：氧化热（如不饱和油脂）、分解热（如赛璐珞）、聚合热（如液相氰化氢）、吸附热（如活性炭）、发酵热（如植物）等。

（2）燃烧形式

根据可燃物质的聚集状态不同，燃烧可分为以下 4 种形式。

① **扩散燃烧**：可燃气体（蒸气）由管道、容器出口流向空气时，可燃气体与空气互相扩散、混合，混合气体浓度达到爆炸极限范围内时遇到火源即着火并能形成稳定火焰（扩散区）的燃烧，称为扩散燃烧。扩散燃烧的特点是燃气和助燃气体在燃烧时进行混合，如天然气井口发生的井喷燃烧属于此类燃烧形式。

② **混合燃烧**：可燃气体（蒸气）和助燃气体在管道、容器内部或空间扩散、混合，混合气体的浓度在爆炸范围内，遇到火源即在空间发生快速燃烧（轰燃），称为混合燃烧。其显著特征是可燃气体与空气的扩散、混合是在燃烧反应开始前已经完成，如气体的爆炸。

③ **蒸发燃烧**：可燃液体（简单固体）在火源和热源的作用下，蒸发出的蒸气发生氧化分解而进行的燃烧，称为蒸发燃烧，如硫、沥青、石蜡等的燃烧。

④ **分解燃烧**：固体可燃物质在燃烧过程中首先遇热分解出可燃性气体，分解出的可燃性气体再与氧进行的燃烧，称为分解燃烧，如木材、纸张、棉等的燃烧。

3.1.2 火灾与类型

火灾是指在时间和空间上失去控制而蔓延形成的一种灾害性燃烧现象。根据《火灾分类》（GB/T 4968—2008），按可燃物的类型和燃烧特性，可将火灾分为以下几类。

A 类火灾：指固体物质火灾，如木材、煤、棉、毛、麻、纸张等火灾。

B 类火灾：指液体火灾和可熔化的固体物质火灾，如汽油、煤油、柴油、原油、甲醇、乙醇、沥青、石蜡等火灾。

C 类火灾：指气体火灾，如煤气、天然气、甲烷、乙烷、丙烷、氢气等火灾。

D 类火灾：指金属火灾，如钾、钠、镁、钛、铝镁合金等火灾。

E 类火灾：指带电物体和精密仪器等物质的火灾，如发电机、电缆、家用电器等火灾。

F 类火灾：烹饪器具内烹饪物火灾，如动植物油脂等火灾。

3.1.3　防火措施

3.1.3.1　防火安全技术措施

防火安全技术措施是根据火灾事故发生、发展的特点，消除或抑制燃烧条件的形成，从根本上减小或消除发生火灾事故的危险性，具体措施包括：控制火灾危险性物质和能量；控制点火源及采取各种阻隔手段，阻止火灾事故灾害的扩大。

（1）控制火灾危险性物质和能量

控制火灾危险性物质的数量，从而从根本上消除发生火灾的物质基础，主要有以下几方面技术措施。

① 生产中尽量采用不燃或难燃物质代替可燃物，减少使用强氧化剂。

② 相互接触能引起燃烧的物质要单独存放，严禁混存混运。

③ 设备、管道间的连接要保证良好的密封，防止跑、冒、滴、漏现象的出现，特别是压力设备更要保证良好的密闭性，正压设备防止物料泄漏，负压设备防止倒吸入空气。

④ 对于某些无法密闭的装置，易散发可燃气体、蒸气或粉尘场所，设置良好的通风除尘装置，降低空气中可燃物的含量。

（2）控制点火源

点火源是指能够使可燃物与助燃物发生燃烧反应的能量来源，是物质燃烧的必备条件，这种能量既可以是热能、光能、电能、化学能，也可以是机械能。根据点火源产生能量的来源不同，点火源可分为明火、火星、高热物体、电火花、静电放电、摩擦撞击、雷击和日光照射等。控制点火源可从以下几方面着手。

① **控制明火**：明火是指敞开的火焰、火花、火星等，它是引起火灾事故的主要点火源，明火的控制，主要采取以下措施。

- 生产过程中要尽量避免采用明火加热易燃易爆物质，采用蒸汽、过热水或其他热载体加热。
- 根据火灾危险性大小划定禁火区域，禁火区内禁止明火作业。
- 严格控制焊接、切割、喷灯等维修用火，防止飞溅的火花和金属熔珠引燃周围的可燃物。
- 为防止烟囱飞火，燃料在炉腔内要燃烧充分，烟囱要有足够高度，必要时顶部应安装火星熄灭器。
- 强化管理职能，健全各种明火的使用、管理和责任制度，认真实施检查和监督。

② **高温表面、高温物体的控制**：高温表面或高温物体能够在一定环境中向可燃物传递热量并能导致可燃物着火，是引起火灾事故的高温点火源。生产中的加热装置、高温物料输送管线、大功率的照明灯具等，都能形成高温表面。控制高温表面成为点火源的基本措施有冷却降温、绝热保温、隔离等。

③ **冲击点火源的控制**：摩擦与撞击。当两个表面粗糙的坚硬物体互相猛烈撞击或摩擦时，往往会产生火花或火星。这种火花实质上是撞击和摩擦物体产生的高温发光的固体微粒。摩擦和撞击产生的火星颗粒较大，携带的能量较多时（火星具有 0.1～1mm 的直径时，其所带的能量为 1.76～1760mJ），足以点燃可燃气体、蒸气和粉尘。因此，要及时清除机械转动部位的可燃粉尘、油污等，对轴承及时添油，保证良好的润滑；机械设备易发生摩擦撞击部位应采用能防止产生火星的材料，如铜、铝等，撞击的工具用镀青铜或镀铜的钢制成，不能使用特种金属制造的设备，应采用惰性气体保护；为防止金属零件随物料带入设备内发生撞击起火，要在这些设备上安装磁力离析器，不宜使用磁力离析器的，特别危险的物质

（硫、碳化钙）的破碎，应采用惰性气体保护；搬运盛放可燃气体、易燃液体的金属容器时，要轻搬轻放，禁止野蛮作业；禁止穿带钉子的鞋进入有燃烧危险的区域，特别危险的厂房内地面应铺设不发生火花的软质材料。绝热压缩气体在不与周围进行热交换的状态下压缩时，压缩过程所耗功将全部转变成热能，这种热能蓄积于气体内使其温度升高达到燃点，引起燃烧和爆炸，硝化甘油、硝化甘醇等爆炸敏感度高的液体，应避免绝热压缩现象。

3.1.3.2 防火安全装置

为阻止火灾的蔓延和扩展，减少其破坏作用，防火安全装置是工艺设备不可缺少的部件或元件，主要包括阻火器、安全液封、单向阀、阻火闸门等。

（1）阻火器

阻火器是利用管子直径或流通孔隙减小到某一程度，火焰就不能蔓延的原理制成的。阻火器常用在容易引起火灾爆炸的高热设备和输送可燃、易燃液体、蒸气的管线之间，以及可燃气体、易燃液体的容器及管道、设备的排气管上。

阻火器有金属网阻火器、波纹金属片阻火器、砾石阻火器等多种形式。

① **金属网阻火器**：其结构如图 3-2 所示，是用若干具有一定孔径的金属网把空间分隔成许多小孔隙。对一般有机溶剂采用 4 层金属网即可阻止火焰蔓延，通常采用 6～12 层。

② **砾石阻火器**：其结构如图 3-3 所示，是用砂粒、卵石、玻璃球等作为填料，这些阻火介质使阻火器内的空间被分隔成许多非直线型小孔隙，当可燃气体发生燃烧时，这些非直线型微孔能有效地阻止火焰的蔓延，其阻火效果比金属网阻火器更好。阻火介质的直径一般为 3～4mm。

③ **波纹金属片阻火器**：其结构如图 3-4 所示，壳体由铝合金铸造而成，阻火层由 0.1～0.2mm 厚的不锈钢压制成波纹形。两波纹带之间加一层同厚度的平带缠绕成圆形阻火层，阻火层上形成许多三角形孔隙，孔隙尺寸在 0.45～1.5mm，其尺寸大小由火焰速率的大小决定，三角形孔隙有利于阻止火焰通过，阻火层厚度一般不大于 50mm。

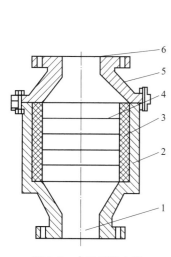

图 3-2　金属网阻火器
1—进口；2—外壳；3—垫圈；4—金属网；5—上盖；6—出口

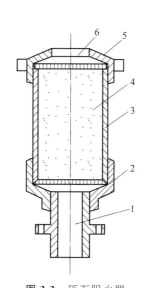

图 3-3　砾石阻火器
1—进口；2—下盖；3—外壳；4—砂粒；5—上盖；6—出口

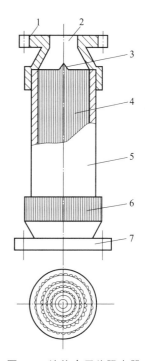

图 3-4　波纹金属片阻火器
1—上盖；2—出口；3—轴芯；4—波纹金属片；5—外壳；6—下盖；7—进口

（2）安全液封

安全液封是一种湿式阻火装置，其原理是使具有一定高度、由不燃液体组成的液柱稳定存在于进出口之间。在液封两侧的任一侧着火，火焰将在液封处熄灭，从而阻止了火势蔓延。安全液封一般安装在气体管道与生产设备或气柜之间。一般用水作为阻火介质。安全液封有敞开式和封闭式两种（见图3-5、图3-6）。

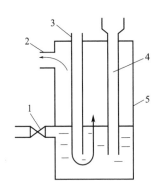

图 3-5　敞开式安全液封示意图

1—验水栓；2—气体出口；3—进气管；
4—安全管；5—外壳

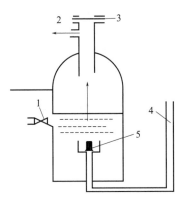

图 3-6　封闭式安全液封示意图

1—验水栓；2—气体出口；3—防爆膜；
4—气体进口；5—单向阀

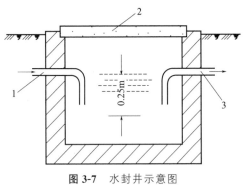

图 3-7　水封井示意图

1—污水进口；2—井盖；3—污水出口

水封井是安全液封的一种，通常设在有可燃气体、易燃液体蒸气或油污的污水管网上，用以防止燃烧或爆炸沿污水管网蔓延扩展。其结构见图 3-7。水封井的水位高度不宜小于 250mm。

安全液封的使用安全要求如下。

① 使用安全水封时，应随时注意水位不得低于水位阀门所标定的位置。但水位也不应过高，否则除可燃气体通过困难外，水还可能随可燃气体一起进入出气管。每次发生火焰倒燃后，应随时检查水位并补足。安全液封应保持垂直位置。

② 冬季使用安全水封时，在工作完毕后应把水全部排出、洗净，以免冻结。如发现冻结现象，只能用热水或蒸汽加热解冻，严禁用明火烘烤。为了防冻，可在水中加少量食盐以降低冰点。

③ 用封闭式安全水封时，由于可燃气体中可能带有黏性杂质，使用一段时间后容易糊在阀和阀座等处，所以需要经常检查止逆阀的气密性。

（3）阻火闸门

阻火闸门是为防止火焰沿通风管道或生产管道蔓延而设置的阻火装置，有跌落式自动阻火闸门和手动式阻火闸门。跌落式自动阻火闸门在正常情况下，受易熔金属元件的控制而处于开启状态，一旦着火温度升高，易熔元件熔断，闸板由于自身重力自动跌落而将管道封闭，其结构见图3-8。手动阻火闸门多安装在操作岗位附近，以便于控制。如煤气发生炉进风管道上装阻火闸门，以防突然停风时，炉内煤气倒流至鼓风机室发生爆炸。

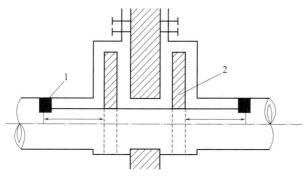

图 3-8 跌落式自动阻火闸门
1—易熔合金元件；2—阻火闸门

（4）火星熄灭器

火星熄灭器又称防火帽，其原理是因容积或行程改变，使火星的流速下降或行程延长而自行冷却熄灭，致使火星颗粒沉降而消除火灾危险。通常安装在能产生火星的设备的排空系统，如汽车等机动车辆发动机的排气口处。火星熄灭器的种类很多，结构各不相同，大致可分为以下几种形式。

① **降压减速**：使带有火星的烟气由小容积进入大容积，造成压力降低，气流减速。

② **改变方向**：设置障碍改变气流方向，使火星沉降，如旋风分离器。

③ **网孔过滤**：设置网格、叶轮等，将较大的火星挡住或将火星分散开，以加速火星熄灭。

④ **冷却**：用喷水或蒸汽熄灭火星，如锅炉烟囱常用。

（5）单向阀

单向阀又称止逆阀、止回阀，其作用是使流体单向通过，遇有回流即自行关闭。常用于防止高压物料冲入低压系统，也可用于防止回火的安全装置如液化石油气瓶上的调压阀就是单向阀的一种。单向阀的用途很广，装置中的辅助管线（水、蒸汽、空气、氮气等）与可燃气体、液体设备、管道连接的生产系统，均可采用单向阀来防止发生窜料危险。

3.1.4 消防灭火

3.1.4.1 灭火原理

根据燃烧三要素，可以采取除去可燃物、隔绝助燃物（氧气）、将可燃物冷却到燃点以下温度等灭火措施。

（1）窒息法

用不燃（或难燃）物质覆盖、包围燃烧物，阻碍空气（或其他氧化剂）与燃烧物接触使燃烧因缺少助燃物质而停止，如喷射二氧化碳泡沫覆盖在油的燃烧面上；油桶着火用湿棉被盖在桶口；用砂、土、石棉布等覆盖在燃烧物上；封闭起火的船舱、建筑物、地下室的门窗和孔洞；气体着火，向设备、容器里通氮气或水蒸气等。

（2）冷却法

将灭火剂直接喷洒在燃烧着的物体上，将可燃物质的温度降到燃点以下以终止燃烧，也可用灭火剂喷洒在火场附近未燃的可燃物上起冷却作用，防止其受火焰辐射热影响而升温起火，如用喷射水喷在储存可燃气体或液体的槽、罐上，以降低其温度，防止发生燃烧或变形爆裂、扩大火灾。

（3）隔离法

将火源与火源附近的可燃物隔开，中断可燃物质的供给，控制火势蔓延。如关闭阀门切断可燃物气体、液体的来源；迅速疏散、搬走可燃物，必要时拆除与火源毗邻的易燃物。

（4）化学抑制灭火法

使用窒息、冷却、隔离灭火法，其灭火剂不参加燃烧反应，属于物理灭火方法，而化学抑制灭火法则属于化学灭火方法。化学抑制灭火法是使灭火剂参与到燃烧反应中去，起到抑制反应的作用。具体而言就是使燃烧反应中产生的自由基与灭火剂中的卤素离子相结合，形成稳定分子或低活性的自由基，从而切断氢自由基与氧自由基的连锁反应链，使燃烧停止。用于化学抑制灭火法的灭火剂有干粉、卤代烷烃等。

需要指出的是：上述四种灭火方法所对应的具体灭火措施是多种多样的；在灭火过程中，应根据可燃物的性质、燃烧特点、火灾大小、火场的具体条件以及消防技术装备的性能等实际情况，选择一种或几种灭火方法。一般情况下，综合运用几种灭火法效果较好。

3.1.4.2 灭火剂及其应用

灭火剂是能够有效地破坏燃烧条件，终止燃烧的物质。选择灭火剂的基本要求是灭火效能高、使用方便、来源丰富、成本低廉、对人和物基本无害。灭火剂的种类很多，下面介绍常见的几种。

（1）水和水系灭火剂

水的来源丰富，取用方便，价格便宜，是最常用的天然灭火剂。它可以单独使用，也可以与不同的化学剂组成混合液使用。水的灭火原理主要包括冷却作用、窒息作用和隔离作用。水能从燃烧物中吸收很多热量，使燃烧物的温度迅速下降，使燃烧终止。水在受热汽化时，体积增大1700多倍，当大量的水蒸气笼罩于燃烧物的周围时，可以阻止空气进入燃烧区。同时还可以起到隔离、浸湿、吸收某些不利物质的作用，有助于灭火。

水灭火剂的优缺点如下。

优点：与其他灭火剂相比，水的比热容及汽化潜热较大，冷却作用明显；价格便宜；易于远距离输送；水在化学上呈中性，对人无毒、无害。

缺点：水在0℃下会结冰，当泵暂时停止供水时会在管道中形成冰冻造成堵塞；水对很多物品如档案、图书、珍贵物品等有破坏作用；用水扑救橡胶粉、煤粉等火灾时，由于水不能或很难浸透燃烧介质，因而灭火效率很低。

不能用水扑灭的火灾主要包括：

① 密度小于水和不溶于水的易燃液体的火灾。

② 遇水产生燃烧物的火灾。如金属类的钾、钠和碳化钙等。

③ 硫酸、盐酸和硝酸引发的火灾。水流冲击使酸飞溅，可能会引发爆炸或灼伤人体。

④ 电气火灾未切断电源前不能用水扑救。

⑤ 高温状态下化工设备的火灾。高温设备遇冷水后骤冷，会引起形变或爆裂。

⑥ 精密仪器设备、贵重文物档案、图书着火，不宜用水扑救。

（2）气体灭火剂

气体灭火剂应当具有的特性是：化学稳定性好、耐储存、腐蚀性小、不导电、毒性低、蒸发后不留痕迹、适用于扑救多种类型火灾。

二氧化碳灭火剂在消防工作中有较广泛的应用。二氧化碳是以液态形式加压充装于钢瓶中。当它从灭火器中喷出时，由于突然减压，一部分二氧化碳绝热膨胀、汽化，吸收大量的热量，使另一部分二氧化碳迅速冷却成雪花状固体（即"干冰"），"干冰"温度为−78.5℃，喷向着火处时，立即汽化，起到稀释氧浓度的作用；同时又起到冷却作用；而且大量二氧化碳气体笼罩燃烧区域周围，还能起隔离燃烧物与空气的作用。因此，二氧化碳的灭火效率也较高，当二氧化碳占空气浓度的 30%～35% 时，燃烧就会停止。

二氧化碳灭火剂的优点及适用范围如下。

① 不导电、不含水，可用于扑救电气设备和部分忌水性物质的火灾；

② 灭火后不留痕迹，可用于扑救精密仪器、机械设备、图书、档案等的火灾；

③ 价格低廉。

二氧化碳灭火剂的缺点如下。

① 冷却作用较差，不能扑救阴燃火灾，且灭火后火焰有复燃的可能。

② 二氧化碳与碱金属（钾、钠）和碱土金属（镁）在高温下会起化学反应，引起爆炸。

$$2Mg + CO_2 \longrightarrow 2MgO + C \tag{3-1}$$

③ 二氧化碳膨胀时，能产生静电而可能成为点火源。

④ 二氧化碳能导致救火人员窒息。

除二氧化碳外，其他惰性气体如氮气、水蒸气，也可用作灭火剂。

（3）泡沫灭火剂

凡能与水相溶，并可通过化学反应或机械方法产生灭火泡沫的灭火药剂，称为泡沫灭火剂。

① **泡沫灭火剂分类**：根据泡沫生成机理，泡沫灭火剂可以分为化学泡沫灭火剂和空气泡沫灭火剂。

化学泡沫是由酸性或碱性物质及泡沫稳定剂相互作用而成的膜状气泡群，气泡内主要是二氧化碳气体。化学泡沫虽然具有良好的灭火性能，但由于化学泡沫设备较为复杂、投资大、维护费用高，近年来多采用灭火简单、操作方便的空气泡沫。

空气泡沫又称机械泡沫，是由一定比例的泡沫液、水和空气在泡沫生成器中进行机械混合搅拌而生成的膜状气泡群，泡内一般为空气。空气泡沫灭火剂按泡沫的发泡倍数，又可分为低倍数泡沫（发泡倍数小于 20 倍）、中倍数泡沫（发泡倍数在 20～200 倍）和高倍数泡沫（发泡倍数在 200～1000 倍）三类。

② **泡沫灭火原理**：由于泡沫中充填大量气体，相对密度小（0.001～0.5），可漂浮于液体的表面，或附着于一般可燃固体表面，形成一个泡沫覆盖层，使燃烧物表面与空气隔绝，同时阻断了火焰的热辐射，阻止燃烧物本身或附近可燃物质的蒸发，起到隔离和窒息作用；泡沫析出的水和其他液体有冷却作用；泡沫受热蒸发产生的水蒸气可降低燃烧物附近的氧浓度。

③ **泡沫灭火剂适用范围**：泡沫灭火剂主要用于扑救不溶于水的可燃、易燃液体如石油产品等的火灾，也可用于扑救木材、纤维、橡胶等固体的火灾；高倍数泡沫可有些特殊用途，如消除放射性污染等；由于泡沫灭火剂中含有一定量的水，所以不能来扑救带电设备及忌水性物质引起的火灾。

（4）卤代烷灭火剂

卤代烷即碳氢化合物中的氢原子完全地或部分地被卤族元素取代而生成的化合物，目前被广泛地应用来做灭火剂。碳氢化合物多为甲烷、乙烷，卤族元素多为氟、氯、溴。国内常用的卤代烷灭火剂有 1211（二氟一氯一溴甲烷）、1202（二氟二溴甲烷）、1301（三氟一溴甲烷）、2402（四氟二溴乙烷）。

卤代烷灭火剂的编号原则是：第一个数字代表分子中的碳原子数目；第二个数字代表氟原子数目；第三个数字代表氯原子数目；第四个数字代表溴原子数目；第五个数字代表碘原子数目。

① **灭火原理**：主要包括化学抑制作用和冷却作用。化学抑制作用是卤代烷灭火剂的主要灭火原理。卤代烷分子参与燃烧反应，即卤素原子能与燃烧反应中的自由基结合生成较为稳定的化合物，从而使燃烧反应因缺少自由基而终止。

冷却作用是卤代烷灭火剂通常经加压液化储于钢瓶中，使用时因减压汽化而吸热所以对燃烧物有冷却作用。

② **卤代烷灭火剂的优缺点及适用范围**

a. 优点及适用范围：主要用来扑救各种易燃液体火灾；因其绝缘性能好，也可用来扑救带电电气设备火灾；因其灭火后全部汽化而不留痕迹，也可用来扑救档案文件、图书资料、珍贵物品等的火灾。

b. 缺点：卤代烷灭火剂的主要缺点是毒性较高，实验证明，短暂地接触（1min 以内）时，如 1211 体积分数在 4％以上、1301 含量在 7％以上，人就有中毒反应，因此在狭窄的、密闭的、通风条件不好的场所，如地下室等，最好是用无毒灭火剂（如泡沫、干粉等）灭火；卤代烷灭火剂不能来扑救阴燃火灾，因为此时会形成有毒的热分解产物；卤代烷灭火剂也不能扑救轻金属如镁、铝、钠等的火灾，因为它们能与这些轻金属引起化学反应且发生爆炸；由于卤代烷灭火剂的较高毒性及会破坏遮挡阳光中有害紫外线的臭氧层，因此应严格控制使用。

（5）干粉灭火剂

干粉灭火剂是一种干燥的、易于流动的微细固体粉末，由能灭火的基料和防潮剂、流动促进剂、结块防止剂等添加剂组成。在救火中，干粉在气体压力的作用下从容器中喷出，以粉雾的形式灭火。

① **分类**：根据干粉灭火剂及适用范围主要分为普通和多用两大类。

普通干粉灭火剂主要适用于扑救可燃液体、可燃气体及带电设备的火灾。目前，它的品种最多、生产、使用量最大，包括：

- 以碳酸氢钠为基料的小苏打干粉（钠盐干粉）；
- 以碳酸氢钠为基料，又添加增效基料的改性钠盐干粉；
- 以碳酸氢钾为基料的紫钾盐干粉；
- 以硫酸钾为基料的钾盐干粉；
- 以氯化钾为基料的钾盐干粉；
- 以尿素和以碳酸氢钾或以碳酸氢钠反应产物为基料的氨基干粉。

多用干粉灭火剂不仅适用于扑救可燃液体、可燃气体及带电设备的火灾，还适用于扑救一般固体火灾。它包括：

- 以磷酸盐为基料的干粉；
- 以硫酸铵与磷酸铵盐的混合物为基料的干粉；
- 以聚磷酸铵为基料的干粉。

② **干粉灭火原理**：主要包括化学抑制作用、隔离作用、冷却与窒息作用。

- 化学抑制作用：当粉粒与火焰中产生的自由基接触时，自由基被瞬时吸附在粉粒表面，并发生如下反应：

$$M（粉粒）+OH \cdot \longrightarrow \cdot MOH \tag{3-2}$$

$$\cdot MOH + H \cdot \longrightarrow M + H_2O \tag{3-3}$$

由反应式可以看出，借助粉粒的作用，消耗了燃烧反应中的自由基（OH·和 H·），使自由基的数量急剧减少而导致燃烧反应中断，使火焰熄灭。

- 隔离作用：喷出的粉末覆盖在燃烧物表面上，能构成阻碍燃烧的隔离层。

• 冷却与窒息作用：粉末在高温下，将放出结晶水或发生分解，这些都属于吸热反应，而分解生成的不活泼气体又可稀释燃烧区内的氧气浓度，起到冷却与窒息作用。

③ 干粉灭火剂的优缺点与适用范围

a. 优点：干粉灭火剂综合了泡沫、二氧化碳、卤代烷等灭火剂的特点，灭火效率高；化学干粉的物理化学性质稳定、无毒性、不腐蚀、不导电、易于长期储存；干粉适用温度范围广，能在-50~60℃温度条件下储存与使用；干粉雾能防止热辐射，因而在大型火灾中，即使不穿隔热服也能进行灭火；干粉可用管道进行输送。

由于干粉具有上述的优点，它除了适用于扑救易燃液体、忌水性物质火灾外，也适用于扑救油类、油漆、电气设备的火灾。

b. 缺点：在密闭房间中，使用干粉时会形成强烈的粉雾，且灭火后留有残渣，因而不适于扑救精密仪器设备、旋转电机等的火灾；干粉的冷却作用较弱，不能扑救阴燃火灾，不能迅速降低燃烧物品的表面温度，容易发生复燃，因此，干粉若与泡沫或喷雾水配合使用，效果更佳。

3.1.4.3 灭火器的选择、维修和保养

(1) 灭火器的种类与选用

灭火器的种类很多，按其移动方式分为手提式、推车式和悬挂式；按驱动灭火剂的动力来源可分为储气瓶式、储压式、化学反应式；按所充装的灭火剂则又可分为清水、泡沫、酸碱、二氧化碳、卤代烷、干粉等。化工企业常备的灭火器材有泡沫灭火器、二氧化碳灭火器、干粉灭火器和1211灭火器几种类型。常用灭火器类型、性能和使用见表3-4。

表3-4　常用灭火器的类型及性能和使用

项目	泡沫灭火器	二氧化碳灭火器	干粉灭火器	1211灭火器
规格	$0.01m^3$、$0.065~0.13m^3$	2kg、2~3kg、5~7kg	8kg、50kg	1kg、2kg、3kg
药剂	碳酸氢钠、发泡剂和硫酸铝溶液	压缩成液体的二氧化碳	钾盐或钠盐（备有盛装压缩气体的小钢瓶）	二氟一氯一溴甲烷，并充填压缩氮气
用途	扑救固体物质或其他易燃液体火灾,不能扑救忌水和带电设备火灾	甲类物质的火灾	扑救石油、石油产品、油漆、有机溶剂、天然气设备火灾	扑救油类、电器设备、化工纤维原料等初期火灾
性能	$0.01m^3$ 喷射时间60s,射程8m；$0.065m^3$ 喷射170s,射程13.5m	接近着火地点,保持3m远	8kg喷射时间14~18s,射程4.5m；50kg喷射时间50~55s,射程6~8m	1kg喷射时间6~8s,射程2~3m；2kg喷射时间≥8s,射程≥3.5m；3kg有效喷射时间≥8s,射程≥4.0m
使用方法	倒过来稍加摇动或打开开关,药剂即可喷出	一手拿着喇叭筒对准火源,另一手打开开关即可喷出	提起圈环,干粉即可喷出	拔下铅封或横销,用力压下压把即可喷出
保养与检查	放在方便处;注意使用期限;防止喷嘴堵塞;冬季防冻、夏季防晒;一年检查一次,泡沫低于4倍时应换药	每个月测量一次,当质量小于原质量1/10时应充气	置于干燥通风处,防潮防晒。一年检查一次气压,质量减少1/10时应充气	置于干燥处,勿碰撞。每年检查一次

(2) 灭火器的维护和保养

灭火器应该存放在通风、干燥、阴凉和取用方便的位置；远离热源，严禁烈日暴晒；定期

检查、维修，保证灭火器正常使用，如果失重、超量或发现气体压力表指针已降到红色区域，说明气压已经不能够满足灭火器的正常使用，应及时送到有资质的单位进行充装和维修。

3.2　防爆安全技术

3.2.1　爆炸及其分类

爆炸是物质在瞬间以机械功的形式释放出大量气体和能量的现象。由于物质状态的急剧变化，爆炸发生时会使压力猛烈增高并产生巨大的声响，其主要特征是压力的急剧升高。上述所谓"瞬间"，就是说爆炸发生于极短的时间内。例如乙炔罐里的乙炔与氧气混合发生爆炸时，大约是在 1/100s 内完成下列化学反应：

$$2C_2H_2 + 5O_2 \Longrightarrow 4CO_2 + 2H_2O + Q \tag{3-4}$$

同时释放出大量热量和二氧化碳、水蒸气等气体，使罐内压力升高 10~13 倍，其爆炸威力可以使罐体升空 20~30m。这种克服地心引力将重物举高一段距离，则是所说的机械功。

在化工生产中，一旦发生爆炸，就会酿成工伤事故，造成人身和财产的巨大损失，使生产受到严重影响。

（1）按照爆炸能量的来源不同分类

① **物理性爆炸**：物理性爆炸是由物理因素（如温度、体积、压力等）变化而引起的爆炸现象。在物理性爆炸的前后，爆炸物质的化学成分不改变。

锅炉的爆炸就是典型的物理性爆炸，其原因是过热的水迅速蒸发出大量蒸汽，使蒸汽的压力不断提高，当压力超过锅炉的极限强度时，就会发生爆炸。又如氧气钢瓶受热升温，引起气体压力增高，当压力超过钢瓶的极限强度时即发生爆炸。发生物理性爆炸时，气体或蒸气等介质潜藏的能量在瞬间释放出来，会造成巨大的破坏和伤害。

② **化学性爆炸**：化学性爆炸是指物质发生急剧化学反应，产生高温、高压而引起的爆炸，物质的化学成分和化学性质在化学爆炸后均发生了质的变化。化学性爆炸时按所发生的化学变化的不同又可分为如下三类。

• 简单分解爆炸：引起简单分解的爆炸物在爆炸时并不一定发生燃烧反应，爆炸所需的热量是由爆炸物本身分解时产生的，属于这一类的物质有叠氮化铅（PbN_6）、乙炔银（Ag_2C_2）、碘化氮（NI）等，这类物质受到轻微震动即可引起爆炸。

简单分解爆炸反应如下

$$PbN_6 \xrightarrow{\text{震动}} Pb + 3N_2 + 1521.5 \text{kJ/kg} \tag{3-5}$$

$$C_2H_2 \xrightarrow{\text{升压}} 2C + H_2 + 225.7 \text{kJ/mol} \tag{3-6}$$

• 复杂分解爆炸：所有炸药的爆炸都属于这一类，这类物质爆炸时伴有燃烧现象，燃烧所需的氧是由爆炸物质分解产生的。例如硝酸甘油的爆炸反应：

$$C_3H_5(ONO_2)_3 \xrightarrow{\text{引爆}} 3CO_2 + 2.5H_2O + 1.5N_2 + 0.25O_2 + 6.178 \times 10^3 \text{kJ/kg} \tag{3-7}$$

• 爆炸性混合物的爆炸：这类爆炸发生在气相中，所有可燃气体、蒸气及粉尘同空气的混合物遇明火发生的爆炸均属此类。爆炸性混合物的爆炸需要一定的条件，如可燃物质的含量、氧气含量及明火源等，危险性较上两类低，但由这类物质爆炸造成的事故很多，损失很大。

（2）按照爆炸的瞬时燃烧速率分类

① 轻爆：物质爆炸时的燃烧速率为每秒数米，爆炸时无多大破坏力，音响也不大。如无烟火药在空气中的快速燃烧，可燃气体混合物在接近爆炸浓度上限或下限时的爆炸即属于此类。

② 爆炸：物质爆炸时的燃烧速率为每秒十几米至数百米，爆炸时能在爆炸点引起压力激增，有较大的破坏力，有震耳的声响。可燃气体混合物在多数情况下的爆炸，以及被压火药遇火源引起的爆炸即属于此类。

③ 爆轰：物质爆炸的燃烧速率为 $1000 \sim 7000 \mathrm{m/s}$。爆轰时的特点是突然引起极高压力并产生超音速的"冲击波"。由于在极短时间内发生的燃烧产物急剧膨胀，像活塞一样积压其周围气体，反应所产生的能量有一部分传给被压缩的气体层，于是形成的冲击波由它本身的能量所支持，迅速传播并能远离爆轰的发源地而独立存在，同时可引起该处的其他爆炸性气体混合物和炸药发生爆炸，从而发生一种"殉爆"现象。

3.2.2 爆炸极限

3.2.2.1 爆炸极限的基本理论及其影响因素

所有可燃气体、蒸气和可燃粉尘与空气（氧气）组成可燃性混合物，存在着爆炸危险，但并不是在任何比例下都有爆炸危险，而是必须在一定的浓度比例范围内混合才能发生燃爆。而且当混合的比例发生改变时，其爆炸的危险程度亦不相同。可燃气体、粉尘或可燃液体的蒸气与空气（氧气）形成的混合物遇火源发生爆炸的极限浓度称为爆炸极限。可燃性混合物在遇到点火源后可能蔓延爆炸的最低和最高浓度分别称为该气体或蒸气、粉尘的爆炸下限和爆炸上限。在下限和上限之间的浓度范围称为爆炸范围。在外界条件不变的情况下，混合物的浓度低于下限或高于上限时，都不会发生爆炸。气体、蒸气的爆炸极限，通常用体积分数（%）来表示；粉尘通常用单位体积中的质量（g/m³）来表示。

用爆炸上限、下限之差与爆炸下限浓度之比值表示其危险度 H。一般情况下，H 值越大，表示可燃性混合物的爆炸极限范围越宽，其爆炸危险性越大。

$$H = (L_{上} - L_{下}) / L_{下} \tag{3-8}$$

式中 $L_{上}$——混合气的爆炸上限，%；

$L_{下}$——混合气的爆炸下限，%。

一些常见可燃气体及可燃液体蒸气的爆炸极限范围见表3-5。

表 3-5 某些常见物质的爆炸极限

物质名称	爆炸极限/%		物质名称	爆炸极限/%	
	爆炸下限	爆炸上限		爆炸下限	爆炸上限
氢气	4.0	75.6	丁醇	1.4	10.0
氨气	15	28.0	甲烷	5.0	15.0
一氧化碳	12.5	74.0	乙烷	3.0	15.0
二硫化碳	1.0	60.0	丙烷	2.1	9.5
乙炔	1.5	82.0	丁烷	1.5	8.5
氰化氢	5.6	41.0	甲醛	7.0	73.0
乙烯	2.7	34.0	乙醚	1.7	48.0
苯	1.2	8.0	丙酮	2.5	13.0
甲苯	1.2	7.0	汽油	1.4	7.6
邻二甲苯	1.0	7.6	煤油	0.7	5.0
氯苯	1.3	11.0	乙酸	4.0	17.0
甲醇	5.5	36.0	乙酸乙酯	2.1	11.5
乙醇	3.5	19.0	乙酸丁酯	1.2	7.6
丙醇	1.7	48.0	硫化氢	4.3	45.0

爆炸极限值不是一个物理常数，它受各种因素的影响，影响爆炸极限的主要因素有以下几个。

（1）温度

混合爆炸气体的初始温度越高，爆炸极限范围越宽，则爆炸下限越低，上限越高，爆炸危险性增加。

（2）压力

一般而言，初始压力增大，气体爆炸极限也变大，爆炸危险性增加。初始压力减小，爆炸极限范围缩小；当压力降到某一数值时，则会出现下限与上限重合。把爆炸极限范围缩小为零的压力称为爆炸的临界压力。

（3）惰性气体含量

爆炸性混合物中惰性气体含量增加，爆炸极限范围缩小，当惰性气体含量增加到某一值时，气体混合物不再发生爆炸。

（4）容器的材质和尺寸

容器材质的传热性能好，则由于器壁的热损失大，混合气体的热量难于积累，导致爆炸范围变小。容器或管道的直径越小，火焰在其中的蔓延速度越小，爆炸范围也就越小。当容器或管子直径达到某一数值时（称临界直径），火焰即不能通过，这一间距称最大灭火间距。这是因为火焰通过管道时被表面所冷却。管道尺寸越小，则单位体积火焰所对应的固体冷却表面积越大，散出热量也越多，当通道小到一定值，火焰便会熄灭，干式阻火器就是应用此原理制成的。

（5）点火源

点火源的能量、热表面积以及与混合物接触时间对爆炸极限有很大的影响。如果点火源的强度高，热表面积大，点火源与爆炸性混合物接触时间长，就会使爆炸极限范围扩大，爆炸危险性增加。对每一种爆炸混合物都有一个最低引爆能量，低于这个能量，混合物在任何比例下都不会爆炸。表 3-6 列出了部分气体的最低引爆能量（表中含量均用体积分数表示）。

表 3-6　部分气体最低引爆能量

名称	含量/%	最低引爆能量/10^{-3}J	名称	含量/%	最低引爆能量/10^{-3}J
二硫化碳	6.52	0.015	甲醇	12.24	0.215
氢	29.2	0.019	甲烷	8.5	0.28
		0.0013[①]	丙烯	4.44	0.282
乙炔	7.73	0.02	乙烷	4.02	0.031
		0.0003[①]	乙醛	7.72	0.376
乙烯	6.52	0.016	丁烷	3.42	0.38
		0.0001[①]	苯	2.71	0.55
环氧乙烷	7.72	0.015	氨	21.8	0.77
甲基乙炔	4.97	0.152	丙酮	4.87	1.15
丁二烯	3.67	0.17	甲苯	2.27	2.50
氧化丙烯	4.97	0.190			

①为可燃气体、蒸气与氧气混合时的最低引爆能量，其余为空气混合时的最低引爆能量。

3.2.2.2　混合气体爆炸极限的计算

（1）两种以上可燃气体或蒸气混合物的爆炸极限

由多种可燃气体或蒸气组成爆炸性混合气体的爆炸极限，可用理·查特里（Le Chatelier）方法，根据各组分的已知的爆炸极限进行计算，其计算公式如下

$$L_m = \frac{100}{\dfrac{V_1}{L_1} + \dfrac{V_2}{L_2} + \cdots \dfrac{V_n}{L_n}} \tag{3-9}$$

式中　　L_m——爆炸性混合物的爆炸极限（体积分数），%；

L_1、L_2、L_n——组成混合气各组分的爆炸极限（体积分数），%；

V_1、V_2、V_n——各组分在混合气中的含量（体积分数），%。

计算时应注意公式中爆炸上、下限要一致。

（2）可燃气体与可燃粉尘混合物的爆炸极限

液体蒸气混入含可燃粉尘空气内，会使其爆炸下限降低，危险性增大。即使可燃气体和可燃粉尘都没有达到其爆炸下限，但当二者混合在一起时，可形成爆炸性混合物。即使强引燃也不能引爆的粉尘，掺入可燃气或可燃蒸气以后也可能变成爆炸性粉尘。

混合物粉尘爆炸下限与气体中的可燃气浓度之间的关系可近似用下式表示：

$$L_m = L_d \left(\frac{V_G}{L_G} - 1 \right)^2 \tag{3-10}$$

式中　　L_m——混合物粉尘的爆炸下限（体积分数），%；

　　　　L_d——粉尘爆炸下限（体积分数），%；

　　　　L_G——可燃气体爆炸下限（体积分数），%；

　　　　V_G——可燃气体的含量（体积分数），%。

3.2.3　粉尘爆炸

当可燃性固体呈粉体状态，粒度足够细，飞扬悬浮于空气中，并达到一定的浓度，在相对密闭的空间内，遇到足够的点火能量，就能发生粉尘爆炸。如煤矿里的煤尘爆炸，磨粉厂、谷仓里的粉尘爆炸，镁粉、锌粉、碳化钙粉尘等与水接触后引起的自燃或爆炸等。粉尘爆炸是粉尘粒子表面氧化的结果。当粉尘表面达到一定温度时，由于热分解或干馏作用，粉尘表面会释放出可燃性气体，这些可燃气体与空气形成爆炸性混合物，而发生粉尘爆炸。因此，粉尘爆炸的实质是气体爆炸。

3.2.3.1　粉尘爆炸的影响因素

（1）物理化学性质

燃烧热越大的粉尘爆炸危险性越大，例如煤、碳、硫等；氧化速率越大的粉尘越易引起爆炸，如镁、氧化亚铁等；越易带静电的粉尘越易引起爆炸；粉尘所含的挥发分越高，越易引起爆炸，如当煤粉中的挥发分低于10%时就不会发生爆炸。

（2）粉尘粒度

粉尘的颗粒越小，其比表面积越大（比表面积是指单位质量或单位体积的粉尘所具有的总表面积），粉尘表面吸附的氧越多，化学活性越强，燃点越低，粉尘的爆炸下限越小，爆炸的危险性越大。随着粉尘颗粒的直径减小，不仅化学活性增加，还容易带静电。爆炸粉尘的粒径范围一般为 $0.1 \sim 100 \mu m$ 左右。

（3）粉尘的悬浮性

粉尘在空气中停留的时间越长，越易发生爆炸。粉尘的悬浮性与粉尘的颗粒大小、粉尘的密度、粉尘的形状等因素有关。

（4）粉尘的浓度

粉尘的浓度通常用单位体积中粉尘的质量来表示，其单位为"mg/m^3"。跟可燃气体、蒸气与空气的混合爆炸一样，空气中粉尘只有达到一定的浓度，才可能发生爆炸。因此粉尘爆炸也有一定的浓度范围，即有爆炸上下限之分。由于通常情况下，粉尘的爆炸上限浓度很大，只有在设备内部或扬尘点附近才能达到，因此一般以爆炸下限表示。表3-7列出了一些粉尘的爆炸下限。

表3-7　某些粉尘的爆炸下限

粉尘种类	粉尘	爆炸下限/(g/m³)	起火点/℃	粉尘种类	粉尘	爆炸下限/(g/m³)	起火点/℃
金属	锌	500	680	塑料一次原料	己二酸	35	550
	铁	120	316		酪蛋白	45	520
	镁	20	520		多聚甲醛	40	410
	镁铝合金	50	535	塑料填充剂	软木	35	470
	锰	210	450		纤维素絮凝物	55	420
热固性塑料	绝缘胶木	30	460		棉花絮凝物	50	470
	环氧树脂	20	540		木屑	40	430
	乙基纤维素	20	340	农产品及其他	玉米及淀粉	45	470
	合成橡胶	30	320		大豆	40	560
	醋酸纤维素	35	420		小麦	60	470
	尼龙	30	500		花生壳	85	570
	聚丙烯腈	25	500		砂糖	19	410
	聚乙烯	20	410		煤炭（沥青）	35	610
	木质素	65	510		肥皂	45	430
	松香	55	440		干浆纸	60	480

3.2.3.2　粉尘爆炸的特点

① 粉尘爆炸速度或爆炸压力上升速度比爆炸气体小，但燃烧时间长，产生的能量大，破坏程度大。

② 爆炸感应期较长。粉尘的爆炸过程比气体的爆炸过程复杂，要经过尘粒的表面分解或蒸发阶段及由表面向中心延烧的过程，所以感应期比气体长得多。

③ 有产生二次爆炸的可能性。粉尘初始爆炸的气浪可能将沉积的粉尘扬起，形成爆炸性尘云，在新空间内达到爆炸极限，再次产生爆炸，这叫二次爆炸。这种连续爆炸会造成严重的破坏。

④ 中毒的危险。粉尘不完全燃烧后的气体中含有大量的CO及粉尘（如塑料粉）自身分解的有毒气体，会伴随中毒死亡的事故。

综合以上特点，在实际工业生产中，为了尽量避免或降低出现可燃性粉尘爆炸的危险性，应结合影响粉尘爆炸的因素制定出行之有效的措施。一般粉尘粒径越小，越容易吸附助燃气体，燃点越低，粉尘的爆炸下限也越低；粉尘的颗粒越干燥，表面带电荷量越大，危险性就越大。因此，在容易形成爆炸性粉尘的环境当中，增大空气的湿度，是重要的防粉尘爆炸技术措施之一。

3.2.4　防爆措施

3.2.4.1　预防爆炸混合物的措施

为预防在设备和系统里或在其周围形成爆炸性混合物，应采取有效的措施。这类措施主要有：设备密闭、厂房通风、惰性气体保护、以不燃溶剂代替可燃溶剂、危险物品隔离储存等。

（1）惰性气体保护

惰性气体保护是预防爆炸混合物形成的一种行之有效的方法，化工生产中常用的惰性气体（或阻燃性气体）主要有氮气、二氧化碳、水蒸气、烟道气等。惰性气体作为保护性气体，常应用于以下几种场合。

① 可燃固体物质的粉碎、筛选处理及其粉末输送时，采用惰性气体进行覆盖保护。

② 处理可燃易爆的物料系统，在进料前用惰性气体进行置换，排除系统中原有气体，防止形成爆炸性混合物。

③ 将惰性气体通过管线与火灾爆炸危险的设备、储槽等连接起来，在万一发生危险时使用。

④ 易燃液体利用惰性气体充压输送。

⑤ 在有爆炸性危险的生产场所，对有可能引起火灾危险的电器、仪表等采用充氮正压保护。

⑥ 易燃易爆系统检修动火前，使用惰性气体进行吹扫置换。

⑦ 发现易燃易爆气体泄漏时，采用惰性气体（水蒸气）冲淡。发生火灾时，用惰性气体进行灭火。

（2）系统密闭和正压操作

装盛可燃易爆介质的设备和管路，逸出的可燃易爆物质，在设备和管路周围空间形成爆炸性混合物。空气的渗入，会使设备或系统内部形成爆炸性混合物。为防止易燃气体、蒸气和可燃性粉尘与空气构成爆炸性混合物，应使设备密闭，防止空气吸入。

为保证设备的密闭性，易燃易爆物质生产装置投产前应严格进行气密性试验，除用水压试验外，可于接缝处涂抹肥皂液进行充气检测。为了检查无味气体（氢、甲烷等）是否漏出，可在其中加入显味剂（硫醇、氨等）。对爆炸危险度大的可燃气体（如乙炔、氢气等）以及危险设备和系统，在连接处应尽量采用焊接接头，减少法兰连接。输送危险气体的管道要用无缝管。当设备内部充满易爆物质时，要采用正压操作，以防外部空气渗入设备内，但不能高于或低于额定值。

（3）厂房通风

通风是防止燃烧爆炸物形成的重要措施之一。在含有易燃易爆及有毒物质的生产厂房内采取通风措施时，通风气体不能循环使用。通风系统的气体吸入口应选择空气新鲜、远离放空管道和散发可燃气体的地方，在有可燃气体的厂房内，排风设备和送风设备应有独立的通风机室，如通风机室设在厂房内，应有隔绝措施。排除输送温度超过80℃的空气或其他气体以及有燃烧爆炸危险的气体、粉尘的通风设备，应用非燃烧材料制成。排除具有燃烧爆炸危险粉尘的排风系统，应采用不发生火花的设备和能消除静电的除尘器。排除与水接触能生成爆炸混合物的粉尘时，不能采用湿式除尘器。通风管不宜穿越防火墙等防火分隔物，以免发生火灾时，火势通过通风管道蔓延。

（4）以不燃溶剂代替可燃溶剂

以不燃或难燃的材料代替可燃或易燃材料，是防火与防爆的根本性措施。尽量通过改进工艺的办法，以无危险或危险性小的物质代替有危险或危险性大的物质，从根本上消除火灾爆炸的条件。

（5）危险物品的储存

性质相互抵触的危险化学物品，应禁止一起存放。如爆炸物品、易燃液体、易燃固体、遇水或空气自燃物品、能引起燃烧的物品等必须单独存放；其他危险化学物品除惰性气体外必须单独存放。

3.2.4.2 防爆电气设备的选用

在火灾和爆炸事故中，由电气火花引发的火灾事故占有很大比例。据统计，在火灾事故中，由电气原因引起的火灾，仅次于明火所引起的火灾。为此，在有火灾危险环境中生产必须选好防爆电气设备。

各化工生产过程中发生火灾爆炸的情况是不同的，而可供选用的防爆电气设备也有多种。选用必须本着安全可靠、经济合理的精神，从实际情况出发，根据火灾爆炸危险场所的类别等级和电火花形成的条件，选择相应的防爆电气设备。

（1）防爆电气设备类型

防爆电气设备按防爆结构的防爆性能的不同特点，可分为下列几种类型。

① **增安型**（标志 e）：是指在正常运行时，不产生点燃爆炸混合物的火花电弧或危险温度，并在结构上采取措施，提高安全程度的电气设备，如防爆安全型高压水银荧光灯。

② **隔爆型**（标志 d）：是指在电气设备内部发生爆炸时，不至于引起外部爆体性混合物爆炸的电气设备，其外壳能承受 0.78~0.98MPa 内部压力而不损坏，如隔爆型电动机。

③ **充油型**（标志 o）：是指将全部或某些带电部件，浸在绝缘油中，使其不能点燃油面上或外壳周围的爆炸性混合物的电气设备。

④ **正压充气型**（标志 p）：是指向外壳内通入新鲜空气或充入惰性气体，并使其保持正压，以便防止外部爆炸性混合物进入外壳内部的电气设备。

⑤ **本质安全型**（标志 i）：是指电路系统中在正常运行中或标准试验条件下所产生的电火花或热效应，都不可能点燃爆炸性混合物的电气设备。本质安全型又分 ia、ib 两类：ia 类可用于 0 级区，ib 用于 1 级以下区。

⑥ **防爆特殊型**（标志 s）：是指结构上不属于上述各种类型，而是采取其他防爆措施的电气设备，例如填充石英砂等。

⑦ **充砂型**（标志 q）：外壳内充填细颗粒材料，以便在规定使用条件下，外壳内产生的电弧、火焰传播、壳壁或颗粒材料表面的过热温度均不能点燃周围的爆炸性混合物的电气设备。

⑧ **无火花型**（标志 n）：在正常运行条件下，不产生电弧或火花，也不产生能够点燃周围爆炸性混合物的高温表面或灼热点，并且一般不会发生有点燃作用的故障。

（2）防爆电气设备的选型

防爆电气设备的选型原则是：防爆电气设备所适用的级别，不应低于场所内爆炸性混合物的级别。当场所内存有两种以上爆炸性混合物时，应按危险程度高的级别选定。根据生产现场爆炸性物质的分类、分级和分组以及爆炸危险环境的区域范围划分，按国家电气防爆规程和手册的规定，选用和安装相应的防爆电气设备和配电线路的类型，以确保安全运行。

3.2.4.3 防爆安全装置

（1）安全阀

安全阀用于防止设备或容器内压力过高引起爆炸。当系统内压力高出设定压力时自动开启泄压，在压力降到正常工作值后能自动复位，不致造成中断生产。安全阀通常安装在非正常条件下可能超压甚至破裂的设备或机械上。安全阀的特点是开启压力可以调节，根据设定的开启压力能自动开闭，生产连续，但安全阀的密封性较差，会有微量泄漏，动作滞后，不适于快速泄压的场合，对黏性或含固体颗粒的介质，可能会造成堵塞或粘连而影响使用。常用安全阀有重锤式、弹簧式和脉冲式三种类型。

安全阀使用时应注意以下几点。

① 安全阀的入口处装有隔断阀，隔断阀必须保持常开并加铅封。

② 安全阀直接装在压力容器本体上，容器内有气、液两相物料时，安全阀应安装于气相部分，防止泄压时排除液态物料而发生危险。

③ 一般安全阀可直接放空，当安全阀用于泄放可燃气体时，应用排放管连接至火炬或其他安全设施，易燃易爆介质排放管必须逐段用导线接地以消除静电作用，用于可燃或有毒液体设备上时，排放管应接入事故储槽或其他容器；泄放携带腐蚀性液滴的可燃气体，应经分液罐后送至火炬燃烧。

④ 安全阀的选型、规格、排放压力的设定应合理。

（2）爆破片

爆破片属于断裂型安全泄放装置，由具有一定厚度和面积的片状脆性材料制成，通过法兰装在受压设备或容器上，当设备或管道内压力突然上升超过设计值时，爆破片作为薄弱环节首先自动爆破泄压，从而保证设备主体安全。爆破片在完成泄压后不能恢复原来的状态，会造成操作中断，但爆破片的密封性好、反应迅速、灵敏度高、泄放量大，爆破片适用于介质毒性大，物料容易沉淀、结晶、聚合形成黏附物的场合。

凡有重大爆炸危险性的设备、容器及管道，例如乙炔发生器、进焦煤炉的气体管道等都应安装爆破片。爆破片的爆破压力一般不超过系统操作压力的 1.25 倍，若爆破片在低于设备操作压力时破裂，就不能维持正常生产；若压力超过设备的设计压力而爆破片不破裂，则不能保证设备安全。

（3）防爆门（窗）

防爆门又称泄爆门，泄爆窗、防爆门通常安装在燃油、燃气和燃烧煤粉的燃烧室外壁上，是爆炸时能够掀开泄压、保护设备完整的防爆安全装置。泄压面积与厂房体积的比值（m^2/m^3）宜采用 $0.05 \sim 0.22$，为了防止燃烧气体喷出伤人或掀开的盖子伤人，防爆门（窗）应设置在人不常到的地方，高度不应低于 2m，并应定期检修、试动保证效果。

（4）放空管（阀）

放空管是一种管式排放泄压安全装置，又称排气管，一种是排放正常生产中的废气，另一种是发生事故时将受压设备内气体紧急放空的装置。

放空管一般应安装在设备或容器的顶部，室内设备安装的放空管应引出室外，其管口要高于附近有人操作的最高设备 2m 以上，对经常排放有易燃易爆物质的放空管管口附近还应设置阻火器。

3.3 防静电安全技术

3.3.1 静电产生的物质特性和条件

物质是由分子组成的，分子是由原子组成的，原子则由带正电荷的原子核和带负电荷的电子构成，原子核所带正电荷数与电子所带负电荷数之和为零，因此物质呈电中性，倘若原子由某种原因获得或失去部分电子，则原来的电中性被打破，而使物质显电性。假如所获得电子没有丢失的机会，或丢失的电子得不到补充，就会使该物质长期保持电性，称该物质带上了"静电"，因此，静电是指附着在物体上很难移动的集团电荷，静电的产生是一个十分复杂的过程，它既由物质本身的特性决定，又与很多外界因素有关。

（1）物质本身的特性

① **逸出功**：当两种不同固体接触时，其间距达到或小于 25×10^{-10} m 时，在接触界面上就会产生电子转移，失去电子的带正电，得到电子的带负电。

电子的转移是靠"逸出功"实现的。将一个自由电子由金属内移到金属外所需做的功就叫做该金属电子的逸出功，两物体相接触时，逸出功较小的一方失去电子带正电，而另一方就获得电子带负电，通过大量试验，按不同物质相互摩擦的带电顺序排出了静电带电序列：（＋）玻璃—头发—尼龙—羊毛—人造纤维—绸布—醋酸人造丝—奥纶—纸浆和滤纸—黑橡胶—维尼纶—耐纶—赛璐珞—玻璃纸—聚苯乙烯—聚四氟乙烯（－）。

② **电阻率**：若带电体电阻率高、导电性能差，就使得带电层中的电子移动困难，为静电荷积聚创造了条件。

③ **介电常数**：介电常数亦称电容率，是决定电容的一个因素。介电常数大的物质电阻率低，如果液体相对介电常数大于 20，并以连续性存在及接地，一般来说不论是储运还是管道输送，都不大可能积累静电。

（2）外界条件

① **摩擦起电**：摩擦就是增加物质紧密的接触机会和迅速分离速度，因此能够促进静电的产生，还有如撕裂、剥离，拉伸、搓捻、撞击、挤压、过滤及粉碎等。

② **附着带电**：某种极性离子或自由电子附着到对地绝缘的物体上，也能使该物质带上静电或改变其带电状况。

③ **感应起电**：在工业生产中，带静电物体能使附近不相连的导体，如金属管道和金属零件表面的不同部位出现正、负电荷即是感应所致。

④ **极化起电**：静电非导体置入电场内，其内部或外表均能出现电荷，这种现象叫做极化作用。工业生产中，由于极化作用而使物体产生静电的情况也不少，如带电胶片吸附灰尘、带静电粉料黏附料斗、管道不易脱落等。

此外，环境温度、湿度、物料原带电状态以及物体形态等对物体静电的产生均有一定的影响。

3.3.2　静电的危害

化工生产中，静电的危害主要有三个方面，即引起火灾和爆炸、静电电击和引起生产中各种困难而影响生产。

（1）引起火灾和爆炸

在有可燃液体的作业场所（如油料运装等），可能由静电火花引起火灾，在有气体、蒸气或有可燃粉尘等爆炸性混合物的场所（如氧、乙炔、煤粉、铝粉、面粉等），可能由静电火花引起爆炸。在化工生产中，由静电火花引起火灾和爆炸事故是静电引发的最大危害。

（2）静电电击

橡胶和塑料制品等高分子材料与金属摩擦时，容易产生静电且不易泄漏，当人体接近这些带电体时，或带静电荷的人体接近接地体时，都可能受到意外静电电击。静电电击不是由电流持续通过人体的电击，而是由静电放电造成的瞬间冲击性电击。由于静电的能量较小，生产过程中产生的静电所引起的电击一般不会直接使人致命，大多数人只是产生痛感和震颤，但是在生产现场可能因电击导致坠落、摔倒等二次事故。电击还可能使作业人员精神紧张，影响工作。人体受到电击时的反应见表 3-8。

表 3-8　静电电击时人体的反应

静电电压/kV	人体反应	备注
1.0	无任何感觉	
2.0	手指外侧有感觉但不痛	发生微弱的放电响声
2.5	放电部分有针刺感,有些微颤样的感觉,但不痛	
3.0	有像针刺样的痛感	可以看到放电时的发光
4.0	手指有微痛感,好像用针深深地刺一下的痛感	
5.0	手掌至前腕有电击痛感	由指尖延伸放电的发光
6.0	感到手指强烈疼痛,受电击后手腕有沉重感	
7.0	手指、手掌感到强烈疼痛,有麻木感	
8.0	手掌至前腕有麻木感	
9.0	手腕感到强烈疼痛,手麻木而沉重	
10.0	全手感到疼痛和电流流过感	
11.0	手指感到剧烈麻木,全手有强烈的触电感	
12.0	有较强的触电感,全手有被狠打的感觉	

（3）静电影响生产

在某些生产过程中，如不消除静电，将会妨碍生产或降低产品质量。静电对化工生产的影响，主要表现在粉料、塑料、橡胶和感光胶片的加工工艺过程中。

① 在粉体筛分时，由于静电的作用，筛网吸附了细小的粉末，使筛孔变小，降低生产效率。在气流输送工序，管道的某些部位由于静电作用，积存一些被输送粉料，减小了管道的流通面积，降低输送效率，严重时可能导致管路堵塞。球磨工序里，由于钢球带电而吸附了一层粉末，这不但会降低球磨的粉碎效果，而且这层粉末脱落下来混进产品中，会影响产品的细度，降低产品质量。在计量粉体时，由于计量器具吸附粉末，造成计量误差，影响投料或包装重量的正确性。粉体装袋时，因为静电斥力的作用，导致粉末四散飞扬，既造成物料的损失，又污染环境。

② 在塑料与橡胶行业，由于制品与辊轴的摩擦或因为制品的挤压与拉伸，会产生静电，吸附大量的灰尘，而为了清扫灰尘要花费很多时间，浪费工时。

3.3.3　静电的防护措施

静电一旦具备下列五个条件就能酿成火灾爆炸的事故：一是产生静电电荷；二是电荷累积有足够的电压产生火花放电；三是有能引起火花放电的合适间隙；四是产生的电火花具有足够的能量达到爆炸性混合物的最小点火能量；五是在放电间隙及周围环境中有易燃易爆混合物。以上五个条件缺一不可，因此只要采取适当措施消除其中任何一个，就可达到防止静电引起火灾爆炸危害的目的。防止静电危害主要有以下六个措施。

（1）工艺控制

工艺控制就是从工艺流程、设备结构、材料选择和操作管理等方面采取有效措施，限制静电的产生或控制静电的积累，使之不能到达危险的程度。是消除静电危害的主要手段之一。

① 应控制流速输送物料以限制静电的产生：输送液体物料时允许流速与液体电阻率有着十分密切的关系，当电阻率小于 $10^7\Omega \cdot cm$ 时，允许流速不超过 10m/s；当电阻率为 $10^7 \sim 10^{11}\Omega \cdot cm$ 时，允许流速不超过 5m/s；当电阻率大于 $10^{11}\Omega \cdot cm$ 时，允许流速取决于液体的性质、管道直径和管道内壁光滑程度等条件。例如，烃类燃料油在管内输送，管道直径为 50mm 时，流速不得超过 3.6m/s；管道直径为 100mm 时，流速不得超过 2.5m/s。但是，当燃料油带有水分时，必须将流速限制在 1m/s 以下。输送管道应尽量减少转弯和变径。操作人员必须严格执行工艺规定的流速，不能擅自提高流速。

② 正确选择设备和管道的材料：一种材料与不同种类的其他材料摩擦时，所带静电的电荷数量和极性随其材料的不同而不同。可根据静电起电序列选用适当的材料匹配，使生产过程中产生的静电相互抵消，从而达到减少或消除静电危险的目的。如氧化铝经过不锈钢漏斗时，静电电压为$-100V$，经过虫胶漆漏斗时，静电电压为$+500V$。采用适当选配，由这两种材料制成的漏斗，静电电压可降低为零。在工艺允许的前提下，也可以通过适当安排加料顺序，降低静电的危险性。

③ 增加静止时间：化工生产中将苯、二硫化碳等液体注入容器、储罐时，会产生一定的静电荷。液体内的电荷将向器壁和液面集中，并可慢慢泄漏消散，完成这个过程需要一定时间。如向燃料罐注入重柴油，装到90%时停泵，液面静电位的峰值常常出现在停泵后的$5\sim10s$以内，然后电荷就很快衰减，这个过程持续时间为$70\sim80s$。由此可见，刚停泵就进行检测或采样是危险的，容易发生事故。应该静止一定的时间后，待静电基本消散后再进行相关操作。操作人员应该严格遵守安全操作规定，千万不能操之过急。

静止时间应根据物料的电阻率、槽罐容积、气象条件等具体情况决定，也可参考表3-9的经验数据。

表 3-9　静电消散静止时间　　　　　　　　　　　　　　　　　　　单位：min

物料电阻率/Ω·cm		$10^8\sim10^{12}$	$10^{12}\sim10^{14}$	$>10^{14}$
物料容积	$<10m^3$	2	4	10
	$10\sim50m^3$	3	5	15

④ 改变灌注方式：为减少从储罐顶部灌注液体时的冲击而产生静电，要改变灌注管头的形状和灌注方式。经验表明，T形、锥形、45°斜口形和人字形注管头，有利于降低储罐液面的最高静电电位。为了避免液体的冲击、喷射和溅射，应将进液管延伸至近底部位。

（2）接地

将静电接地，使之与大地连接，消除导体上的静电，这是消除静电最基本的方法。以下工艺设备均应接地。

① 凡用来加工、输送、储存各种易燃液体、气体和粉体的设备必须接地。如过滤器、吸附器、反应器、储槽、储罐、传送胶带、液体和气体等物料管道、取样器、检尺棒等应该接地。输送可燃物料的管道要连成一个整体，并予以接地。管道的两端和每隔$200\sim300m$处，均应接地。平行管道相距10cm以内时，每隔20m应用连接线连接起来；管道与管道、管道与其他金属构件交叉时，若间距小于10cm，也应互相连接起来。

② 倾注溶剂漏斗、浮动罐顶、工作站台、磅秤等辅助设备，均应接地。

③ 在装卸汽车槽车之前，应与储存设备跨接并接地；装卸完毕，应先拆除装卸管道，静置一段时间后，然后拆除跨接线和接地线。油轮的船壳应与水保持良好的导电性连接，装卸油时也应遵循先接地后接油管、先拆油管后拆接地线的原则。

④ 可能产生和积累静电的固体和粉体作业设备，如上光机、球磨机、筛分机等，均应接地。

静电接地的连接线应保证足够的机械强度和化学稳定性，连接应当可靠，操作人员在巡回检查中，经常检查接地系统是否良好，不得有中断处。接地电阻不超过规定值（现行有关规定为100Ω）。

（3）增湿

存在静电危险的场所，在工艺条件允许的前提下，可采用安装空调设备、喷雾器等办法，以提高工作场所环境的相对湿度，消除静电危害。用增湿法消除静电危害的效果显著。例如，某粉体筛分过程中，相对湿度低于50%时，测得容器内静电电压为40kV；相对湿度为60%～70%时，测得容器内静电电压为18kV；相对湿度为80%时，容器内静电电压为11kV。从消除静电危害的角度考虑，相对湿度在70%以上比较适宜。

（4）加入抗静电剂

抗静电剂具有较好的导电性或较强的吸湿性。因此，在易产生静电的高绝缘材料中，加入抗静电剂，使材料的电阻率下降，加快静电泄漏，消除静电危险。

抗静电剂的种类很多，有无机盐类，如氯化钾、硝酸钾等；有表面活性剂类，如脂肪族磺酸盐、季铵盐、聚乙二醇等；有无机半导体类，如亚铜、银、铝等的卤化物；有高分子聚合物类等。

为了长期保持抗静电性能，不同行业采用不同类型的抗静电剂。比如，塑料行业一般采用表面活性剂类添加剂，橡胶行业一般采用炭黑、金属粉等添加剂，石油行业采用油酸盐、环烷酸盐、合成脂肪酸盐等作为抗静电剂。

（5）使用静电消除器

静电消除器将气体分子进行电离，产生消除静电所必需的电子或离子来对异性电荷进行中和。静电消除器具有不影响产品质量、使用比较方便等优点，已被广泛应用于生产薄膜、纸、布、粉体等行业的生产中，但是如使用方法不当或失误会使消除静电效果减弱，甚至导致灾害的发生，所以必须掌握静电消除器的特性和使用方法。常用的静电消除器有以下几种。

① **感应式消除器**：这是一种没有外加电源、最简便的静电消除器，可用于石油、化工、橡胶等行业。感应式消除器由若干支放电针、放电刷或放电线及其支架等附件组成。生产场所的静电在放电针上感应出极性相反的电荷，针尖附近形成很强的电场，当局部电场强度超过30kV/cm时，空气被电离，产生正、负离子，与物料电荷中和，达到消除静电的目的。

② **高压静电消除器**：这是一种带有高压电源和多支放电针的静电消除器，可用于橡胶、塑料行业。高压静电消除器是利用高电压使放电针尖端附近形成强电场，将空气电离来达到消除静电的目的。有交流电压消除器和直流电压消除器两种，其中交流电压消除器使用较多，直流电压消除器由于会产生火花放电，不能用于具有爆炸危险的场所。

在使用高压静电消除器时，要十分注意绝缘是否良好，要保持绝缘表面的洁净，定期清扫和维护保养，防止发生触电事故。

③ **高压离子流静电消除器**：这种消除器是在高压电源作用下，将经电离后的空气输送到较远的需要消除静电的场所，其作用距离大，距放电器30～100cm有满意的消除静电效果，一般取60cm比较合适。使用时，空气需经过净化和干燥，不应有可见的灰尘和油雾，相对湿度应控制在70%以下，放电器的压缩空气入口处的正压不能低于0.049～0.098MPa。这种静电消除器，采用了防爆型结构，安全性能良好，可用于爆炸危险场所，如加上挡光装置，还可以应用于严格防光的场所。

④ **放射性静电消除器**：这种消除器利用放射性同位素使空气电离，产生正、负离子中和生产物料上的静电。放射性静电消除器距离带电体愈近，消除静电效果愈好，距离一般取10～20cm，其中采用α射线不应大于4～5cm；采用β射线不宜大于40～60cm。

放射性静电消除器结构简单，不要求外接电源，工作时不会产生火花，适用于具有火灾和爆炸危险的场所，使用时要有专人负责保养和定期维修，避免撞击，防止射线危害。

静电消除器的选择，要根据工艺条件和现场环境等具体情况而定。操作人员应做好消除器的有效工作，不得以生产操作不便等借口而自行拆除或挪动其位置。

(6) 人体防静电措施

① 人体接地。在人体必须接地的场所，工作人员应随时用手接触接地棒，以消除人体所带有的静电，在有静电危害的场所，工作人员应穿戴防静电工作服、鞋和手套，将人体所带静电荷及时泄漏掉，不得穿用化纤衣物。

② 采用导电性地面。特殊危险场所的工作地方应是导电性的或具备导电条件，不但能导走设备上的静电，而且有利于导除积累在人体上的静电，导电性地面是指用电阻率 $10^6\Omega\cdot cm$ 以下的材料铺设的地面。

③ 安全操作工作中，应尽量不进行可使人体带电的活动，如接近或接触带电体；禁止在静电危险场所穿脱衣物、帽子及类似物，操作应有条不紊，避免剧烈的身体动作；在有静电危害的场所，不得携带与工作无关的金属物品，如钥匙、硬币、手表等；合理使用规定的劳动保护用品和工具，采用金属网或金属板等导电材料遮蔽带电体，以防止带电体向人体放电，不准使用化纤材料制作的拖布或抹布擦洗物体或地面。

思考题

1. 简述燃烧的三要素和形式。
2. 化工生产需控制的点火源有哪些？
3. 简述防火安全装置的种类及原理。
4. 水的灭火原理是什么？能扑救什么样的火灾？哪些物质着火不能用水扑救？
5. 常用灭火器如何使用？使用时应注意什么问题？如何保养？
6. 简述化工生产火灾的扑救原则。
7. 何谓轻爆、爆炸、爆轰？三者有何区别？
8. 何谓爆炸极限？爆炸性混合物的爆炸条件是什么？
9. 防爆安全装置有哪些？分别适用什么场合？
10. 化工生产中静电防护措施有哪些？

第 4 章

化工工艺热风险及评估

4.1 热平衡及其影响因素

热平衡，是指一个系统与外部环境直接接触后，会发生内外部温度的相互传递，直至温度分布均匀且相等的状态。当体系达到热平衡状态时，体系的任意一处以及体系同外部环境之间不会发生热量交换。当研究化工过程时，同一时间内若系统吸收的热量和放出的刚好相等时，则也可认为该系统处于热平衡状态。若一个化学反应为放热反应时，由于反应放热则体系温度会升高，为了满足工艺要求的温度，应该使反应体系的温度下降，即以同等速率移走反应生成的热量，使反应体系在热平衡状态下进行。这样避免了潜在的工艺热风险，即反应体系不在热平衡状态下进行，若出现不可控制的状态，后果则难以估量。

4.1.1 热平衡项

热平衡项，从不同的角度考虑会有不同的规定。若考虑到其安全性和实用性，则规定使温度降低的条件或因素为负，使温度升高的为正。在化工热力学方面，一般会将吸热定为正，放热定为负。在热平衡过程中，主要有三种热量变化形式：热生成、热移出和热累积。

4.1.1.1 热生成（反应生成热）

在处理化工工艺热风险的问题时，一定要考虑反应体系热行为，反应动力学影响最关键。控制反应进度在防止化工反应失控方面极其重要，调节反应速率是控制反应进度的重要方式。对于放热反应来说，随着反应速率的加快，放热的速率也在加快，这会使反应不可控制，因此，化学反应速率是失控反应的原动力。

对于均相反应，其化学反应速率是指反应体系中的某一反应物或某一产物在单位时间、单位体积时的变化。该反应速率的表达式如下

$$r_i = \pm \frac{\mathrm{d}n_i}{V \mathrm{d}t} \tag{4-1}$$

式中　r_i——组分 i 的化学反应速率，mol/(L·s)；

　　　n_i——组分 i 的物质的量，mol；

　　　V——均相反应体积，L；

　　　t——反应时间，s。

对于反应物而言，$\mathrm{d}n_i/\mathrm{d}t < 0$，上面表达式值取"－"，这是由于化学反应速率为正值，

随着时间的延长，反应物的量会减少；相反，对于产物而言，则 $dn_i/dt > 0$，表达式右端取"+"。

由化学反应速率的含义可知，对于一个单一反应 $A \longrightarrow B$，其中 A 和 B 这两种物质的反应速率分别为

$$r_A = -\frac{dn_A}{Vdt}, \ r_B = -\frac{dn_B}{Vdt} \tag{4-2}$$

对于物质 A，因 $n_A = Vc_A$，结合式（4-2）的左式推知：

$$r_A = -\frac{dn_A}{Vdt} = -\frac{d(Vc_A)}{Vdt} = -\frac{dc_A}{dt} - \frac{c_A}{V}\frac{dV}{dt} \tag{4-3}$$

若一个反应为在恒容条件下进行，则其反应速率表示为

$$r_A = -\frac{dc_A}{dt} \tag{4-4}$$

若一个反应在变容条件下进行，则式（4-3）中最后一项的值不为零。因此，这时反应物以及整个体系体积变化都会使组分浓度改变。

对于均相化学反应过程，温度、压力、组分浓度和催化剂的性质等因素都会使反应速率受到影响。当催化剂和压力不变时，其反应组分的化学反应速率方程为

$$r_A = f(c, T) \tag{4-5}$$

在很多均相反应中，其反应速率方程表达式多为幂函数型。在基元反应中，产物是由反应物分子经由一步碰撞而生成，遵循的是阿伦尼乌斯和质量作用定律。质量作用定律的含义是基元反应的反应速率与反应物的浓度的幂成正比，但和反应产物浓度的幂无关。当反应物浓度和温度对反应速率产生影响时，一般使用分离变量的方法去处理。因此对于 $A \longrightarrow B$ 反应，若其反应级数为 α，则该反应的微分速率方程表达式为

$$r_A = -\frac{dc_A}{dt} = kc_A^\alpha = kc_{A0}^\alpha(1 - X_A)^\alpha \tag{4-6}$$

式中　r_A——组分 A 的化学反应速率，$mol \cdot (L \cdot s)$；

　　　c_A——未反应的 A 组分的浓度，mol/L；

　　　k——反应速率常数，$[mol/L]^{(1-\alpha)}/s$；

　　　c_{A0}——A 组分的初始浓度，mol/L；

　　　X_A——A 组分的转化率；

　　　α——反应级数。

其中反应速率常数 k 与温度的关系符合阿伦尼乌斯方程（Arrhenius equation）。

$$k = k_0 \exp\left(-\frac{E_a}{RT}\right) \tag{4-7}$$

式中　R——摩尔气体常数，$8.314J/(mol \cdot K)$；

　　　k_0——指前参量或频率因子；

　　　E_a——活化能。

热量生成的速率与化学反应速率在放热反应中成正比的关系，可以表示为

$$Q_{rx} = r_A V - \Delta_r H_m \tag{4-8}$$

式中　Q_{rx}——反应放热速率，W/kg；

　　　r_A——反应速率，$mol/(L \cdot s)$；

　　　V——均相反应体积，L；

　　　$\Delta_r H_m$——摩尔反应焓，J/mol。

把式 (4-6) 和式 (4-7) 与式 (4-8) 联立得

$$Q_{rx} = k_0 \exp\left(-\frac{E_a}{RT}\right) c_{A0}^{\alpha} (1-X_A)^{\alpha} V - \Delta_r H_m \tag{4-9}$$

根据式 (4-9)，下述的一些因素影响热生成的速率。

① 反应温度 T，热生成速率是温度的指数函数；

② 反应体积 V，热生成速率与反应体积成正比，随容器线尺寸的立方值 (L^3) 而变化，这一要素在进行反应放大时是很重要的；

③ 反应物料的初始浓度 c_{A0}；

④ 反应级数 α；

⑤ 反应的转化率 X_A；

⑥ 反应的摩尔反应焓 $\Delta_r H_m$。

4.1.1.2 热移出（热传递）

对于有热量生成的反应，为了使体系的温度或者热量保持，其一般经由溶剂回流和夹套或盘管冷却的方法移出热量。移出热量这个过程实质上是一个传热过程。传热的基本方式根据机理不同可分为热对流、热传导以及热辐射。其中指流体中质点发生相对位移而引起的热量传递过程称为热对流，在化工生产中热对流往往指的是流体与固体壁面直接接触时发生的热量传递。热量从物体的高温部分向同一物体的低温部分传递或者从一个高温物体向一个与其直接接触的低温物体传递的过程称为热传导。而热辐射是物体由于具有温度而辐射电磁波的现象，是热产生的电磁波在空间的传递。在化工生产中，热对流和热传导过程一般常见于釜式反应器内。此处，仅研究发生在冷源与热源的接触面上的热对流情况，则

$$Q_{ex} = KA(T-T_c) \tag{4-10}$$

式中　Q_{ex}——热移出速率，W/kg；

K——传热系数，W/(m² · K)；

A——传热面积，m²；

T——物料温度，℃；

T_c——冷却温度，℃。

根据式 (4-10)，以下三个重要的因素会影响到热移出速率。

① 有效传热面积 A。

② 对传热系数 K 有直观影响的因素主要有冷却介质的性质、反应混合物的物理化学性质、反应器壁情况。对于物料的传质情况，比如搅拌釜式反应器的搅拌桨形状、类型和搅拌转速，也一样会影响传热系数 K，使其发生变化。

③ 热量传递的推动力传热温差 $T-T_c$，这里指物料体系与夹套冷却介质之间的温差，其与热移出速率呈线性关系。

影响热移出速率变化的一个关键的影响因素为有效传热面积，不应被忽略，传热面积与热移出速率成正比，尤其是将所设计的工艺放大时，热量的生成速率比热移出速率要大得多，所以，当放热反应在大容器中进行时，关键问题就是热平衡问题。现在有一反应，80℃是其体系的反应温度，而环境温度为 20℃，使用的是装料系数是 80% 的容器。表 4-1 列出了实验室里常见的容器内的某反应在附近空气中自然冷却的热量移出速率，并观察在接近绝热的体系杜瓦瓶反应容器中的极限情况：在体积越大的容器中，热移出速率和温度降低速率反而降低。所以在放大工艺反应时，热移出速率的降低要引起重视。即在实验室小试规模的条件下进行的化学反应，若没有明显放热效应，并不意味该反应不放热，在放大规模情况下的反应也不一定是安全的。即使在相同体积的容器中，绝热体系与敞开体系的热移出速率也

会有很大的不同，例如同是 1000mL 的杜瓦瓶和烧杯的热移出速率相差 1 个数量级，这在实际过程中十分重要。对于一个放大规模的放热反应，如果突然出现冷却失效的情况，有可能引发爆炸的危险，因为此时的反应体系近于绝热体系，瞬间的热移出速率变得很小，导致热量传递失去平衡，致使体系内温度陡然上升。所以，在放大工艺反应时要对冷却系统的冷却能力充分考虑，使得所用冷却系统能够平衡反应中生成的热量，使化工生产能够安全地进行。

表 4-1　不同类型和体积容量的热移出速率

容器类型	体积/mL	温度降低 1K 所需时间/s	温度降低速率 /(K/min)	热移出速率 /(W/kg)
试管	10	11	5.5	385
烧杯	100	20	3.0	210
烧瓶	1000	120	0.5	35
绝热杜瓦瓶	1000	3720	0.0161	1.125

4.1.1.3　热累积

热累积是体系能量随温度的变化规律，即

$$q_{ac} = \frac{d \sum_i (M_i C'_R T_i)}{dt} = \sum_i \left(\frac{dM_i}{dt} C'_R T_i \right) + \sum_i \left(M_i C'_R \frac{dT_i}{dt} \right) \tag{4-11}$$

体系中的每一个组成部分如反应物料和反应设备都是在计算总的热累积时必须考虑的。所以，对于一个容器或者反应器，必须要考虑与反应体系直接接触的地方的热容。下面是非连续反应器的热累积表达式，可以用质量或容积所描述

$$q_{ac} = M_r C'_P \frac{dT_r}{dt} = \rho V C'_P \frac{dT_r}{dt} \tag{4-12}$$

热累积是因为生成热速率大于热移出速率，进而引起反应器内物料的温度发生变化。因此，若热交换不能平衡反应的放热速率时，则反应体系的温度变化表示如下

$$\frac{dT_r}{dt} = \frac{q_{rx} - q_{ex}}{\sum_i M_i C'_R} \tag{4-13}$$

在式（4-13）中，反应器本身和反应物的各组分用 i 表示。但是，搅拌釜式反应器的热容在实际过程中相对于反应物料的热容往往是可以忽略，所以，为了使表达式简单化可以忽略设备的热容。例如，在一个 $10m^3$ 的反应器，反应物热容的数量级约为 20000kJ/K，有大概 400kg 的反应介质与金属接触，这部分热容约为 200kJ/K，约占总热容的 1%。此外，更为保守的评估结果也是由这种误差引起的，因此对于安全评估是一种好的处理方式。但对于某些特定情况下，是必须考虑容器的热容的。如连续反应器，特别是管式反应器，反应器本身的热容用来增加总热容，这样的设计可使反应器安全。

4.1.1.4　物料流动引起的对流热交换

这是在连续体系中，加料时原料的入口温度不一定和反应器出口温度相同，反应器进料温度（T_0）和出料温度（T_f）之间的温差导致物料间产生对流热交换。其中，热流与热容、体积流率（$\dot{v}$）成正比，即

$$q_{ex} = \rho \dot{v} C'_P \Delta T = \rho \dot{v} C'_P (T_f - T_0) \tag{4-14}$$

4.1.1.5　加热引起的显热

若原料入口温度（T_{fd}）和反应器内物料温度（T_r）有差异，那么在热平衡的计算中进

料的热效应必须考虑。这个效应被称为"显热"(sensible heat)。

$$q_{fd} = \dot{m} C'_{pdf}(T_{fd} - T_r) \tag{4-15}$$

在半间歇反应器中该效应显得更加重要。在反应器物料和原料之间有较大温差或者加料速率很快的情况下，加料引起的显热可能起主导作用，显热对反应器的冷却作用很明显。因此，在这种状况下，若停止进料，则反应器内的温度可能突然升高。这种情况会影响量热测试。因此，必须进行适当的修正。

4.1.1.6 搅拌装置

搅拌装置产生的机械能耗散会转变成黏性摩擦能，最终化为热能，通常与化学反应放出的热相比该热量可被忽略不计。但对于黏性较大的反应物料（如聚合反应），必须在热平衡中考虑。若反应的物料置于带搅拌的容器中时，搅拌器的能耗可能也很重要，可以由下式估算：

$$q_s = Ne\rho n^3 d_s^5 \tag{4-16}$$

若知道其功率数（power number，Ne）、搅拌器的几何形状和参数，则可以计算搅拌器产生的热能。一些常用的搅拌器功率数列举于表4-2。

表4-2 一些常用搅拌器功率数及几何特征

搅拌器类型	功率数 Ne	流动类型
桨式搅拌器(propeller)	0.35	轴向流动
推进式搅拌器(impeller)	0.20	容器底部的径向及轴向流动
锚式搅拌器(anchor)	0.35	近壁面的切线流动
圆盘式搅拌器(flat blade disk turbine)	4.6	强烈剪切效应的径向流动
斜叶桨涡轮搅拌器(pitched blade turbine)	0.6~2.0	轴向流动但具有强烈径向流动
MIG型2段式搅拌器	0.55	轴向、径向和切向的复合流动
INTER MIG型2段式搅拌器	0.65	带径向的复合流动，且在壁面处局部有强烈的湍流

4.1.1.7 热散失

热散失（heat loss）在温度较高时是很重要的。一般情况下，出于对安全（如设备的热表面）和经济的考虑（如设备的热散失），都采用隔热的反应器。若要计算热散失，就要对自然对流热散失和辐射热散失进行考虑。若估算热散失，热散失系数 α 的简化表达式为

$$q_{loss} = \alpha(T_{amb} - T_r) \tag{4-17}$$

通过容器自然冷却，确定冷却半衰期（half-life of the cooling）得到。表4-3列出了一些热散失系数 α 的数值，并对实验室设备的热散失系数进行了对比。工业反应器和实验室设备的热散失相差大约2个数量级，这说明在小规模实验中进行放热反应时无法发现热效应，但在大规模设备中有很大潜在风险的原因。例如1L的玻璃杜瓦瓶具有的热散失与 $10m^3$ 工业反应器相当。直接测量是确定工业规模装置总的热散失系数的最简单办法。

表4-3 工业容器和实验室设备的典型热散失

容器容量	比热散失/(W·kg/K)	$t_{1.2}$/h
2.5m³ 反应器	0.054	14.7
5m³ 反应器	0.027	30.1
12.7m³ 反应器	0.020	40.8
25m³ 反应器	0.005	161.2
10mL 试管	5.91	0.117
100mL 玻璃烧杯	3.68	0.188
DSC-DTA	0.5~5	—
1L 杜瓦瓶	0.018	43.3

4.1.2 热平衡的简化表达式

全面综合以上的所有影响，得如下的热平衡方程：

$$q_{ac} = q_r + q_{ex} + q_{fd} + q_s + q_{loss} \tag{4-18}$$

在大多数情况下，使用上式右边第一、二项能说明安全分析中的热平衡。考虑到简化热平衡，则可忽略搅拌器带来的热输入或热散失之类的因素，因此间歇反应器的热平衡可写成：

$$q_{ac} = q_r - q_{ex} \Leftrightarrow \rho V C_P' \frac{dT_r}{dt} V(-r_A)(-\Delta H_r) - UA(T_r - T_c) \tag{4-19}$$

对一个 n 级反应，关键考虑温度随时间的变化，于是

$$\frac{dT_r}{dt} = \Delta T_{ad} \frac{-r_A}{c_{A0}} - \frac{UA}{\rho V C_P'}(T_r - T_c) \tag{4-20}$$

式（4-20）中，对应于一定转化率的绝热温升为

$$\Delta T_{ad} = \frac{(-\Delta H_r)c_{A0}X_A}{\rho C_P'} \tag{4-21}$$

式（4-20）中，$\frac{UA}{\rho V C_P'}$ 项是反应器热时间常数（thermal time constant of reactor）的倒数。

4.1.3 绝热条件下的反应速率

在绝热条件下进行放热反应，其反应会由于温度的升高加速，但随着反应物的减少会降低反应速率，这两个因素相互牵制。即该类反应中温度的增加会引起反应速率常数和指数增加，但随着反应的进行，反应物减少，反应速率减慢。因此这两个变化相反的因素的综合作用结果将取决于它们的相对重要性。

若一个一级反应是在绝热条件下进行的，则温度的改变引起的速率变化为

$$(-r_A) = k_0 e^{-\frac{E}{RT}} c_{A0}(1 - X_A) \tag{4-22}$$

温度因素　物料转化因素

由上式可知转化率和温度呈线性关系。即在一定的转化率下，反应热的不同会引起温度的升高，这有可能对反应的平衡起重要作用，也可能不会影响平衡。下面分别计算两个反应的速率与温度的函数关系解释这种现象。设置两个放热程度有明显对比的放热反应：第一个是绝热温升只到 20K 的弱放热反应，第二个反应是绝热温升到 200K 的强放热反应。将两个反应的对比结果列于表 4-4 中。从表中可以很明显看出弱放热反应的反应速率在升高 4K 的过程中缓慢增加，但随后反应物的浓度逐渐降低，对反应速率产生主要影响，使得反应速率降低。但在强放热反应过程中在很宽的温度范围内反应速率急剧增加，反应物的消耗量在较高温度时才有明显影响。

表 4-4　不同反应热的反应在绝热条件下的反应速率（绝热温升分别为 20K 和 200K）

温度/K	100	104	108	112	116	120	—	200000
速率常数/s^{-1}	1.00	1.27	1.61	2.02	2.53	3.15	—	118
反应速率(ΔT_{ad}=20K)	1.00	1.02	0.96	0.81	0.51	0.00	—	
反应速率(ΔT_{ad}=200K)	1.00	1.25	1.54	1.90	2.33	2.84	—	59

4.2 失控反应

4.2.1 热爆炸

当冷却系统的冷却速率低于反应的热生成速率，反应体系温度会升高。当反应体系温度越高，反应速率就会越快，其热生成速率进一步加快，由于反应放出的热量是随温度呈指数增加，但反应器的冷却速率随温度线性增加，导致冷却能力不足，温度进一步升高，最终发生反应失控或热爆炸。图 4-1 描述的是在绝热条件下，具有相同活化能和起始放热速率的反应的温度变化。对于较低反应热的情形，即 $\Delta T_{ad} < 200K$，反应物的消耗会呈现出一条 S 形曲线的温度-时间关系，这样的曲线并不能够说明热爆炸的特性，只是一种自加热的体现。很多放热反应不存在这种效应，意味着反应物的消耗实际上对反应速率没有影响。事实上，只有在高转化率情形时才出现速率降低。对于总反应热高（即 $\Delta T_{ad} > 200K$）的反应，即使大约 5% 的转化就可导致 10K 的温升或者更多。因此，由温升导致的反应加速远远大于反应物消耗带来的影响，这相当于认为它是零级反应。基于这样的原因，从热爆炸的角度出发，常常将反应级数简化成零级。这也代表了一个保守的近似，零级反应比具有较高级数的反应有更短的热爆炸形成时间。

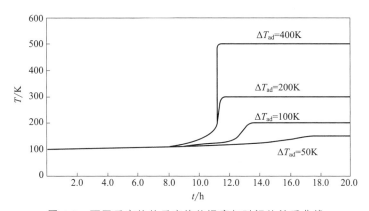

图 4-1 不同反应热的反应绝热温度与时间的关系曲线

4.2.2 Semenov 热温图

Semenov 热温图是由一个简化的热平衡式描绘的，其中描述的反应为零级放热反应。从图中可以看到反应放热速率 $q_{rx} = f(T)$ 随温度呈指数关系变化。用牛顿冷却定律表示热平衡的第二项，通过冷却系统移去的热量流率 $q_{ex} = f(T)$ 随温度呈线性变化，直线的斜率为 UA，冷却介质的临界温度 T_c 是该直线与横坐标的交点。因此，一个放热反应的热平衡可通过图 4-2 的 Semenov 热温图描述出来，也就是热生产速率等于热移出速率（$q_{rx} = q_{ex}$）的平衡状态，这体现在 Semenov 热温图中指数放热速率

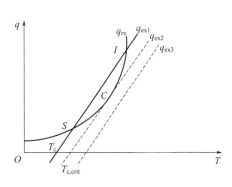

图 4-2 Semenov 热温图

曲线 q_{rx} 与线性移热速率曲线 q_{ex} 相交的两个点上，较低温度下的交点（S）是一个稳定平衡点。

当温度由稳定平衡点 S 点向温度较高的地方移动时，热移出为主要影响因素，当温度降低到使热生成速率等于热移出速率，系统恢复到平衡状态。相反的，温度由稳定平衡点 S 点向低温移动时，热生成占主导地位，温度升高直到再次达到稳态平衡。因此，较低温度处的交点 S 表示的是一个稳定的工作点。而对于较高温度处交点 I，系统开始变得不稳定，从 I 点向低温方向出现小偏差，冷却占主导地位，温度降低直到再次到达 S 点，从这点向高温方向的一个小偏差会产生过量的热，因而出现失控的条件。

实线冷却线 q_{ex1} 与温度轴的交点对应的是冷却系统（介质）的临界温度 T_c。所以，冷却系统温度较高时实线冷却线向右平移，即如图 4-2 中的虚线所示。当稳定平衡点 S 和不稳定点 I 随温度的升高汇聚成一个点时，所形成的切点表示的是一个不稳定的工作点。该冷却系统对应的温度称为临界温度（$T_{c,crit}$）。一旦冷却介质温度大于 $T_{c,crit}$ 时，此时冷却线 q_{ex1} 和放热曲线 q_{rx} 没有交点，这代表着热平衡方程无解，失控或者热爆炸是不可避免的。

4.2.3 参数敏感性

参数敏感性是指如果反应器在临界冷却温度下进行时，增加一个无限小的量都会使反应达到失控的状态，即这个小小的变化会使反应由可控到不可控。不仅改变冷却系统温度会引起这种失控，传热系数的不同同样会引发类似的结果。由于 UA 为散热曲线的斜率，所以，减小综合传热系数 U 会降低 q_{ex} 斜率，即图 4-3 所示的由斜线 q_{ex1} 转化为斜线 q_{ex2}，斜线 q_{ex3}，从而形成临界态（点 C），这可能会在存在污垢、反应器内壁结皮或固体物沉淀的热交换系统中出现，同时增大传热面积 A 时也会有同样的现象。一些操作参数如 U、A 和 T_c 等发生很小改变都会使所在反应器由稳定转变为不稳定的状态，从而对这些参数具有高度的潜在敏感性，这使得实际操作的反应器不可控制。所以从这个方面考虑，临界温度的含义对于化学反应器的稳定性评估很重要，因此有必要学习了解反应器的热平衡知识。

4.2.4 临界温度

鉴于上述分析，当反应器运行时，冷却介质温度接近其临界温度，冷却介质温度微小的变化都可能发生过临界（over-critical）的热平衡，进而发展成不可控状态。因此，知道运行反应器的冷却介质是否接近或者远离临界温度是评估操作条件是否稳定的关键点。评估时我们可以参考图 4-4 的 Semenov 热温图。将反应视为零级反应，则其放热速率可描述为温度的函数，即

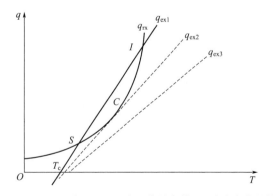

图 4-3 Semenov 热温图：反应器传热参数 UA 发生变化的情形　**图 4-4** Semenov 热温图：临界温度的计算

$$q_r = k_0 e^{-\frac{E}{RT_{crit}}} Q_r \tag{4-23}$$

此处的反应热单位以绝热单位（J）为标准，在临界情况下，反应的放热速率与反应器的冷却能力相等

$$q_r = q_{ex} \Leftrightarrow q_r = k_0 e^{-\frac{E}{RT_{crit}}} Q_r = UA(T_{crit} - T_0) \tag{4-24}$$

对两曲线在切点处进行求导，其导数值相等即

$$\frac{dq_r}{dT} = \frac{dq_{ex}}{dT} \Leftrightarrow k_0 e^{-\frac{E}{RT_{crit}}} Q_r \frac{E}{RT_{crit}^2} = UA \tag{4-25}$$

当满足上述两个方程，得到临界温度的差值

$$\Delta T_{crit} = (T_{crit} - T_0) = \frac{RT_{crit}^2}{E} \tag{4-26}$$

临界温度（T_{crit}）可由下式估算

$$T_{crit} = \frac{E}{2R}\left(1 \pm \sqrt{1 - \frac{4RT_0}{E}}\right) \tag{4-27}$$

或

$$\Delta T_{crit} = \frac{R(T_{crit} + T_0)^2}{E} = \frac{RT_0^2\left(1 + \frac{\Delta T_{crit}}{T_0}\right)^2}{E} \tag{4-28}$$

可以写成

$$\Delta T_{crit} = \frac{RT_0^2}{E}\left(1 + \frac{2\Delta T_{crit}}{T_0} + \frac{\Delta T_{crit}^2}{T_0^2}\right) \tag{4-29}$$

对于用热交换参数 U，A，T_0 来表征的特定反应器中进行的特定反应，用热力学、动力学参数 k_0，E，Q_r 来表征，反应器稳定所需的最低温度差可表示为

$$\Delta T_{crit} = T - T_0 \geqslant \frac{RT_{crit}^2}{E} \tag{4-30}$$

因此，对状态进行评估需要反应的热力学、动力学参数和反应器冷却系统的热交换参数。故评估物料储存装置的状态也可运用同样的原则，需要分解反应的热力学、动力学参数和储存容器的热交换参数。

4.2.5 热爆炸的时间范围

热爆炸形成的时间范围也是失控反应的另一个重要参数，也可以理解为在绝热条件下达到最大反应速率所需的时间（time to maximum rate under adiabatic condition，TMR_{ad}）。在绝热条件下，零级反应的热平衡，时间范围参数为

$$\frac{dT}{dt} = \frac{q}{\rho V C_P'} \tag{4-31}$$

且

$$q = q_0 \exp\left[\frac{-E}{R}\left(\frac{1}{T_0} - \frac{1}{T}\right)\right] \tag{4-32}$$

T_0 是发生热爆炸的起始温度。如果 T_c 接近 T_0，即 $(T_0 + 5K) \leqslant T_{crit} \leqslant (T_0 + 30K)$，可近似认为 $T_0 T \approx T_0^2$，则

$$\frac{1}{T_0} - \frac{1}{T} = \frac{T - T_0}{T_0 T} \approx \frac{T - T_0}{T_0^2} \tag{4-33}$$

并结合

$$\left.\begin{array}{r} T_0 - T = \Delta T \\ \dfrac{R \Delta T_{\mathrm{crit}}^2}{E} = \Delta T_{\mathrm{crit}} \end{array}\right\} \Rightarrow q = q_0 \mathrm{e}^{\frac{-\Delta T}{\Delta T_{\mathrm{crit}}}} \tag{4-34}$$

用下式进行变量变换

$$\frac{\Delta T}{\Delta T_{\mathrm{crit}}} = \theta \Rightarrow \Delta T = \Delta T_{\mathrm{crit}} \theta \tag{4-35}$$

式（4-34）变为

$$\theta = \theta_0 \mathrm{e}^\theta \tag{4-36}$$

$$\frac{\mathrm{d}\theta}{\mathrm{d}t} = \theta_0 \mathrm{e}^\theta \Rightarrow \int_0^t \mathrm{d}t = \frac{1}{\theta_0} \int_0^1 \mathrm{e}^{-\theta} \mathrm{d}\theta \tag{4-37}$$

经过积分可求得温度由 T_0 到 T_{crit} 所需的时间，即 $\theta \approx 0 \to \theta = 1$

$$t = \frac{1}{\theta_0} \int_0^1 \mathrm{e}^{-\theta} \mathrm{d}\theta = \left[\frac{1}{\theta_0 \mathrm{e}^{-\theta}}\right]_0^1 = \frac{1}{\theta_0}(1 - \mathrm{e}^{-1}) \tag{4-38}$$

$$t = (1 - \mathrm{e}^{-1})\frac{\Delta T}{T_0} = 0.632 \frac{C_{\mathrm{P}}' R T_{\mathrm{crit}}^2}{q_0 E} \approx 0.632 \frac{C_{\mathrm{P}}' R T_0^2}{q_0 E} \tag{4-39}$$

此时间也称作不回归时间（Time of No Return，TNR），在绝热条件下，一旦不回归时间流逝，意味着其热平衡已经超过临界状态，即使冷却系统恢复，也不可能冷却反应器

$$\mathrm{TNR} = 0.632 \frac{C_{\mathrm{P}}' R T_0^2}{q_0 E} \tag{4-40}$$

上式 TNR 有着重要的含义，当使用紧急冷却系统处理即将来临的失控反应，则必须使它在 TNR 这么短的时间内完成。

还有另一个时间参数也是需要关注的，即热爆炸形成时间。可以通过从 T_0 到 $T_0 + \Delta T_{\mathrm{ad}}$ 或 $\theta \to \infty$ 的积分来计算获得，即

$$t = \frac{1}{\theta_0} \int_0^\infty \mathrm{e}^{-\theta} \mathrm{d}\theta = \left(\frac{1}{\theta_0} \mathrm{e}^{-\theta}\right)_0^\infty = \frac{1}{\theta_0} \tag{4-41}$$

$$t = \frac{\Delta T}{T_0} = \frac{C_{\mathrm{P}}' R T_{\mathrm{crit}}^2}{q_0 E} \approx \frac{C_{\mathrm{P}}' R T_0^2}{q_0 E} \tag{4-42}$$

绝热条件下最大反应速率到达时间为

$$\mathrm{TMR}_{\mathrm{ad}} = \frac{C_{\mathrm{P}}' R T_0^2}{q_0 E} \tag{4-43}$$

$\mathrm{TMR}_{\mathrm{ad}}$ 是一个反应动力学参数的函数，$\mathrm{TMR}_{\mathrm{ad}}$ 的概念最早由 Semenov 提出，并由 Townsend 和 Tou 在发明加速度量热仪后再次提出。它的求取是有条件的，即初始条件 T_0 下的反应放热速率 q_0 已知，且知道反应物料的比热容 C_{P}' 和反应活化能 E。$\mathrm{TMR}_{\mathrm{ad}}$ 与温度呈指数降低关系，因为 q_0 是温度的指数函数，并且活化能的升高也会引起其降低，即

$$\mathrm{TMR}_{\mathrm{ad}}(T) = \frac{C_{\mathrm{P}}' R T_0^2}{q_0 \mathrm{e}^{-\frac{E}{RT_0}} E} \tag{4-44}$$

4.3 热风险评估程序

4.3.1 热风险评估的概念及意义

反应失控及其相关后果（如引发失控反应）带来的风险称为化学反应的热风险。了解和学习爆炸理论和风险的评估是可以知道一个正常反应是如何变成失控状态的。事故情形包括其触发条件及导致的后果进行辨识、描述。通过定义和描述事故的引发条件和导致结果对其严重度和发生可能性进行评估。一旦反应器冷却失效，或通常所认为的反应物料或物质处于绝热状态，则往往会发生不可估量的热风险。

4.3.2 热失控严重度和可能性

4.3.2.1 热失控严重度

严重度与可能性的乘积是用来对风险进行解释和描述的，即可能性×严重度＝风险。因此，可能性和严重度是在化工工艺的反应风险分析与评估中要探究的两个维度。其中严重度是指失控反应在不受控的情况下释放的能量可能造成破坏的程度。大多数放热化学反应过程中释放的热量往往决定反应失控的结果。在反应过程中释放出的热量越大，当反应失控时，体系的温度会明显地升高，导致某些组分发生热分解反应甚至是二次分解反应，某些物料本身的汽化或产生气体使得体系的压力明显增大，易引起反应器的破裂甚至爆炸，其带来的后果会对人、物和环境都有损失和损害。即放出热量越大，则反应失控造成的后果严重程度越高。但评估反应危险性的绝对指标并不是反应热的大小，绝热温升才是评估反应危险性的重要考量，绝热温升不仅仅影响着温度水平，同时还是影响失控反应动力学的重要因素。

若要利用绝热温升评估反应的严重度，则主要遵循苏黎世保险公司提出的苏黎世危险性分析法（Zurich hazard analysis，ZHA）。其将危险性分为极高级、高级、中级和低级四个等级，失控反应严重度的评估准则如表 4-5 所示。

表 4-5　失控反应严重度的评估准则

危险等级	$\Delta T_{ad}/K$	发生失控时造成后果
极高级	>400	工厂毁灭性损失
高级	200～400	工厂严重损失
中级	50～200	工厂短期破坏
低级	<50 且无压力影响	批量损失

4.3.2.2 热失控可能性

热失控的可能性，在化工工艺风险中是指由于工艺反应本身导致危险事故发生的概率大小。目前，没有方法能够直接对化学失控反应风险发生的可能性进行定量分析，却可以通过时间尺度来进行相应的半定量评估。如图 4-5 所示，为失控后的两个不同化学反应体系温升与时间的关系图。

在案例 1 中，目标反应失控后由于二次分解反应的发生导致体系温度再次迅速升高，因此有很大可能发生危险事故，但在案例 2 中，目标反应失控导致温度升高后，要经历一段较长时间才发生二次分解反应，使操作人员有一定时间采取措施让体系恢复到安全状态，可避免危险事故的发生，两者相比而言，案例 2 发生危险性事故的可能性概率较小。

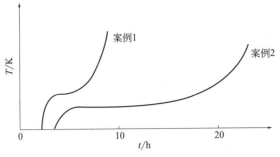

图 4-5   反应失控后温度随时间变化

因此，为了对反应失控发生的可能性进行评估，这里可以利用失控反应最大反应速率到达时间 TMR_{ad} 作为时间尺度。这是一种仅适用于反应过程的评估，对于储存过程并不适用。在反应失控的情况下，若是在反应失控之前较为缓和的时候采取措施，那么反应失控就很有可能得到控制，其失控可能性就会降低。在实际的化工生产过程中，也就是在工艺生产规模的化学反应中，在绝热条件下，若 $TMR_{ad} \geqslant 24h$，则失控反应发生的可能性划为"低级"。若 $TMR_{ad} \leqslant 8h$，失控发生的可能性归为"高级"。其实，这种评估方式没有绝对的标准。因为影响失控的因素还很多，比如操作人员的操作水平和培训情况、化工生产自动化程度的高低、生产保障系统的故障频率等等。对反应失控的可能性可以遵循常用的六等级准则进行评估。其准则如表 4-6 所示。

表 4-6   失控反应发生可能性的评估准则

简化三等级分类	扩展六等级分类	TMR_{ad}/h
高级	频繁发生	<1
	很可能发生	$1 \sim 8$
中级	偶尔发生	$8 \sim 24$
低级	很少发生	$24 \sim 50$
	极少发生	$50 \sim 100$
	几乎不可能发生	>100

4.3.3   工艺危险度

工艺反应本身的危险程度也称工艺危险度。反应的危险度越大，则反应失控后造成事故的严重程度就越大。下述四个温度参数决定着工艺危险度的大小。

① MTT：技术原因影响的最高温度。

② T_p：工艺操作温度。

③ MTSR：热失控时工艺反应可能达到的最高温度。

④ T_{D24}：体系在绝热过程中最大反应速率到达时间 TMR_{ad} 为 24h 时所对应的温度。

其中，T_p 是指反应过程中冷却失效时的初始温度。如果反应体系同时存在物料最大累积量和物料具有最差稳定性的情况下系统冷却失效，一定要考虑到工艺操作温度 T_p 来确定控制措施和解决方案。

从敞开体系（和外界大气相通）来说，由技术原因影响的最高温度 MTT 为体系原料或溶剂的沸点。而对于压力反应体系，该体系具有一定的密封性，反应容器最大允许压力所对应的反应温度为此温度。

当体系的 TMR_{ad} 为 24h 时，反应混合物热稳定性程度影响对应温度 T_{D24} 的大小。反应混合物热稳定性不出现变化时对应的最高温度值即为 T_{D24}，MTSR 为热失控时工艺反应可能达到的最高温度。未反应物料的累积程度影响着其大小，累积程度越大，工艺反应在反应发生失控后可能达到的最高温度 MTSR 越大，工艺反应条件的设计对 MTSR 的影响很大。

当四个温度参数以不同的顺序出现，就意味着有不一样的情形出现，且其对应的危险度也是不一样的。从 T_p、MTSR、MTT 和 T_{D24} 这四个温度参数的不同，可以把危险度分为五个级别，如图 4-6 所示。

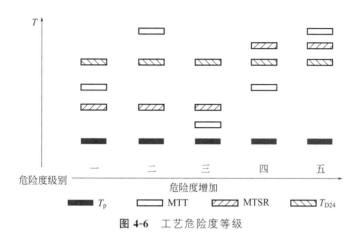

图 4-6 工艺危险度等级

① 当 $T_p<$MTSR$<$MTT$<T_{D24}$ 时，将危险度划为一级危险度。该体系不会引发物质的二次分解反应，也不会使反应物料剧烈沸腾而引发冲料危险。因为反应发生失控后，体系温度升高达到热失控时工艺反应可能达到的最高温度为 MTSR，且 MTSR 小于技术原因影响的最高温度 MTT 和体系在绝热过程中最大反应速率到达时间 TMR$_{ad}$ 为 24h 时所对应的温度 T_{D24}。若考虑反应混合物的物料蒸发和冷却等过程也可以带走部分热量，使体系多一个安全保障。因此，一级危险度时，只要工艺设计得到保证，就不需要采取其他特殊的处理措施，只需要采取常规的应急泄压以及反应混合物的蒸发冷却等作为系统的安全屏障就可以。但是，需要避免反应物料的热累积状态长时间停留，否则可能会达到技术原因影响的最高温度 MTT。

② 当 $T_p<$MTSR$<T_{D24}<$MTT 时，系统的危险度为二级危险度。当体系发生热失控以后，此时温度会骤然上升，很可能达到的最高温度 MTSR，但由于技术原因影响的最高温度 MTT 和在绝热条件下的 T_{D24} 均大于 MTSR，但此刻的 T_{D24} 小于 MTT，这种状况下，一旦反应物料持续停留在热累积状态，那么很有可能会引发二次分解反应的发生，从而使反应体系达到 MTT，如果二次分解反应继续放热，最终将使体系达到物料的沸点温度，有可能会引起冲料危险的发生，甚至造成爆炸等危险事故。

③ 当 $T_p<$MTT$<$MTSR$<T_{D24}$ 时，系统的危险度为三级危险度。在反应发生失控后，达到热失控时工艺反应可能达到的最高温度 MTSR，该温度大于 MTT，而小于 T_{D24}。这个时候会发生料液沸腾引起的冲料危险，从而伴随系统压力瞬间升高，导致爆炸事故发生。然而这个时候，系统温度并未达到在绝热过程中最大反应速率到达时间 TMR$_{ad}$ 为 24h 时所对应的温度 T_{D24}，因此，没有二次反应的出现，不会进一步恶化。这种状况下的系统的安全性由体系达到最高温度 MTT 时反应放热速率的快慢决定。经过上述的分析，当出现三级危险度时，控制方法一般采用的是反应混合物的蒸发冷却和降低反应系统压力等技术。

④ 当 $T_p<$MTT$<T_{D24}<$MTSR 时，系统的危险度为四级危险度。在反应发生失控后，反应体系热失控时工艺反应可能达到的最高温度 MTSR 大于技术原因影响的最高温度 MTT

和体系在绝热过程中最大反应速率到达时间 TMR_{ad} 为 24h 时所对应的温度 T_{D24}，此时的 MTT 低于 T_{D24}，即体系的温度不能稳定在技术原因影响的最高温度 MTT 的水平，从理论上来说会发生物料二次分解反应。在这种情况下，反应体系在技术原因影响的最高温度 MTT 时的目标反应和二次分解反应的放热速率决定了整个工艺的安全性情况。反应混合物的蒸发冷却和降低反应系统压力等措施有一定的安全保障作用，一旦此时的技术措施失效，则会引发二次分解反应的发生，使整个反应体系变得更加危险。因此，对于四级危险度而言，需要建立一个可靠的有效的技术措施。例如：安装具有足够冷却能力的冷凝器，并且要求回流所用的冷却介质具有独立的供冷系统；工艺设计的回流系统能够在反应失控时蒸气流速很高的情况下正常工作，以免出现蒸气泄漏、液位上涨等危险情况，从而造成压头损失。

⑤ 当 $T_p<T_{D24}<MTSR<MTT$ 时，系统的危险度为五级危险度。在反应发生失控后，系统温度达到 MTT 时，此时的温度大于 MTSR，而且 MTT 和 MTSR 都大于 T_{D24}。物料的二级分解反应在这种状态下会发生。由于该过程不断地放热，体系会达到工艺的极限温度。二级分解反应放热速率在 MTT 时更快，由于不能及时移出释放的大量能量，会使系统有着很大的危险状态。此时的五级危险度是极为危险的状况，只使用蒸发冷却和降低反应系统压力等方法是不可能保障体系安全的。这时应该采取更加可控的应急措施，例如采用骤冷或者紧急泄料等更有针对性的措施。如果反应体系有潜在的五级危险度的状况，则应及时重新进行工艺研究和设计，可以将间歇反应方式改变为半间歇反应方式，或采取改变反应物料浓度、改变加料方式等措施，尽量使用安全的工艺和操作降低系统的危险性。

4.3.4 评估程序流程

研究反应风险是评估工艺风险的基础，而反应热是导致工艺风险的一个主导因素，因此风险评估的主要内容就是反应热的评估。以下三个方面为评估的具体内容：第一个是采集工艺过程里的所有化工物料的数据；第二个是确立控制措施，这个确立之前要对风险研究结果进行分析，找出风险源；第三个是对一定的工艺进行可操作性以及危险的分析 HAZOP。在评估过程中，尽量将问题简单考虑，并减少数据的数量，以使反应热风险的评估程序更加简捷；或是采用近似的手段。近似的手段是最保守的评估。用这样的评估程序得到的主要的风险，使得风险评估结果有较缓和的缓冲空间。如果结果不能保证操作安全，则必须进一步获得更多的数据，进行重新评估，以期最大限度地保证生产安全。在热风险评估过程中，要拟定一个冷却失效的情况，并以此为评估的基础。在这种情形之上划分工艺危险度的等级。这样才能更好更有效地识别和评估反应热风险，根据一定的等级，才能更好地选取降低风险的措施。

图 4-7 是工艺风险评估过程中考虑到的关键程序实例节选。这个程序的节选表示的是在冷却失效情况下，根据绝热温升的基础数据来分析判断工艺风险的严重性。针对高风险的反应，通过进一步对失控反应可能达到的最高温度和最大分解反应速率到达时间的分析和评估，确立其危险度等级和有关的评估程序以及后续进行的工作程序，并对控制方法、工艺研究和工艺设计提出必要要求。

依据反应风险研究结果，针对反应量热数据，图 4-8 提供了一个相对实用的系统评估程序实例节选。

在图 4-8 中，首先出现的环节就是假定发生最坏的情况，主要是为了得到主要风险。这样的一个评估程序，最先要做的事是全面熟悉参与反应的物料的理化性质，明确物料的理化性质，选用特征明显的物料作为研究目标，这样易于观察。与此同时，还要了解反应物料的反应热大小情况，对于反应热较小的反应不会进入到下一步。相反的，对于反应热大的反应

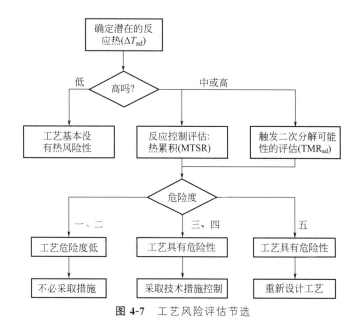

图 4-7 工艺风险评估节选

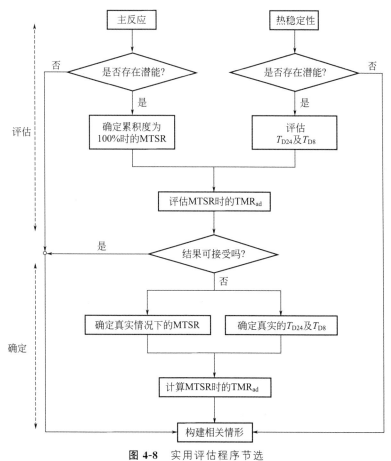

图 4-8 实用评估程序节选

会直接进入到下一个环节中继续评估。在具体观察目标反应时，若有显著的放热效应，则要弄清楚该热是来自目标反应还是二次分解反应。若该热来自目标反应的话，需要对工艺过程达到热失控时工艺反应可能达到的最高温度 MTSR 相关的因素做详细的分析。如热量累积情况、放热反应的反应速率等。若能量来自二次分解反应，需要确定体系达到热失控时工艺反应可能达到的最高温度 MTSR 时的体系在绝热过程中最大反应速率到达时间 TMR_{ad}，和其相关的动力学反应参数，此时应该被予以研究。

想要评估化工工艺的反应热风险，关键是获取其相关的数据，因此在获取的过程中可参照以下步骤来完成。

① 计算体系在热失控时工艺反应可能达到的最高温度 MTSR。热风险评估的第一步首先要假定目标反应为间歇反应，此时，物料的累积度为 100%，计算此时的 MTSR。

② 评估体系在绝热条件下的时间尺度 TMR_{ad} 为 24h 时所对应的温度 T_{D24}。体系在绝热过程中的时间尺度 TMR_{ad} 和 TMR_{ad} 为 24h 时相应的温度 T_{D24} 能用绝热反应量热仪（ARC）测量得到。在假设的最坏状况下，如果不能接受最坏结果，则要对相关数据进行反复的测试，以确保所使用数据的准确性。

③ 明确目标反应中的物料累积状况。热量的测量可以使用实验室全自动反应量热仪（RC1），并测试物料实际的累积状态，经过前面的测试可得知温度 MTSR。

④ 除了上述步骤以外，需要依据物料的二次分解反应状况，确定体系的 TMR_{ad} 和温度的函数关系，从而明确反应的动力学情况，同时也可确定 TMR_{ad} 为 24h 时所对应的温度 T_{D24}。

图 4-9 是经过上述四个步骤所获得的数据，能得到的反应工艺过程热风险的快速核查图。

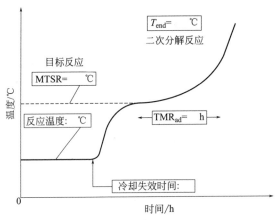

图 4-9 与工艺过程相关的热风险表述图例

如果使用图 4-9 所示的风险评估程序时，可以使用实验测定的方法获得相应数据。如果目标反应比较简单的话，在进行热风险评估时，要是有较多精准的数据，可以选择较小的安全裕量。相反，针对没有较多精准数据的反应，需凭经验确定一个较大范围的安全裕量。

4.4 化工工艺热风险评估实验仪器

4.4.1 量热实验仪器

用于获取安全评估所需参数的量热仪很少，因此要选用耐用的量热仪器，同时由于在评估过程中会在一些特殊的条件下，即在反应失控或者热稳定性的研究中要能承受最恶劣的条件。表 4-7 介绍了一些量热仪器。

表 4-7　安全实验室常用的不同量热设备的比较

方法	测量原理	适用范围	样品量	温度范围/℃	灵敏度[①]/(W/kg)
DSC(差示扫描量热仪)	差值,理想热流或恒温	筛选实验、二次反应	1～50mg	−50～500	2[②]～10
ARC(加速度量热仪)	理想热累积	二次反应	0.5～3g	30～400	0.5
SEDEX (放热过程灵敏探测器)	恒温,绝热	二次反应、储存稳定性	2～100g	0～400	0.5[③]
RADEX 量热仪	恒温	筛选实验、二次反应	1.5～3g	20～400	1
SIKAREX 量热仪	理想热累积,恒温	二次反应	5～50g	20～400	0.25
RC(反应量热仪)	理想热流	目标反应	300～2000g	−40～250	1.0
TAM(热反应性检测仪)	差值,理想热流	二次反应、储存稳定性	0.5～3g	30～150	0.01
杜瓦瓶量热仪	理想热累积	目标反应和热稳定性	100～1000g	30～250	[④]

①典型值；②许多最新仪器进行了优化；③取决于所用样品池；④取决于容积和杜瓦瓶质量。

4.4.2　绝热量热仪

4.4.2.1　杜瓦瓶量热仪

杜瓦瓶是经常使用的绝热容器，如图 4-10。但实际上杜瓦瓶并非真的绝热，是因为其可以控制小部分的热量损失，只有在一定的时间范围内并且和环境温度相差不大的时候可以忽略这部分热损失。所以认为杜瓦瓶绝热。

在杜瓦瓶中加入反应物的温度应和瓶内物料温度保持一致，且加入反应物时便开始反应，从而避免较为明显的热效应。随后记录温度随时间变化的数据然后绘制曲线（见图 4-11），找出温度与时间的关系，绘制的曲线要进行修正，此时要考虑全部物料液面以下的杜瓦瓶容器、相关插件的热容，因为它们也会产生热效应。热效应会使反应体系温度升高，该部分为待测部

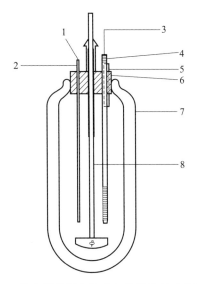

图 4-10　装有搅拌器和校准加热器的杜瓦瓶量热仪

1—记录（温度）；2—温度计；3—能量供给；
4—加热器；5—排气口（与冷凝器相连接）；
6—塞子；7—500mL 杜瓦瓶；8—搅拌器

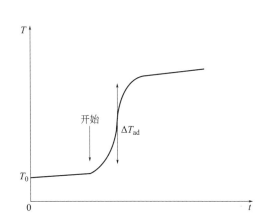

图 4-11　典型的温度-时间曲线

分，搅拌器搅拌时产生的热量，以及热量的损失，能够通过校正确定，该校正既可以采用化学法也可以采用电学法，化学法利用一个已知的标准反应，电学法利用已知的电压、电流和加热电阻器。杜瓦瓶周围的环境一般情况下是温度可以调整的，比如置于水浴或者温箱中。为了方便知道杜瓦瓶内的温度以及防止热量散失，在有的实验室中，会设计一个可调的环境温度，这样的前提是需要一个有效的温度控制系统。

虽然此方法相对较为简单，设备也不复杂，但在定量化过程中，一些注意事项应予以考虑。对于越大的杜瓦瓶，其灵敏度就会越高，从实质上来说，热量的损失和容器的比表面积也就是表面积与体积的比值 A/V 成正比。1L 大小的杜瓦瓶其热散失近似与一个不带搅拌的 $10m^3$ 的工业反应器相当，即 $0.018W/(kg \cdot K)$。

4.4.2.2 加速度量热仪

加速度量热仪也是一种绝热量热仪，其工作原理是通过调整炉腔温度，使其与所测得的样品池（也称样品球）外表面热电偶的温度一致来控制热散失。这时样品池与环境间没有温度差异，因此不会发生热转移。在进行检测的过程中，先将样品放在 $10cm^3$ 的钛质球形样品池（S）中，所用的试样量为 $1\sim10g$。样品池的位置在加热炉腔（Th）的中心，炉腔温度通过温度控制系统（H）进行准确的调节。样品池也能和压力传感器（P）连接在一起，从而进行压力的测量。这个设备有两种工作模式。

① 第一种是为了检测放热反应的温度，设有一连串的温度序列来进行的加热-等待-搜寻（Heating Waiting-Seeking，HWS）模式。其中对于每一个温度步骤，系统在设置的时间内达到稳定的形态，紧接着控制器会转换为绝热状态。若在某个温度环节中测验到放热温升速率超过某设定的水平值（一般为 $0.02K/min$），温度开始与样品池温度同时升高，从而保证样品处于绝热状态。反之，系统会来到下一个温度环节（图 4-12）。

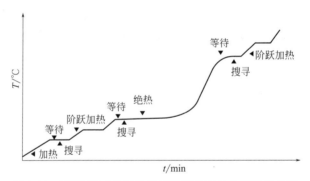

图 4-12 HWS 模式的加速度量热议获得的典型温度曲线

② 另一种模式是对样品直接加热，使其温度被加热到设置好的初始温度的等温老化（Thermal Aging）模式。在此温度下仪器检测产生如上所述的热效应。

在美国，这种模式已经应用于一种筛选技术。此技术的使用，能够在放热过程中的准绝热状态（Pseudo-Adiabatic Condition）下直接记录实时的温度。这里使用"准"来描述，是由于样品放出的热量的一部分用来加热样品池本身。一个调试状态不错的仪器，其灵敏度也是很高的，其可以检测样品的自加热速率为 $0.01K/min$，测试样品量为 2g，因而其灵敏度可达 $0.5W/kg$。

除了上述类型的量热仪，还有泄放口尺寸测试装置（Vent Sizing Package，VSP）、高性能绝热量热仪（PHI-TEC Ⅱ）和反应系统筛选装置（Reactive System Screening Tool，RSST）。这些仪器的设计主要是为研究泄放口尺寸参数的，相比 ARC 的话，其热惯量相对较小。

4.4.2.3　泄放口尺寸测试装置

在进行 1975～1984 年的研究项目时，美国化学工程师学会的应急系统研究所（Design Institute for Emergency Relief Systems，DIERS）Fauske 和 Asocates 公司设计了泄放口尺寸测试装置。其主要为设计反应器和储槽中发生反应失控或其他紧急情况时释放压力（安全吸裂板等）的装置提供依据，且注重于两相流的行为。在实验室中利用优化的 VSP2 型模拟真实生产中产生失控反应时的释放压力，将实验测得数据带入相关公式中，可以得到伴随气液两相流的放散口口径。

（1）装置结构与功能

大体上来看，此装置是一种绝热量热计，其特点是试样量比较多。但由于试样容器的重量比较小，所以其热修正数值系数也仅有 1.05 大小。它的大致结构如图 4-13 所示。

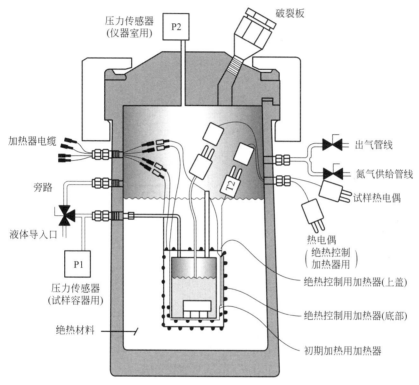

图 4-13　VPS2 装置结构

该装置的外壳容积大小 4L，为圆桶形不锈钢制，设计压力 13.3MPa，其中的破裂板是为了保证安全而配置。因此其外壳放置试样容器时具有防护作用。外壳内有加热器和热电偶，在其中放置试样容器，试样容器的外面会包裹着初期加热用的加热件，其空间部分会充填绝热材料。

试样容器容积 120mL，外形呈圆筒形，其制作材质为不锈钢或哈氏耐蚀合金、钛材等。也有用聚四氟乙烯衬里的，其最薄的壁厚只 0.1mm。搅拌里面试样使用的是电磁搅拌器，因此不相溶的两种液相体系和不均匀体系也能进行实验。试样容器有密闭式和开放式两种类型。

测定温度范围：室温～500℃；测定压力：0～14MPa；温度分辨率：0.1℃/min；放热检出感度：0.1℃/min；采样间隔置：最大 50ms。

（2）实验与评价方法

和 ARC 一样，使用密闭式试样容器时也会经过加热、待机、探索步骤自动检测出试样自放热的步骤。发现有热放出后，要使环境（气氛）温度跟踪试样温度而进行绝热控制，可以借助加热单元。同样的，也可通过外壳内的压力获得试样容器内的压力，这个工作原理是设置在通气管线上的电磁阀自动控制以向壳内供给氮气实现的。因为压力补偿单元使薄壁的试样（反应）容器内外压力得以平衡而不被损坏。此压力跟踪能力约为 2MPa/s，而温度跟踪能力最大约为 100℃/min，因此有资料称此装置在 350℃、2.5MPa 下的热损失仅约 0.1℃/min。

4.4.2.4 高性能绝热量热计（PHI-TEC Ⅱ）

这是英国的危险性评价实验室（Hazard Evaluation Laboratory）参照 DIERS 的量热计新近开发的一种装置（如图 4-14 所示）。该量热计的优势是具有比 VSP 高一个数量级的高放热检知感度以及它的多功能性，不仅可以检测放热散口尺寸设计中相关的数据，而且可以检测反应失控危险性评价所需要的热参数（相当于大容量 ARC）。在其他功能方面也比 VSP 有所优化，如自由地选择实验所需容器的材质和容积，不局限于标准型 120mL 的圆筒，且实验中实验的物质能够释放到壳外；可以模拟外部火灾情况下反应失控的功能；除磁力搅拌器外，还可以换成机械搅拌的容器，且在装置外壳外面设有用于搅拌的马达；对其进行严密的 PID 控制，是因为试样容器的上面、侧面、底面设有三套加热器和热电偶。

测定温度范围：室温～500℃；测定压力：0～14MPa；温度分辨率：0.03℃；放热检出感度：0.02℃/min。

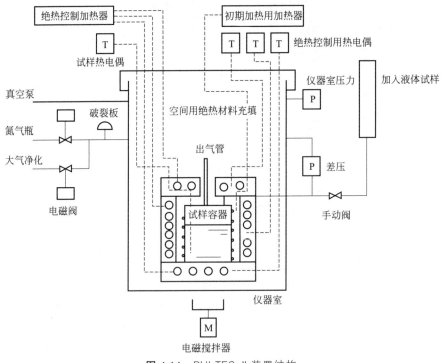

图 4-14　PHI-TEC Ⅱ 装置结构

4.4.3　微量热仪

4.4.3.1　差示扫描量热仪

差示扫描量热仪长期以来都应用在工艺安全方面，主要得益于其在进行实验筛选时具有多种功能。只要少量的样品，就能获得定量数据，比如采取微量热仪技术。这项技术只需将样品放到坩埚，再将其置于温控炉中。由于这是一种差值方法，还需要一个坩埚作为参比。参比坩埚是指空坩埚或装有惰性物质的坩埚。

而原本的 DSC 为了控制两个坩埚的温度并使它们一样，坩埚底部会安装一个加热电阻。这两个加热电阻使用功率的不同会直接影响反应样品的放热功率。该方式的工作原理是遵循理想热流的原理。

在 Boersma 之后，DSC 使用了另一种测量的原理：不采用加热补偿的方法，允许样品坩埚和参比坩埚之间存在温度差（图 4-15），记录温度差，并以温度差-时间或温度差-温度关系作图。仪器必须进行校准以确定放热速率和温度差之间的关系。通常利用标准物质的熔化焓（Melting Enthalpy）进行校准，包括温度校准和量

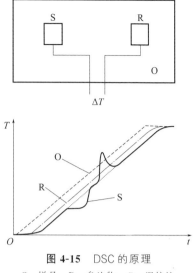

图 4-15 DSC 的原理
S—样品；R—参比物；O—温控炉

热校准。实际上，Boersma 之后的 DSC 运行遵循恒温工作模式，不过，样品量很小（3～20mg），接近理想流。

加热炉的温度控制有两种方法，分别是加热炉的温度保持恒定的等温模式和加热炉的温度随时间呈线性变化的动态模式（也称扫描模式）。因为进行 DSC 检测所用的试样量只是毫克量级，所以可以用来分析每个放热现象。这种仪器即使是在很差的条件下使用对检测员和仪器本身也是没有危险的。此外，当扫描实验从环境温度升高到 500℃，用 4K/min 的增温速率的扫描实验也只需 2h。所以，在筛选实验方面，应用很普遍的就是 DSC 仪器。

仪器的灵敏度由以下参数决定。

① **实验条件**：主要是扫描速率对灵敏度的影响。

② **测量器的结构**：所使用的材质和热电偶的数量不同，灵敏度不同。

③ **使用坩埚的类型**：常常采用相对耐高压的坩埚，出于安全目的，这将影响其灵敏度。

所以灵敏度范围一般为 2～20W/kg，其放热速率相当于绝热条件下 4～40℃/h 的温升速率。这意味着放热反应会出现一个温度，该温度下热爆炸的形成时间 TMR_{ad} 仅为 1h。

在扫描实验的加热过程中，样品中可能含有挥发性物质，会引起两种结果。

① 实验中部分样品的蒸发散失，可能导致对测试结果的不准确解释。

② 蒸发吸热对热平衡产生负影响，即测量信号会掩盖放热反应。

所以，想要测定试样的潜能值，在实验中必须采用密闭耐压坩埚，对于其他测试仪器也是一样的。这些坩埚在市场上就能够获得。根据经验，镀金密闭坩埚容积为 $50\mu L$ 时，其可承受的压力能达到 20bar（$1bar=10^5 Pa$，下同），能够适用于安全问题的研究。

DSC 非常适合测定分解热。在低温时混合反应物料，能在低温时就开始进行扫描，也能够测出反应总热。这样做的目的是 DSC 中的试样不可以搅拌，也不可以往里面加物料，但由于 DSC 坩埚尺寸小，试样扩散时间较短，即使不搅拌，通过扩散也能达到混合。

扫描实验就是为了模拟最坏的反应情况。试样被加热到温度 400℃ 或 500℃ 时，大多数有机化合物在此温度范围内都会发生分解，并且实验是在密闭的环境中进行的，不会有分解物从容器中散出。因此所得的热谱图可以表明试样的热特性，就相当于一个"能量指纹"，从而得到定量测试结果，评估绝热温升过程中反应失控的严重度。因此，进行筛选实验对混合物潜在危险性分析起着重要作用。

4.4.3.2 热反应性检测仪

由瑞典的 Suurkuusk 和 Wads 研发的热反应性监测仪（Thermal Activity Monitor，TAM）最初主要用于生物体系的研究。此设备是具有高灵敏度（可达微瓦）的差示量热仪。当样品量为 1g 时，对应的灵敏度为 1mW/kg。因为有很多的热电偶放置在试样的附近并选用了精确度达 0.1mK 的温度调节装置进行温度监控。当研究物质长期存放的稳定性时，TAM 非常适用。例如，当一个反应的分解热为 500kJ/kg，放热速率为 3mW/kg，经过一个月后转化率为 2.5%。所以，DSC 既能在工艺安全领域中的传热受限问题（Thermal Confinement Problem）中应用，也能对等温 DSC 实验测得的放热速率进行外推研究。图 4-16 的一个应用实例：由 DSC 实验测得样品的放热速率为 90～500W/kg，当需要外推到 65～75℃之间的较低温度时，即可以利用 TAM 进行测试，测得的放热速率为 20～500mW/kg。这是检验外推结果是否正确的一种有效方法。

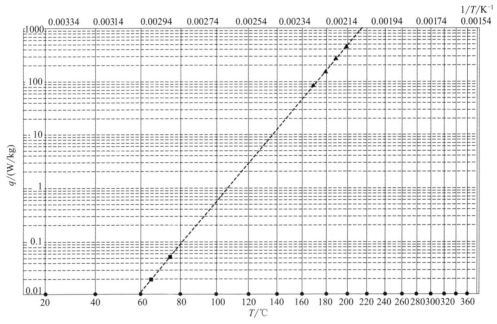

图 4-16 等温 DSC 数据外推结果被 TAM 低温测试结果所确认

4.4.3.3 反应量热仪

根据反应进行的条件尽可能接近工业操作条件这一理念设计出了反应量热仪，即反应量热仪的温度应采用程序控制模式或等温控制模式，而且反应量热仪应满足试样的控制方式从而进行加入、蒸馏或者回流以及产生气体。操作条件必须和工业搅拌签式反应器的操作条件相同，其主要的区别是在反应进行过程中反应量热仪能够追踪其热现象。虽然反应量热仪最初研发的主要目的是对安全性的分析，但后来人们发现反应量热仪也可以用于工艺研发及放大。在动力学方面也因其精确的温度控制和放热速率的测量得以应用，尤其是当反应量热仪与其他分析方法结合时效果更好。所以反应量热仪被用于聚合反应、格氏反应、硝化反应、加氢反应、环氧化反应以及更多其他反应的研究，并且在制药工业中，恒温差示量热仪与小规模量热仪也得到改进和应用。图 4-17 是反应量热仪研究催化加氢反应时所记录的数据。通过热谱图，可以得知在一定的工业操作条件（氢气压力为 20bar，温度为 60℃）下的反应放热速率。在这个例子中放热速率曲线显得更加关键。从图中可以看出 3.5h 内，放热速率刚开始稳定在 35W/kg，然后突然间增加到 70W/kg，最后才开始降低。出现这种现象是因为它是一个多步反应。由校准过的储氢器中的压降得知，反应过程中的耗氢量（Hydrogen Uptake）与转化率成正比。由放热速率曲线积分可得到反应热转化率（Thermal Conversion），化学转化率与热转化率的差值就是物料累积。

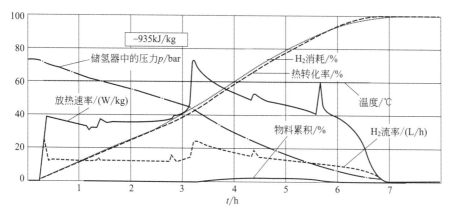

图 4-17 采用反应热量仪得到的催化加氢反应的热谱图

这是瑞士制药厂商 Ciba-Geigy 公司研究的一种方法，瑞士 Mettler 公司从 1986 年开始将其对外销售并商业化。虽然 ARC 具有绝热条件，试样量达克级，可获得化工生产中冷却系统失效或由于错误的冷却工艺条件所可能造成的危险性热数据，但它很难模拟化学反应情况，RC 正好能够补到这个缺陷，因此它不仅能够为评价工艺安全提供依据，也可为优化工艺设计提供依据。

反应量热仪有多种反应器可供选择，如不锈钢或哈斯特洛依耐蚀合金的高压（约 6MPa）反应器，耐压玻璃制的中压（约 1MPa）反应器，常压下的小容量（800mL）玻璃制反应器。它的标准型容量可达 2L，但是 0.5L 以上的物料也能用其测量，目前最小的容器可为 250mL。并且各种反应器都会带有夹套，通常用硅油作为热介质来达到所需要的高温环境，用冷却介质循环得到所需的低温状态。这两种状态都是根据温度用计算机进行控制的。其控制范围为 $-20\sim230\,^{\circ}\mathrm{C}$。高温可达到 $300\,^{\circ}\mathrm{C}$。

以下的这些参数如反应温度、夹套温度、试样加入速度、pH 值、表观放热量、反应温度变化速度等 47 个项目都可以在计算机屏幕上得以监控，从而获取实验数据。通过数据分析软件可以计算出反应热、放热速率、比热容、综合传热系数、绝热温度等的数据，如安装转矩计则可以测定物料的黏度。

4.4.3.4　MS-80D

MS-80D 是一种具有高灵敏度的 Calvet 等温量热计。等温量热指的是在等温条件下，进行最少为 100mW/g 的微小热量测定的一种方法。如果要检测不超过每克毫瓦的微小热量，则要使用灵敏度高和可以容纳较多试样的量热计。MS-80D 的特点是灵敏度高，即使在较低温度下也可以进行检测。由于高温和低温对物料反应的影响也存在差异，其主要原因是机理不同。此时用高温情况下的测验结果为标准来解释低温条件下的变化往往是不准确的。但 MS-80D 在测量时不会存在这样的问题。

这种量热计的独特结构决定了其具有这一特点。具体构造为：它的热流（Heat Flux）测定部分的周围有热传导块，而热传导块的四周安装着加热元件，这些元件都放在具有绝热材料的容器之中，热流测定单元的中心放置着样品池和相邻位置盛有惰性物质的参比池。因此只要测定两热流计的输出差，就可以得到与试样的热变化成正比的信号。热流测定单元是温差电堆（Thermopile），也就是热电偶的集合体，15mL 型样品池有 480 根，100mL 型的可达 1316 根。

从低温到高温划分为三种型号的市售 Calvet 量热计，灵敏度最高的为 MS-80D，其检测极限约为 0.1μm。由于其测试所需的物料量相对较大，因此，适合研究在常温下长期储存并伴随着非常微小热效应的反应。MS-80D 量热仪温度差的检测量达 10^{-7}℃，适合数月的长期测定实验，其稳定性也很好，具有 1μm 以下的噪声水平，其长期的稳定度在 5μm 以下。

因其高灵敏度状态下理论性上的测温范围是室温～200℃，实际上只能到 160℃。所以它不仅适用于液-液、固-液体系，还可以应用到纯试样的热变化测量中，比如测熔化、转晶、脱水、聚合、分解、氧化、比热容等，又可以测定物料混合时的热变化，例如反应、稀释、水合、吸湿、吸附等，而且等温测定还可以分析动力学现象。

下面所列是 MS-80D 的主要性能参数：

样品池容积：15mL 型 12.2mL；100mL 型 92.0mL。

测温范围：室温～200℃。

升温速度：通常是进行等温测定，但若是 0.01℃/min 左右的话，也能进行升温测定。

冷却速度：为了自然放冷，由 160℃→80℃约需 2d，80℃→40℃约需 5d。

测定热流范围：15mL 型 1～90μW；100mL 型 2～90μW。

时间常数：15mL 型 200s；100mL 型 400s。

最大通气速度：0.5mL/min。

样品池类型：标准、真空、气体循环、混合型。

借助特定的软件对在等温情况下的放热速度对时间积分可以解得热量，因此可以很准确地测得时间对反应速率的影响情况；采取定期取样分析，可把分解或反应速率看成时间的函数从而求得该数据。在所设置的温度范围内反应机理不变的前提下，可以改变一些温度点来做等温测定，进而获得有关反应动力学参数。

================ 思考题 ================

1. 发生失控反应的主要原因是什么？

2. 对于大多数的放热化学反应，主要的危险是由什么造成的？造成这种危险的原因是什么？

3. 目标反应发生失控有多快？

4. 什么时候发生冷却失效导致的后果最严重？

5. 化学工艺过程热风险综合评价程序是什么？哪些温度共同用来评估热风险性？它们是如何组合来表征不同程度的热风险性的？

6. 采用基于失控反应过程温度参数的热风险评估方法可用到哪些实验设备？

第5章

化学反应过程的安全技术

化工生产过程是通过各种化学反应和化工单元操作生产化工产品的动态过程。化工反应过程危险性的识别,不仅应考虑主反应,还需考虑可能发生的副反应、杂质或杂质积累所引起的反应、材料腐蚀反应等。通过认识各种化工工艺过程的危险性质,掌握其安全生产的控制技术,以便有效地采取相应的安全措施,预防化工生产危险事故发生。

5.1 氧化反应

氧化是一种重要的化工单元过程,氧化反应是物质失去电子发生的反应。能氧化其他物质而自身被还原的物质称为氧化剂,常用的氧化剂有空气(氧气)、浓硝酸、浓硫酸、双氧水、氯气、高锰酸钾等。物质与氧缓慢反应,缓缓发热而不发光的氧化属于缓慢氧化,如金属锈蚀、生物呼吸等。在化学工业中广泛应用的是剧烈的发光发热的氧化反应,即燃烧反应,如氨氧化制硝酸、甲醇氧化制甲醛等。氧化反应器有卧式和立式两种,内部填装有催化剂,一般多采用立式,因立式的催化剂装卸方便、安全。氧化反应具有以下特点。

(1)有火灾爆炸危险

被氧化的物质大部分是易燃易爆物质,如乙烯、丁烷、天然气等易燃气体,异丙苯、乙醛、甲醇等易燃液体,此类物质具有饱和蒸气压低、爆炸极限下限低、爆炸极限范围宽、最小点火能低等特点,泄漏后在空气中易形成爆炸性混合气体,一旦遇到点火源即可形成火灾、爆炸。

(2)反应物具有较强的助燃性和不稳定性

参与反应的氧化剂具有很大的助燃危险性,一旦泄漏后再与有机物、酸类物质混合接触,存在着火、爆炸危险;某些氧化剂本身不稳定性,遇高温或受撞击、摩擦等作用会引起本身的分解性爆炸。

5.1.1 氧化反应过程的潜在危险

(1)温度升高可能导致物料危险性提高

通常而言,氧化反应过程会释放大量热量。在实际操作中,如果没有采取对反应热量进行转移的可靠措施,很可能造成反应装置温度过高、反应釜内压力骤升,使氧化工艺安全性难以得到保障。温度升高造成物料危险性提高,甚至会引发燃烧、爆炸现象。特别是对于固体氧化工艺来说,应用氧气或空气为氧化剂,其温度通常在300℃以上,若温度过高,就会加剧氧化工艺的危险性,如在苯二甲酸与苯氧化工艺中,当温度到达200℃时,会导致自燃现象发生，甚至造成反应器爆炸。

（2）反应温度过低可能会引发错误预判，进而误操作，导致爆炸危险

当反应温度偏低时，反应速度减缓。若在实际操作中出现误判情况，导致增加投料，或者投料过多，在正常温度上升时，就会因反应物中浓度偏高，使得反应速率呈现出不正常加速的状态，致使温度急剧升高，反应进程得不到有效控制，最终导致爆炸情况的发生。

（3）冷却介质选择不当，搅拌散热措施不足，诱发工艺温度失控

每一种冷却介质都要求在一定的温度范围内使用，温度过高或过低，可能发生分解、凝固与结焦等现象，造成传热不良，致使体系温度上升。若搅拌效果不良，致使传热速度变慢，易造成温度失控，或局部温度过高，将引发反应进程异常。若冷却介质的供应系统设计不当，冷媒供应不足，或缺少备用泵等应急措施，也可能引起反应温度失控。

（4）氧化反应后的气体冷却不及时，可能引发"尾烧"现象

如果氧化反应后的气体具有易燃易爆性，冷却不及时，在反应器内会发生"尾烧"现象。如：乙烯氧化制环氧乙烷，环氧乙烷本身易燃，在高温及固体酸催化作用下异构为乙醛，乙醛进一步氧化为二氧化碳和水，并释放出热量引起局部温度升高，因此通常需另设冷却器以进行急速冷却。

（5）进料配比变化的影响

对于气-液相氧化工艺而言，若进料配比不当，可能在气相中发生爆炸。如：乙醛液相氧化法制醋酸，应严格控制进气中的氧气含量，因参与反应的氧气是有限的，若进气中的氧含量增加，反应后逸出的氧气也随之增加，在塔顶氧气浓度可能达到 5%，与乙醛气体形成爆炸性气体，极易引起爆炸。对二甲苯氧化制粗对苯二甲酸工艺也存在同样的危险。对环氧乙烷生产工艺来说，应对其中含有的二氧化碳维持在合理范围之内，对深度氧化产生阻碍作用。此外，氧化过程引起体系的各物质浓度变化，使系统内气体混合物进入爆炸极限之内，由于高温或其他可能的点火源作用，就会发生火灾、爆炸。

（6）催化剂性能下降的影响

在工艺生产中，失活的催化剂未能够有效更换，或者物料停滞时间较短，都可能导致氧化剂被全面消耗掉，加剧副反应，产生稳定性极弱的副产物，并容易造成副产物的累积，使后续工段出现爆炸与火灾。如在硝酸生产工艺中，催化剂性能下降致使氨转化率降低，未参与反应的氨，与氧化氮发生反应，促进亚硝酸盐的生成，高温分解引发爆炸危险。在氧化炉刚启动时，转化率与温度都是很低的，容易生成亚硝酸钠，当温度达到一定值时，一氧化氮会促进亚硝酸铵的分解，极易产生爆炸现象。

（7）预处理不到位的影响

物料中或多或少存在的杂质，会造成工艺性能异常，其中最常见的就是催化剂活性降低和发生歧化反应现象。

5.1.2 氧化反应过程安全技术

① 氧化反应温度的控制。通常，氧化反应开始时需要加热，反应过程中又会放热，特别是催化气相氧化反应，一般都是在 $250 \sim 600 \, ^\circ \text{C}$ 的较高温度下进行，需要对反应体系设置多点测温；并使用适宜温度的冷媒进行换热，使反应温度控制在设定范围内。

② 氧化过程控制。能够被氧化的物质大部分具有易燃易爆性，如果与空气混合极易形成爆炸性混合物。因此氧化反应器要密闭，防止空气进入系统和物料的跑、冒、滴、漏。生产过程中，物料的加入、半成品或产品的转移要使用惰性气体保护，使其偏离混合气的爆炸极限；氧化剂的加料速度也不宜过快；要有良好的搅拌和冷却装置，防止升温过快、过高。

为了防止氧化反应器发生爆炸或燃烧时危及人身和设备安全，应安装泄压装置，应在反应器前后管道上安装阻火器，阻止火焰蔓延。

③ 在催化氧化反应过程中，无论是均相或是非均相反应，都是以空气或纯氧为氧化剂，可燃的烃或其他有机物与空气或氧的气体混合物在一定的浓度范围内，如引燃，就会发生连锁反应，火焰迅速蔓延，温度、压力剧增，可能引起爆炸。故反应物料的配比应控制在爆炸范围之外。空气进入反应器之前，应经过气体净化装置，清除空气中的灰尘、水汽、油污以及可使催化剂活性降低或中毒的杂质，以维持催化剂的活性，减少起火和爆炸的危险。

④ 无机物氧化反应，如使用氯酸钾氧化制备铁蓝颜料时，应控制产品烘干温度不超过其燃点。在烘干之前用清水多次洗涤，将氧化剂彻底除净，防止未反应完全的氯酸钾引发烘干的物料起火。某些有机化合物高温氧化时，在设备及管道内可能产生焦化物，应及时清除以防自燃，清焦一般在停车时进行。

⑤ 氧化反应使用的原料及产品，应按有关危险品的管理规定，采用相应的防火措施，如分开存放、远离火源、避免高温和日晒、防止摩擦和撞击等。盛装电解质易燃液体或气体的装置，应安装消除静电的接地装置。在设备系统中应设置氮气、水蒸气灭火装置，以便能及时扑灭火灾。

5.2 还原反应

5.2.1 还原反应的特点

多数还原反应过程温和，相比于其他反应具有稳定的效果。还原反应中常用的气体还原剂有 H_2、CO 等，固体还原剂有铁、硫化钠、亚硫酸盐、锌粉、保险粉（连二亚硫酸钠）、异丙醇铝等。很多固体还原剂性质不稳定，遇到潮湿空气、水和酸时极易燃烧爆炸，对其储存和操作有一定的要求。采用 H_2 作为还原剂，或者在还原反应过程中产生易燃易爆的 H_2（氢气爆炸极限范围为 $4\%\sim75\%$），都会增加火灾爆炸的危险性。例如：钠、钾、钙及其氢化物与水或水蒸气发生水敏性放热反应，释放出 H_2；氮、硫、碳、硼、砷、磷等活泼过渡元素类化合物与水或水蒸气反应，会产生挥发性氢化物。因此，当还原反应在高温高压条件，并且使用 H_2 还原剂或者产生 H_2 的情况下，若反应过程操作不当或者发生泄漏，就可能引起爆炸。此外，在高温高压下，氢会对金属具有脱碳作用，易造成设备"氢脆"，需要定期对反应设备进行检查维护，以免造成釜体局部脆弱，发生泄漏，引起爆炸危险。

5.2.2 还原反应危险性及其安全操作

5.2.2.1 利用初生态氢还原

（1）初生态氢还原法的危险因素

初生态氢还原是利用铁粉、锌粉等金属在酸碱的作用下生成初生态氢，氢再用作还原剂。例如在硝基苯制成苯胺的工艺中，往硝基苯的盐酸溶液中投放铁粉，产生氢气，从而将硝基苯还原成苯胺。初生态氢还原反应存在着一定危险因素，例如，酸液的浓度过高，会产生大量的酸性气体，而初生态氢在潮湿的空气中和酸性气体相遇会引起自燃。

（2）初生态氢还原法的安全操作

由于初生态氢还原法需要用到酸性液体，而氢气又极易与酸性气体发生爆炸，因此在反应过程中，应控制酸的浓度和产氢量在设计范围内。

① **严格控制酸的浓度**：若酸的浓度偏高或偏低，均会造成产生的氢气量不稳定，使反应进程难以控制。

② **稳定控制反应温度**：温度过高会引起氢气产量突然增大，从而引发"冲料"。

③ **加强搅拌效果**：反应过程中防止固体还原剂如铁粉、锌粉下沉，一旦底部的温度过高，底部金属颗粒浓度加大，体系中局部反应将加剧，产生大量的氢气造成"冲料"。

④ **正确处理反应结束后固体金属残渣**：反应结束后，釜内残渣中仍然含有未消耗完的铁粉、锌粉，并继续反应放出氢气，存在安全隐患。因此，反应过程终止后，应将残渣用冷水冲洗、冷却，除去金属表面残留的酸性液体，盖上槽盖，并利用导气管排出氢气。待金属粉消耗殆尽，再加碱中和。切忌急于用碱液中和，否则很容易产生大量氢气并生成大量热，导致燃烧爆炸。

5.2.2.2 催化加氢还原反应

(1) 催化加氢还原反应的危险因素

在有机合成工业和油脂化学工业中，大部分反应都涉及加氢还原过程来降低有机物的不饱和度。常用的加氢催化剂有雷尼镍、钯碳等，催化剂富含的氢质子稳定位点为氢气的活化以及有机物的加氢提供活性中心。如苯加氢（还原剂）在催化剂的作用下生成环己烷，反应过程中如果体系的压力和温度过高，会发生超压和氢气泄漏，极易与空气形成爆炸性混合物，如遇着火源即会有爆炸的危险；在反应时，如果釜内气相氧含量超标，氢气遇氧会有爆炸的危险；另外，催化剂雷尼镍在空气中吸潮后有自燃的危险，即使无点火源存在，也能使氢气和空气的混合物引燃形成着火爆炸。

(2) 催化加氢还原反应的安全操作

① **确保反应容器的气密性**：由于催化加氢还原反应需要在高温高压下使用氢气作还原剂，因此，在反应前应仔细检查反应容器的气密性，确保反应工艺参数在设置值附近发生轻微波动时不会发生泄漏。

② **操作规范正确**：对操作人员定期进行操作规范考核，严防发生操作失误等情况。生产操作过程中，要随时监测、控制反应温度、压力、流量等工艺参数，确保其在正常范围内。

③ **定期对设备进行检查维修**：因为在高温高压下氢气会对金属产生渗碳腐蚀。

④ **保证釜内气相的氧含量合格**：由于使用的催化剂易吸潮、自燃，在用催化剂来活化氢气进行还原反应时，必须先用氮气置换反应器内的空气，降低氧气含量，并且经分析反应器内含氧量符合要求后，方可通入氢气；在反应过程中，也应及时监测釜内气相氧含量；反应结束后应先用氮气把反应器内的氢气置换干净，才可打开孔盖出料，以免外界空气与反应器内的氢气相遇，在雷尼镍自燃的情况下发生着火爆炸。

⑤ **妥善保存催化剂**：雷尼镍和钯碳（包括使用后回收的）催化剂因在空气中吸潮后有自燃的危险，要浸在酒精中保存，禁止暴露于空气中。钯碳回收时要用酒精及清水充分洗涤，抽真空过滤时不得抽得太干，以免氧化着火。

5.2.2.3 其他还原反应

还原反应中火灾危险性大的常用还原剂还有硼氢化钾（钠）、四氢化锂铝、氢化钠、保险粉、异丙醇铝等。

① 硼氢化钾和硼氢化钠都是遇水燃烧的物质，在潮湿的空气中都能自燃，遇到水和酸会分解产生大量的氢，并伴有大量的反应热，会发生燃烧、爆炸。因此，此类还原剂应该储存于密闭容器中，置于干燥处。硼氢化钾通常溶解在碱液中比较安全。在生产过程中调节酸碱度时，要防止加酸过多、过快。

② 四氢化锂铝具有良好的还原性，遇到潮湿空气、水和酸时极易燃烧，应浸没在煤油中储存。使用时应先将反应器中的空气用氮气置换干净，并在氮气保护下投料和反应。反应热由油类冷却剂转移走，禁止用冷水冷却，以防止水漏入反应器内发生爆炸。

③ 用氢化钠作还原剂时，与水、酸的反应和四氢化锂铝相似，它与甲醇、乙醇的反应相当剧烈，有燃烧、爆炸的危险。

④ 保险粉是一种还原效果较好且安全性也好的还原剂。注意保险粉在潮湿的空气中能分解产生析出硫，硫蒸气受热具有自燃的危险，其本身受热到 190℃ 有分解爆炸的危险。使用保险粉的生产工艺，应预先在釜内加入定量冷水，在搅拌下缓慢加入保险粉，待溶解后再投入反应器与物料反应。

⑤ 异丙醇铝常用于高级醇的还原，反应较温和。但在制备异丙醇铝时通常采用加热回流反应，会产生大量氢气和异丙醇蒸气。如果铝片或催化剂三氯化铝的表面纯度不够，反应过程就会发生异常，往往是前期不反应，接下来温度升高后又突然剧烈反应，引起"冲料"，增加燃烧、爆炸的危险。

⑥ 还原反应的中间体，特别是硝基化合物还原反应的中间体具有一定的火灾危险性。例如，邻硝基苯甲醚还原为邻氨基苯甲醚的过程中，产生氧化偶氮苯甲醚，该中间体受热到 150℃ 能自燃。

在还原过程中采用危险性小而还原性强的新型还原剂对安全生产有重要意义。例如，用硫化钠代替铁粉还原，可以避免氢气产生，同时也消除了铁泥堆积的问题。

5.2.3　还原反应装置安全设计

大多数还原反应中都涉及氢气的产生及利用，氢气是还原反应过程的重大危险源，如因某种原因有氢气泄漏，极易与空气形成爆炸性混合物，遇点火源即会爆炸，故涉及氢气还原反应装置安全设计要严格规范。

① 自动停车及联锁保护措施。还原装置危险性比较大，操作要素较多且比较复杂，为确保人身及装置运行的安全，应设置双重冗余容错技术的紧急联锁停车控制系统（ESD），用于装置部分的联锁和大机组及高压泵等设备的安全联锁保护，该系统能够在循环氢压缩机出现故障时，紧急卸压，降低系统压力，并使其独立于工艺参数监控的 DCS 系统。此外，还应该设置手动副线紧急卸压装置，以应对遥控紧急卸压系统失灵时，手动操作。同时，为防止系统窜压，在高压部分到低压部分设置报警联锁系统，用紧急切断阀隔离高-低压相连的部分。

② 安装氢气检测和报警装置。对生产中重要的设备设置液位、温度或压力的高、低限控制报警仪表。

③ 厂房通风要好，应采用轻质屋顶、设置天窗或风帽，以使氢气及时逸出；含有氢气的尾气排放管要高出屋脊 2m 以上，并装设阻火器。

④ 车间内的电气设备必须符合防爆要求，电线及电线接线盒不宜在车间顶部敷设安装；各类电气设备均选用增安型或隔爆型设备，如防爆电机、防爆型扩音对讲系统等；防雷保护及防静电的接地装置可靠，使整个装置区的接地线路构成一个封闭的接地网。

⑤ 对设备和管道的选材要符合要求，要耐高温高压材料，并且具有防氢腐蚀的特性，要定期检测，以防止因氢腐蚀造成事故。

⑥ 为保证装置开停工及检修的需要，在有关设备和管道上设置固定式或半固定式吹扫接头；在进出装置边界的主要工艺管道上设置三阀组；公用工程管道与易燃易爆介质管道相接时，设置三阀组或止回阀和盲板，以防止工艺介质倒窜。

⑦ 前面所述的还原剂，遇氧化剂会猛烈发生反应，具有着火爆炸的危险，故不得与氧化剂混存；对在空气中遇潮自燃或怕水的还原剂应妥善储存在相应的非水溶剂中。

5.3 催化反应

催化反应是催化剂与反应物发生化学作用，促进化学反应的不同进展途径，降低反应的活化能，改变反应速率，例如由氮和氢合成氨的反应。据有关文献报道，各类化工产品的生产，85％以上都直接或间接与催化过程有关。催化反应技术不仅是化学工业、石油炼制和石油化工的基础，在精细化学工业，包括专用化学品、药品和农药等产品制造中，为生产节能减耗、提高生产效率、大幅度减少污染物排放做出重要贡献。

5.3.1 催化反应危险性

在加氢、脱氢、氧化、羰基化、聚合、卤化、裂解、水合、烷基化、异构化等各反应过程中都存在催化过程。常用的催化剂主要有金属、金属氧化物和无机酸等。催化剂一般具有选择性，能改变某一个或某一类型反应的速度，对某些反应，可以使用几种不同的催化剂。催化反应根据使用的催化剂和介质相态之异同，分为均相和非均相催化。对于均相反应，催化剂与反应介质相态一致，如以气体催化剂催化的气相反应或以过渡金属络合催化剂（一般是液相）催化的液相反应，如烯烃聚合，反应过程中条件参数如温度、压力、反应物初始浓度比较容易控制，安全性相对较高，但应注意生产过程的细节如反应时局部温度、压力等。对于非均相反应，反应发生在相界面及催化剂表面，局部反应激烈，这时温度、压力较难控制，危险性高。

在石油化工中，普遍应用的催化裂化、催化重整和催化加氢裂化等催化反应工艺中，关键是找到有效且高选择性的催化剂。催化裂化是在高温和催化剂的作用下进行的重油裂解反应，生产轻油或裂化气，常用催化剂类型有钼-铝、铬-铝、铂、镍催化剂等。催化重整是在有催化剂作用的条件下，对汽油馏分中的烃类分子结构进行重新排列成新的分子结构的过程，催化剂的金属组分主要是铂，酸性组分为卤素（氟或氯），载体为氧化铝。加氢裂化反应主要由酸性功能催化剂提供的裂化反应和加氢活性金属催化剂提供的加氢反应组成。

在催化反应中，如果原料气中杂质超标，会与催化剂发生反应生成爆炸性危险物。例如，在乙烯催化氧化合成乙醛的反应中，由于反应体系（$PdCl_2$ 和 $CuCl_2$ 催化剂）中含有大量的亚铜盐，若原料气中乙炔含量过高，则乙炔与亚铜盐反应生成乙炔铜（红色固体），其自燃点在 $260\sim270℃$，在空气中发生氧化并燃烧，在干燥状态下极易爆炸。

原料油性质不合格可能引发事故，影响装置长周期运转。原料油中的铁、铜、钒、镍等金属离子具有黏结和固化催化剂的性质，使催化剂永久性中毒，并且增加系统压降。例如原料油中的铁离子进入精制反应器，与加氢精制过程中产生的 H_2S 反应，生成铁的硫化物（FeS），沉积在过滤段及催化剂床层上，导致催化剂严重结块，引起床层压力降升高。

在催化反应产物中可能存在具有腐蚀性和毒性的氯化氢或硫化氢，使催化剂中毒。其中硫化氢危害极大，硫化氢在空气中的爆炸极限较宽（$4.3\%\sim45.5\%$）。在产生氢气的催化反应中，不仅有更大的爆炸危险性，在高压下氢的腐蚀作用会使金属高压容器脆化，有可能引发破坏性事故。

5.3.2 催化反应安全事项

① 正确选择催化剂。在催化反应中，应选择剂型适宜的催化剂和合适的催化剂装填量。如裂解催化剂应具有高的活性和选择性，既要保证裂解过程中生成较多的低碳烯烃，又要使氢气和甲烷以及液体产物的收率尽可能低，同时还应具有高的稳定性和机械强度。对于沸石分子筛型裂解催化剂，分子筛的孔结构、酸性及晶粒大小是影响催化过程（机理和产物）的三个最重要因素；而对于金属氧化物型裂解催化剂，催化剂的活性中心、载体和助剂是影响催化作用的最重要因素。

② 关注原料气中的杂质是否有可能与催化剂发生反应生成爆炸性产物；对催化剂床层压降升高问题，解决的关键是严格控制原料的质量指标要求，保证生产装置的正常运行。

③ 严格控制反应温度，保证放热反应产生的热量导出良好，防止局部反应激烈。例如，烃与钯催化剂中的金属盐作用生成难溶性钯块，不仅使催化剂中毒，而且钯块也极易引起爆炸。如果催化反应过程能够连续进行，采用温度自动调节系统，可以大大减少其危险性。

④ 在装卸催化剂时，要防止催化剂被破碎和污染，卸载未再生的含碳催化剂时，要防止催化剂自燃升温而烧坏。

5.4 卤化反应

卤化（代）反应是指有机化合物中的氢或其他基团被卤素取代，形成碳-卤键，得到含卤有机化合物的反应。根据引入卤原子的不同，卤化反应可分为氯化、溴化、碘化和氟化。氟化反应难以控制，较难获得预期结构的产物，碘的活性又太低，很难直接由单质碘完成取代；工业上应用最多的是烷烃氯化和溴化，其中氯化反应的应用尤为广泛。卤化反应在有机合成中占有重要地位，广泛用于医药、农药、染料、香料、增塑剂、阻燃剂及其中间体等行业，制取各种重要的原料、精细化学品的中间体以及工业溶剂。

根据被卤化反应物的不同，常见的卤化反应有烷烃的卤化、芳烃的芳环卤化和侧链卤化、醇羟基和羧酸羟基被卤素取代、醛酮等羰基化合物的 α-活泼氢被卤素取代、卤代烃中的卤素交换等。除用氯、溴等卤素单质直接卤化外，其他常用的卤化试剂还有氢卤酸、氯化亚砜、五氯化磷、三卤化磷。本节以氯化反应为例，介绍卤化过程中的安全技术特性。

5.4.1 氯化反应的类型

氯化反应是指在化合物的分子上引入氯原子的反应。有机化合物中，氯化反应一般有置换氯化和加成氯化两种类型。置换氯化，如甲烷分子中的氢原子被氯置换而生成氯甲烷；在铁催化剂存在下，苯环中的氢被氯置换而生成氯苯。加成氯化，如在光的作用下苯与氯加成而生成"六六六"（六氯环己烷）。在无机化学中，单质或化合物与氯反应也称氯化，如硫与氯反应生成一氯化硫。在冶金工业中，利用氯气或氯化物提炼某些金属称为氯化冶金。在水中投加氯气或含氯氧化物以达到氧化和消毒等目的。根据激发氯分子反应机理不同，氯化方法又分为如下几种。

（1）热氯化法

热氯化法是以热能激发氯分子，使其分解为活泼的氯自由基，进而取代烃类分子中的氢原子，生成各种含氯衍生物。如工业上甲烷氯化制取各种甲烷氯衍生物、丙烯氯化制取 α-氯丙烯。

（2）光氯化法

光氯化法是以光能激发氯分子，使其分解成氯自由基，进而实现氯化反应。光氯化法主要应用于液氯氯化，如苯的光氯化制备农药"六六六"等。

（3）催化氯化法

催化氯化法是利用催化剂以降低氯化反应需要的活化能，均相和非均相的催化剂均有采用。例如，将乙烯在 $FeCl_2$ 催化剂存在下与氯加成制取二氯乙烷，乙炔在活性炭负载 $HgCl_2$ 的催化剂存在下与氯化氢加成制取氯乙烯等。

（4）氧氯化法

氧氯化法是以 HCl 为氯化剂，在氧和催化剂存在下进行的氯化反应。

5.4.2 氯化反应的安全技术

5.4.2.1 氯化反应的危险特性

氯化反应属于国家重点监管的危险化工工艺，从原料到反应过程都具有很大的危险性。

（1）原料的危险性

用于氯化的原料一般是甲烷、乙烷、乙烯、丙烯、苯、甲苯等，它们都是易燃易爆物质。

常用的氯化剂有各种不同浓度的次氯酸、次氯酸钙、三氯化磷、盐酸以及气态氯、液态氯等。其中，Cl_2 属于剧毒类气体，对眼睛和呼吸系统的黏膜有极强的刺激性，在空气中，人体能承受 Cl_2 的最高允许浓度为 $1 \times 10^{-6} g/L$；当 Cl_2 浓度达到 $10 \times 10^{-6} g/L$ 时，便会引发剧烈咳嗽，肺部烧伤；当 Cl_2 浓度达到 $1000 \times 10^{-6} g/L$ 时，人体短时间地吸入便会造成死亡。人体暴露于氯气中的极限危险性见表 5-1。Cl_2 具有非常强的氧化性，可以与可燃气体形成爆炸性混合物。氯气中含有 NCl_3、H_2 杂质时，在一定浓度、条件下可引起爆炸。液氯的储存压力比较高，一旦发生泄漏，便可能造成难以预估的危险。三氯化磷遇水会猛烈分解，易引起冲料或爆炸。盐酸或者气态 HCl 等具有强烈的腐蚀性，能够严重腐蚀不锈钢设备。

表 5-1 人体暴露于氯气中的极限危险性

氯气浓度/（$\times 10^{-6} g/L$）	暴露危险极限
0.2～0.35	闻到气味（可产生一定的耐受性）
1～3	轻微的黏膜刺激，可忍受 1h
5～15	中度上呼吸道刺激
30	立即产生胸堵、呼吸困难、咳嗽、恶心、呕吐
40～60	中毒性肺炎和肺水肿
430	30min 以上死亡
1000	数分钟内死亡

（2）氯化反应过程的危险性

① **氯化反应失控的危险**：氯化反应属于放热反应，氯化反应速率随着温度的升高而变快，同时会释放出越来越多的热量，极容易出现飞温现象，最终造成泄漏或爆炸事故。例如在生产环氧氯丙烷过程中，对丙烯进行预热，使其温度上升至约 $300℃$ 进行氯化，此时切断加热，其反应温度能够自行持续上升到 $500℃$。此外，当 Cl_2 通入液相反应混合物时，可能会出现延迟反应，当氯气在累积到浓度很高时突然开始反应，会造成氯化反应严重失控，并产生大量氯化氢气体。

② **凝聚相的热爆炸危险**：氯是强氧化剂，与有机燃料的混合物可能具有较高的能量而

且不稳定，易形成凝聚相的热爆炸危险。如用氯气氧化含氮的有机化合物时，会得到不稳定的化合物如氯胺、三氯化氮等。三氯化氮一般富集在液氯汽化器及汽化后的氯气缓冲罐中。三氯化氮十分不稳定，在酸碱介质中易分解，在氯气中的体积达 5%～6% 就可能爆炸。

③ 氯化反应气相爆炸危险：当氯气与氢气、氨气、某种溶剂或者有机蒸气等燃料混合，加入反应器时存在气相爆炸的危险。Cl_2 通入反应溶液时，气相中的 Cl_2 释放可以与反应物、产品或反应混合物蒸气形成一个易燃物；当 Cl_2 与燃料气体在催化剂床层反应时，如果误操作或工艺条件异常，将导致催化剂被烧坏或气相燃烧爆炸。

(3) 氯化产物的危险性

绝大部分的氯化反应产物具有毒性和刺激性，有些还具有可燃性、易燃性，只要出现泄漏现象，便极易发生中毒和火灾事故。例如，人体在吸收氯乙烯气体后，便会产生麻醉作用，当氯乙烯气体浓度达到 20%～40% 时，便会出现立即死亡。

5.4.2.2 氯化反应过程的安全技术措施

氯化反应过程的安全技术措施按照《氯气安全规程》（GB 11984—2019）和《液氯使用安全技术要求》（AQ 3014—2008）实施。

(1) 基于原料和氯化产物的安全措施

① **液氯钢瓶（储罐）储存**：液氯钢瓶应有专用仓库，应采取密闭、遮阴措施，严禁露天存放，顶棚宜选用阻燃性材料。现场应设置应急人员安全处置通道，方便到达厂房内任何事故点连接应急管线、开关阀门，紧急情况下保障操作人员迅速撤离现场。

② **设置事故氯处理装置**：液氯单元（储槽或钢瓶）宜设立独立的事故氯处理装置，具备连续运行和处理大量氯泄漏的能力。在液氯钢瓶的储存场所应设置应急碱池，设有洗消及氯气吸收装置。库房地面应设计集液沟、集液池，用管道接到室外事故泵上。出现大量泄漏时先用事故泵倒入应急事故罐，再用风机将库房内的氯气抽送到事故吸收塔处理。一般可在厂房外面设置碱喷淋装置，在门窗外设置碱幕，作为门窗无法有效关闭时的补充隔离措施。

③ **确保气瓶本质安全**：液氯气瓶按照《特种设备生产和充装单位许可规则》（TSG 07—2019）中液氯充装安全设施进行实施。气瓶内氯气不能用尽，应留有余压。用气瓶或储罐灌装时要密切注意外界温度和压力的变化，不可以超量。液氯储罐还要考虑三氯化氮积聚问题。

④ **防腐蚀**：氯化反应大多有氯化氢气体生成，设备、管路等应合理选择具有耐受液氯和氯化氢的防腐蚀材料。因为氯化氢气体极易溶于水，较为经济的工艺路线是采用吸收和冷却装置回收氯化氢气体制取盐酸。为使逸出的有毒气体不致污染大气，可采用分段碱液吸收完全，与大气相通的管子上，应安装在线分析器，检验吸收处理情况是否完全。

⑤ **安装泄漏检测报警仪**：生产、使用氯气的车间及液氯储存场所应设置氯气泄漏检测报警仪，控制作业场所空气中氯气含量最高允许浓度为 $1mg/m^3$。

(2) 汽化过程安全措施

① 一般情况下不准把液氯钢瓶或槽车当汽化器使用。液氯蒸发汽化时宜采用盘管或套管式汽化器，不宜使用釜式汽化器；加热方式常选用热水，温度控制在 80～85℃，不宜选用蒸汽、明火进行直接加热；汽化压力应小于 1MPa。

② 为防止被氯化的有机物可能倒流进入汽化器或钢瓶，引起爆炸，氯化釜和汽化器之间应安装止逆阀，装设有足够容积的氯气缓冲罐，防止氯气断流或压力减小时形成倒流。

③ 消除三氯化氮凝聚，控制其在氯气中的浓度在 5% 以下，定期排尽液氯汽化器中的残液及汽化后的氯气缓冲罐中的积液至碱池。

（3）氯化器安全措施

基于氯化反应的特殊性和危险性，反应器和反应过程的重点安全措施有：

① 氯化反应设备必须有良好的冷却系统，并严格控制氯气的流量，以免因流量过快、温度飙升或出现严重的延迟反应，造成反应失控而引起事故。

② 为防止气相爆炸危险，确保通入的燃料气体在正常的工艺条件下不在燃烧范围内。一般可以通过向反应釜气相通入惰性气体如 N_2、CO_2 等来惰化保护，或者通过降低温度来降低燃料蒸气压，使其蒸气浓度低于其在 Cl_2 中的燃烧下限值。

③ 经常检查冷却水夹套是否存在渗漏、破裂现象，有效预防冷却水漏入反应釜中。

④ 管道连接法兰和氯化设备密封不得选用橡胶材质，宜选用氟塑料、石棉橡胶板等垫片；氯化釜的搅拌器，严禁选用能和 Cl_2 发生反应的润滑剂。

⑤ 为有效预防因搅拌、冷却水突然发生中止而导致事故，应配备自动联锁启动的备用应急电源和备用冷却水系统。

5.5 硝化反应

硝化反应是在有机化合物分子中引入硝基（—NO_2）取代氢原子生成硝基化合物的反应，也是生产燃料、药物及某些炸药的重要反应。常用的硝化剂主要有浓硝酸、发烟硝酸、浓硝酸和浓硫酸的混酸或是脱水剂配合。采用混酸作为硝化剂时，需要严格控制温度，将混酸滴入反应器，进行硝化反应。

硝化过程在液相中进行，通常采用釜式反应器。根据硝化剂和介质的不同，可采用搪瓷釜、碳钢釜、铸铁釜或不锈钢釜。用混酸硝化时，为了尽快地移去反应热以保持适宜的反应温度，除利用夹套冷却外，还在釜内安装冷却盘管。产量小的硝化过程大多采用间歇操作；产量大的硝化过程可连续操作，采用釜式连续硝化反应器或环形连续硝化反应器，实行多台串联完成硝化反应。环形连续硝化反应器的优点是传热面积大、搅拌良好、生产能力大、多硝基物和硝基酚副产物少。

5.5.1 硝化反应的危险性分析

硝化反应一般在较低温度下便会发生，反应放热，热量大导致温度不易控制。例如：苯硝化过程中，引入一个硝基，可释放出 152.2～153kJ/mol 热量，因此，硝化反应需要在冷却条件下进行。在硝化反应中，倘若稍有疏忽，如搅拌意外停止、搅拌桨脱落、冷却效果不好、加料速度过快、投料比例不当、局部温度"飞升"等，都可能导致反应温度猛增、混酸氧化能力加强，并导致硝基物结构的失控，容易引起火灾和爆炸事故。

硝化反应是在非均相中进行的，即在剧烈搅拌下使有机相分散到水性的酸相中，参加反应的组分分布不匀、接触不良，易出现局部过热现象，尤其在意外停电、冷却水中断、搅拌叶片意外脱落等事故发生时，搅拌、散热失效，两相快速分层，大量活泼的硝化剂在酸相中积累，引起两相接触面局部反应剧烈。一旦搅拌恢复，可能会突然引发积聚的界面反应热瞬时释放，引发爆炸事故。

硝化反应的副产物大多也具有易爆特性，其反应过程还具有深度氧化占优势的链反应和平行反应的特点，常常还伴有产物水解等副反应。其中最危险的是有机物的深度氧化，放出褐色的 NO 气体（蒸气），蒸气携带硝化混合物从设备中喷出。芳香族的硝化常伴生硝基酚，而硝基酚及其盐类物质的物性不稳定，特别是多硝基化合物和硝酸酯，受到高热、摩擦、碰撞或接触到火源，极易发生着火或爆炸。

意外夹杂的其他有机物在硝化釜内氧化，也易发生燃烧爆炸。如，硝化釜内意外掉进棉纱、破布、橡胶手套及机器润滑油等，它们与混酸中的硝酸发生强烈的氧化反应，放出大量氮氧化合物气体，并引起温度迅速升高，进而引起硝化混合物从设备中喷出而引起爆炸事故。

硝化生产过程产生的固体废料是由焦油、污泥以及废催化剂等其他废料组成，硝化废料具有自分解特性，分解时释放热量，且分解速率随温度升高而加快，储存时间越长，越容易发生自燃。2019 年江苏响水天嘉宜化工有限公司"3·21"特别重大爆炸事故的起因就是长期违法储存的硝化废料持续积热升温自燃起火，进而引发爆炸，事故造成 78 人死亡、76 人重伤，直接经济损失超 19 亿元。

5.5.2 硝化反应的安全技术

硝化反应体系中，硝酸、硫酸、废酸、中间物料均有一定的腐蚀性，对硝化设备的防腐和耐腐性能提出了严格要求。混酸也具有强烈的氧化性，与有机物特别是不饱和有机物接触即能引起燃烧。反应釜或搅拌器缺陷，硝化反应过程参数控制不好，物料间的非正常接触和混合等，都可能引发爆炸。

① 定期检查硝化釜内壁搪玻璃涂层的完整性，保障使用时无裂纹、无"起泡"、无损伤。搅拌器的桨叶应连接密实、牢固，表面无损伤。硝化釜及各接口处干净、无杂物，特别要清除棉纱、破布、橡胶手套及机器润滑油等残留物。

② 由于硝化反应过程的危险性，为防止爆炸事故发生，系统应设置安全防爆装置和紧急放料装置，一旦温度失控，立即紧急放料，并进行紧急冷却处理。在启用硝化反应装置前，必须对电气仪表的防爆性能、设备管道的防静电措施做好巡检，调试控制仪表的报警、联锁、泄压的自动化联动挡位，对可能发生的涉爆气体非正常膨胀和外泄隐患，做好预警处置。有机物硝化原料为易燃物，苯系物还极易积聚静电，设备管道必须强化防静电措施，用铜片跨接，进入容器的管道宜用插入管（液下）。在硝化反应温度的自动化控制方面采取多重防范措施，如各种联动调节、报警和联锁、自动和手动紧急切断等，紧迫情况下可将应急的冷媒直接加入硝化釜内，以达到快速冷却的目的。

③ 硝化设备应确保严密不漏，防止硝化物料溅落到蒸汽管道等高温设施的表面上而引起燃烧或爆炸；硝化釜内宜设置为微负压状态，防止体系内的气、液物料外泄，同时配备泄压装置（爆破片口）；物料卸出，应采用真空卸料法。

④ 保证良好的搅拌和有效冷却。硝化反应是在非均相中进行的，保证良好的搅拌，使反应均匀，避免局部反应剧烈导致温度失控。反应中应采取有效的冷却手段，及时移出反应放出的大量热量，保证硝化反应在正常温度下进行，避免温度失控。但应注意，冷却水不能渗入反应器，以免与混酸作用。

⑤ 保证原料纯度。反应原料中要严格控制酸酐、甘油和醇类等有机杂质，这些杂质遇硝酸会生成爆炸性产物。此外，应控制原料的含水量，避免水与混酸作用造成温度失控。

⑥ 随时抽检反应原料的浓度，准确计算反应物配料比，精确按设计配比计量投加反应物，监测釜内物料液面上升、搅动和"沸腾"情况，确保反应体系温度、物料浓度的均一分布。

⑦ 硝基化合物具有很强烈的爆炸性，在蒸馏硝基化合物时，必须特别小心。由于蒸馏是在真空状态下进行，而硝基化合物蒸馏余下的热残渣与空气中氧作用能发生爆炸，所以必

须采取有效的防爆措施来处理这些残渣。如发生管道堵塞，可利用蒸汽加温疏通，严禁用金属物件敲打或明火加热；分析取样应在下层硝化混合物进行，以免未完全硝化的产物突然起火；硝基化合物应在规定的温度和安全条件下单独存放，不得超量储存；在生产厂房中，不准存放易爆物品以及与生产无关的用具。对于硝化废料要及时进行处理，不能裸露堆积，避免对环境造成危害，避免其蓄热分解发生自燃，引起更大的灾害。

⑧ 制备混酸时，应先用水将浓硫酸适当稀释后，在不断搅拌和冷却条件下加入浓硫酸，应严格控制温度和酸的配比，直到充分搅拌均匀为止。浓硫酸稀释应在有搅拌和冷却情况下将浓硫酸缓缓加入水中，并控制温度。如果误将水注入酸中，因为水的密度比浓硫酸小，上层的水被溶解放出的热量加热而沸腾，引起四处飞溅的危险。配酸时要严防因温度猛升而冲料或爆炸，更不能把未经稀释的浓硫酸与硝酸混合，因为浓硫酸会猛烈吸收浓硝酸中的水分而产生高热，将使硝酸分解产生多种氮氧化物，引起爆沸冲料或爆炸。因压缩空气中含有水分或油类，在制备混酸时，不宜采用压缩空气搅拌；严格防止混酸与纸、棉、布、稻草等有机物接触，避免因强烈氧化而发生燃烧爆炸。

5.6　聚合反应

聚合反应是把低分子量的单体转化成高分子量的聚合物的过程。聚合物具有低分子量单体所不具备的可塑、成纤、成膜、高弹等重要性能，广泛地用作塑料、纤维、橡胶、涂料、黏合剂以及其他用途的高分子材料。例如聚氯乙烯是氯乙烯的高聚合物，酚醛树脂是苯酚与甲醛的聚合物。

5.6.1　聚合反应的分类及特点

聚合反应分为本体聚合、溶液聚合、悬浮聚合和乳液聚合四种加聚反应和缩合聚合反应。

（1）本体聚合

本体聚合是单体（或原料低分子物）在不加溶剂以及其他分散剂的条件下，由引发剂或光、热、辐射作用下其自身进行聚合引发的聚合反应。如乙烯的高压聚合、甲醛的聚合等，反应一般用浸在冷却剂中的管式聚合釜或在聚合釜中设盘管、列管冷却进行。此种聚合方式产物纯净，不需要复杂的分离、提纯操作，尤其可以制得透明产品，可以直接聚合形成各种规格的型材，是比较经济实惠的聚合方法。它的缺点是散热困难、易发生凝胶效应、反应温度难以控制、容易局部受热、反应不均匀、产生气泡，甚至引起爆聚而导致危险。例如在高压聚乙烯生产中，每聚合1kg乙烯会放出3.8MJ的热量，如果未能及时除去这些热量，那么每聚合1%的乙烯，可使釜内温度升高12～13℃，待升高到一定温度时，乙烯会发生分解，强烈放热，有爆聚的危险。一旦发生爆聚，则设备堵塞，压力骤增，极易发生爆炸。

（2）溶液聚合

溶液聚合是将单体溶于适当溶剂中加入引发剂（或催化剂）在溶液状态下进行的聚合反应，如聚丙烯酰胺、丙烯酸酯类涂料等聚合生产。聚合所用溶剂主要是有机溶剂或水，应根据单体的溶解性质和所生产聚合物的溶液用途选择。聚合反应器一般为搅拌釜，有的釜顶装有冷凝器供溶剂回流冷凝；釜内通常不装设内冷管换热器，以防粘壁。反应一般在溶剂的回流温度下进行，可以有效地控制反应温度，同时借溶剂的蒸发排散所放出的热量。与本体聚合相比，溶液聚合中的溶剂可作为传热介质使体系容易传热，温度容易控制；体系黏度较低，减少凝胶效应，可以避免局部过热；易于调节产品的分子量和分子量分布；低分子物易除去；能消除自动加速现象。若用水作溶剂，对环境保护十分有利。它的缺点是因单体被溶剂稀释，聚合速率慢，产物分子量较低；消耗大量溶剂，并且溶剂的回收处理困难，易燃可燃有机溶剂的使用不仅导致环境污染问题，在聚合和分离过程中易燃溶剂容易挥发和产生静电火花，其燃烧爆炸危险性极大。

（3）悬浮聚合

悬浮聚合是单体以细小液滴状悬浮在水中的聚合，体系一般由单体、油溶性引发剂、水和分散剂构成。如聚氯乙烯的生产 75％采用悬浮聚合过程。分散剂一般分为两类：一类为水溶性有机高分子物（如聚乙烯醇、明胶），作用是保护胶体，阻止粒子聚并，同时降低表面张力，使液滴分散；另一类为不溶于水的无机粉末（如滑石粉、碳酸钙），主要用于机械隔离。悬浮聚合反应是利用分散剂，把不溶于水的液态单体，连同溶在单体中的引发剂经过强烈搅拌，打碎成小珠状，分散在水中成为悬浮液，在极细的单位小珠液滴（直径为 $0.1\mu m$）中进行聚合，故又称珠状聚合。悬浮聚合体系黏度低，温度较易控制，产物的分子量及其分布较稳定，分子量比溶液聚合法高，杂质比乳液聚合少，成本低，后处理简单，粒状树脂可以直接成型。缺点是产物中含有分散剂，纯度低于本体聚合，且在聚合完成后，很难从聚合产物中除去，从而影响聚合产物的性能，并且只能间歇生产，难于连续法生产。在整个聚合过程中，如果设备运转不正常或工艺条件没有控制好，则易出现溢料，溢料造成水分蒸发后，未聚合的单体和引发剂遇火源极易引发着火或爆炸事故。

（4）乳液聚合

乳液聚合是在机械强烈搅拌或超声波振动下，利用乳化剂使液态单体分散在水中（珠滴直径 $0.001\sim0.01\mu m$），再加入引发剂引发单体聚合的一种方法。如乳聚丁苯橡胶、聚丙烯酸酯乳液等生产。它的基本配方是由单体、水、水溶性引发剂和水溶性乳化剂组成。该聚合方法以水作为分散介质，有利于传热控温，环保又安全；聚合速率较快，并且可以在较低温度下引发聚合，产物分子量高；获得高转化率后，乳液聚合体系的黏度仍很低，分散体系稳定，适合管道运输和连续生产。它的缺点是聚合物分离析出过程繁杂，需加入破乳剂或凝聚剂，工艺较难控制；反应器壁及管道容易出现挂胶和堵塞；常用无机过氧化物（如过氧化氢）作引发剂，如过氧化物在介质（水）中配比不当，温度太高，将导致反应速度过快，发生冲料，同时在聚合过程中还会产生可燃气体。

（5）缩合聚合反应

缩合聚合也称缩聚反应，是具有两个或两个以上功能团的单体相互缩合，并析出小分子副产物而形成聚合物的聚合反应。除形成缩聚物外，还有水、醇、氨或氯化氢等低分子副产物产生。缩合聚合是吸热反应，但如果温度过高，也会导致系统的压力增加，甚至引起爆裂，泄漏出易燃易爆的单体。在缩聚反应中，还存在一个凝胶化问题（危险），就是参与反应的官能团的摩尔比高度接近其临界摩尔比时，缩合反应深度进行后会形成"不溶不熔"的凝胶体，导致产物成为整体的胶团，不仅反应失败，还会使反应釜内体系整体凝结，固结搅拌，堵塞放料阀，反应釜报废。

5.6.2 聚合反应的危险性及安全技术

聚合反应过程中的不安全因素主要有：

① 聚合反应中使用的单体、溶剂、引发剂、催化剂等大多数是易燃、易爆物质，使用或储存不当时易造成火灾、爆炸。如聚乙烯的单体乙烯是可燃气体，顺丁橡胶生产中的溶剂

苯是易燃液体，引发剂金属钠是遇湿易燃危险品。

② 许多聚合反应是在加压条件下进行的，单体在压缩过程中或在高压系统中易泄漏，发生火灾、爆炸等事故。例如，乙烯在 $130\sim300$MPa 的压力下聚合成聚乙烯。

③ 自由基聚合反应中加入的引发剂都是化学活泼性极强的过氧化物，一旦配料比控制不当，容易引起爆聚，反应器内压力骤增易引起爆炸。

④ 反应放出的聚合热因聚合物的高黏性，不易导出，如遇停水、停电或搅拌发生故障时，由于聚合物的粘壁作用，使反应热不能逸散，造成局部过热或飞温，发生爆炸。

针对上述不安全因素，对反应原料、催化剂、引发剂等要加强储存、运输、调配、注入等工序的严格管理，重视所用溶剂的毒性及燃烧爆炸性；应设置可燃气体检测报警器，一旦发现设备、管道有可燃气体泄漏，将自动停车，并启动通风系统吹散；反应釜的搅拌和温度应有检测和联锁装置，设置反应抑制剂添加系统，发现异常情况能自动启动抑制剂添加系统，自动停止进料；高压分离系统应设置爆破片、导爆管，并有良好的静电接地系统，一旦出现异常，及时泄压。电气设备采取防爆措施，消除各种火源，必要时，对聚合装置采取隔离措施。

另外需要严格控制工艺条件，冷却介质充足，搅拌装置可靠，保证设备的正常运转，确保冷却效果，防止爆聚，还应采取避免粘壁的措施。控制好过氧化物引发剂在水中的配比，避免冲料。宜采用较低的反应温度，较低的引发剂浓度进行聚合，使放热缓和。

5.6.3 几种常见聚合反应的安全技术

5.6.3.1 乙烯高压聚合

乙烯聚合原料采用轻柴油裂解制取的高纯度乙烯，产品从氢气、甲烷、乙烯到裂解汽油、渣油等都是可燃性气体或液体，炉体的最高温度可达到 1000℃，而分离冷冻系统温度则低至 -169℃。乙烯属于高压液化气体，爆炸范围比较宽。乙烯聚合反应过程以有机过氧化物作为催化剂，在高温、超高压下进行，其温度为 $150\sim300$℃，压力为 $100\sim300$MPa，反应过程流体流速较大，停留时间一般为 10s 至数分钟。在操作条件下乙烯极不稳定，能分解成碳、甲烷、氢气等。乙烯一旦发生裂解，所产生的热量可以使裂解过程进一步加速至爆炸。例如聚合反应器温度异常升高，可能导致分离器超压而发生火灾、压缩机爆炸、反应器管路中安全阀喷火而后发生爆炸等事故。因此，严格控制反应的条件是十分重要的。

由于管式法生产低密度聚乙烯（LDPE）需要超高的压力、超高的温度，原料乙烯、调整剂丙烯、丙醛、引发剂有机过氧化物等本身具有的化学危险性，LDPE 生产装置除了具备一般化工装置的安全措施外，还应根据自身的工艺特点从以下几方面加强安全防范措施。

① 对输送乙烯气体的管道质量、气密性、耐压试验等严格把关，尽可能减少乙烯气体外泄的可能性。在管道上要设置安全阀、紧急泄压装置，防止发生物理爆炸事故。为避免泄放出的乙烯气体的危险性，需安装收集管道。

② 在管道有弯道的部位需增加静电接地装置和防静电跨接装置，以避免静电的累积，严格控制点火源的产生。

③ 为了避免乙烯气体在压缩过程产生大量的热，需对乙烯气体进行分级多次压缩，同时在压缩过程中还需要辅助的冷却装置进行冷却。

④ 高压聚乙烯的聚合反应在初始阶段或聚合反应阶段都会发生爆聚反应，应添加反应抑制剂或加装安全阀来防止爆聚反应。严格控制催化剂的用量并设置联锁装置。为了防止因

乙烯裂解发生爆炸事故，可以采用控制有效直径的方法调节气体流速，在聚合管开始部分插入具有调节作用的调节杆，避免初期反应的突然爆发。

⑤ 采用防黏剂或在设计聚合管时设法在管内周期性地赋予流体以脉冲，防止管路堵塞。设计严密的压力、温度自动控制联锁系统。利用单体或溶剂汽化回流及时清除反应热，利用它们的蒸发潜热带走反应热量，蒸发后的气体再经过冷凝器或压缩机进行冷却后返回聚合釜再利用。

5.6.3.2 氯乙烯聚合

氯乙烯聚合属于连锁聚合反应，经过链引发、链增长、链终止三个阶段。氯乙烯的悬浮聚合反应所用的原料除氯乙烯单体外，还有分散剂（明胶、聚乙烯醇）和引发剂（过氧化二苯甲酰、偶氮二异庚腈、过氧化二碳酸等）。

聚合过程的安全关键在于采取有效措施除去反应热和防止"粘釜"问题。聚合釜良好的传热能力一定程度上保障着聚合釜的安全，一般较大的聚合釜需装盘管和夹套冷却器。在聚合过程中，视放热情况控制阀门调节冷却水量，在反应出现自动加速时可通过调节补充水量和循环水量的比例降低水温来保证放热量增加的冷却要求。为保证散热效果和反应稳定，应充分搅拌，要根据散热要求合理选择搅拌装置，考虑剪切强度和循环次数，搅拌强度与桨叶尺寸和层数相关。"粘釜"问题会导致聚合釜散热能力下降，引发爆聚，可从以下几个方面考虑解决：对聚合釜内表面及有关构件表面研磨精细；在聚合配方中加入防粘添加剂；在釜内有关构件上涂覆防粘涂层；一旦发生"粘釜"情况，需要利用反应的间隙及时用溶剂清洗或用超高压水进行水力清釜。为了减少聚合物的粘壁，目前国内外普遍采用的是加水相阻聚剂或单体水相溶解抑制剂，以减少人工清釜的次数。

5.6.3.3 丁二烯聚合

丁二烯聚合随所用催化剂、聚合方法和聚合条件的不同而生成各种不同结构的聚丁二烯，主要用作合成橡胶。丁二烯聚合反应的过程中需要接触和使用酒精、丁二烯、金属钠等危险物质。酒精和丁二烯与空气混合都能形成有爆炸危险的混合物；金属钠遇水和空气剧烈燃烧并会发生爆炸，不能暴露于空气中。聚丁二烯生产过程是一个高压、易燃、有毒的危险过程，需要严格控制工艺参数，确保生产工艺的安全稳定。

丁二烯聚合釜设计应符合压力容器的要求，釜上应安装安全阀，同时连接管安装爆破片，爆破片后再连接一个安全阀。聚合生产系统应配有纯度保持在99.5%以上的氮气保护系统，在危险可能发生时立即向设备充入氮气加以保护。在蒸发器上应备有联锁开关，当输送物料的阀门关闭时（此时管道可能引起爆炸），该联锁装置可将蒸汽输入切断；应有适当的密闭良好的冷却系统，严格地控制反应温度，防止猛烈反应；为避免冷却水可能进入釜内与金属钠接触发生爆炸的危险，应采取微负压的形式输送冷却水或采用非水溶剂作为冷却剂。

为保证生产过程的安全，聚合物卸出、催化剂更换都应该采用机械化操作。管道内积存热聚物是很危险的，丁二烯热聚物形成的条件是一定浓度的1,3-丁二烯、一定的湿度和氧气，所以控制系统的氧含量是保证过程安全的关键。要确保除氧剂（$NaNO_2$）和阻聚剂（糠醛）添加量在合适范围。开车前期和操作完成打开设备前都必须彻底进行 N_2 置换，不能留有死角，过滤器切换过程中也要进行 N_2 置换，避免因过滤器的切换将氧气带入系统。当管内气流阻力增大时，应该将气体抽出并用惰性气体吹洗。在每次加入新料之前都必须清理设备的内壁。使用高压水枪进行清胶操作时，注意将水枪固定好后才能使用。清胶后检查釜壁、搅拌器、温度检测点、放空、火炬排放口管线、阀门、加料总管入口、卸料口、视镜、压力检测点等位置是否清理干净。

5.7 裂解（裂化）反应

裂解反应是使烃类分子分裂为几个较小分子的反应过程。烃类分子可能在 C—C 键、C—H 键、无机原子与 C 或 H 之间的成键处断裂，石油工业裂化多为前两类分裂。习惯上把重质油为原料生产汽油和柴油的过程称为裂化；而把轻质油生产小分子烯烃和芳香烃的过程称为裂解。裂化反应属于平行顺序的反应类型，裂化反应的初级产品还会发生二次裂化反应，另外少量原料也会在裂化的同时发生缩合反应。

烃类裂化过程主要有热裂化、催化裂化和加氢裂化三种类型。热裂化反应按自由基链反应机理进行，催化裂化反应按碳正离子链反应机理进行，加氢裂化反应主要由酸性功能催化剂提供的裂化反应和加氢活性金属催化剂提供的加氢反应组成。

5.7.1 热裂化的危险性和安全措施

热裂化是在一定温度和压力下（无催化剂）进行的裂化过程，产品有裂化气体、汽油、煤油、残油和石油焦。热裂化装置的主要设备有管式加热炉、分馏塔、反应塔等。烃类热裂解反应的特点是无论断链还是脱氢反应，都是热效应很高的吸热反应，均属于复杂的二次反应，产物是组成复杂的混合物。断链反应可视为不可逆反应，脱氢反应则为可逆反应。

石油化工生产中，石油裂解的化学过程较复杂，常以石油分馏产品（包括石油气）作原料，采用比裂化更高的温度（700～1000℃），使长链分子的烃断裂成各种短链的气态烃和少量液态烃，以生产有机化工原料。裂解气是一种复杂的混合气体，它除了主要含有乙烯、丙烯、丁二烯等不饱和烃外，还含有甲烷、乙烷、氢气、硫化氢等，它们都是易燃易爆的气体或者液体，极易发生泄漏的燃爆危险。高温、高压下进行的热裂化装置内的油品温度一般超过其自燃点，漏出亦会立即着火。热裂化反应过程中的安全措施如下。

① 严格控制反应温度和压力。裂解反应使体积增大，减压操作对正反应有利。但实际生产中，为防止空气漏入系统引起爆炸，操作压力略高于大气压，同时加入水蒸气作为稀释剂以降低反应物料的分压。

② 为了在极短时间内供给大量反应热，反应宜在管式炉内进行。由于热裂化的管式炉经常在高温下运转，要采用具有高强度、高韧性、耐磨、耐腐蚀、耐高温的高镍铬合金钢制造。

③ 裂解炉炉体应设有防爆门，用于防止炉体爆炸；设置紧急放空管和放空罐，防止因阀门不严或设备漏气而造成事故；备有蒸汽吹扫管线和其他灭火管线，用于应急灭火。

④ 设备系统应有完善的消除静电和避雷措施。高压容器和分馏塔等设备均应安装安全阀和事故放空装置，低压系统和高压系统之间应有止逆阀，配备固定的氮气装置、蒸汽灭火装置。

⑤ 应备有双路电源和水源，保证高温裂解气直接喷水急冷时的用水和用电，防止烧坏设备，发现停水或气压大于水压时，要紧急放空。

⑥ 应注意检查、维修、除焦，避免炉管结焦，使加热炉效率下降，出现局部过热，甚至烧穿。

5.7.2 催化裂化的危险性和安全措施

催化裂化是在热和催化剂的作用下使重质油发生裂化反应，转变为裂化气、汽油和柴油等的过程。催化裂化装置主要由反应-再生系统、分馏系统、吸收稳定系统组成。核心设备为反应器及再生器。反应器主要有固定床、移动床、流化床、提升管和下行输送床反应器等。反应-再生系统常见形式为同轴式和并列式。同轴式是指反应器（沉降器）和再生器设备中心在一个竖直轴线上，两个设备连接为一个整体，具有节能、节省空间及制造材料的优点，缺点是设备过于集中，施工安装及检维修不便；并列式是指反应器和再生器在空间上并列布置，相对独立，设备交叉少，内部空间较大，安装及检维修方便，工艺介质在其内部受设备形状影响较小，在大型装置中应用相对较多。绝大多数催化裂解工艺都采用石蜡基的馏分油或者重油作为裂解原料。催化裂化在460~520℃的高温和钼-铝、铬-铝、铂、镍催化剂等作用下进行，裂化过程产生易燃的裂化气。在生产过程中如果操作不当，再生器内的空气和火焰有可能进入反应器引起恶性爆炸事故；如果催化剂活化不正常，可能出现可燃的一氧化碳气体；如果反应温度低于工艺所要求的最低温度，原料与催化剂容易发生和泥现象，原料不能完全裂解，油滴沉积在催化剂微孔内，带入再生器燃烧容易超温，冒黄烟，容易在提升管、沉降器内结焦，甚至造成沉降器旋风分离器堵塞。另外，U形管上的小设备和阀门较多，易漏油着火。

催化裂化反应过程中的安全措施如下。

① 为防止再生器内的空气和火焰进入反应器，最重要的安全条件是保持反应器与再生器之间压差的稳定，并应防止稀相层在再生器内发生二次燃烧，损坏设备。

② 严格遵守操作规程，严格控制反应温度，为避免发生待生催化剂带油、和泥和结焦堵塞现象，当提升管出口温度达到或低于工艺允许最低温度时，应及时切断进料。最低温度视催化裂化原料性质而定，一般来说重油催化不应低于480℃，蜡油催化不应低于460℃。

③ 由于催化裂解的反应温度较高，焦炭的产率也变大，为防止过度的二次反应，油气停留时间不宜过长，宜采取大蒸汽量和大剂油比的操作方式。

④ 分馏系统要保持塔底油浆处于经常循环状态，防止催化剂从油气管线进入分馏塔，造成塔盘堵塞。同时要防止回流过多或太少造成的憋压和冲塔现象。

⑤ 当主风机停机后，反应器和再生器会自保，切断反应器和再生器，再生器实行闷床处理，即催化剂停止流化。从安全角度考虑，若长时间不能恢复主风，再生器催化剂温度降到400℃以下时应尽快卸催化剂，设法把沉降器内的催化剂转入再生器。若是任由温度继续降低，催化剂的流化状态变差，卸催化剂会很困难。

⑥ 设置具有充分保障的供水系统和备用电源。应备有单独的供水系统，注意防止冷却水量突然增大，因急冷损坏设备。关键设备应备有两路以上的供电电源。

5.7.3 催化加氢裂化的危险性和安全措施

催化加氢裂化是在催化剂及氢气存在条件下，使重质油发生催化裂化的同时伴有烃类加氢、异构化等反应，得到价值更高的低碳链馏分和优质轻质油。加氢裂化装置一般为固定床和沸腾床等。加氢裂化反应为放热反应，分子筛裂化催化剂的床层温度若超过正常温度12~13℃，裂化反应速度将增加一倍；催化剂床层温度若超过正常温度25℃，裂化反应速度将增加四倍。如反应热不能及时从反应器转移走，将引起反应器床层温度骤升，使催化剂活性受到损坏，寿命缩短，对反应系统的设备造成危害，导致高压法兰泄漏。

催化加氢裂化过程的主要危险因素是高温、高压的反应条件和使用大量的氢气和有毒有害介质等。如果发生油品或氢气泄漏，极易引发火灾或爆炸。

催化加氢过程中，压缩工段的氢气，在高压下爆炸范围加宽，燃点降低，危险性陡增。高压氢气一旦泄漏，将即刻充满压缩机房，遇明火会引起爆炸。另外，氢气在高压下与钢接触，钢材内的碳原子易与氢气发生反应，产生"氢脆"现象，使钢的强度降低。

由于高压分离器与低压分离器压差很大，如果高压分离器减油过快造成液面低，可导致高压分离器气串至低压分离器，造成爆炸等恶性事故。某加氢裂化装置高压分离器排放酸性水时，造成串压，导致低压的酸性水罐被炸飞。

加氢裂化反应时会产生大量的硫化氢气体，硫化氢是强烈的神经毒物，爆炸极限范围（4.3%～46%）较宽。在排放冷高压分离器中酸性水时，酸性水中的硫化氢气体会迅速挥发，可使操作人员中毒。

催化加氢裂化过程中的安全措施如下。

① 加热炉要平稳操作，反应器必须通冷氢以控制温度，防止局部过热，防止炉管烧穿。

② 为应急降低氢气浓度，应备有充足的备用蒸汽或惰性气体。压缩机各段都应安装压力表和安全阀，在出口段上最好安装两个安全阀和两个压力表。

③ 高压设备和管道的选材要防止腐蚀，并定期检查，定期更换管道、设备，防止"氢脆"造成事故。同时注意不要带压拆卸和检查设备。

④ 为防止高、低压设备之间串压引发事故，操作中要密切注意高压分离器工艺参数的变化，严格控制压力和液位在工艺指标范围内。日常生产中各控制仪表、调节阀必须定期检查校验，保证灵活好用，液面计与界面计要保证清晰、准确。

⑤ 为防止硫化氢中毒，在硫化氢含量最高的部位应安装气体检测报警器，在进行检维修作业或事故急救时，操作人员或救护人员必须佩戴空气呼吸器，身着全封闭化学防护服，并随身佩戴便携式气体检测报警仪。

⑥ 某些停车系统，应保持工艺保护气体的余压，以免空气进入。冷却机器和设备的用水不能含有腐蚀性物质。

5.8　其他常见反应

化工过程涉及许多化学反应，常见的还包括电解、烷基化、重氮化等反应。

5.8.1　电解反应

电解反应是将电解质溶液或熔融态电解质，通过外加直流电，在阴极和阳极上引起氧化还原反应的过程。许多很难进行的氧化还原反应，都可以通过电解来实现。电解过程是将电能转化为电解产物中蕴含的化学能，通电时，电解质中的阳离子移向阴极，吸收电子，发生还原作用，生成新物质；电解质中的阴离子移向阳极，放出电子，发生氧化作用，也生成新物质。电解工业在国民经济中具有重要作用，电解过程已广泛用于有色金属冶炼、金属的精炼、基本化工产品的制备以及电镀、电抛光、阳极氧化等。如电解水产生氢气和氧气，电解熔融氯化钠生成金属钠和氯气，从矿石或化合物中提取金属或提纯金属，以及从溶液中沉积出金属（即电镀工艺）。

实施电解过程需要的主要元件是：电解池、外加电源（包括附加电压表、电流表甚至变压器）、电解电极、可以发生电化学反应的导电介质（包括电解液）等。电极通常由不同组成的金属合金承担，如电镀工艺用铅板做阴极（负极），工件做阳极（正极）。电解液因不同的应用行业，其成分相差巨大，甚至完全不相同。如氯碱电解液为水、氯化钠；铅酸蓄电池的电解液为水、硫酸；工业上用电解饱和 NaCl 溶液的方法来制取 NaOH、Cl_2 和 H_2。在电镀液中阳离子应该和镀层金属一样，阳极（镀层金属）失电子变成阳离子进入电解液中，电解液中的阳离子在阴极附近失电子变成金属单质，覆盖在被镀金属表层。

电解厂房存在高温、强电、强磁场等危险因素，工作环境作业面相对较狭窄，往来工艺车辆多，容易发生烧（烫）伤、触电、撞伤、摔伤、中暑等伤害事故。电解液泄漏造成环境污染或者腐蚀设备，甚至造成人员伤亡。电解过程中需要充分考虑可能存在的潜在危险，采取必要的安全措施。

① 电解反应制备气体产物时，需要考虑产物与空气混合时存在的爆炸风险。如电解水制氢气的同时，会产生一定量的氧气，当达到一定限度时，氢气会燃烧，甚至当反应装置封闭时，过高的温度、压力会产生爆炸现象。在这类电解槽中，设计合适的横隔膜把阳极室和阴极室隔开，将产生的气体分隔收集。

② 电解反应是在外加大功率直流电流的情况下进行，在操作时一定要确保装置的安全性，避免漏（触）电安全事故的发生。特别值得注意的是外加电流是直接与电解池的阴、阳极及电解质溶液相连，需要对连接部位进行充分的绝缘处理，同时在装置相应位置张贴醒目的安全提示。发生漏槽时，除集中力量抢救外，还必须指定专人监管电解槽电压，必要时降低阳极位置，确保电解液覆盖阳极，以免发生阳极底部脱离电解质液面发生断路事故。如电解铝生产突发漏槽时，一方面应派人降阳极，一方面通知整流所停电，严禁阳极与电解质脱离，防止产生爆炸。另外，在打捞碳渣时，注意碳渣勺不能碰到阳极，以免产生电火花击伤。严禁脚踩踏在电解质壳面、阳极或阳极钢爪上。

③ 电解反应过程中，可能还会发生一些副反应，或是由于电解液本身的酸碱性会对阴阳极产生腐蚀，导致电极组成发生改变，影响电解产物及性能等。因此，需要定期对电解槽、电源、导电介质、电解液等元件进行检查与维护。要经常检查电解槽各转动部件，电气设备运转情况及绝缘木、地沟盖板等的放置情况，发现问题及时报告处理。

④ 随着电解生产的进行，需不断往阳极室或阴极室里注入相应的电解液以补充水或电解液其他成分的消耗。如在抛光槽运行过程中，除磷酸、硫酸不断消耗外，水分因蒸发和电解而损失，此外，高黏度抛光液不断被工件夹带损失，抛光液液面不断下降，需经常往抛光槽补加新鲜抛光液和水。

⑤ 在电解抛光时，抛光液在其使用初期会产生泡沫，因此抛光液液面与抛光槽顶部之间的距离应大于 15cm；不锈钢工件在进入抛光槽之前，应尽可能将残留在工件表面的水分除去，因工件夹带过多水分有可能造成抛光面局部受到浸蚀，出现严重麻点，而导致工件报废；在电解抛光过程中，作为阳极的不锈钢工件，其所含的铁、铬元素不断转变为金属离子溶入抛光液内而不在阴极表面沉积。随着抛光过程的进行，金属离子浓度不断增加，当达到一定数值后，这些金属离子以磷酸盐和硫酸盐形式不断从抛光液内沉淀析出，沉降于抛光槽底部，为此，抛光液必须定期过滤，去除这些固体沉淀物。

⑥ 防止电解液喷伤人，大多数电解液具有腐蚀性和毒性，如误接触，应立即用清水冲洗，严重者，按强酸（碱）烧伤就医。

5.8.2 烷基化反应

烷基化反应是指有机化合物（一般为芳烃、含活泼亚甲基的化合物、胺类等）中的 C、N 及 O 原子上引入烃基，实现碳链的增长过程。烷基化试剂种类有卤烷、烯烃、醇及醚类、硫酸酯、醛和酮、环氧化物等。通过 C-烷基化反应可制备阴离子表面活性剂（如烷基苯），由于 C^+ 的进攻发生连串反应，C-烷基化反应会随着碳链增长，空间位阻加大，需要添加催化剂（氯化铝、硫酸、氢氟酸等）提高反应速率；通过对醇、酚等 O-烷基化反应可制备非离子表面活性剂（如壬基酚聚氧乙烯醚），一般将酚溶解在稍过量的苛性钠溶液中，形成酚钠盐，在适宜温度下加入卤代烷，可得到收率较高的产物；N-烷基化产物是制造医药、表面活性剂及纺织印染助剂时的重要中间体，通过 N-烷基化反应制备的季铵盐是重要的阳离子表面活性剂、杀菌剂和相转移催化剂。如染料中间体 N,N-二甲基苯胺的液相法制备，将苯胺与甲醇以硫酸催化剂在 210℃、3MPa 条件下完成。

5.8.2.1 烷基化反应过程危险性

① 被烷基化的物质、烷基化剂及所用的催化剂大都具有毒害和火灾爆炸危险。如易燃气体丙烯，易燃液体甲醇、苯、苯胺及剧毒腐蚀性的氢氟酸等。

② 烷基化过程易燃易爆。烷基化过程所用的催化剂无水三氯化铝具有很强的吸水性，遇水或水蒸气会立即分解放出氯化氢气体和大量热量，与空气接触也会吸收其水分水解，并放出氯化氢，同时结块并失去催化活性。三氯化磷遇水或乙醇会剧烈分解，放出大量的热和氯化氢气体。氯化氢有极强的腐蚀性和刺激性，有毒，遇水及酸（硝酸、醋酸）发热、冒烟，有发生起火爆炸的危险。

③ 烷基化反应都在加热条件下进行，如果原料、催化剂、烷基化剂等加料顺序不正确，或遇到搅拌中断问题，使反应速率控制不当，发生剧烈反应可引起跑料，造成着火或爆炸事故。

④ 烷基化的产品一般为长碳链的有机化合物，当发生泄漏遇到火源时，会发生连锁的火灾、爆炸事故，如异丙苯、二甲基苯胺、烷基苯等。

5.8.2.2 烷基化反应过程安全控制

由于烷基化反应的生产工艺特点和工艺过程的潜在危险性，必须采取有效防范措施，以实现高效安全生产。

① 车间厂房设计应符合国家爆炸危险场所安全规定。车间内应通风良好，严格控制各种点火源，使用防爆电气设备。对易燃易爆的场所应安装可燃气体监测报警仪，设置完善的消防设施。

② 妥善保存烷基化催化剂，避免与水、水蒸气以及乙醇等物质接触，在生产过程中及原料、产品存放时需注意防火安全。

③ 烷基化反应操作时应注意控制反应速率。例如，保证原料、催化剂、烷基化剂等的正常加料顺序、加料速度，保证搅拌的连续稳定等，避免发生剧烈反应引起跑料，造成着火或爆炸事故。

④ 因反应系统中有氯化氢和微量水存在，其腐蚀性极强，所流经的管道和设备均应做防腐处理，一般采用搪瓷、搪玻璃或其他耐腐材料衬里。为防止氯化氢气体外逸，相关设备可在微负压条件下进行操作。

5.8.3 重氮化反应

伯胺和亚硝酸在低温和强酸条件下，通过一系列质子转移，生成重氮盐的反应称为重氮化。脂肪族、芳香族和杂环的伯胺都可进行重氮化反应。重氮化工艺广泛应用于医药、农药、炸药、染料等化工生产过程。由于亚硝酸不稳定，通常使用 30% 浓度的亚硝酸钠和盐酸（也可以使用硫酸、高氯酸和氟硼酸等无机酸）现配现加，使生成的亚硝酸立即与芳伯胺反应，避免亚硝酸的分解。重氮化试剂的形式与所用的无机酸有关，当用较弱的酸时，亚硝

酸在溶液中与 N_2O_3 达成平衡，有效的重氮化试剂是 N_2O_3；当用较强的酸时，重氮化试剂是质子化的亚硝酸和亚硝酰正离子，故重氮化反应中，宜控制适宜的 pH 值。

重氮化反应是化工生产中火灾、爆炸危险性较大的一类典型生产过程，其危险性表现在：

① 所产生的重氮盐很不稳定，在温度稍高或光照的作用下，特别是含有硝基的重氮盐极易分解，有的甚至在室温时即可自发分解，且温度越高分解越快，一般温度每升高 $10℃$，其分解速度约加快 2 倍。有些重氮盐在干燥状态下有较大活力，在受热或剧烈撞击、摩擦等外界条件下可能会分解爆炸，如含重氮盐的溶液洒落在地上、蒸汽管道上，干燥后亦有燃烧或爆炸危险。在酸量不足的情况下，重氮盐较易分解，并和未反应的芳胺发生不可逆的偶合反应，生成重氮氨基化合物。

② 过程中的亚硝酸钠属于二级无机氧化剂，在 $175℃$ 时能发生分解，能引起有机物燃烧或爆炸。亚硝酸钠还具有还原剂的性质，遇到氯酸钾、高锰酸钾等比它强的氧化剂能被氧化而导致燃烧或爆炸。

③ 重氮化的生产过程中，若反应温度过高，亚硝酸钠的投料过快和过量，会增加亚硝酸的浓度，加速物料的分解，产生大量的氧化氮气体，亦有引起爆炸着火的危险。

④ 作为重氮组分的芳胺化合物都是可燃有机物质，在一定条件下也有着火和爆炸的危险。在酸性介质中，有些杂质金属如铁、铜、锌等能促使重氮化合物激烈地分解，甚至引起爆炸。

⑤ 重氮化会产生一定量工艺废气（如氮氧化物）及复杂组分的工艺废水，处理也是一个现实难题。

重氮化是一种极不稳定并且高污染、高易爆的化学反应，必须严格按照工艺操作规程操作，做好防护措施，定期检查生产设备设施，消除隐患。重点监管的工艺参数是重氮化反应釜内的温度、压力、液位、pH 值。在可能引发火灾爆炸的部位，必须按规定设置检测仪器、声光报警等安全设施，将重氮化反应釜内温度、压力与釜内搅拌、亚硝酸钠流量、重氮化反应釜夹套冷却水进水阀形成联锁关系，在重氮化反应釜处立设立紧急停车系统，当重氮化反应釜内温度超标或搅拌系统发生故障时，自动停止加料并紧急停车。

重氮化反应进行时自始至终必须保持亚硝酸稍过量，否则可能会使生成的重氮盐分解或引起自我偶合反应。重氮化反应速度是由加入亚硝酸钠溶液的加料速度控制的，反应过程中应严格控制滴加速度，过慢，则来不及作用的芳胺会和重氮盐作用发生自偶合反应；滴加太快，如果出现冒红烟现象，可能是反应温度高了或搅拌速度较慢搅拌不均匀，应停止滴加，及时调整。

鉴于重氮化产物的易爆性，重氮盐后处理设备应配置温度检测、搅拌、冷却联锁自动控制调节装置，干燥设备应配置温度测量、加热热源开关、惰性气体保护的联锁装置。反应结束后，重氮物浓缩时注意不要过干，宜采取常温真空烘料，切忌烘箱内温失控，否则容易引起爆炸。为了安全，最好是得到的重氮盐不作为中间产品取出，不经过浓缩和结晶过程，用溶剂处理后直接进行下一步反应，到后面再除杂。如果直接进行下一步的卤代反应或还原反应的话，建议每一次反应完后都进行清洗，如果长期不清洗的话，重氮盐分解后的杂质会积累，导致危险。

━━━━━━━━━━┃ **思考题** ┃━━━━━━━━━━

1. 氧化反应有什么特点？
2. 氧化反应过程中有哪些潜在危险？

3. 氧化反应过程安全技术的控制措施有哪些？

4. 在氧化反应过程中，为什么温度过低或催化剂性能降低会导致爆炸？

5. "氢脆"发生的机理是什么？有什么危害？

6. 还原反应的反应装置材料应该有什么要求？

7. 初生态氢还原法到最后的固体金属残渣该如何处理？

8. 硼氢化钾和四氢化锂铝分别怎样保存？

9. 在还原反应设备设计中，为什么自动停车及连锁保护措施还应该设置手动副线紧急卸压装置？

10. 催化加氢裂化的主要危险有哪些？

11. 分析化工过程中造成飞温的主要原因及后果。

12. 催化裂化过程中如何正确选择催化剂？

13. 卤化反应的分类有哪些？

14. 氯化反应的危险特性可分为哪些方面？

15. 氯化反应过程中有哪些危险特性？

16. 针对氯化反应过程的危险特性，采取哪些安全技术措施？

17. 简述硝化工艺的危险特性。

18. 混酸制备过程要注意什么？

19. 聚合反应过程中有哪些不安全因素？

20. 烃类蒸汽热裂解过程中，为什么要采取高温短停留时间、低烃分压的操作条件？

21. 催化裂化反应过程中，为什么当提升管出口温度达到或低于工艺允许最低温度时，应及时切断进料？

22. 裂解气中严格控制的杂质及其危害有哪些？如何防止这些危害？

第6章

化工特种设备安全

根据 2009 年 1 月发布的《国务院关于修改〈特种设备安全监察条例〉的决定》，特种设备是指涉及生命安全、危险性较大的锅炉、压力容器（含气瓶，下同）、压力管道、电梯、起重机械、客运索道、大型游乐设施和场（厂）内专用机动车辆。特种设备的生产（含设计、制造、安装、改造、维修，下同）、使用、检验检测及其监督检查，应当遵守该条例规定。特种设备包括其所用的材料、附属的安全附件、安全保护装置和与安全保护装置相关的设施。化工生产中涉及的特种设备主要是指各种类型的压力容器、气体钢瓶、压力管道、锅炉、起重机械等。特种设备生产、使用单位应当建立健全特种设备安全、节能管理制度和岗位安全、节能责任制度。特种设备使用单位应当对在用特种设备的安全附件、安全保护装置、测量调控装置及有关附属仪器仪表进行定期校验、检修，并做出记录，并对特种设备作业人员进行特种设备安全、节能教育和培训。作业人员及其相关管理人员，应当按照国家有关规定经特种设备安全监督管理部门考核合格，取得国家统一格式的特种作业人员证书，方可从事相应的作业或者管理工作。

6.1 压力容器安全

根据《特种设备安全监察条例》，压力容器的定义：盛装气体或者液体，承载一定压力的密闭设备，其范围规定为最高工作压力大于或者等于 0.1MPa（表压），且压力与容积的乘积大于或者等于 2.5MPa·L 的气体、液化气体和最高工作温度高于或者等于标准沸点的液体的固定式容器和移动式容器；盛装公称工作压力大于或者等于 0.2MPa（表压），且压力与容积的乘积大于或者等于 1.0MPa·L 的气体、液化气体和标准沸点等于或者低于 60℃ 液体的气瓶；氧舱等。

化工生产中的储罐、反应器、换热器、塔器、气液分离器等大多为压力容器。压力容器承压受力的情况比较复杂，特别是随着化工新产品不断开发，容器日趋大型化，同时受储运介质的物理化学性质或高温、深冷工作条件的影响，未知情况千变万化，与其他设备相比，压力容器容易超载，易受腐蚀，危险性大，容易发生泄漏事故，甚至是灾难性的爆炸事故。为确保压力容器安全运行，必须加强对压力容器的安全技术管理，并设置有专门机构进行监察。压力容器的设计、制造、安装、维修、改造、检验或使用都必须遵照执行《固定式压力容器安全技术监察规程》(TSG 21—2016)。

6.1.1 压力容器的分类

压力容器包括固定式压力容器、移动式压力容器、气瓶、氧舱及压力容器安全部件和材质，其中固定式压力容器是化工生产中应用最多的。为有利于安全技术监督和管理，根据容器的压力高低、介质的危害程度以及在生产中的作用，将压力容器进行分类。

（1）按工作压力分类

根据《压力容器安全技术监察规程》的规定，按压力容器的设计压力 p 分为低压、中压、高压和超高压 4 个压力等级：低压（代号 L）$0.1MPa \leqslant p < 1.6MPa$；中压（代号 M）$1.6MPa \leqslant p < 10MPa$；高压（代号 H）$10MPa \leqslant p < 100MPa$；超高压（代号 U）$p \geqslant 100MPa$。低于 $0.1MPa$ 的视为常压容器，不属于压力容器范畴。

（2）按用途分类

按压力容器在生产工艺过程中的作用原理分为：反应容器（代号 R）、换热容器（代号 E）、分离容器（代号 S）和储存容器（代号 C，其中球罐代号 B）。如果一种压力容器同时具备两个以上的工艺作用原理时，应按工艺过程中的主要作用来划分。

（3）按介质危害程度分类

根据《固定式压力容器安全技术监督规程》（TSG 21—2016）规定，按照承压设备的设计压力、容积和介质危害程度，将规程适用范围的压力容器划分为以下三类。

① **第一类压力容器**：包括非易燃或无毒介质的低压容器；易燃或有毒介质的低压分离容器和换热容器。

② **第二类压力容器**：包括任何介质的中压容器；易燃介质或毒性程度为中度危害介质的低压反应容器和储存容器；毒性程度为极度危害和高度危害介质的低压容器；低压管壳式余热锅炉；搪玻璃压力容器。

③ **第三类压力容器**：毒性程度为极度或高度危害介质的中压容器和 pV（设计压力×容积）$\geqslant 0.2MPa \cdot m^3$ 的低压容器；易燃或毒性程度为中度危害介质且 $pV \geqslant 0.5MPa \cdot m^3$ 的中压反应容器；$pV \geqslant 10MPa \cdot m^3$ 的中压储存容器；高压、中压管壳式余热锅炉；高压容器。

压力容器中化学介质毒性程度和易燃介质的划分，按照《压力容器中化学介质毒性危害和爆炸危险程度分类标准》（HG/T 20660—2017）确定。HG/T 20660 没有规定的，由压力容器设计单位参照《职业性接触毒物危害程度分级》（GBZ 230—2010）的原则，按照表 6-1 确定介质毒性程度。

表 6-1　职业性接触毒物危害程度分级

危害级别	危害级别名称	最高容许浓度/(mg/m³)
1 级	极度危害	<0.1
2 级	高度危害	0.1～<1.0
3 级	中度危害	1.0～<10
4 级	轻度危害	≥10

压力容器中的介质为混合物质时，应以介质的组分并按上述毒性程度或易燃介质的划分原则，由设计单位的工艺设计或使用单位的生产技术部门提供介质毒性程度或是否属于易燃介质的依据，无法提供依据时，按毒性危害程度或爆炸危险程度最高的介质确定。

第一类压力容器潜在危险性最小，设计、制造和使用等要求水平最低；第三类压力容器潜在危险性最大，设计、制造和使用等要求水平最高。

需要说明的是，移动式压力容器、超高压压力容器和非金属压力容器等执行各自特定的压力容器安全技术监督规程。

6.1.2 压力容器的安全使用管理

凡属于压力容器设备，均需在当地设区市级以上的特种设备安全技术监督机构逐台登记，并受其监督管理。压力容器设计、安装、检验和修理等必须由具备相应资质的单位进行。为了保证压力容器的安全运行，需要从设计、制造、安装、使用、检验、维护和管理上严格按照国家法规执行，全面进行安全质量监督。

6.1.2.1 压力容器的设计质量和制造质量管理

根据对国内压力容器爆炸事故分析表明，因制造质量（如焊接缺陷）或设计用材不合理造成的事故占比为29.6%，所以首要任务是压力容器的设计和制造质量管理。

(1) 压力容器的设计质量管理

根据《锅炉压力容器安全监察暂行条例》的有关规定，从事压力容器设计的单位，必须取得由国家市场监督管理总局（A、C、SAD类）或省级质量技术监督部门（D类）负责批准、颁发的《压力容器压力管道设计许可证》，方可按批准的类别、级别、品种在全国范围内进行压力容器的设计工作。《压力容器压力管道设计许可证》有效期为4年，有效期满当年，持证单位必须按有关规定办理换证手续。

(2) 压力容器的制造质量管理

在中华人民共和国境内制造、使用的压力容器，国家实行制造资格许可制度和产品安全性能强制监督检验制度，其制造企业必须取得《中华人民共和国特种设备生产许可证》。制造许可证分为第一类、第二类和第三类压力容器制造许可证。《中华人民共和国特种设备生产许可证》有效期为4年。申请换证的制造企业必须在制造许可证有效期满6个月以前，向发证部门的安全监察机构提出书面换证申请，经审查合格后，由发证部门换发新证。境外企业未取得制造许可证的，其产品不得在境内销售和使用。

压力容器制造单位，必须保证产品制造质量符合有关规程、规定、标准和技术条件的要求，严格按照设计文件图样，从材料使用的控制、焊接工艺的控制、理化试验及热处理控制、无损检测控制、压力试验控制几个方面保证压力容器的质量。产品制造质量的监督，应由各级压力容器安全监察机构或其授权的压力容器检验单位进行，可采用定期性监督检验、批量性和逐台出厂监督检验方式。

6.1.2.2 压力容器安全使用管理

为保证压力容器的安全运行，企业要有专门的机构，并配备专业人员负责压力容器的技术管理及安全监察工作，严格执行压力容器的登记、定期检验、停用、过户、移装和报废注销等强制性规定，制定并严格执行以岗位责任制为核心，包括安全操作、安全检查、维修保养、应急救援、技术档案管理等在内的压力容器安全管理制度，做到正确使用、合理维护和定期检验、检修。由于压力容器的使用条件复杂，种类繁多，工作介质及工艺过程也不尽相同，针对每一台容器都应有各自的操作与维护的具体要求和内容。

(1) 建立压力容器技术档案

压力容器的技术档案是正确使用压力容器的主要依据，有助于掌握容器的实际运行情况和使用规律，防止事故发生。容器有调入或调出使用时，其技术档案必须随同容器一起调动。

压力容器的技术档案应包括容器的原始技术资料和容器的使用记录。容器的原始技术资料由设计和制造单位提供，包括压力容器设计文件（总图、受压部件图、中高压反应容器和储运容器的主要受压元件强度计算书等），说明书和质量证明书，出厂合格证以及压力容器登记卡等。压力容器的使用记录应包括容器的实际使用情况、操作条件、运行记录、理化检验报告、安全附件校验修理和更换记录、相关事故的记录资料和处理报告等。对技术资料不齐全的容器，使用单位应对其所缺项目进行补充完整。

（2）制定压力容器的安全操作规程

针对每一台容器都应制定相应的安全操作规程和岗位操作规程，以确保压力容器得到正确使用、安全运行。操作规程主要内容有：压力容器的正确操作方法，操作工艺指标，开、停车的操作程序和注意事项，压力容器运行中的重点检查项目和部位，可能出现的异常现象及判断方法和应采取的紧急措施，以及压力容器停用时的维护和保养方法。

（3）压力容器的安全操作

压力容器需要分级管理，专人负责操作。操作人员必须非常熟悉所在岗位操作内容，严格按安全操作规程进行操作。

① **重视岗前培训**：压力容器的操作人员属于特殊工种，上岗前必须对他们进行安全教育和培训考核，合格后报请上级主管部门和劳动部门核准，取得安全操作证方可上岗操作。在压力容器的运行过程中，操作人员要严格遵守安全操作规程，注意观察容器内介质的反应情况，压力、温度的变化及有无异常现象等，及时进行调节和处理，认真做好设备运行记录，数据记录应准时、正确。

② **安全巡检**：对运行中的压力容器要定时、定点、定线地进行安全巡回检查，认真、准时、准确地记录原始数据。主要检查操作温度、压力、流量、液位等工艺指标是否正常；着重检查管路连接部位、容器法兰等部位有无泄漏或渗漏现象，容器防腐层是否完好，有无变形、鼓包、腐蚀等缺陷和可疑迹象，容器及连接管道有无振动、磨损；检查安全阀、爆破片、压力表、液位计、紧急切断阀以及安全联锁装置、报警装置等安全附件是否齐全、完好、灵敏可靠。

③ **稳定操作**：调节温度、压力的操作应缓慢，保持运行期间的相对稳定。温度、压力的骤升骤降，会降低材料的断裂韧性，可能使存在有微小缺陷的容器产生脆性断裂破坏。在高温或零下低温运行的容器，如果急骤升温降温，会使壳体产生较大的温度梯度，从而产生过大的热应力，无论是开车、停车，还是在容器运行期间都要避免壳体温度的突然变化。操作过程中阀门的开启一定要谨慎，开停车时各阀门的开关状态以及开关的顺序不能搞错，要防止憋压，防止高压物料窜入低压系统，防止性质相抵触的物料相混以及防止液体和高温物料相遇。为防止误操作，除了设置联锁装置外，可在一些关键性位置上挂警示牌，用明显标志或文字说明阀门的开关方向、程度和注意事项等。

④ **严禁容器超负荷运行**：应严格控制各种工艺指标，严禁超压、超温、超高液位等超负荷运行，严禁使用压力容器进行冒险性、试探性试验。如果发现容器在运行中的压力或温度不正常时，要按操作规程及时进行调整，切不可超过最高设计温度和设计压力。

（4）加强压力容器日常保养

压力容器的维护保养工作包括设备运行期间和停运期间的保养，特别注意预防腐蚀。

设备运行时要加强压力容器和安全附件的维护和检修，正确选用连接方式、垫片材料、填料等，消除振动和摩擦。化工压力容器内部受工作介质的腐蚀，外部受大气环境的影响。多数容器内部采用做涂层、加内衬防腐层，如果防腐层自行脱落或受碰撞而损坏，腐蚀介质和材料直接接触，很快会发生腐蚀。运行设备容易出现"跑、冒、滴、漏"现象，不仅浪费原料和能源，污染环境，而且往往造成容器、管道、阀门和安全附件的腐蚀。在巡检时应及时清除积附在容器、管道及阀门上面的灰尘、油污、潮湿和有腐蚀性物质，经常保持容器外表面的洁净和干燥。

压力容器在停运期间的保养也很重要。容器停用时，要将内部的介质排空放净，尤其是腐蚀性介质，要经排放、置换或中和、清洗等技术处理。根据停运时间的长短以及设备和环境的具体情况，在容器内、外表面涂刷油漆等保护层，或在容器内盛放有效的吸潮剂，并定期检查，及时更换失效的吸潮剂。

（5）压力容器应急处置

压力容器发生事故有可能造成严重后果或者产生重大社会影响的使用单位，应当制定应急预案，建立应急救援组织机构，配置救援装备，并且适时演练。压力容器发生下列异常现象之一时，操作人员应当立即采取包括紧急停车在内的紧急措施，并且按照规定的报告程序及时向有关部门报告：

① 工作压力、液位、温度超过规定值，采取措施仍不能得到有效控制；

② 主要受压元件发生裂缝、鼓包、变形、泄漏、衬内层失效等危及安全的现象；

③ 安全附件损坏、失灵等，不能起到安全保护作用的情况；

④ 接管、承压管路、紧固件损坏，难以保证安全运行；

⑤ 发生火灾等直接威胁到压力容器安全运行；

⑥ 装运介质与核准不符或过量充装；

⑦ 压力容器与管道发生严重振动，危及安全运行；

⑧ 真空绝热压力容器外壁局部存在严重结冰、介质压力和温度明显上升；

⑨ 其他异常情况。停止容器运行的操作，一般应先切断进料，卸放器内介质，使压力降下来。对于连续生产的压力容器，紧急停止运行前必须与前后相关工段做好及时沟通。压力容器发生事故后，企业应积极组织抢救，如实报告，协助调查和善后处理。

6.1.3 压力容器的定期检验制度

定期检验制度是政府部门对特种设备实行的强制检验制度，通过定期检验，及时查清特种设备的安全状况，及早发现存在的缺陷，及时消除事故隐患，是确保特种设备长期、可靠、稳定运行的有效的措施。

压力容器一般都在高压、高温（或低温）及腐蚀性介质条件下运行，其材料和制造过程中的缺陷可能会发展，也可能产生新的缺陷。这些缺陷如不及时发现和消除，就可能导致压力容器破裂而造成事故。在用压力容器按照《固定式压力容器安全技术监察规程》（TSG R0004—2009）《压力容器定期检验规则》（TSG R7001—2013）的规定，要进行定期安全检查、检验、评定和登记，对压力容器的安全状况进行评估，划分压力容器安全状况等级，以决定该压力容器能否安全使用。定期检查检验包括年度检查和定期检验。

6.1.3.1 年度检查

年度检查是指为了确保压力容器在检验周期内的安全而实施的运行过程中的每年一次在线检查。固定式压力容器的年度检查可以由使用单位的压力容器专业人员进行，也可以由国家市场监督管理总局核准的检验机构持证的压力容器检验人员进行。年度检查至少包括压力容器安全管理情况检查、压力容器本体及运行状况检查和压力容器安全附件检查等。对年度检查中发现的压力容器安全隐患要及时消除。

拓展阅读

6.1.3.2 定期检验

压力容器定期检验是指压力容器停机时进行的检验和安全状况等级评定，包括全面检验和耐压试验，由具资质的特种设备检验机构进行。

（1）定期检验周期

固定式压力容器一般应当于投用后 3 年内进行首次全面检验。下一次的全面检验周期，由检验机构根据压力容器的安全状况等级确定，等级的评定按《压力容器定期检验规则》第 4 章进行，分为 1 级至 5 级，1 级最好，5 级最差。安全状况等级为 1、2 级的，一般每 6 年一次；为 3 级的，3～6 年一次；安全状况等级为 4 级，应当监控使用，其检验周期由检验机构确定，累计监控使用时间不得超过 3 年；安全状况等级为 5 级的，应当对缺陷进行处理，否则不得继续使用。压力容器安全状况符合规定条件的，可适当缩短或者延长检验周期。压力容器安全状况为 1、2 级，且符合一定条件的，其检验周期最长可延至 12 年。

（2）定期检验的内容

拓展阅读

检验人员应当根据压力容器的使用情况、失效模式制定检验方案。定期检验的方法以宏观检查、壁厚测定、表面无损检测为主，必要时可以采用超声检测、射线检测、硬度测定、金相检验、材质分析、涡流检测、强度校核或者应力测定、耐压试验、声发射检测、气密性试验等。

6.1.4　压力容器的安全附件

承压容器的安全附件是为防止容器超温、超压、超负荷而装设在设备上的一种安全装置，最常用的安全附件有安全阀、爆破片、压力表和液位计等。

6.1.4.1　安全阀

（1）安全阀的作用

安全阀的作用是当承压容器的压力超过允许工作压力时，阀门自动开启泄压以防止设备内的压力继续升高，同时发出警报声响；当压力降低到正常工作压力时，阀门自动关闭，从而保护设备在正常工作压力下安全运行。当承压容器正常运行时，安全阀应该严密不漏。

（2）安全阀的结构及工作原理

安全阀的型式主要有弹簧式、杠杆式和静重式三种。其中较典型的弹簧式安全阀结构如图 6-1 所示，主要由阀座、阀芯、阀杆、弹簧和调整螺丝等部分组成，它是利用弹簧被压缩后产生的弹力将阀芯压紧在阀座上，使承压容器内的压力保持在允许的范围内。如果气体压力超过了弹簧作用在阀芯上部的压力时，弹簧就被压缩，阀芯和阀杆被顶起离开阀座，气体即通过阀芯与阀座之间的间隙向外排泄；当作用于阀芯底部的蒸气托力小于弹簧作用在阀芯上部的弹力时，弹簧就伸长，使阀芯与阀座重新紧密结合，气体停止排泄。

拓展阅读

弹簧式安全阀的整定压力是通过拧紧或放松调整螺丝来调节的。调高整定压力时，拧紧螺丝，弹簧被压缩，弹力增加，作用于阀芯上的压力也就增大；调低整定压力时，放松螺丝，弹簧弹力减小，作用于阀芯上的压力也就减小。

弹簧式安全阀根据气体排放的方式可分为全封闭式、半封闭式和敞开式；根据阀芯开启的最大高度与阀孔直径之比值来划分，又可分为全启式（比值≥5）和微启式（比值＜0.25）。

弹簧式安全阀具有体积小、调整方便、适用压力范围广、灵敏度高等优点，在工业锅炉和压力容器上使用较普遍。

（3）压力容器安全泄放量

压力容器安全泄放量是指为保证容器出现超压时，

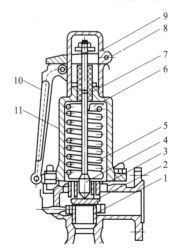

图 6-1　弹簧式安全阀
1—阀座；2—阀芯；3—阀盖；4—阀杆；5—弹簧；6—弹簧压盖；7—调整螺丝；8—销子；9—阀帽；10—手柄；11—阀体

容器内压力不再继续升高，安全泄放装置在单位时间内所必需的最低泄放（介质）量。压力容器超压有物理的、化学的原因，或人为的操作失误，也与容器内介质状态有关，所以计算安全泄放量的方法各不相同。这里仅介绍简单的压缩气体储罐的安全泄放量的计算方法，其他介质的计算法见《固定式压力容器安全技术监督规程》。

压缩气体储罐的安全泄放量按其进口管截面积和最大流速进行计算，即

$$W_s = 0.785(d/1000)^2 \rho(w \times 3600) = 2.83 \times 10^{-3} d^2 \rho w \tag{6-1}$$

式中　W_s——压力容器的安全泄放量，kg/h；

d——容器进口管的内直径，mm；

ρ——泄放状态下的介质密度，kg/m³；

w——进口管内的气体流速，通常可取气体：$10 \sim 15$m/s；饱和蒸汽：$20 \sim 30$m/s；过热蒸汽：$30 \sim 60$m/s。

$$\rho = T_0 \rho_0 p/(p_0 Z T) \tag{6-2}$$

式中　ρ_0——标准状态（p_0、T_0）下的气体密度，kg/m³；

p——排气压力，MPa；

T——排气温度，K；

Z——气体压缩因子，一般接近于1。

（4）安全阀的排放能力计算

所谓安全阀的排放能力指在排放压力下，阀全部开启时，单位时间内安全阀的理论气体排量。安全阀的排放能力按下式计算

$$G = 7.6 \times 10^{-2} CpAK \sqrt{M_r/(ZT)} \tag{6-3}$$

式中　G——排放能力，kg/h；

p——排放压力，MPa；

T——气体的温度，K；

M_r——气体分子量；

A——最小排气截面积，mm²；

K——排放系数，全启式安全阀 $K = 0.60 \sim 0.70$；带调节圈的微启式安全阀 $K = 0.4 \sim 0.5$；

C——气体特性系数，$C = 520\sqrt{k[2/(k+1)]^{(k+1)/(k-1)}}$；　　　　　(6-4)

k——气体绝热指数，如空气 $k = 1.4$；

Z——气体压缩因子，如空气 $Z = 1$。

（5）安全阀的选用

① 安全阀的排放能力必须大于压力容器的安全泄放量，保证承压容器超压时，安全阀开启后能及时把气体排出，避免容器的压力继续升高。

② 要考虑压力容器的工艺条件和工作介质的特性。一般容器可选用弹簧式安全阀，压力较低而又没有震动影响的容器可以用杠杆式安全阀，如果容器的工作介质是有毒、易燃气体或其他污染大气的气体，应选用封闭式安全阀。高压容器及安全泄放量较大的中、低压容器，最好采用全启式安全阀，但对要求压力绝对平稳的容器不宜采用，因全启式安全阀回座压力一般比容器正常工作压力要低一些。

③ 应按承压容器的工作压力选用相应级别的安全阀，不可超载或降载使用。

6.1.4.2　爆破片

爆破片是利用膜片的破裂来达到泄压目的的，泄压后便不能继续使用，压力容器也被迫停止运行。所以，通常它只用于泄压可能性较小而又不宜装安全阀的压力容器上。

（1）爆破片的选用

① 因爆破片的泄压动作与介质状态无关，故对高黏度的液体、容易产生结晶的液体及粉状物质的压力容器均适用；

② 其密封性能可靠、不泄漏，对工作介质为易燃、易爆物质或剧毒气体的压力容器适用；

③ 因其卸压速度快、泄放量大，特别适用于因物料的化学反应而增大压力的反应设备。

爆破片在压力容器中可作为主要泄压装置单独使用，也可用作辅助泄压装置与安全阀联合使用。应根据压力容器的安全要求、介质性质及设备运转条件等，选择合适的配置方法。在任何情况下，爆破片的爆破压力均应小于压力容器的设计压力。

（2）爆破片安装与维护

爆破片装置是一种很薄的膜片，用一副特殊的管法兰夹持着装入容器的引出管中，也可把膜片直接与密封垫片一起放入接管法兰内。安装爆破片时，应检查爆破片的表面和夹持压紧面不得有任何损伤，并将夹持器和爆破片的两个表面擦拭干净。根据爆破片的形式不同，应注意安装方向。爆破片与夹持器需正确配合，拧紧螺栓施加压紧力要适中、均匀，如果爆破片夹紧力度不均匀或者被夹偏，将严重影响膜片的爆破压力。

爆破片要作定期检查和更换。定期检查主要是检查外表面有无裂痕和腐蚀情况；是否有明显的变形；有无异物黏附等。此外，应注意检查排入管是否通畅，腐蚀是否严重和支撑是否牢固。一般在设备大修时应更换爆破片。对设备超压而未破的爆破片及正常运行中有明显变形的爆破片应立即更换。

（3）爆破片泄放面积的计算

爆破片一般有平板型和预拱型两种形式。相同材料制成的爆破片，两种形式的起爆压力是一样的，但预拱型具有较高的抗疲劳能力。爆破片的设计计算包括材料选用、泄放面积、爆破片厚度的计算。爆破片厚度一般由生产厂根据材质结合经验计算。预拱型的泄放面积 A（mm^2）的计算如下

$$A \geqslant W_s / 7.6 \times 10^{-2} C p_b K' \sqrt{M_r/(ZT)} \tag{6-5}$$

式中　K'——额定排放系数，$K'=0.62$；

　　　p_b——爆破片设计爆破压力，一般取设备工作压力的 1.47 倍，当操作压力波动幅度 $>20\%$，可取 1.75 倍。

其余符号参见式（6-3）中 G 的计算公式。

6.1.4.3　压力表

压力表是用来测量承压容器压力的现场仪表。如果压力表不准或与安全阀同时失灵时，则承压容器将可能发生事故。压力表的种类很多，目前使用最广泛的是弹簧管式压力表。这种压力表具有结构坚固、不易泄漏、准确度较高、安装使用方便、测量范围较宽等优点。

（1）压力表的选用

应根据承压容器的工作压力或最高压力等，确定压力表的量程、精度和表盘大小。压力表的量程应为测量点最高工作压力的 1.5~3.0 倍，以 2 倍为宜。压力表的精度是以压力表的允许误差占表盘刻度极限值的百分数来表示，例如精度 1.5 级表示其允许误差为表盘刻度极限值的 1.5%。一般来说，低压容器压力表的精度不低于 2.5 级；中压不低于 1.5 级；高压、超高压不应低于 1 级。工业锅炉压力表的精度一般不应低于 2.5 级。压力表表盘大小和安装位置，应便于操作人员观察，表盘直径一般不应小于 100mm。

（2）压力表的安装

压力表应安装在照明充足、便于观察、没有震动和不受高温辐射或低温冷冻的地方，安装处与测压点的距离应尽量短，表盘一般不应水平放置。压力表与容器之间应装设三通旋塞或针形阀，并有开启标志，以便检验和更换。指示蒸汽压力的压力表，在压力表与容器之间应有存水弯管。盛装高温、强腐蚀性介质的容器，在压力表与容器之间应设隔离缓冲装置。

（3）压力表的维护

压力表应保持清洁，表面玻璃要光滑无污，表盘内指针所指的压力值应清晰。如果发现设备无压力时指针不到零位或表面玻璃破碎、表盘刻度模糊、封印损坏、超期未检验、表内漏气或指针跳动等现象，均应停止使用，及时进行修理或更换，以确保指示正确、安全可靠。压力表必须定期校验，一般应半年校验一次，合格的应加封印。如果工矿条件恶劣，检定周期要缩短。

6.2 工业气瓶安全

气瓶是指在正常环境（−40～60℃）下可重复充气使用的，公称工作压力为 1.0～30MPa（表压），公称容积为 0.4～3000L，盛装永久气体、液化气体、溶解气体或混合气体的特殊移动式压力容器。有关压力容器的安全规定特别是有关移动式压力容器的安全规定，原则上适用于气瓶。鉴于气瓶品种多、数量多、使用范围广，气瓶的使用与储存安全应予高度重视。

6.2.1 气瓶分类

（1）按公称工作压力分类

气瓶按公称工作压力分为高压气瓶和低压气瓶。高压气瓶有五种，其公称工作压力（MPa）为：30、20、15、12.5、8；低压气瓶有五种，其公称工作压力（MPa）为：5、3、2、1.6、1。钢瓶公称容积和公称直径的对照表见表 6-2。

表 6-2　钢瓶公称容积和公称直径

公称容积 V(N)/L	10	16	25	40	50	60	80	100	150	120	400	600	800	1000
公称直径 DN/mm		200			250			300		400		600		800

（2）按制造方法分类

按制造方法不同，气瓶可分为三类。

① **钢制无缝气瓶**：以钢坯为原料经冲压拉伸制造，或以无缝钢管为材料经热旋压收口、收底法制造的气瓶，瓶体的材料为优质碳钢、锰钢、铬钼钢或其他合金钢，用于盛装压缩气体和高压液化气体。

② **钢制焊接气瓶**：以钢板为原料，经冲压卷焊制造的气瓶，瓶体及受压元件材料为采用平炉、电炉或氧化转炉冶炼的镇静钢，有良好的冲压和焊接性能，用于盛装低压液化气体。

③ **缠绕玻璃纤维气瓶**：以玻璃纤维加黏结剂缠绕或碳纤维制造的气瓶，内有铝制内筒保证气瓶的气密性。这类气瓶一般容积较小（1～10L），充气压力 15MPa 或 30MPa。由于

其重量轻、绝热性能好，多用于盛装呼吸用压缩空气，用作水下、消防等急救场合的呼吸器气源。

（3）按充装介质的性质分类

按充装介质的性质不同可分为：

① **压缩气体钢瓶**：压缩气体因其临界温度小于$-10℃$，常温下呈气态，如氢气、氧气、氮气、空气、煤气及氩气等稀有气体钢瓶，一般充装压力较高，常见 15MPa，也有充装 $20\sim30$ MPa。

② **液化气体钢瓶**：液化气体钢瓶充装时都以低温液态灌装。液化气体因临界温度不同，装入瓶内后受环境温度的影响而全部汽化或部分汽化，分为高压液化气体和低压液化气体。

高压液化气体：充装临界温度在$-10\sim70℃$的液化气体，如乙烯、乙烷、二氧化碳、氯化氢等，充装压力有 15MPa 和 12.5MPa 等。

低压液化气体：充装临界温度大于 $70℃$ 的液化气体，如溴化氢、硫化氢、氨、丙烷、丙烯、异丁烯、环氧乙烷、液化石油气等，充装压力低于 10MPa。《气瓶安全监察规程》规定，液化气体气瓶的最高工作温度为 $60℃$，低压液化气体在 $60℃$ 时的饱和蒸气压都在 10MPa 以下。

③ **溶解气体钢瓶**：它是专门用于盛装乙炔的气瓶。由于乙炔气体极不稳定，必须把它溶解在溶剂（如丙酮）中。气瓶内装有多孔性材料，以吸收溶剂，增加乙炔的溶解度。乙炔瓶充装乙炔气，一般要求分两次进行，第一次充气后静置 8h 以上，再充装第二次。

6.2.2 气瓶的颜色标志和安全附件

（1）气瓶的颜色标志

气瓶漆色的作用一是保护气瓶防止腐蚀、反射阳光等热源使气瓶不致过度升温，二是为了便于区别、辨认所盛装的介质，防止可燃或易燃、易爆介质与氧气混装或错装，形成爆炸性混合气体环境。《气瓶颜色标志》（GB/T 7144—2016）对气瓶的颜色、字样、字色和色环进行了严格的规定。常用气瓶的颜色标志见表 6-3。

表 6-3　常见气瓶的颜色标志一览表

序号	充装气体	化学式	外表面颜色	字样	字色	色环
1	氢	H_2	淡绿	氢	大红	$p=20$MPa,大红单环 $p\geqslant30$MPa,大红双环
2	氧	O_2	淡（酞）蓝	氧	黑	$p=20$MPa,白色单环 $p\geqslant30$MPa,白色双环
3	空气		黑	空气	白	
4	氮	N_2	黑	氮	白	
5	氨	NH_3	淡黄	液氨	黑	
6	氯	Cl_2	深绿	液氯	白	
7	二氧化碳	CO_2	铝白	液化二氧化碳	黑	$p=20$MPa,黑色单环
8	一氧化碳	CO	银灰	一氧化碳	大红	
9	乙烯	C_2H_4	棕	液化乙烯	淡黄	$p=15$MPa,白色单环 $p=20$MPa,白色双环
10	乙炔	C_2H_2	白	乙炔不可近火	大红	

（2）气瓶的安全附件

① **安全泄压装置**：为了防止气瓶在遇到火灾等高温时，瓶内气体受热膨胀而发生破裂爆炸，气瓶配有泄压附件易熔塞和爆破片。

易熔塞一般装在低压气瓶的瓶肩部，当周围环境温度超过气瓶的最高允许使用温度时，易熔塞的易熔合金熔化，瓶内气体排出，避免气瓶爆炸。目前使用的易熔塞装置的动作温度有 100℃ 和 70℃ 两种。

爆破片一般装在高压气瓶的瓶阀上，其爆破压力略高于瓶内气体的最高温升压力。气瓶装设爆破片有利有弊，一些国家的气瓶不采用爆破片这种安全泄压装置。我国《气瓶安全监察规程》对是否必须装设爆破片未做明确规定。

注意：盛装剧毒或有毒气体的气瓶，不可装易熔塞或爆破片等泄压装置。

② **其他附件**：防震圈是气瓶瓶体的保护装置。将气瓶套有两个防震圈以防止在充装、使用、搬运过程中因滚动、震动、碰撞而损伤瓶壁，以致发生脆性破坏。

瓶阀是控制气体出入的装置，一般是用黄铜或钢制造。为防止错装，充装可燃气体钢瓶的瓶阀出气口螺纹为左旋；盛装助燃气体的钢瓶出气口螺纹为右旋。

瓶帽是瓶阀的防护装置。它可避免气瓶在搬运过程中因碰撞而损坏瓶阀，保护出气口螺纹不被损坏，并防止灰尘、水分或油脂等杂物落入阀内。

6.2.3　气瓶的安全使用和管理

生产、销售和使用气瓶的单位，应当制定相应的气瓶安全管理制度和事故应急处理措施，并有专人负责气瓶安全工作，定期对气瓶进行检验，对充装、运输、储存和使用人员进行安全教育培训。

6.2.3.1　气瓶充装安全

气瓶充装按照《特种设备生产和充装单位许可规则》（TSG 07—2019）进行安全管理和设施实施。气瓶充装单位应经省级特种设备安全监管部门批准，取得气瓶充装许可证后，方可在批准的范围内从事气瓶充装工作。未办理注册登记的，不得从事气瓶充装工作。气瓶充装单位应建立并严格执行各技术操作规程，包括：瓶内残液（残气）处理操作规程；气瓶充装前、后检查操作规程；气瓶充装操作规程；气瓶分析操作规程；设备操作规程；事故应急处理操作规程。

据统计，气瓶发生的爆炸事故，有 41% 来自违规气瓶充装。气瓶充装要防止混装、错装和过量充装。气体混装是指在同一气瓶内灌装两种气体（或液体），如果这两种介质在瓶内发生化学反应，将会造成气瓶爆炸事故。气瓶充装前必须有专人对钢瓶进行全面检查，确认无缺陷和异物，方可充装；充装后，应当由充装单位持证作业人员逐只对气瓶进行检查，发现超装、错装、泄漏或其他异常现象的，要立即进行妥善处理。

（1）充装前检查

操作人员应检查称量衡器的准确度和灵敏性等，符合要求才可使用。充装液化气体时应密切注意，属于以下情况之一者，严禁充装：

① 钢瓶钢印标记、颜色标记不符合规定或不能识别的；

② 安全附件不全、损坏或不符合规定的；

③ 钢瓶内无剩余压力，没有判明瓶内是否混入其他物质的；

④ 超过技术检验期限的，新瓶无合格证的；

⑤ 经外观检查，存在明显损伤，需进一步检验的；

⑥ 氧气瓶或其他氧化性气体气瓶沾有油脂的；

⑦ 易燃气瓶首次充装或定期检验后的首次充装，未经置换或抽真空处理的；

⑧ 瓶阀和易熔塞上紧后，螺丝扣外露不足三扣的。

（2）充装后检查

气瓶充装后需要检查的事项有：瓶壁温度有无异常；瓶体有无出现鼓包、变形、泄漏或充装前检漏的缺陷；瓶阀及瓶阀与瓶口连接处的气密性是否良好，瓶帽和防震圈是否齐全完好；颜色标记和检验色标是否齐全并符合技术要求；取样分析瓶内气体纯度及其杂质含量是否在规定范围内；实测瓶内气体压力、重量是否在规定范围内。

（3）充装量要求

气瓶充装过量，是气瓶破裂爆炸的常见原因之一。为了保证气瓶在使用或充装过程中不因环境温度升高而处于超压状态，必须严格执行《气瓶安全监察规程》对气瓶的充装量的严格控制。确定压缩气体及高压液化气体气瓶的充装量时，要求瓶内气体在最高使用温度 60℃ 下的压力，不超过气瓶的最高许用压力。对低压液化气体气瓶，必须严格按规定的充装系数充装，要求瓶内液体在最高使用温度下，不会膨胀至瓶内满液，要求瓶内始终保留有一定的气相空间。如发现超装时，应设法将超装量卸出。

6.2.3.2 气瓶储存安全

气瓶应在专用仓库储存，气瓶仓库应符合《建筑设计防火规范（2018 年版）》（GB 50016—2014）的有关规定。首先是与其他建筑物的安全距离、与明火作业以及散发易燃气体作业场所的安全距离，必须符合防火设计范围；仓库应是轻质屋顶的单层建筑，门窗应向外开，地面应平整而略粗糙防滑；为便于气瓶装卸，仓库应设计装卸平台；仓库内不得有明火和其他热源，应有良好的通风、降温等设施，不得有地沟、暗道和底部通风孔，严禁任何管线穿过。

气瓶仓库应设专人管理，遵守国家危险品储存法规，认真贯彻执行《气瓶安全监察规程》的有关规定。

① 气瓶的储存应有专人负责管理。管理人员、操作人员、消防人员应经安全技术培训，了解气体与气瓶的安全知识。

② 气瓶仓库应采用二级以上防火建筑，不能设在地下室或半地下室。与明火或其他建筑物应有符合规定的安全距离，易燃、易爆、有毒、腐蚀性气体气瓶库的安全距离不得小于 15m。

③ 气瓶仓库应设有运输和消防通道，设置消防栓和消防水池。在固定地点备有专用灭火工具和防毒用具。有明显的"禁止烟火""当心爆炸"等必要的安全标志。

④ 气瓶仓库应通风、干燥，防止雨淋、水浸，避免阳光直射，室内温度不超过 35℃。装卸、运输的设施齐全，照明灯具及电气设备要考虑防爆和避雷设施。

⑤ 气瓶的储存要按照气体性质和气瓶设计压力分类，所装介质接触能起化学反应的异种气体气瓶应分室储存，空瓶和实瓶分开。如氧气瓶与氢气瓶、液化石油气瓶，乙炔瓶与氧气瓶、氯气瓶不能同储一室。

⑥ 气瓶应戴好保险瓶帽，防止灰尘或油脂类物质的沾染和侵入。存放有毒气体或易燃气体气瓶的仓库，要经常检查有无渗漏，及时采取处理措施。

⑦ 实瓶一般应立放储存。有底座的气瓶，应将气瓶直立于气瓶的栅栏内，并用小铁链固定。无底座气瓶，可水平横放在带有衬垫的槽木上，以防气瓶滚动，且气瓶头部均朝同一方向，堆放层数不超过 5 层，高度不超过 1m，便于检查与搬运。气瓶排放应整齐、固定牢靠，数量、号位的标志要明显，并留有通道。

⑧ 实瓶的储存数量应有限制，在满足当天使用量和周转量的情况下，应尽量减少储存

量。临时存放的气瓶，数量一般不超过 5 瓶；容易起聚合反应的气体气瓶，必须规定储存期限，及时使用。

⑨ 严格执行气瓶进出库制度，认真填写入库和发放气瓶登记表，做到账目清楚，账物相符。

6.2.3.3　气瓶搬运安全

气瓶的搬运和运输应小心谨慎，否则容易造成事故，应注意：

① 负责装卸、运输、搬动气瓶的操作，包括驾驶人员，应学习并掌握气瓶气体的安全知识，熟悉瓶内气体的性质和安全搬运注意事项，并备齐相应的消防工具和防护用品。

② 装卸气瓶时应轻装轻卸，严禁抛掷、滚动、滑摔。短距离移动气瓶最好使用稳妥、省力的专用气瓶车，单瓶或双瓶放置并用铁链固定。严禁用肩扛、背驮、怀抱、臂挟、托举或二人抬运的方式搬运，以避免损伤身体和摔坏气瓶酿成事故。

③ 三凹心底气瓶在搬运时，可用徒手滚动，用一只手托住瓶帽，使瓶身倾斜，另一只手推动瓶身，沿地面旋转，用瓶底边走边滚。

④ 气瓶最好是戴固定式瓶帽，以避免瓶阀在搬运过程中因受外力而损坏或瓶阀飞出等事故的发生。气瓶运到目的地后，将气瓶竖直放置平稳并固定牢靠，防止摔倒。

⑤ 用机械起重设备吊运散装气瓶时，必须将气瓶装入集装箱、坚固的吊笼或吊筐内，并妥善加以固定。严禁使用电磁起重设备，严禁使用链绳、钢丝绳捆绑或钩吊瓶帽等方式吊运气瓶，以避免吊运过程中气瓶脱落而造成事故。

⑥ 装运气瓶妥善固定。汽车装运一般应立放，车厢高度不低于瓶高的 2/3；卧放时，气瓶头部应朝向一侧，垛放高度应低于车厢高度。严禁使用叉车、翻斗车或铲车搬运气瓶。

⑦ 运输已充气的气瓶，瓶体温度应保持在 40℃ 以下，夏天要有遮阳设施，防止暴晒。

⑧ 运输车辆应张挂安全标志。途中休息或临时停车，应避开交通要道、重要机关和繁华地区，应停在准停地段或行人稀少的空旷地点，并有人看守。

⑨ 在运输途中如发生气瓶泄漏、燃烧等事故时，不要惊慌，车应往下风向开，寻找空旷处，针对事故原因，按应急方案处理。

⑩ 航空、铁路、公路、水运气瓶，应遵守相应的专业规章制度。

6.2.3.4　气瓶使用安全

为了避免气瓶在使用中发生气瓶泄漏、燃烧爆炸、中毒等事故，气瓶的使用单位，应根据使用气体的性质和国家有关安全监察规程、标准，制定瓶装气体的使用管理制度以及安全操作规程。气瓶的管理者和使用者应掌握气瓶规格、质量和安全要求的基本知识和规定，熟练操作，严格按照使用说明书的要求使用气瓶。气瓶使用时要注意如下事项。

① 采购和使用有制造许可证的企业的合格产品，不使用超期未检验的气瓶。

② 用户应到已办理充装注册的单位或经销注册的单位购气，自备瓶应由充装注册单位委托管理，实行固定充装。

③ 气瓶使用前应进行安全状况检查，对盛装气体进行确认，不符合安全技术要求的气瓶严禁入库和使用，如发现气瓶色、钢印等辨别不清，检验超期，气瓶损伤（变形、划伤、腐蚀），气体质量与标准规定的不符等现象，应拒绝使用并做必要处理。

④ 气瓶使用时，一般应立放（乙炔瓶严禁卧放使用），并采取防倾倒的措施。在工地或其他场合使用时，应把气瓶放置于专用的车辆上或竖立于平整的地面用铁链等物将其固定牢靠，以避免因气瓶放气倾倒坠地而发生事故。

⑤ 气瓶不得靠近热源和明火。温度升高，瓶内压力随之升高，使用中要防止气瓶受到

明火烘、太阳暴晒以及蒸汽管、暖气片等热源使气瓶受热。可燃气体、助燃气体钢瓶使用时应分开放置，且与明火的距离一般不小于 10m。如果瓶阀或减压器有冻结、结霜现象时，应把气瓶移入较暖的地方或用 40℃以下的温水浇淋解冻，严禁用火烘烤。

⑥ 注意保持气瓶及附件清洁干燥，禁止沾染油脂、腐蚀性介质、灰尘等。在使用氧气或其他氧化性气体时，接触气瓶及瓶阀的手、手套、减压器、工具等不得沾染油脂，油脂与一定压力的压缩氧或强氧化剂接触后能产生自燃和爆炸。

⑦ 开启或关闭瓶阀时，只能用手或专用扳手，不准使用锤子、管钳、长柄螺纹扳手，以防损坏阀件。开启或关闭瓶阀的速度应轻缓，不能用力过大，防止产生摩擦热或静电火花，特别是对盛装可燃气体的气瓶尤应注意。如果操之过急，有可能引起因气瓶排气而倾倒坠地（卧放时起跳）及可燃、助燃气体气瓶出现燃烧甚至爆炸的事故。操作时人应站在阀门出口的侧后，关闭瓶阀时，不要关得太紧、太死。

⑧ 在可能造成回流的使用场合，使用设备上必须配置防止倒灌的装置，如单向阀、止回阀、缓冲罐等。如用于盛装反应原料的气瓶不能直接与反应器相连，在气瓶与反应器之间要安装缓冲罐，缓冲罐的容积应能容纳倒流的全部物料，不使物料倒入气瓶。

⑨ 用于连接气瓶的减压器、接头、导管和压力表等都应涂以标记，用在专一类气瓶上，严防混用，并应连接牢固，防止泄漏。

⑩ 作业结束后必须立即关闭瓶阀，气瓶使用完毕，要送回库房或妥善保管。钢瓶装卸、搬运时，必须戴好瓶帽、防震圈，严禁敲击、碰撞气瓶，严禁在气瓶上进行电焊引弧。

⑪ 使用气瓶时，瓶内气体不得用尽，必须留有剩余压力。气瓶留有余压，一是可以防止倒灌物料造成化学爆炸；二是便于充装单位检验，不至于把气体装错。永久气体气瓶的剩余压力应不小于 0.5MPa；液化气体气瓶应留有不少于 $0.5\% \sim 1.0\%$ 规定充装量的剩余气体。低压液化气瓶的余压一般是 $0.03 \sim 0.05$MPa；高压缩气瓶的余压以保留 0.2MPa 为宜，最低的不要低于 0.05MPa。溶解乙炔钢瓶的余压按环境温度而定，当温度小于 0℃时，余压为 0.1MPa；当温度为 $15 \sim 25$℃时，余压为 0.2MPa；当温度在 $25 \sim 40$℃时，余压应为 0.3MPa。

⑫ 使用中若出现气瓶故障，例如阀门严重漏气、阀门开关失灵等，应将瓶阀的手轮开关转到关闭的位置，再送气体充装单位或专业气瓶检验单位处理。

⑬ 盛装易起聚合反应或分解反应的气体气瓶，应严格控制气体的成分，如乙炔气瓶，应远离有放射线的场所。

⑭ 为防止性质相抵触的气体相混而发生化学爆炸，气瓶必须专瓶专用，使用单位不得擅自更改气瓶的颜色标记，换装别种气体。确实需要更换气瓶盛装气体的种类时，应提出申请，由气瓶检验单位负责对气瓶改装，不得对瓶体进行挖补、焊接修理。

6.2.4　气瓶的定期检验

为了早期发现气瓶存在的缺陷，防止气瓶在运输和使用中发生事故，气瓶在使用过程中，要定期进行安全技术检验，根据其性能状况，决定气瓶能否继续使用。凡气瓶瓶壁有裂纹、渗漏或明显变形，或高压气瓶的容积残余变形率大于 10%，或壁厚减薄且经强度校核不能按原设计压力使用的气瓶以及被火烧过的气瓶，原则上应报废，不能继续使用。气瓶的定期检验应由取得检验资格的专门单位负责进行，检验单位的检验钢印代号由劳动部门统一规定。

(1) 气瓶的检验周期

气瓶的检验周期见表 6-4。

表 6-4　气瓶的检验周期

盛装气体种类	检验周期
一般气体(如空气、氢气、液化石油气等)	每 3 年检验一次
腐蚀性气体(如氯、氨、二氧化硫等)/潜水气瓶	每 2 年检验一次
液化石油气气瓶	使用未超过 20 年的,每 5 年检验一次;超过 20 年的,每 2 年检验一次
惰性气体(如氮气、氩气等)	每 5 年检验一次

盛装混合气体的气瓶,其检验周期应当按照混合气体中检验周期最短的气体确定。

气瓶在使用过程中,发现有严重腐蚀、损伤或对其安装可靠性有怀疑时,应提前进行检验。库存或使用时间超过一个检验周期的气瓶,启用前应进行检验,由气瓶检验单位按规定出具检验报告。未经检验和检验不合格的气瓶不准投入使用。

(2) 气瓶定期检验的项目

① **外观检查**:气瓶外观检查的目的是要查明气瓶是否有腐蚀、裂纹、凹陷、鼓包、磕伤、划伤、倾斜、筒体失圆、颈圈松动、瓶底磨损及其他缺陷,以确定气瓶能否继续使用。

② **音响检查**:音响检查目的是通过音响判断瓶内腐蚀状况和有无潜在的缺陷。

③ **瓶口螺纹检查**:用肉眼或放大镜观察螺纹状况,用锥螺纹塞规进行测量。要求螺纹表面不准有严重锈损、磨损或明显的跳动波纹。

④ **内部检查**:使用内窥镜,从瓶口目测气瓶内部,检查瓶内容易腐蚀的部位,注意瓶壁是否有损伤。如发现瓶内有锈层或油脂、泥沙等杂物,需将气瓶返回清理工序重新处理。

⑤ **重量和容积测定**:目的是进一步鉴别气瓶的腐蚀程度,判断是否影响其强度。

⑥ **水压试验**:水压试验是气瓶定期检验中的关键项目,即使上述各项检查都合格的气瓶,也必须再经过水压试验,才能最后确定是否可以继续使用。《气瓶安全监察规程》规定,气瓶耐压试验的试验压力为设计压力的 1.5 倍。水压试验有外测法气瓶容积变形试验和内测法气瓶容积变形试验,外测法目前应用最普遍。

⑦ **气密性试验**:通过气密性试验来检查瓶体、瓶阀、易熔塞、盲塞的严密性,特别是盛装毒性和可燃性气体的气瓶。气密性试验可用经过干燥处理的空气、氮气作为加压介质,试验方法有浸水法和涂液法。

6.3　锅炉安全技术

《特种设备安全法》中对锅炉有严格定义:锅炉是指利用各种燃料、电或者其他能源,将所盛装的液体加热到一定的参数,并通过对外输出介质的形式提供热能的设备,其范围规定为设计正常水位容积大于或者等于 30L,且额定蒸汽压力大于或者等于 0.1MPa(表压)的承压蒸汽锅炉;出口水压大于或者等于 0.1MPa(表压),且额定功率大于或者等于 0.1MW 的承压热水锅炉;额定功率大于或者等于 0.1MW 的有机热载体锅炉。锅炉中产生的热水或蒸汽可直接为日常生活和工业生产提供所需热能。

6.3.1　锅炉设备

锅炉的主要工作原理是一种利用燃料燃烧后释放的热能或工业生产中的余热传递给容器内的水,使水达到所需要的温度或一定压力蒸汽的热力设备。

6.3.1.1 锅炉分类

① **按用途分类**：可分为如下四类。

a. 电站锅炉：用于火力发电厂的锅炉，容量较大，参数较高。

b. 工业锅炉：为各工矿企业生产流程、采暖、制冷提供蒸汽或热水的锅炉。

c. 生活锅炉：为各工矿、企事业单位、服务行业等提供低参数蒸汽或热水。

d. 特种锅炉：如双工质两汽循环锅炉，核燃料、船舶、机车、废液、余热、直流锅炉。

② **按工质种类和输出状态分类**：蒸汽锅炉、热水锅炉和特种工质（非水工质）锅炉。

③ **按压力分类**：按照锅炉工作压力大小分为7类，见表6-5。

表6-5　锅炉按工作压力分类

序号	类别名称	工作压力范围/MPa	锅炉级别
1	常压锅炉	$p \leqslant 0.8$	C/D级
2	低压锅炉	$0.8 \leqslant p < 3.8$	B级
3	中压锅炉	$3.8 \leqslant p < 5.3$	
4	高压锅炉	$5.3 \leqslant p < 13.7$	
5	超高压锅炉	$13.7 \leqslant p < 16.7$	A级
6	亚临界锅炉	$16.7 \leqslant p < 22.1$	
7	超临界锅炉	$\geqslant 22.1$	

此外，还有很多分类方法，如按循环方式分自然循环锅炉、控制辅助循环锅炉及直流锅炉等；按照排渣的方式分固态排渣锅炉和液态排渣锅炉；按燃料或能源种类分燃煤锅炉、燃气锅炉及生物质锅炉等；按燃烧方式分室燃炉、层燃炉和沸腾炉等。

6.3.1.2 锅炉结构和原理

（1）锅炉结构

以燃煤锅炉为例，锅炉整体的结构包括锅炉本体、安全附件和仪表、锅炉辅助设备三部分。锅炉中的炉膛、锅筒、燃烧器、水冷壁、过热器、省煤器、空气预热器、构架和炉墙等主要部件构成生产蒸汽的核心部分，称为锅炉本体。锅炉的安全附件和仪表包括安全阀、压力表、水位表及高低水位报警器、测温仪表、蒸汽流量计、排污装置、燃烧自动调节装置、易熔塞等。锅炉的辅助设备一般包括给水设备（如水处理装置、给水泵）；燃料供应及制备设备（如煤粉炉、油炉、燃气炉）；通风设备（如送风机、引风机）；除灰排渣设备（如除尘器、出渣机、出灰机）。工业锅炉自然循环锅炉结构示意图如图6-2所示。

锅炉本体中两个最主要的部件是炉膛和锅筒。

炉膛即燃烧室，是供燃料燃烧的空间。将固体燃料放在炉排上燃烧的炉膛称为层燃炉；将液体、气体或磨成粉状的固体燃料，喷入火室燃烧的炉膛称为室燃炉；空气将煤粒托起使其呈沸腾

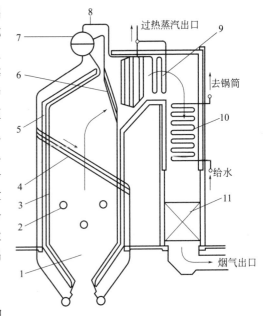

图6-2　自然循环锅炉结构简图

1—炉膛；2—燃烧器；3—蒸发受热面（水冷壁）；4—下降管；5—炉墙；6—凝渣管束；7—锅筒；8—饱和蒸汽引出管；9—过热器；10—省煤器；11—空气预热器

状态燃烧，并适于燃烧劣质燃料的炉膛称为沸腾炉（流化床炉）；利用空气气流使煤粒高速旋转，并强烈火烧的圆筒形炉膛称为旋风炉。炉膛设计需要充分考虑使用燃料的特性。每台锅炉应尽量燃用原设计的燃料，燃用特性差别较大的燃料时，锅炉运行的经济性和可靠性都可能降低。

锅筒是自然循环和多次强制循环锅炉中，接受省煤器来的给水、连接循环回路，并向过热器输送饱和蒸汽的圆筒形容器。锅筒筒体由优质厚钢板制成，其主要功能是储水，进行汽水分离，在运行中排除锅水中的盐水和泥渣，避免含有高浓度盐分和杂质的锅水随蒸汽进入过热器和汽轮机中。锅筒内部装置包括汽水分离和蒸汽清洗装置、给水分配管、排污和加药设备等。其中汽水分离装置的作用是将从水冷壁来的饱和蒸汽与水分离开来，并尽量减少蒸汽中携带的细小水滴。中、低压锅炉常用挡板和缝隙挡板作为粗分离元件；中压以上的锅炉除广泛采用多种型式的旋风分离器进行粗分离外，还用百叶窗、钢丝网或均汽板等进行进一步分离。锅筒上还装有水位表、安全阀等监测和保护设施。

（2）锅炉工作流程与原理

在水汽系统方面，给水在加热器中加热到一定温度后，经给水管道进入省煤器，进一步加热以后送入锅筒，与锅水混合后沿下降管下行至水冷壁进口集箱。水在水冷壁管内吸收炉膛辐射热形成汽水混合物经上升管到达锅筒中，由汽水分离装置使水、汽分离。分离出来的饱和蒸汽，由锅筒上部流往过热器，继续吸热成为一定温度的过热蒸汽（大多300MW、600MW机组蒸汽温度约为540℃），然后送往汽轮机。

在燃烧和烟风系统方面，送风机将空气送入空气预热器加热到一定温度。在磨煤机中被磨成一定细度的煤粉，由来自空气预热器的一部分热空气携带经燃烧器喷入炉膛。燃烧器喷出的煤粉与空气混合物在炉膛中与其余的热空气混合燃烧，放出大量热量。燃烧后的热烟气按顺序流经炉膛、凝渣管束、过热器、省煤器和空气预热器后，再经过除尘装置，除去其中的飞灰，最后由引风机送往烟囱，排向大气。

锅炉烟气中所含粉尘（包括飞灰和炭黑）、硫和氮的氧化物等严重污染大气，未经净化时的浓度可能超排放标准几倍到数十倍。控制这些物质排放的措施有燃烧前处理、改进燃烧技术、除尘、脱硫和脱硝等方法。粗颗粒一般采用重力沉降和惯性力的分离，在较高容量下常采用离心力分离除尘。现多采用湿式除尘器，如喷淋塔可以有效地吸收气态污染物。常用的静电除尘器和布袋过滤器同样具有较高的除尘效率，可以组合起来使用。

为了减少对环境的污染，将灰渣综合利用，化害为利，如用从粉煤灰中提取空心微珠，作为耐火保温材料，或者用灰渣制造水泥、砖和混凝土骨料等建筑材料。

6.3.1.3 锅炉参数

表示锅炉性能的主要指标有锅炉容量（蒸发量）、蒸汽压力/温度、给水温度等。

① **蒸发量**：额定蒸发量是在规定的出口压力、温度和效率下，单位时间内连续生产的蒸汽量，计量单位为t/h、kg/s或MW，蒸发量的大小取决于锅炉的受热面积的多少和炉排（燃烧装置）的大小。

② **蒸汽压力**（MPa）：即锅炉工作压力，是指锅炉各受压部件单位面积上允许承受的最大压力。

③ **蒸汽温度**（℃）：蒸汽温度分为饱和蒸汽温度和过热蒸汽温度两种，饱和蒸汽温度是随蒸汽压力的大小而变化的；过热蒸汽是将饱和蒸汽在"过热器"中再次加热得到的蒸汽。

④ **给水温度**（℃）：指省煤器的进水温度，无省煤器时即指锅筒进水温度。

6.3.2 锅炉使用安全管理

按照《锅炉压力容器安全监察暂行条例》规定，锅炉压力容器安全监察机构对锅炉设计总图进行审批，主要从结构型式、采用材料、强度校核三个方面审查。属于锅炉制造单位的锅炉设计，应送有关的锅炉压力容器安全监察机构审查。为了保证锅炉安全经济运行，保障生产及人身安全，国家制定了《锅炉安全技术规程》(TSG 11—2020)。该规程适用于锅炉及锅炉范围内的管道的设计、制造、安装、使用、检验、修理和改造。锅炉的设计、制造、安装、检验、修理和改造必须由具备相应资质的单位来进行，且应严格遵守以上规程。

6.3.2.1 建立健全规章制度

（1）锅炉资料齐全制度

锅炉制造企业在锅炉出厂时必须附有相关安全技术资料，包括：锅炉总图，主要受压部件图；受压元件的强度计算书；安全阀排放量的计算书；锅炉质量证明书（包括出厂合格证、金属材料证明、焊接质量证明和水压试验证明）；锅炉安装说明书和使用说明书；锅炉产品铭牌；检验检测机构的监检证书。资料不全，使用单位不予验收，不准使用。

（2）锅炉使用登记制度

凡使用固定式承压锅炉的单位，应按照《锅炉使用登记办法》的规定，向锅炉所在地的县级以上劳动部门办理登记手续。通过锅炉使用登记建立锅炉技术档案，可以使当地锅炉压力容器安全监察机构掌握锅炉安全基本情况，限制无安全保障的锅炉投入运行，为安全使用提供重要依据。

（3）持证上岗制度

锅炉管理人员和司炉人员都必须经过专业培训、安全教育、考核合格方能上岗。司炉工人必须具有关于蒸汽、压力、温度、水质、燃料与燃烧、通风、传热等方面的基本知识，并掌握所操作锅炉的应知应会内容，经考试合格取得司炉操作证。

（4）严格安全操作规程制度

锅炉运行各个时段包括点火和升压、并炉和送汽、停炉保养等，都必须严格执行锅炉安全操作规程，定期检查锅炉及其附属设备和安全附件，特别是腐蚀与结垢情况，落实其维护保养和检修计划，保持设备和安全附件的完好，及时发现和消除隐患，防患于未然。必须严格给水水质处理，使给水的硬度、碱度、氧含量等各项指标达到锅炉安全运行的要求。

6.3.2.2 锅炉运行安全技术

（1）锅炉点火前的准备工作

① **检查**：对新装或检修后的锅炉，点火之前要进行全面检查是否符合点火要求。对汽水系统、燃烧系统、风系统、锅炉本体和辅机进行全面细致的检查，确定安全附件是否齐全、灵敏、可靠，确认各阀门处在点火前的正确位置，风机和水泵的冷却水畅流，润滑正常等。

② **上水**：检查完成后，即可进行锅炉的上水工作。为防止产生过大热应力，上水时要缓慢，冷炉上水至最低安全水位时应停止上水，以防受热膨胀后水位过高，水温较高（90～100℃）时尤应缓慢。上水水温不宜过高，水温与筒壁温度之差不超过50℃，冬季冷水温度尽可能控制在40～50℃。上水时间控制在夏季不小于1h，在冬季不小于2h。

③ **烘炉**：新装或长期停用的锅炉，炉墙比较潮湿，为避免锅炉投入运行后，高温火焰使炉墙内的水分迅速蒸发造成炉墙胀缩不均而产生损坏，锅炉在上水后、启动前要进行烘炉，即用文火慢慢地烘烤炉膛，逐渐蒸发排炉墙中的水分。烘炉时间的长短，应根据锅炉型式、炉墙结构以及施工季节不同而定，结构简单且没有炉墙的小型锅炉2～3天，结构复杂的较大锅炉至少7天。在烘炉后期，可通过检查炉墙内部材料含水率或温度，判定烘炉是否合格。

④ **煮炉**：煮炉的目的是清除锅炉蒸发受热面及循环系统内部的铁锈、油污或其他污物等，减少受热面腐蚀，以提高锅水和蒸汽的品质。煮炉时，一般在锅水中按2～4kg/1000kg

比例加入碱性药剂，如 NaOH、Na₂CO₃ 或 Na₃PO₄ 等。煮炉程序是先加热锅水至沸腾但不要升压，开启空气阀或抬起安全阀排汽，维持 10~12h；然后减弱燃烧，排污之后适当放水；再加强燃烧并使锅炉升压到 25%~100% 工作压力，运行 12~24h；最后停炉冷却，排除锅水并清洗受热面。煮炉步骤可以单独进行，也可以在烘炉后期维持低压与烘炉同时进行。

烘炉和煮炉阶段，虽不是正常生产，但锅炉的燃烧系统和汽水系统已经部分或大部分处于工作状态，锅炉已经开始承受温度和压力，所以必须认真对待。

⑤ **蒸汽试验**：煮炉完毕后，升压至工作压力进行蒸汽试验。由于蒸汽试验是在热态下进行的，效果要比水压试验确切。在蒸汽试验时主要检查人孔、手孔、法兰等处是否渗漏；全部阀门的严密程度；锅筒、集箱等膨胀情况是否正常等。

(2) 点火与升压

一般锅炉上水后即可点火升压；进行了烘炉、煮炉的锅炉，待煮炉完毕后排水清洗，再重新上水后点火升压。点火所需时间应根据锅炉结构型式、燃烧方式和水循环等情况而定，不同燃料的蒸汽锅炉其点火安全要求也不同。从锅炉点火到锅炉蒸汽压力上升到工作压力的过程，是锅炉启动中的关键环节，需要注意以下安全事项。

① **防止炉膛内爆炸**：燃油锅炉、燃气锅炉、煤粉炉等必须特别注意防止炉膛爆炸。锅炉点火前，炉膛和烟道中可能残存可燃气体或其他可燃物，应首先启动引风机通风数分钟，分析炉膛内可燃物的含量低于爆炸下限时再点火。锅炉点燃时，应先送风，并将其投入点燃的火矩，再送入燃料。如果一次点火未成功，必须立即停止向炉膛供给燃料，然后充分通风换气后再重新点火。严禁利用炉膛余热进行二次点火。

② **控制升温升压速度**：为了保证锅炉各部分受热均匀，防止锅筒和受热面因温度升高而产生热应力和热膨胀造成破坏，升压过程一定要缓慢。水管锅炉在夏季点火升压需要 2~4h，在冬季需要 2~6h；锅壳锅炉和快装锅炉需要 1~2h。同时要对各受热承压部件的膨胀情况进行监督，发现膨胀不均匀时应采取措施消除。当压力升到 0.2MPa 时，应紧固人孔、手孔及法兰上的螺栓。

③ **密切监控仪表指示变化**：点火升压过程中，锅炉的蒸汽参数、水位及各部件的工作状况在不断变化，要严密监视各种仪表指示的变化，控制锅炉压力、温度、水位在合理范围内。同时，也要注意观察各受热面，使各部位冷热交换温度变化均匀，防止局部过热烧坏设备。压力上升到不同阶段，应分别做好冲洗水位表、压力表，试用排污装置，校验安全阀等工作。

(3) 并炉和送汽

当两台或两台以上锅炉共用一条蒸汽母管或接入同一分汽缸时，点火升压锅炉与母管或分汽缸连通称为并炉。并炉前首先要进行"暖管"操作，即用蒸汽将冷的蒸汽管道、阀门等均匀加热，使其温度缓慢上升。避免向冷态或较低温度的管道突然供入蒸汽，以防止热应力过大而损坏管道、阀门等元件。一般冷态蒸汽管道的暖管时间不少于 2h。为防止在供汽时发生水击，要及时把蒸汽冷凝水排掉。

送汽，即投入运行的锅炉向共用的蒸汽总管供汽。送汽时应该先缓开主汽门，有旁路的应先开旁通门；待听不到汽流声时，才能打开主汽门。主汽门全开后回旋一圈，再关旁通门。并炉时应注意水位、气压的变动，若管道内有水击现象，应疏水后再并炉。并炉操作应在锅炉气压与蒸汽母管气压相差 0.05~0.10MPa 时进行。

(4) 锅炉运行维护

锅炉正常运行时，司炉人员应坚守岗位，进行全面的巡视检查，对锅炉的水位、气压、汽水质量和燃烧情况进行监视和控制，特别要检查安全阀、压力表、水位计、温度计、警报器、蒸汽流量计等所有安全附件是否齐全、准确、灵敏、可靠。检查仪表是否正常，各指示信号有无异常变化，发现问题及时处理并做好记录。锅炉运行中的安全要点如下。

① **保护装置与联锁装置在锅炉运行中不得停用**：需要检验或维修时，需经有关主管领导批准。安全阀需要每天人为排汽试验一次，电磁安全阀电气回路试验每个月应进行一次。安全阀排汽试验后，其起座压力、回座压力、阀瓣开启高度应符合规定，并作好记录。

② **控制锅炉水位在正常范围内波动**：锅炉的水位是保证正常供汽和安全运行的重要指标。水位过高，蒸汽带水，蒸汽品质恶化，易造成过热器结垢，影响汽机的安全；水位过低，下降管易产生气柱或气塞，恶化自然循环，易造成水冷壁管过热变形或爆破。

在锅炉运行中，操作人员应不间断地通过水位表监视水位，应经常保持在正常水位线处，允许在其上下50mm之内波动。当锅炉负荷稳定时，如果给水量与蒸发量相等，则锅炉水位就比较稳定；否则，水位就要变化。间断上水的小型锅炉，水位总在变化，最易造成各种水位事故，更需加强运行监督和调节。

对负荷经常变动的锅炉来说，负荷的变动引起蒸发量的变动，从而造成给水量与蒸发量的差异，使水位产生波动。为使水位保持正常，锅炉在低负荷运行时，水位应稍高于正常水位，以防负荷增加时水位降得过低；锅炉在高负荷运行时，水位应稍低于正常水位，以免负荷降低时水位升得过高。当负荷突然变化时，有可能出现虚假水位，不能根据虚假水位调节给水量，在负荷突然增加之前适当降低水位，在负荷突然降低之前适当提高水位。

为了对水位进行可靠的监督，要定期冲洗水位表，每班应至少冲洗一次。当水位表看不到水位时，应立即采取措施，查明锅炉内实际水位。严禁在未明确锅炉内实际水位时上水。

③ **保持汽压的稳定**：锅炉正常运行中，蒸汽压力应基本上保持稳定。对蒸汽加热设备，如汽压过低，则蒸汽温度也低，会影响传热效果；如汽压过高，轻者会使安全阀动作，浪费能源，重者则易超压爆炸。此外，汽压陡升、陡降会恶化自然循环，造成水冷壁管损坏。当锅炉负荷变化时，可按表6-6方法进行调节，使汽压、水位保持稳定。

表6-6　锅炉负荷变化时汽压调节方法

锅炉负荷情况	水位	采取的措施
Ⅰ. 负荷降低使汽压升高	较低	可增加给水量使汽压不再上升,然后酌情减少燃料量和风量,减弱燃烧,降低蒸发量,使汽压保持正常
	较高	应先减少燃料量和风量,减弱燃烧,同时适当减少给水量,待汽压、水位正常后,再根据负荷调节燃烧和给水
Ⅱ. 负荷增加使汽压下降	较低	可先增加燃料量和风量,加强燃烧,同时缓慢加大给水量,使汽压、水位恢复正常;也可先增加给水量,待水位正常后,再增加燃烧,使汽压恢复正常
	较高	可先减少给水量,再增加燃料量和风量,强化燃烧,加大蒸发量,使气压恢复正常

对于间断上水的锅炉，上水应均匀，上水间隔时间不宜过长，一次上水不宜过多，在燃烧减弱时不宜上水，以保持汽压稳定。

④ **定期进行排污**：为了保持良好的蒸汽品质和受热壁面内部的清洁，防止发生汽水共腾现象和减少水垢的产生，保证锅炉安全运行，除了预先处理给水，保证给水质量外，还必须定期排污。排污量的多少和间隔应根据炉型、给水质量和锅炉负荷或大小而定。锅炉上锅筒排污是根据水的碱度和含盐量，通过调节连续排污阀的开度进行。排污一般在锅炉负荷较

低时进行，每班定期排污 1 次，每次排污降低锅炉水位以 25～50mm 为宜。

为了保证锅炉传热面的传热效能，锅炉在运行时必须对易积灰面进行吹灰。吹灰时应增大燃烧室的负压，以免炉内火焰喷出烧伤人。

（5）锅炉停炉

锅炉停炉分紧急情况下临时停炉和正常情况维护保养停炉两种。

① 紧急停炉：锅炉运行中出现以下情况时，必须立即停炉：水位低于水位表的下部可见边缘；不断加大向锅炉给水及采取其他措施，但水位仍继续下降；水位超过最高可见水位（满水），经排放水仍不能见到水位指示；给水系统故障，不能向锅炉进水；水位表或安全阀全部失效；锅炉元件损坏等严重威胁锅炉安全运行的情况。

紧急停炉的操作次序是：立即停止添加燃料和送风，减弱引风，同时设法熄灭炉膛内未燃尽的燃料；在火熄灭后打开炉门、灰门及烟道接板，加强自然通风冷却，较快地降低锅内压力；关闭主汽阀，从安全阀或紧急排汽向外排汽降压；停炉后，锅水冷却至 70℃ 左右允许排水。但因缺水紧急停炉时，严禁给炉上水，并不得开启空气阀及安全阀快速降压。

② 正常停炉保养：正常停炉是计划内停炉，应按规定的次序进行，防止降压降温过快，使锅炉元件因降温收缩不均匀而产生过大的热应力。正常停炉时应先停燃料供应，随之停止送风，降低引风；同时，逐渐降低锅炉负荷，相应地减少锅炉上水，但应维持锅炉水位稍高于正常水位；接着熄灭和清除炉膛内的燃料，然后打开炉门、灰门、烟风道闸门等以冷却锅炉。锅炉停止供汽后，应隔绝与蒸汽总管的连接，排汽降压。待锅炉内没有汽压时，开启空气阀，以免炉内因降温形成真空。在正常停炉的 4～6h 内，应紧闭炉门和烟道接板，之后打开烟道接板，缓慢通风，适当放水。停炉 18～24h，在锅水温度降至 70℃ 以下时，方可全部放水。锅炉停炉后，为防止腐蚀必须进行保养。常用的保养方法有干法、湿法和热法三种。

拓展阅读

6.3.2.3 锅炉定期检验

为了保证锅炉安全、经济地运行，要按计划对锅炉进行定期检验和修理。锅炉检验是一项细致、复杂和技术性较强的工作，从事工业锅炉安全管理人员必须熟悉锅炉检验的方法和质量要求。

锅炉定期检验包括外部检验、内部检验和水压试验。特殊时期还应根据安全需要进行临时的检验。

拓展阅读

6.3.3 锅炉给水安全

自来水中含有大量杂质，如溶解氧、二氧化碳、硫化氢、氯离子等对金属具有强烈的腐蚀作用；硫酸根、二氧化硅遇钙、镁离子，会形成水垢，造成锅炉受热面结垢；炉水的碱度过高会引起汽水共腾，也可能在高应力部位发生苛性脆化；有机介质进入锅炉，受热分解会造成汽水共腾，并产生腐蚀，恶化蒸汽质量。为了确保锅炉经济可靠地安全运行，锅炉用水必须经过严格处理，方可使用。

（1）锅炉水处理人员

须经过培训、考试合格，并取得锅炉安全监察机构颁发的相应资格证书后，才能从事相应的水处理工作。

（2）锅炉水质

应符合《工业锅炉水质》（GB 1576—2018）标准的要求。水处理包括锅炉外水处理和锅炉内水处理两个步骤。

① 锅炉外水处理：天然水中的悬浮物质、胶体物质以及溶解的高分子物质，可通过凝

聚、沉淀、过滤处理；水中溶解的气体可通过脱气的方法去除；水中溶解的盐类常用离子交换法和加药法等进行处理。

② **锅炉内水处理**：向锅炉用水中投入软水药剂，把水中杂质变成可以在排污时排掉的泥垢，防止水中杂质引起结垢。此法对低压锅炉防垢效率可达80％以上，对压力稍高的锅炉效果不大，只作为辅助处理方法。

蒸汽锅炉、热水锅炉的给水应采用锅外化学（离子交换）水处理方法。额定蒸发量小于等于2t/h，且额定蒸汽压力小于等于1.0MPa的蒸汽锅炉，额定热功率小于等于2.8MW的热水锅炉也可采用锅内加药处理，但必须对锅炉的结垢、腐蚀和水质加强监督，认真做好加药、排污和清洗工作。额定蒸发量大于等于6t/h的蒸汽锅炉或额定热功率大于等于4.2MW的热水锅炉的给水应除氧。

（3）水垢的危害及清除

无论采用哪种水处理方法，都不能绝对清除水中的杂质，锅炉在运行中不可避免有水垢生成，需要及时清除。锅炉水垢按其主要组分有碳酸盐、硫酸盐、硅酸盐和混合水垢。碳酸盐水垢主要沉积在温度和蒸发率不高的部位及省煤器、给水加热器给水管道中；硫酸盐水垢主要积结在温度和蒸发率最高的受热面上；硅酸盐水垢主要沉积在受热强度较大的受热面上，硅酸盐水垢十分坚硬，难清除，热导率很小，对锅炉危害最大；由硫酸钙、碳酸钙、硅酸钙和碳酸镁、硅酸镁、铁的氧化物等组成的水垢称混合水垢，根据其组分不同，性质差异很大。目前，清除水垢有手工除垢、机械除垢、化学清洗三种方法。

① **手工除垢**：采用特制的刮刀、铲刀及钢丝刷等专用工具清除水垢。这种方法只适用于清除面积小、结构不紧凑的锅炉结垢。对于水管锅炉和结构紧凑的火管锅炉管束上的结垢，则不易清除。

② **机械除垢**：主要采用电动洗管器和风动除垢器。电动洗管器主要用于清除管内水垢，风动除垢器常用的是空气锤和压缩空气枪。

③ **化学清洗**：化学清洗是利用化学反应将水垢溶解除去，是目前比较经济、有效、迅速的除垢方法。清洗过程是水垢与化学清洗剂反应，不断溶解，不断用水带走的过程。常用的化学清洗方法，主要有盐法、酸法、碱法、螯合剂法、氧化法、还原法、转化法等，目前用得较多的是酸法和碱法。

化学清洗锅炉，化学清洗单位必须获得省级以上（含省级）安全监察机构的资格认可，才能从事相应级别的锅炉清洗工作。清洗单位在锅炉化学清洗前应制定清洗方案并持清洗方案等有关资料到锅炉登记所在地的安全监察机构办理备案手续。清洗结束时，清洗单位和锅炉使用单位及安全监察机构或其授权的锅炉检验单位应对清洗质量进行检查验收。

6.3.4 蒸汽锅炉常见事故及处理

6.3.4.1 锅炉的安全附件

锅炉一般配有以下安全附件，燃气锅炉还有整套的自动控制的安全保护装置。

① **安全阀**：锅炉一般使用杠杆式安全阀，其作用是防止锅炉超压运行。

② **压力表**：用于显示锅炉汽包的工作压力，蒸汽锅炉应安装超压报警的压力表。

③ **水位计**：用于监视锅炉汽包的水位高低，防止缺水和满水事故。

④ **流量报警**：直流锅炉应装设给水流量低于启动流量时的报警装置。

⑤ **喷淋装置**：蒸汽锅炉装有蒸汽过热器时，应装有自动喷淋装置。当蒸汽过热器出口蒸汽温度达到最高允许值时，能够自动投入事故喷水降温。

6.3.4.2 锅炉常见事故和预防措施

蒸汽锅炉爆炸时，由于锅筒内压力骤然下降，锅内原有的高压蒸汽膨胀成为常压蒸汽，体积迅速增大，同时，由于压力下降，原有储水温度由运行压力下的饱和温度降至常压下的饱和温度，放出大量的热，并把一部分锅水蒸发变为蒸汽，压力又升高，即使锅炉的水容量与汽容量相同，爆炸时由锅水蒸发成蒸汽的体积要比锅内原有蒸汽膨胀增加的体积大得多，锅炉爆炸的冲击波带有大量的水蒸气，在其所笼罩的范围内操作人员将被烫伤甚至死亡。水蒸气爆炸属于物理爆炸，其原因有以下四种。

（1）水位异常导致

① **缺水事故**：缺水事故是最常见的锅炉事故。当锅炉水位低于最低许可水位时称作缺水。在缺水后，锅筒和锅管烧红的情况下，若大量上水，水接触到烧红的锅筒和锅管会产生大量蒸汽，汽压剧增会导致锅炉烧坏甚至爆炸。

预防措施：严密监视水位，定期校对水位计和水位警报器，发现缺陷及时消除；注意缺水现象的观察，缺水严重时严禁向锅炉内给水；注意监视和调整给水压力和给水流量与蒸汽流量相适应；排污应按规定，每开一次排污阀时间不超过 30s，排污后关紧阀门，并检查排污是否泄漏；监视汽水品质，控制炉水质量。

② **满水事故**：满水是锅炉水位超过了最高许可水位。满水事故会引起蒸汽管道发生水击，易把锅炉本体、蒸汽管道和阀门震坏；满水时蒸汽携带大量炉水，使蒸汽品质恶化。

处理措施：如果是轻微满水，应先关小鼓风机和引风机的调节门，使燃烧减弱，然后停止给水，开启排污阀门放水，直到水位正常，关闭所有放水阀，恢复正常运行。如果是严重满水，首先应按紧急停炉程序停炉，然后停止给水，开启排污阀门放水，再开启蒸汽母管及过热器疏水阀门，迅速疏水。水位正常后，关闭排污阀门和疏水阀门，再生火运行。

（2）汽水共腾

汽水共腾是锅炉内水位波动幅度超出正常情况、水面翻腾程度异常剧烈的一种现象。其后果是蒸汽大量带水，使蒸汽品质下降，易发生水冲击，使过热器管壁上积存盐垢，影响传热而使过热器超温，严重时会烧坏过热器而引发爆管事故。

处理措施：降低负荷，减少蒸发量；开启表面连续排污阀，降低锅水含盐量；适当增加下部排污量，增加给水，使锅水不断调换新水。

（3）燃烧异常

燃烧异常主要表现在烟道尾部发生二次燃烧和烟气爆炸。多发生在燃油锅炉和煤粉锅炉内。这是由于没有燃尽的可燃物附着在受热面上，在一定的条件下，重新着火燃烧。尾部燃烧常将省煤器、空气预热器甚至引风机烧坏。

处理措施：立即停止供给燃料，实行紧急停炉，严密关闭烟道、风挡板及各门孔，防止漏风，严禁开引风机；尾部投入灭火装置或用蒸汽吹灭器进行灭火；加强锅炉的给水和排水，保证省煤器不被烧坏；待灭火后方可打开门孔进行检查。确认可以继续运行，先开启引风机 10～15min 后再重新点火。

（4）承压部件损坏

承压部件主要指锅管、过热器管道及省煤器管道损坏。

① **锅管爆破**：锅炉运行中，水冷壁管和对流管爆破是较常见的事故，性质严重甚至可能造成伤亡，需停炉检修。爆破时有显著声响，爆破后有喷汽声，水位迅速下降，给水压力、排烟温度均下降，火焰发暗，燃烧不稳定或被熄灭。发生事故时，如仍能维持正常水位，可紧急通知有关部门后再停炉，如水位、汽压均不能保持正常，马上按程序紧急停炉。

发生此类事故的原因，一般是水质不符合要求，管壁结垢或管壁受腐蚀或受飞灰磨损变薄；或升火过猛，停炉过快，使锅管受热不均匀，造成焊口破裂；或下集箱的积泥垢未排除，阻塞锅管正常水循环，使锅管得不到冷却而过热爆破。

预防措施：加强水质监督，定期检查锅管，按规定升火、停炉及防止超负荷运行。

② **过热器管道损坏**：主要表现为过热器附近有蒸汽喷出的响声；蒸汽流量不正常，给水量明显增加；炉膛负压降低或产生正压，严重时从炉膛喷出蒸汽或火焰；排烟温度显著下降。发生此类事故的原因一般是水质不良，或水位经常偏高，或汽水共腾，以致过热器结垢；也可能是引风量过大，使炉膛出口烟温升高，过热器长期超温使用；还可能是烟气偏流使过热器局部超温，检修不良，使焊口损坏或水压试验后管内积水。

事故发生后，如损坏不严重，又有生产需要，可待备用炉启用后再停炉，但必须密切注意，不能使损坏恶化；如损坏严重，则必须立即停炉。使用中注意控制水、汽品质，防止热偏差，注意疏水，注意安全检修质量，即可预防这类事故。

③ **省煤器管道损坏**：沸腾式省煤器出现裂纹和非沸腾式省煤器弯头法兰处泄漏是常见的损害事故，最易造成锅炉缺水。事故发生后的表象是：水位不正常下降；省煤器有泄漏声音；省煤器下部灰斗有湿灰，严重者有水流出；省煤器出口处烟气温度下降。

处理办法：对于沸腾式省煤器，要加大给水，降低负荷，待备用炉启用后再停炉。若不能维持正常水位，则紧急停炉，并利用旁路给水系统，尽力维持水位，但不允许打开省煤器再循环系统阀门。对于非沸腾式省煤器，要开启旁路阀门，关闭出入口的风门，使省煤器与高温烟气隔绝，并打开省煤器旁路给水阀门。

6.4 压力管道

管道是应工艺需求，用以输送、分配、混合、分离、排放、计量、控制和制止流体流动的，由管子、管件、阀门、法兰、垫片、连接螺栓等组件或受压部件和支吊架组成的装配总成。工业管道是工业（石油、化工、制药、矿山等）企业内所有管状设施的总称，包括工矿企业、事业单位为生产制作各种产品过程所需的工艺管道、公用工程管道及其他辅助管道。工业管道广泛应用于各工矿企业、事业单位等各行各业中，分布于城乡各个区域，是与航空、公路、铁路并称的最重要的运输系统之一。

工业管道有一部分属于压力管道，在《压力管道安全管理与监察规定》第二条中，将压力管道定义为："在生产、生活中使用的可能引起燃爆或中毒等危险性较大的特种设备"。国家质检总局 2014 年 10 月 30 日发布的"质检总局关于修订《特种设备目录》的公告"所附特种设备目录中将该定义具体为："压力管道，是指利用一定的压力，用于输送气体或者液体的管状设备，其范围规定为最高工作压力大于或者等于 0.1MPa（表压），介质为气体、液化气体、蒸汽或者可燃、易爆、有毒、有腐蚀性、最高工作温度高于或者等于标准沸点的液体，且公称直径大于或者等于 50mm 的管道。公称直径小于 150mm，且其最高工作压力小于 1.6MPa（表压）的输送无毒、不可燃、无腐蚀性气体的管道和设备本体所属管道除外。"根据压力管道的定义可知：直径＜DN50 的任何管道都不属压力管道，如介质为氨（有毒、有腐蚀性）、直径 DN40、压力 0.4MPa 的管道因其直径小于 50mm，不属于压力管道；同样，介质为压缩空气、直径 DN120、压力 1.0MPa 的管道，因其直径小于 150mm，工作压力小于 1.6MPa，也不属于压力管道。

压力管道输送的介质和工艺流程种类众多，生产环境状态变化复杂，除可导致管道本身爆破外，还会因介质的泄漏引起火灾、爆炸、中毒等恶性事故。压力管道的危险性决定于输送介质的毒性程度、腐蚀性、火灾危险性（燃烧爆炸特性）及设计压力和设计温度等。

6.4.1 压力管道特点

压力管道与压力容器的共同特点是在操作运行时都存在一定的压力和较大危险性，但二者在设计、使用和管理上又遵循各自的规范和监察条例。压力管道在设计、施工和维护管理上比压力容器更复杂。

① 在状态上压力容器是指一台密闭的承压设备，而压力管道是一个庞大的系统，其种类繁多、数量较大且敷设隐蔽，连接着各种生产设备，适应各种生产工艺，涉及设备与管道的安装布置、工程材料、管道应力、仪表自控等专业方面的内容，涉及的专业知识范围广，相互关联、相互影响。压力管道在设计、制造、安装、检验和应用管理环节更复杂。

② 压力管道大多距离较长，长径比很大，受力情况比压力容器复杂，容易失稳。压力管道内流体流动状态复杂，缓冲余地有限，管外部环境复杂，工作条件变化频繁，如高温、高压、低温、低压、位移变形、风、雪、地震等都有可能影响压力管道受力情况，使压力管道发生变形、裂缝等危险。

③ 压力管道上的可能泄漏点多于压力容器，管接头较多，尤其是在管道的阀门处，仅一个阀门通常就有多处泄漏点，如上下法兰、垫片等。

④ 管道组成复杂，管道连接件和管道支承件的种类繁多、数量大，材料选用复杂，各种材料各有特点和具体技术要求，在设计、管理、检验和维护的环节也比较多。

6.4.2 压力管道级别与安装分类

① 从管道所承受压力角度考虑，压力管道级别划分标准见表 6-7。

表 6-7 压力管道级别划分标准

序号	管道级别名称	压力范围/MPa
1	真空管道	$p<0$
2	低压管道	$0.1{\leqslant}p{\leqslant}1.6$
3	中压管道	$1.6<p{\leqslant}10$
4	高压管道	$10<p{\leqslant}100$
5	超高压管道	$p>100$

② 从用途角度考虑，压力管道分为长输管道、公用管道和工业管道，见表 6-8 压力管道的安装标准中管道类别和细分等级。

a. 长输（油气）管道（GA 类）：长输管道系指产地、储存库、使用单位间用于输送商品介质的管道，主要包括原油、成品油、天然气长距离输送管道；输气管道（末站、分输站）到工厂厂区、城市门站的管道（注：门站内的工艺管道属于工业管道）；穿越公共区域的厂际埋地油气输送管道等。长输管道分为 GA1 和 GA2 两类。

b. 公用管道（GB 类）：公用管道系指城市或乡镇范围内用于公用事业或民用的燃气管道和热力管道。

c. 工业管道（GC 类）：工业管道系指企业、事业单位所属的用于输送工艺介质的管道、公用工程管道及其他辅助管道，包括延伸出工厂边界线，但归属企、事业单位管辖的工艺管道，输送介质为气体、蒸汽、液化气体、最高工作温度高于或者等于标准沸点的液体或者可燃、易爆、有毒、有腐蚀性的液体，划分为 GC1、GC2、GC3 三级。

GC3 代表系统为 1.0MPa 以内的常温压缩空气、氮气，设计压力小于或者等于 1.0MPa，并且设计温度小于 185℃ 的蒸汽管道。GC2 的管道主要有燃气、油品管道，设计压力超过 1.0MPa 的蒸汽管道，或设计压力虽小于等于 1.0MPa，但设计温度达到 185℃ 以上的过热蒸汽管道。我们常接触的空调冷热水管道、工艺冷却水管道 PCW 这些都不属于压力管道。还有些特例，如超过 100℃ 的有压热水管属于压力管道；常见的蒸汽凝结水管不属于压力管道，除非是为压力回收的饱和凝结水。

d. 动力管道（GD 类）：系指火力发电厂用于输送蒸汽、汽水两相介质的管道，划分为 GD1 和 GD2。GD 管道的设计压力和设计温度较高，其技术规范、标准执行电力行业标准。

需要注意的是，为保证压力管道设计的安全性，压力管道分级依据设计参数，而非实际工作参数。

③ 压力管道安装级别：压力管道安装质量是过程安全控制的关键步骤。根据不同的管道分类有各自的安装标准，应分别对待。管道安装共分为 6 个级别，见表 6-8 压力管道的安装标准级别。

表 6-8　压力管道的安装标准

安装级别	管道类别	细分等级	执行条件
A1	GA1 级 [长输（油气）管道]	GA1 甲级（符合下列条件之一）	(1)输送有毒、可燃、易爆气体或者液体介质，设计压力≥10MPa； (2)输送距离≥1000km，且公称直径≥1000mm 的
		GA1 乙级（符合下列条件之一）	(1)输送有毒、可燃、易爆气体介质，设计压力≥4.0MPa、小于 10MPa； (2)输送有毒、可燃、易爆液体介质，设计压力≥6.4MPa、小于 10MPa； (3)输送距离大于或者等于 200km，且公称直径≥500mm 的
	GA2 级	GA1 级以外的长输（油气）管道	
A2	GB 类（公用管道）	GB1 级	燃气管道
		GB2 级（热力管道 2 类）	(1)设计压力大于 2.5MPa； (2)设计压力小于或者等于 2.5MPa
A3	GC 类（工业管道）	GC1 级（符合下列条件之一）	(1)输送《职业性接触毒物危害程度分级》(GBZ 230—2010)中规定的毒性程度为极度危害介质，高度危害气体介质和工作温度高于其标准沸点的高度危害液体介质的管道； (2)输送《石油化工企业设计防火标准(2018 年版)》(GB 50160—2008)与《建筑设计防火规范(2018 年版)》(GB 50016—2014)中规定的火灾危险性为甲、乙类可燃气体或甲类可燃液体(包括液化烃)，且设计压力≥4.0MPa 的管道； (3)输送流体介质，并且设计压力≥10.0MPa，或者设计压力≥4.0MPa 且设计温度≥400℃ 的管道
		GC2 级	除规定的 GC3 级管道外，介质毒性危害程度、火灾危险性(可燃性)、设计压力和设计温度低于规定的 GC1 级工业管道
		GC3 级	输送无毒、非可燃流体介质，设计压力≤1.0MPa 且设计温度高于 −20℃，但是不高于 185℃ 的工业管道

安装级别	管道类别	细分等级	执行条件
A4	GD 类（动力管道）	GD1 级	设计压力≥6.3MPa，或者设计温度≥400℃的动力管道
		GD2 级	设计压力小于 6.3MPa，且设计温度低于 400℃的动力管道
A5	长输（油气）管道带压封堵	甲级（符合下列条件之一）	（1）输送可燃、易爆、有毒介质，设计压力≥2.5MPa 的长输（油气）管道的带压封堵； （2）设计压力≥2.5MPa，且公称直径≥300mm 的长输（油气）管道的带压封堵
		乙级（符合下列条件之一）	（1）输送可燃、易爆、有毒介质，设计压力小于 2.5MPa 的长输管道的带压封堵； （2）设计压力小于 2.5MPa，或公称直径小于 300mm 的长输管道的带压封堵
A6	管道现场防腐作业	甲级	GA、GB1、GC、GD 类压力管道的现场防腐蚀作业
		乙级	GB2 类压力管道的现场防腐蚀作业

注：1. 安装单位申请的许可项目中，同时含有"GA""GC1""GD1""长输（油气）管道带压封堵""管道现场防腐作业（甲级）"和其他类别的许可项目时，由国家市场监督管理总局统一审批；

2. 许可项目中，GA1 甲级可以覆盖 GA1 乙级、GA2 级，GA1 乙级可以覆盖 GA2 级，GC1 级可以覆盖 GC2、GC3 级，GC2 级可以覆盖 GC3 级，GD1 级许可可以覆盖 GD2 级，长输（油气）管道带压封堵和管道现场防腐作业许可的甲级可以覆盖乙级；

3. GC1 级中空分装置专项条件按 GC2 级，GC2 级中的集中供气、制冷专项条件按 GC3 级；

4. 输送距离，是指产地、储存地、用户间的用于输送商品介质的管道长度；

5. 管道现场防腐作业，是指在管道施工现场进行工厂化预制管道防腐层作业，不包括管道防腐层的现场补口补伤；

6. GB1 中设置 PE 管安装专项。

6.4.3 压力管道安全设计

压力管道设计一般遵循如下程序：根据介质种类、压力、温度选择管道材料，进行管径、管壁厚度计算，编制或确定管道等级表；进行管道布置方案，确定管道走向、敷设方式；绘制管道布置图、轴侧图；编制管道特性表；进行应力、热补偿、支架推力计算；向有关专业提供土建资料；完成设计图纸、图纸会签。设计温度和设计压力的选择，见表 6-9。

表 6-9　设计温度和设计压力的选择

最高工作温度 T_W/℃	设计温度 T/℃	工作压力 p_W/MPa	设计压力 p/MPa
$-20 < T_W \leq 15$	$T = T_W - 5$（最低取-20）	$p_W \leq 1.8$	$p = p_W + 0.18$
$15 < T_W \leq 350$	$T = T_W + 20$	$1.8 < p_W \leq 4.0$	$p = 1.1 p_W$
$T_W > 350$	$T = T_W + (5 \sim 15)$	$4.0 < p_W \leq 8.0$	$p = p_W + 0.4$
		$p_W > 8.0$	$p = 1.05 p_W$

6.4.3.1 压力管道安全设计的特点

在工业压力管道设计中，管道组成件的连接型式有焊接、法兰和螺纹连接三种。法兰连接和螺纹连接是为了方便管道与设备的安装、维修以及拆换，法兰连接也用于一些钢制非金属衬里管道自身连接。管道的法兰连接处是最容易产生介质泄漏的部位，而螺纹连接的密封可靠性更差，仅在 GC3 系列管道设计中少量使用。因此，在工业压力管道设计中，管道连接尽量采用焊接方式，避免采用法兰连接及螺纹连接，不能避免时一定要严格按照相关规范要求进行法兰型式、垫片型式、密封面型式以及螺栓连接件的选择。为了减小法兰连接渗漏风险，设计中应注意降低法兰连接处的外力，或将法兰的压力等级提高1～2级。

在GC3管道设计中，当采用螺纹连接时，在每个分支都要在螺纹阀门等维修部位设置活接头，以方便设备与管道检修和更换。

对于氧气、氢气、氨气等特殊介质管道，在设计时必须留出施工、试验、吹扫以及置换等所需的临时接口。氧气等易燃管道，应在用户车间入口处装设切断阀，在阀前后设置阻火管段，并设置放散管。设计输送不同介质的管道遵守各相关行业颁布的技术规程和规定，如：《钢铁企业氧气管网的若干技术规定》《氧气安全规程》《氢气使用安全技术规程》《工业企业煤气安全规程》《氯气安全规程》《氨制冷系统》等。

6.4.3.2 压力管道材料安全选用原则

压力管道材料的使用是根据所输送介质的操作条件（如压力、温度）及其在该条件下的介质特性决定的。选用管子材料遵循的原则一般是：首先考虑采用金属材料，金属材料不适用时，再考虑非金属材料；金属材料优先选择钢制管材，后考虑选用有色金属材料；钢制管材中，先考虑采用碳钢，不适用时再选用不锈钢；在考虑碳钢材料时，先考虑焊接钢管，不适用时再选用无缝钢管。

（1）介质压力的影响

输送介质的压力越高，管子的壁厚就越厚，对管子材料的要求一般也越高。

① 介质压力在1.6MPa以上时，可选用无缝钢管或有色金属管。压力很高时，如在合成氨、尿素和甲醇生产中，有的管子介质压力高达32MPa，一般选用材料为20钢或15MnV的高压无缝钢管。

② 真空设备上的管子及压力大于10MPa时的氧气管子，一般采用铜和黄铜管。

③ 介质压力在1.6MPa以下时，可考虑采用焊接钢管、铸铁管或非金属管。但铸铁管子承受介质的压力不得大于1.0MPa。非金属管所能承受的介质压力，与非金属材料品种有关，如硬聚氯乙烯管的使用压力不超过1.6MPa；增强聚丙烯管使用压力不超过1.0MPa；ABS管使用压力不超过0.6MPa。

④ 输水管当水压在1.0MPa以下时，通常采用材料为Q235A的焊接钢管；当水压大于2.5MPa时，一般采用材料为20钢的无缝钢管。

（2）介质化学性质的影响

介质化学性质的影响主要体现在介质对管道的腐蚀上，应予以高度重视。介质呈中性，一般对材料要求不高，可选用普通碳钢管，如输送水及水蒸气，采用碳钢材料管。介质呈酸性或碱性，就要选择耐酸或耐碱的管材。

（3）管本身功能的影响

有些管除需具备输送介质的功能外，还要具有吸震的功能、吸收热胀冷缩的功能，在工作状况下，能经常移动的功能。

（4）压力降的影响

管的材料初步选定以后，还要进行管道压力降的计算，确定管内径。通过压力降的计算，看选用的材料是否符合要求，特别在初步选用塑料管时，更要重视压力降的复核。

6.4.3.3 压力管道柔性设计与安全布置

管道的柔性设计是指在管道布置设计中合理确定管道走向和合理设置管道支吊架，其目的是防止管道应力超限以及保护管道设备。如在进行泵和压缩机的管路设计时，必须保证与设备连接的管道要有足够的柔性，减小管道作用于设备出入口处的作用力和力矩。通常可以在与设备连接阀门附近设置支吊架，减少阀门自重造成的对设备出口处的作用力，也可以在设备管道附近设置限位或导向支架，承受远端管道的水平推力。

管道支吊架的布置以及强度和刚度直接关系到管道设备运行的安全性和稳定性，在设计中应高度重视。当设计要求比较特殊，或因荷载过大而超出规范的范围时，必须对支吊架的强度与刚度进行计算。压力管道的布置参照《化工装置管道布置设计规定》（HG/T 20549—1998），这里只就需要注意的安全事项简要说明。

① 为便于安装、生产和维修，管道应尽可能架空敷设，必要时也可埋地或者管沟敷设。尽量使用吊架设计，使管道尽量靠近已有的建筑物和构筑物，但应避免柔性大的构件承受较大荷载。在建筑物吊装孔范围内、设备内件抽出区域及法兰拆卸区内不应布置管道。

② 管道布置应尽量集中成列平行敷设，裸管的管底与管托底面取齐，尽量走直线，少交叉、少拐弯，以便合理设计支架，便于安装、美观且节约材料。大口径的薄壁裸管及有绝热层的管道应采用管托或支座支撑。

③ 对于多层共架管道的布置，气体管道、热管道、公用工程管道及电气仪表槽架宜在上层，腐蚀性介质管道、低温管道宜在下层。

④ 当管道穿越屋面、楼板、平台及墙壁时，一般需要加套管保护。道路、铁路上方的管道不应安装可能泄漏的组成件，如法兰、螺纹接头、带有填料的补偿器等。

⑤ 易燃、易爆、有毒及有腐蚀性物料的管道不应敷设在生活间、楼梯、走廊等地方。放空管应该引至室外指定地点，或高出屋面2m以上。

⑥ 当管道改变标高或走向时，应避免管道形成积聚气体或液体的"袋子"，如果不可以避免，应在高点设置排气阀，低点设置排液阀。从水平的气体主管上引接支管时，应该从主管的顶端接出。

⑦ 管道直接埋地布置的条件是：输送介质无毒、无腐蚀性、无爆炸危险的管道，由于某种原因无法在地上敷设的；与地下储槽或地下泵房有关的工艺介质管道；冷却水及消防水或泡沫消防管道；操作温度小于150℃的热力管道。埋地管道应该考虑车辆荷载的影响，穿越道路时应加套管，管顶与路面的距离不小于0.6m，且在冻土层深度以下。

⑧ 在热力管道设计中，平行管的连接要考虑热膨胀问题，管道支吊架应采用弹簧吊架的型式，当管道处于热态时，支吊架仍能承受管道荷载而不至于脱空；当管道有可能出现汽水混合介质时，采用缓闭型止回阀，以防止"水锤"的发生，同时，在管道阀门前后的适当位置设置有足够强度和刚度的固定支架或限位支架，以防止因操作原因发生"水锤"时，管道不会因位移和振动过大而再遭到破坏。

6.4.4 压力管道事故与防范措施

6.4.4.1 压力管道事故因素

由于压力管道具有使用范围广、管组成复杂、敷设隐蔽、工作环境易变、易腐蚀及距离较长管理困难等特点，压力管道原因引起的化工厂事故频发。国内某石化企业对近几年的管道事故统计分析显示，管道事故次数约占全部工艺设备事故的43%。压力管道事故的破坏性主要表现在：压力管道在运行中因超压、过热，或因腐蚀、磨损原因而使受压元件难以承受，发生爆炸、撕裂等事故；事故释放出的大量能量和冲击波，危及周围环境和人身安全；管内有毒有害物质的大量外溢将造成中毒及引发火灾、爆炸等恶性事故。

经过事故技术分析，压力管道破坏性事故的主要原因是管道因环境或介质影响造成的腐蚀破坏、因交变载荷而导致的疲劳破坏和因高温高压环境造成的蠕变破坏，有小部分是由超压引起的过度变形或因存在材料原始缺陷而造成的低应力脆断等。据对历年来的200起各种压力管道事故起因的分析统计，除了安全管理问题约占1/3外，其他因素的比例是：主要管道元件（包括管子、管件、阀门等）制造质量问题占27.3%，安装施工质量问题占18%，设计不合理占11%，腐蚀减薄问题占10.6%。

6.4.4.2 压力管道事故防范措施

针对压力管道事故因素和经验分析，除了加强对压力管道进行必要的日常检查和保养外，要从以下几个方面来预防和杜绝安全事故的发生。

(1) 加强设计质量和工程监督

拓展阅读

压力管道工程设计和安装须有相应资质，设计方案须经有关部门备案。严格新建、改建、扩建的压力管道竣工验收和使用登记制度。

监督检验就是检验单位作为第三方监督安装单位安装施工的压力管道工程的安全质量必须符合设计图纸及有关规范标准的要求。压力管道安装安全质量的监督检验是一项综合性技术要求很高的工作。监督检验人员既要熟悉有关设计、安装、检验的技术标准，又要了解安装设备的特点、工艺流程。安装安全质量主要监督控制点包括：①安装单位资质；②设计图纸、施工方案；③原材料、焊接材料和零部件质量证明书及它们的检验试验；④焊接工艺评定、焊工及焊接控制；⑤表面检查，安装装配质量检查；⑥无损检测工艺与无损检测结果；⑦安全附件；⑧耐压、气密、泄漏量试验。

(2) 正确选用管道材料

按管道的工艺条件正确选择管道材质和型式，切不可随意代替或误用。因各种原因如有需要材料代用，必须按程序向原设计方申请，得到原设计单位签署同意并加盖设计资格印章后，方可实施。材料的误用在设计、材料分类和加工等环节都有可能发生，如误用碳钢管代替原设计的合金钢管，将使整个管道或局部管材的机械强度和冲击韧度大大降低，可能导致运行中的管道发生断裂事故。

严格进行材料缺陷的非破坏性检查，特别是铸件、锻件和高压管道，发现管道有砂眼、划痕、薄厚不均、重皮等材料缺陷不得投入使用。重皮是金属材料比较严重的缺陷，对金属的强度有明显的影响，大大降低金属的抗拉强度。

(3) 确保阀体和法兰质量无缺陷

阀门失效、磨损，阀体、法兰材质不合要求，阀门公称压力、适用范围选择不对，都会造成压力管道事故。

(4) 确保焊接质量

焊接是压力管道施工中的一项关键工作，其质量的好坏、效率的高低直接影响工程的安全运行和制造工期。焊接完成后，必须按焊接要求对管道的焊缝进行外观检查和无损检验。由安装施工质量问题引起的压力管道事故中，焊缝的施工质量或失效引起的约占90%。焊接工作主要负责人是焊接责任工程师，其次是质检员、探伤人员及焊工。焊接施工中禁止无证焊工施焊；禁止焊接不开坡口，焊缝未焊透，焊缝严重错边或其他超标缺陷造成焊缝强度低下。

(5) 设置安全阀

在某些特殊场合的压力管道应设置安全阀，如：

① 在电动往复泵、齿轮泵或螺杆泵等容积泵的出口管道上，应设安全阀。安全阀的放空管应接至泵入口管道上，宜设置事故停车联锁装置。

② 在可燃气体往复式压缩机的各段出口应设安全阀，安全阀的放空管应接至压缩机各段入口管道上或压缩机一段入口管道上。

③ 可燃气体和可燃液体受热膨胀可能超过设计压力的管道应设安全阀。

④ 在两端有可能关闭，而导致升压的液化烃管道上，应设安全阀或采取其他安全措施。

⑤ 凡与鼓风机、离心式压缩机、离心泵或蒸汽往复泵出口连接的设备不能承受其最高压力时，上述机泵的出口管道需设安全阀。

（6）管道静电接地

输送易燃、易爆液体或气体的管道，物料沿管道的流动以及从管道进出容器的过程都会产生静电。非导体管段的金属件必须接地，尤其是中间的金属接头一定要接地，以防造成静电积聚，产生静电放电。

（7）防腐蚀

管道经过一段时间的运行，最常见的缺陷就是腐蚀造成的局部管壁减薄，必须进行在用检验评定其安全状况，采取相应处理措施。如果管壁的泄漏由腐蚀穿孔而致，而且经测定，邻近的其他部位壁厚尚无明显的减薄，可采用补焊方法；因腐蚀凹陷及介质冲刷所造成的局部壁厚减薄，可视情节轻重采用补焊或局部换管处理；当测出的实际壁厚普遍小于管道允许的最小壁厚时，管道应降压使用或作报废处理。

（8）安全操作

使用单位应当对压力管道操作人员进行管道安全教育和培训，保证其具备必要的压力管道安全作业知识，并取得《特种设备作业人员证》。操作人员在作业中应当严格执行压力管道的操作规程和相关安全规章制度，认真做好压力管道的日常维护保养工作，定期检查紧固螺栓的完好状况，及时消除管道系统存在的跑、冒、滴、漏现象，发现事故隐患或者其他不安全因素，及时向现场安全管理人员和单位负责人报告。注意管道泄漏时，不得在运行中修补，应立即停止运行，按正规方法进行维修；禁止将管道及支架作为电焊零线和其他工具的锚点或撬抬重物的支撑点。

思考题

1. 化工生产中涉及的特种设备有哪些？
2. 什么叫压力容器？如何分类？
3. 压力容器有哪些安全附件？其作用是什么？
4. 气瓶在使用过程中要注意哪些安全事项？
5. 为什么气瓶内气体不得用尽，必须留有余压？
6. 在使用氧气或其他氧化性气体时，接触气瓶及瓶阀的手、手套、减压器、工具等不得沾染油脂，为什么？
7. 锅炉运行时要密切关注哪些操作参数？
8. 锅炉常见的事故有哪些？如何预防？
9. 压力管道的危险性由哪些因素决定？
10. 从用途角度考虑，压力管道分为哪几类？

第7章

装置运行与维护安全技术

7.1 概述

化工装置在长周期运行中，由于外部负荷、内部应力和相互磨损、腐蚀、疲劳及自然侵蚀等因素影响，装置将出现缺陷和隐患，要求装置设备进行定期检修，化工企业中设备的检修具有频繁性、复杂性和危险性的特点，决定了化工安全检修的重要地位。要实现化工安全生产，提高设备效率，降低能耗，保证产品质量，必须加强企业生产、设备维护、装置检修等安全管理工作。

7.1.1 化工生产特点

化工生产具有易燃、易爆、易中毒、高温、高压、腐蚀性等特点，具有较大的危险性。

① 化工生产中涉及的危险物品多，生产原料、半成品和成品种类繁多，很多是易燃、易爆、有毒、有腐蚀的危险化学品，在生产、使用、运输等管理环节中存在火灾、爆炸、中毒和烧伤隐患，严重影响生产安全。

② 化工生产要求的工艺条件苛刻，化工生产过程中存在高温、高压、密闭或深冷等特定条件，必须采取相应的技术措施防范安全事故。

③ 生产规模大型化、生产过程连续化和自动化；生产设备由敞开式变为密闭式；生产装置由室内走向露天；生产操作由分散控制变为集中控制，采用大型装置有利于提高劳动生产率，同时也带来了更大的安全风险。

④ 高温、高压设备多。许多化工生产离不开高温、高压设备，这些设备能量集中，如果在设计制造中，不按规范进行，质量不合格，或在操作中失误，就会发生灾害性事故。

⑤ 工艺复杂，操作要求严格。一种化工产品由多个化工单元操作和若干台特殊要求的设备和仪表联合组成生产系统，形成工艺流程长、技术复杂、工艺参数多、要求严格的生产线。要求任何人不得擅自改动，要严格遵守操作规则，操作时要注意巡回检查、纠正偏差、严格交接班，注意上下工序联系，及时消除隐患，否则将会导致生产事故的发生。

⑥ 事故多，损失重大。化工行业每年都会发生重大事故，造成人员伤亡，给企业造成重大经济损失。事故中约有 70% 以上是人为因素造成。

7.1.2 化工装置腐蚀

化工装置腐蚀是设备材料在周围介质作用下所产生的破坏。引起破坏的原因有物理因素、化学因素以及机械和生物因素等。

（1）腐蚀机理

腐蚀分为化学腐蚀和电化学腐蚀。化学腐蚀指金属与周围介质发生化学反应而引起的破坏。电化学腐蚀指金属与电解质溶液接触时，由于金属材料的不同组织及组成之间形成原电池，其阴、阳电极之间所产生氧化还原反应使金属材料的某一组织或组分发生溶解，最终导致材料失效过程。

（2）腐蚀的分类

① **全面腐蚀与局部腐蚀**：在金属设备整个表面或大面积发生程度相同或相近的腐蚀，称为全面腐蚀。局限于金属结构某些特定区域或部位上的腐蚀称为局部腐蚀。

② **点腐蚀**：又称孔蚀，指集中于金属表面个别小点上深度较大的腐蚀现象。

③ **缝隙腐蚀**：指在电解液中，金属与金属、金属与非金属之间构成的窄缝空内发生的腐蚀。

④ **晶间腐蚀**：是指沿着金属材料晶粒间界发生的腐蚀。

⑤ **应力腐蚀破裂**：是金属材料在静拉伸应力和腐蚀介质共同作用下导致破裂的现象。

⑥ **氢损伤**：指由氢作用引起材料性能下降的一种现象，包括氢腐蚀与"氢脆"。

⑦ **腐蚀疲劳**：是在交变应力和腐蚀介质同时作用下，金属的疲劳强度或疲劳寿命较无腐蚀作用时有所降低，这种现象叫腐蚀疲劳。通常，腐蚀疲劳是指在除空气以外的腐蚀介质中的疲劳行为。腐蚀疲劳对任何金属在任何腐蚀介质中都可能发生。

⑧ **冲刷腐蚀**：又称磨损腐蚀，是指溶液与材料以较高速度作相对运动时，冲刷和腐蚀共同引起材料表面损伤的现象。

7.1.3 装置运行与安全

在化工生产中，由于存在易燃、易爆、有毒、有腐蚀的危险化学品，大量酸、碱等腐蚀性物料造成设备基础下陷、管道变形开裂、泄漏、破坏绝缘、仪表失灵等，严重影响正常生产，危害人身安全。

（1）安全生产是化工生产的前提

化工生产具有易燃、易爆、易中毒、高温、高压、有腐蚀的特点，与其他行业相比，其危险性更大。操作失误、设备故障、仪表失灵、物料异常等，均会造成重大安全事故。无数的事故事实告诉人们，没有一个安全的生产基础，现代化工就不可能健康正常发展。

（2）安全生产是化工生产的保障

只有实现安全生产，才能充分发挥现代化工生产的优势，确保装置长期、连续、安全地运行。发生事故，必然使装置不能正常运行，造成经济损失。

（3）安全生产是化工生产的关键

化工新产品的开发、新产品的试生产必须解决安全生产问题，否则就不能形成实际生产过程。

总之，化工企业应在生产过程中防止各类事故的发生，确保生产装置连续、正常运转。

7.2 化工装置的使用安全与故障处置

化工生产离不开化工设备，化工设备是化工生产必不可少的物质技术基础，是化工产品质量保证体系的重要组成部分。化工设备性能的优劣及使用者对其掌握的程度，将直接关系到化工生产的正常进行，并对整个装置的产品质量、生产能力、消耗定额以及"三废"处理和安全生产等各方面都有重大的影响。

7.2.1 化工设备的类型

化工生产条件苛刻，技术含量高，所用设备种类多。各种工艺装置的任务不同，所采用的设备也不尽相同，按化工设备在生产中的作用可将其归纳为流体运输设备、加热设备、换热设备、传质设备、反应设备及储存设备等几种类型，各种类型设备中，有些设备是依靠自身的运转进行工作的，如各种泵、压缩机、风机等，称为"转动设备"，习惯上也叫做"动设备"或"机器"，有些设备工作时不运动，而是依靠特定的机械结构及工艺等条件，让物料通过设备时自动完成工作任务，如塔类设备、换热设备、反应设备、加热设备等，称为"工艺设备"，习惯上也叫做"静设备"或"设备"。

① 流体输送设备是将原料、成品及半成品，包括水和空气等各种液体和气体从一个设备送到另一个设备，或者使其压力升高以满足化工工艺要求，包括各种泵、压缩机、鼓风机以及与其相配套的管线和阀门等。这类设备称为通用设备，可用于许多场合，不仅限于化工或炼油生产。

② 加热设备是将原料加热到一定的温度，使其汽化或为其进行反应提供足够的热量。在石油生产中常用的加热设备是管式加热炉，它是一种火力加热设备，按其结构特征有圆筒炉、立式炉及斜顶炉等，其中应用较多的是圆筒炉。

③ 换热设备是将热量从高温流体传给低温流体，以达到加热、冷凝、冷却的目的，并从中回收热量，节约燃料。换热设备的种类很多，按其使用目的有加热器、换热器、冷凝器、冷却器及再沸器等，按换热方式可分为直接混合式、蓄热式和间壁式，在石油化工生产中，应用最多的是各种间壁式换热设备。

④ 传质设备是利用物料之间的某些物理性质，如沸点、密度、溶解度等的不同，将处于混合状态的物质（气态或液态）中的某些组分分离出来。在进行分离的过程中物料之间发生的主要的质量的传递，故称其为传质设备。传质设备就外形而言，大多数为细而高的塔状，所以通常也叫塔设备。

⑤ 反应设备的作用是完成一定的化学和物理反应，其中化学反应是起主导作用和决定作用的，物理过程是辅助的或伴生成的。反应设备在石油化工生产中应用也是很多的，如苯乙烯、乙烯、高压聚乙烯、聚丙烯、合成橡胶、合成氨、苯胺染料和油漆颜料等工艺过程，都要用到反应设备。

⑥ 储存设备是用来盛装生产用的原料气、液体、液化气等物料的设备，这类设备属于结构相对比较简单的容器类装置，所以又称储存容器或储罐，按其结构特征有立式储存罐及球形储罐等。

7.2.2 化工设备的使用安全

(1) 换热设备的使用与维护

在炼油、化工生产中，通过换热器的介质，有些含有沉积物，有些具有腐蚀性，所以换热器使用一段时间后，会在换热管及壳体等过流部位积垢和形成锈蚀物，它们一方面降低了传热效率，另一方面使管子流通截面减小而流阻增大，甚至造成堵塞。介质腐蚀也会使管束、壳体及其他零件受损。另外，设备长期运转振动和受热不均匀，使管子膨胀口及其他连接处也会发生泄漏。这些都会影响换热器的正常工作，甚至迫使装置停工，因此对换热器必须加强日常维护，定期进行检查、检修，以保障生产的正常进行。

做好换热器的日常操作应特别注意防止温度、压力的波动，首先应保证压力稳定，绝不允许超压运行。在开停工进行扫线时最易出现漏洞问题，如浮头式换热器浮头处易发生泄漏，维修时应先打开浮头外端（大）封头从管程试压检查，有时会发现浮头螺栓不紧，这是由于螺栓长期受热产生了塑性变形所致。通常采取的措施是当束水压试验合格后，再用蒸汽试压，当温度上升至 $150\sim170℃$ 时，可将螺栓再紧一次，这样浮头处密封性较好。换热器故障大多数是由管子引起的，对于由于腐蚀使管子穿孔的应及时更换，若只是个别损坏而更换又比较困难时，可用管堵将坏管两端堵死。管堵材料的硬度应不超过管子材料的硬度，堵死的管子总数不得超过该管程总数的 10%，对易结垢的换热器应及时进行清洗，以免影响传热效果。

换热设备经长时间运转后，由于介质的腐蚀、冲蚀、积垢、结焦等原因使管子内外表面都有不同程度的结垢，甚至堵塞。所以在停工检查时必须进行彻底清洗，以恢复其传热效果。常用的清洗（扫）方法有风扫、水洗、汽扫、化学清洗和机械清洗等。

化学清洗是利用清洗剂与垢层起化学反应的方法来除去积垢，适用于形状较为复杂的构件的清洗，如 U 形管的清洗、管子之间的清洗。这种清洗方法的缺点是对金属有轻微的腐蚀损伤作用。机械清洗最简单的是用刮刀，旋转式钢丝刷去坚硬的垢层、结焦或其他沉积物。在 20 世纪 70 年代，国外开始采用适应各种垢层的不同硬度的海绵球自动清洗设备，取得了较好的效果，也减轻了检修人员的劳动强度。

（2）塔设备的故障诊断

塔设备达不到设计指标统称为故障，塔一旦出现故障，总是希望尽快找出故障原因，以提出解决问题的办法。故障诊断者应对塔及其附属设备的设计及有关的方面知识有较多的了解，了解得越多，故障诊断也越容易。

故障处理实例：某塔用来分离轻烃混合物，操作压力为 2.41MPa，塔中有 107 块多流程筛板。该塔自开车几个星期以来，处理量只能达到设计值的 65%。流量计校核证明其读数正确，表明问题确实存在，首先审阅了设计资料，表明塔板设计无误，设计流量处在合理范围内，使用经验也表明这种设计是可行的。经审阅开车以来几个星期的操作数据，发现其可能的原因是：塔盘安装出错；开车期间塔盘堵塞；开车期间塔盘损坏；料液中含水的影响，有可能生产固体水合物或引起泡沫问题。在加装一台压差计后，同时测取两塔段的压降，经压差数据分析发现，液泛从塔底部开始或接近塔底段开始。因此，在上述液泛实验的原因中可加上塔底部的设计安装出错这一条，但该塔塔底无液位计，难以搞清真正的原因。此时如果决定停车，入塔检查塔底部及近塔底的几层塔盘，一方面引起停产损失，同时又因不清楚这部分的情况，也无法制定维修计划，将耽误修复时间。为确定问题的原因，决定采用 γ 射线扫描和中子反向散射技术对塔底区域作进一步控制。γ 射线扫描证实了液泛从底部开始向上发展。中子反向散射技术的探测结果表明，在未液泛正常操作时，塔底部液位高于预计值，随回流液量增加，底部液体逐渐升高直至超过再沸器的气、液混合物进口。显然，塔的液泛是从塔的最下面一层塔盘开始的。

至此塔中的液泛问题已全部搞清，提出如下修改方案：为克服塔底液位高于预计值，采用增大进出再沸器管道直径的办法；为避免液位高过再沸器回料口，将塔底两层塔盘拆除，稍微提高再沸器回料口的位置。事实证明，采用这套办法修改后，塔的处理能力超过了设计值。

（3）反应器的安全运行

生产高密度低压聚乙烯的搅拌聚合系统是目前典型的、在工业上应用广泛的聚合系统，以该系统说明反应器的安全操作。

聚合系统的操作要求，控制好聚合温度对于聚合系统操作是最关键的，控制聚合温度一般有如下三种方法。

① 通过夹套冷却水换热。

② 由循环风机、气相换热器、聚合釜组成气相外循环系统，通过气相换热器能够调节外循环气体的温度，并使其中易冷凝气相冷凝，冷凝液流回聚合釜，从而达到控制聚合温度的目的。这种情况取热方法称为气相外循环取热。

③ 由浆液反循环泵、浆液换热器和聚合物组成浆液外循环系统，通过浆液换热器能调节循环浆液的温度，从而达到控制聚合温度的目的，这种取热方法称为浆液外循环取热。

压力控制是在聚合温度恒定的情况下，聚合单体为气相时聚合反应压力主要通过催化剂的加料量和聚合单体的加料量来控制，聚合单体为液相时聚合反应压力主要决定单体的蒸气分压，也就是聚合温度。聚合反应气相中，不凝的惰性气体的含量过高是造成聚合反应釜压力超高的原因之一，此时需要放火炬，以降低聚合釜内压力。

聚合料位一般控制在 70% 左右，连续聚合时通过聚合浆液的出料速率来控制，且此时聚合物必须有自动料位控制系统，以确保料位准确控制，料位控制过低，聚合产率低，料位控制过高甚至满，就会造成聚合浆液进入换热器、风机等设备中造成事故。

控制聚合浆液浓度也非常重要，浆液过浓，造成搅拌器电动机电流过高，引起超负载跳闸、停转。这就会造成反应釜内聚合物结块，甚至引发飞温、爆炸事故，停止搅拌是造成爆炸事故的主要原因之一。控制浆液浓度主要是通过控制溶剂的加入量和聚合产率来实现的。聚合产率的高低在聚合温度和单体加入量不变的情况下，主要通过催化剂的加入量来调节。在发生聚合温度失控时，应立即停进催化剂，增加溶剂进料量，加大循环冷却水量，紧急放火炬泄压，向后系统排聚合浆液，并适时加入阻聚剂。发生停搅拌事故应立即加入阻聚剂，并采取其他相应的措施。

聚合反应系统停车程序如下：首先停进催化剂、单体，阻聚剂继续加入，维持聚合系统继续运行一会儿，在聚合反应停止后，停进所有物料，卸料，停止搅拌器及其运转设备，用氮气置换，置换合格后待检修。

（4）化工管道的使用安全

管道是化工设备的重要组成部分，原料及其他辅助物料从不同的管路进入生产装置，加工成产品，再进入罐区，最后外输或外运。可见管道是化工生产的大动脉，它将整个生产联结起来构成一个整体。所以保持管道的畅通是保证化工生产正常进行的重要环节。

新设管道施工完毕或在用管道维修完毕后，在管内往往留有焊渣、铁锈、泥土等杂物，如不及时清除，在使用中可能会堵塞管路、损坏阀门，甚至污染管内介质，因此管道在投用前必须进行清洗和吹扫。具体方法是：先用水清洗，再用压缩空气吹净管内存水，若吹扫经过过滤器，则应在吹扫后打开过滤器，清除过滤网上的杂质，防止堵塞，影响管路的畅通。

为了检查管道的强度、焊缝的致密性和密封结构的可靠性，对清扫后的管路应进行耐压测试。耐压测试应以水为试压介质，对承受内压的地上钢管道及有色金属管道，试验压力取设计压力的 1.5 倍，埋地钢管道的试验压力取设计压力的 1.5 倍和 0.4MPa 之小者。承受内压的埋地铸铁管道，当设计压力小于等于 0.5MPa 时，试验压力取设计压力的 2 倍，当设计压力大于 0.5MPa 时，取设计压力再加 0.5MPa；对承受外压的管道，其试验压力取设计内外压力差的 1.5 倍且不小于 0.2MPa。对于不宜做水压试验的可做气压试验，气压试验时应做好安全措施，试验压力及其他具体要求查阅有关规范。

管道投用后应进行定期检查,管道的定期检查分为内部检查、重点检查和全面检查,检查的周期应根据管道的综合分类等级确定。各类管道每年至少进行一次外部检查,每 6 年至少进行一次全面检查,Ⅰ、Ⅱ、Ⅲ类管道每年至少进行一次重点检查,Ⅳ、Ⅴ类管道每 2 年至少进行一次重点检查。管道的外部检查主要是观察管道外表面有无裂纹、腐蚀及变形等缺陷,连接法兰有无偏口,紧固件是否齐全,有无腐蚀、松动等现象,用听声法检查管内有无异物的撞击、摩擦声等。

(5) 阀门的使用与维护

为了使阀门使用长久、开关灵活,保证安全生产,应正确使用和合理维护。一般应注意以下几点。

① 新安装的阀门应有产品合格证,外观无砂眼、气孔或裂纹,填料压盖应压平整,开关要灵活;使用阀门的压力、温度等级应与管道工作压力相一致,不可将低压阀门装在高压管道上。

② 阀门开完应回半圈,以防误开为关;阀门关闭费力时应用特制扳手,尽量避免用管钳,不可用力过猛或用工具将阀门关得过死。

③ 阀门的填料、大盖、法兰、螺纹等连接和密封部位不得有泄漏,若发现问题应及时紧固或更换,更换时不可带压操作,特别是高温、易腐蚀介质,以防伤人。

④ 室外阀门,特别是有杆闸门阀,阀杆上应加保护套,以防侵蚀和尘土锈污;对用于水、蒸汽、重油管道上的阀门,冬天应做好防冻保暖工作,防止阀门冻凝,阀体冻裂。

⑤ 对减压阀、调节阀、疏水阀等自动阀门,在启用时,应先将管道冲洗干净,未安装旁路和冲洗管的疏水阀,应将疏水阀拆下,吹净管道后再装上使用。

⑥ 蒸汽阀在开启前应先预热并排除凝结水,然后慢慢开启阀门以免汽、水冲击。当阀门全开后,应将手轮再倒转半圈,使螺纹之间严密,对长期关停的水阀、汽阀应注意排除积水。

⑦ 应经常保持阀门的清洁,不能利用阀门支持其他重物,更不能在阀门上站人;阀门的阀体与手轮应按工艺设备的管理要求,做好刷漆防腐,系统管道上的阀门应按工艺要求编号,启闭阀门时应对号挂牌,以防误操作。

7.2.3 化工机器的使用安全

化工机器主要有泵和风机等,泵属于转动设备,在石油化工行业中的使用量是较多的。如炼油厂的各类油泵、化工厂的各类酸泵、氮肥厂的尿素泵及给排水系统用的各种水泵等。泵性能的优劣直接影响着生产的正常进行,如果泵出现故障,整个生产系统就会停止工作。

(1) 离心泵

离心泵的操作方法与其结构型式、用途、驱动机的类型、工艺过程及输送液体的性质等有关。具体的操作方法按泵制造厂提供的产品说明书中的规定及生产单位制定的操作规程进行。现以电动机驱动的离心泵为例说明其操作的大致过程。

① **启动前的检查和准备**:离心泵在启动前应对机组进行检查,包括查看轴承中润滑油是否充足,油质是否清洁,轴封装置中的填料是否松紧适度,泵轴是否灵活转动,如果是首次使用或重新安装的泵,应卸掉联轴器用手转动泵的转子,看泵的旋转方向是否正确,然后看连接螺栓有无松动,排液阀关闭是否严密,底阀是否有效等。

如果以上检查未发现问题,就可关闭排液阀、压力表和真空表阀门及各个排液孔,再打开放气旋塞向泵内灌注液体,并用手转动联轴器使叶轮内残存的空气尽可能排出,直至放气旋塞有水溢出再将其关闭。对大型泵也可用真空泵把泵内和吸液管中空气抽出,使吸液罐内的液体进入泵内。

② **启动**：完成灌泵以后，打开轴承冷却水给水阀门，待出口压力正常后打开真空表阀门，最后再打开排液阀，直至管路流量正常。离心泵启动后空运转的时间一般控制在 2～4min 之内，如果时间过长，液体的温度升高，有可能导致气蚀现象或其他不良后果。

③ **运行和维护**：离心泵在运行过程中，要定期检查轴承的温度和润滑情况、轴封的泄漏情况及是否过热、压力表及真空表的读数是否正常；机械振动是否过大、各部分的连接螺栓是否松动，应定期更换润滑油，轴承温度控制在 75℃ 以内，填料密封的泄漏量一般要求不能流成线，泵运转一定时间后（一般 2000h）应更换磨损件。对备用泵应定期进行盘车并切换使用，对热油泵停车后应每半小时盘车一次，直到泵体的温度降到 80℃ 以下为止，在冬季停车的泵停车后应注意防冻。

④ **停车**：停车时应先关闭压力表和真空表阀门，再关闭排液阀，这样在减少振动的同时，可防止管路液体倒灌。然后停转电动机，在停泵后再关闭轴封及其他部位的冷却系统。若停车时间较长，还应将泵内液体排放干净以防内部零件锈蚀或在冬季结冰冻裂泵体。

（2）往复泵

使用往复泵时应注意以下几点。

① **在排液管路上设置安全阀**：因为往复泵的排出压力取决于管路情况及泵本身的动力、强度及密封情况，所以每台泵的允许排出压力是确定的。安全阀的开启压力不超过泵的允许排出压力。

② **泵的安装高度应不超过允许安装高度**：因为往复泵和离心泵一样，也是靠吸液池液面压力与泵入口处的压力差吸上液体的，在大气压力不同的地区，输送性质及温度不同的液体时，泵的安装高度是不同的，如果安装高度超出允许值，泵入口处的液体同样会产生汽化现象。

③ **往复泵不能像离心泵那样在排液管路上用阀门调节流量**：泵在工作时也不能将排出阀完全关闭。否则，泵内的压力会急剧升高，造成泵体、管路及电动机损坏。往复泵通常采用旁通回路、改变活塞行程及改变活塞往复次数等方法调节流量。

（3）活塞式压缩机

活塞式压缩机的运行和日常维护应注意以下几个方面。

① 压缩机在运行时必须认真检查和巡视，注视吸排气压力及温度、排出气体、流量、油压、油温、供油量和冷却水等各项控制指标，注意异常响声，每隔一定时间记录一次。

② 禁止压缩机在超温、超压和超负荷下运行，如遇超温、超压、缺油、缺水或电流增大等异常现象，应及时排除并报告有关人员。遇易燃易爆气体大量泄漏而紧急停车时，非防爆型电气开关、启动器禁止在现场操作，应通知电工在变电所内断电源。

③ 压缩机在大、中修时，对主轴、连杆、活塞杆等主要部件应进行无损检测，对附属的压力容器应按《压力容器安全技术监察规程》的要求进行检验。对可能产生积炭的部位必须进行全面、彻底检查，将积炭清除后方可用空气试车，防止积炭在调温下引起爆炸，有条件的企业可用氮气试车。

④ 特殊气体（如氧气）的压缩机，对其设备、管道、阀门及附件，严禁用含油纱布擦拭，也不得被油类污染，检修后应进行脱脂处理。压缩机房内严禁任意堆放易燃物品，如破油布、棉纱及木屑等。

7.3 化工装置泄漏维护技术

化工生产中大量存在易燃、易爆、有毒、有腐蚀的危险化学品，生产过程中大量酸、碱等腐蚀性物料造成设备内物料泄漏、管道变形开裂等，严重影响正常的生产，必须采取堵漏等措施确保生产安全。

7.3.1 化工密封装置的泄漏检测

所谓泄漏，即指内容物由有限空间内部跑到外部或者是其他物质由空间外部进入内部。这里所指的内容物，可以是气体、液体、固体。

(1) 泄漏检测的方法

化工装置泄漏检测的主要方法有水压法、肥皂液法、声音法、超声波法、放射性同位素法、橡胶膜法、气体检测法、卤素加压法、热导率检测法、真空法。但不论用什么样的方法检测泄漏，都要根据泄漏现场的情况，因地制宜，哪种方法使用效果好，经济实用，就用哪种方法。

(2) 泄漏检测法适用的要求

泄漏检测法的原理多种多样，不论采用哪种方法，首先要理解检测原理，并且要理解灵敏度的适用范围，采用哪种方法可以检测出哪一级的泄漏；不论采用什么方法，要检测出泄漏都要花费时间，有些方法可以判断出泄漏点，有的可能判断不到；有些方法，不管谁用，结果都相同，有的方法则内行和外行用，结果全然不一样，即考虑方法检测结果的一致性和结果数据的稳定性。泄漏检测法属于一种计测技术，如果不能经常地获得稳定数据，就毫无意义。在泄漏检测时，要求考虑方法准确、可靠、经济。

7.3.2 现场堵漏技术及其应用

法兰因偏口、错口、张口、错孔、热胀冷缩等原因泄漏；垫片因载荷、黏度、压缩性和回弹性、法兰压缩强度、垫片的蠕变松弛行为、垫片几何尺寸的影响、垫片宽度的影响等原因产生泄漏，化工生产过程中会采取堵漏技术。

(1) 法兰泄漏堵漏方法

① **直接捻缝围堵法**：当量法兰的连接间隙在1mm左右，整个法兰外围的错变量不超过5mm，泄漏量不大，压力不高，不超过0.6MPa，原则上可以不采用特制夹具，而是采用一种简单易行的办法，用手锤、偏冲或风动工具直接将法兰的连接间隙捻严，再用螺栓专用注剂接头或在泄漏法兰上开设注剂孔的方法，这样就由法兰本体通过捻严而直接止住泄漏，形成新的密封空腔，达到目的。大体过程：开成新的密封空腔，然后通过螺栓专用注剂接头或法兰上新开设的注剂孔，实施注胶。

② **铜丝捻缝围堵法**：法兰的连接间隙小于4mm，并且整个法兰外圆的间隙量比较均匀，泄漏介质压力低于2.5MPa、泄漏量不是很大时，用铜丝捻缝围堵法。也可以不采用特制夹具，而是采用另一种简单易行的办法，用直径等于或略小于泄漏法兰间隙的钢丝、螺栓专用注剂接头或在泄漏法兰上开设注剂孔的方法，组合成新的密封空腔，然后通过螺栓专用注剂或法兰上新开设的注剂孔把密封注剂注射到新的密封空腔内，达到止住泄漏的目的。

③ **法兰夹具堵漏法**：当存在泄漏法兰间隙大于 8mm，泄漏介质压力大于 2.5MPa，以及泄漏法兰偏心，两连接法兰外径不等的安装缺陷时，从安全性、可靠性角度考虑，应制作凸形夹具。这种夹具的加工尺寸较为精准，安装在泄漏法兰上后，整体封闭性能好，动态密封作业的成功率高，是注剂带压密封技术中应用最广泛的一种夹具。

（2）阀门泄漏的堵漏技术

阀门是流体输送系统中的控制部件，具有导流、截流、调节、节流、防止倒流、分流或溢流卸压等功能。阀门泄漏的堵漏方法最常见的主要是阀门填料泄漏，阀门填料泄漏堵漏有直接打孔、带夹具堵漏方法两种。

（3）粘接堵漏技术

到 21 世纪，粘接堵漏技术已在各领域广泛使用，其方法和品种多种多样，新品种层出不穷，黏结剂产品逐渐系列化、完善化。粘接可代替焊接、铆接、螺栓连接，将各种构件牢固地连接在一起，并且不变形，简单易操作。黏结剂还可以对一些缺陷、泄漏点进行粘堵，达到堵漏、密封、坚固等作用。但粘接也存在不少自身缺陷，如抗拉强度不够、耐老化性能差、耐高温程度差等。

（4）带压焊接堵漏技术

在生产系统中，大多数的容器、管道、阀门等设备及其附件，随着生产系统工艺的波动、变化及长期的使用，均会出现焊缝开裂、本体裂纹、管道开裂等。一般的常压堵漏方法不能彻底解决问题，必须采用特殊的常压补焊的方法。

常压逆向焊接密封技术是用在泄漏介质下的带压补焊，由于受到受压本体内介质的压力，熔深较浅，因此不能按压力容器标准焊接来施焊。不能打破口，加之焊缝窄，必然致使焊缝熔深很浅，一般只有壁厚的 40% 左右，最多也只有 60% 左右，因此常压逆向焊接缝熔深很浅，焊缝强度较低。该焊法对压力较低的容器、管道比较适用，但对于压力较高的容器就易于出现重新破裂现象，这样就需要对焊缝采取强化措施。

（5）攻丝堵漏技术

在快速堵漏的方法中，带压攻丝堵漏一般的选择范围在中压区域，以不超过 2.5MPa 为宜，压力太高，成功率低。攻丝堵漏是带压堵漏中一种比较简单的方法。一般要用带压攻丝处理的泄漏点，均为砂眼，泄漏面积不大，腐蚀点、裂纹一般在 3mm 左右，压缩机的壳体、铸件砂眼、气孔等。在使用带压攻丝方法前，首先要看泄漏点的大小、周围的减薄程度，如果减薄的面积较大、裂纹较长，均不可采用此种方法。

（6）顶压堵漏技术

顶压堵漏技术，仅从文字理解，即用外力顶压住泄漏孔，消除泄漏。顶压堵漏法分两个压力等级处理，在 0.4MPa 以下时可以使用顶压粘接的办法来处理，大于 0.4MPa 的要带上顶压夹具消除泄漏。带压堵漏应穿戴个人防护用品。

7.3.3 现场施工操作安全

化工装置堵漏现场操作的一般规定：

① 生产单位配备的安全防护和消防措施已齐备，安全监护人员应全部到位。

② 检查已勘测过的泄漏部位应仍能满足安全施工的要求。

③ 从事带压密封工作的施工单位，应符合下列规定。

a. 至少取得省级以上带压密封工程安全施工资质。

b. 至少应有 1 名具有注册安全工程师执业资格的专职安全技术负责人。

c. 必须具有至少 1 名以上具有中级以上专业技术职称带压密封工程设计人员。

d. 对带压密封工程所用工器具应执行定检制度，保证其处于完好状态。

e. 应配备齐全的泄漏检测设备。

f. 带压密封工程作业人员必须经过专业技术培训，考试合格并熟知《带压密封技术规范》。

④ 施工操作人员必须经过专业技术培训，持证上岗操作。穿戴好工作服和专用的防护用品，方可进入施工现场。进行带压密封施工时，每个作业面必须有两个或两个以上操作人员进行施工。

⑤ 制定的带压密封施工方案已审批。

⑥ 带压密封施工方案，应包括下列内容：确定带压密封方法；确定详细的安全操作规程；突发事件的应急处理措施；选择密封注剂；夹具设计和加工；选择注剂工具和施工工具；选择施工材料；选择防护用品。

7.4　化工装置安全检修技术

7.4.1　化工检修的特点

化工检修具有频繁、复杂、危险性大的特点。

(1) 化工检修的频繁性

所谓频繁是指计划检修、计划外检修次数多；化工生产的复杂性，决定了化工设备及管道的故障和事故的频繁性，因而也决定了检修的复杂性。

(2) 化工检修的复杂性

检修中由于受到环境、气候、场地的限制，有些要在露天工作，有些要在地坑或井下作业，有时还要上、中、下立体交叉作业，这些因素都增加了化工检修的复杂性。

(3) 化工检修的危险性

化工生产的危险性决定了化工检修的危险性。化工设备和管道中有很多残存的易燃易爆、有毒有害、有腐蚀性的物质，而检修又离不开动火、进罐作业，稍有疏忽就会发生火灾爆炸、中毒和灼伤等事故。

7.4.2　化工装置检修分类

根据化工生产中机械设备的实际运转和使用情况，化工检修可分为计划检修和计划外检修。

(1) 计划检修

计划检修是指企业根据设备管理、使用的经验以及设备状况，定制设备检修计划，对设备进行有组织、有准备、有安排、按计划进行的检修。根据检修的内容、周期和要求不同，计划检修又可分为大修、中修、小修。由于装置为设备、机器、公用工程的综合体，因此装置检修比单台设备（或机器）检修要复杂得多。

(2) 计划外检修

在生产过程运行中因突发性的故障或事故而造成设备或装置临时性停车的检修称为计划外检修。计划外检修事先难以预料，无法计划安排，而且要求检修时间短，检修质量高，检修的环境及工况复杂，故难度较大。计划外检修是目前化工企业不可避免的检修作业之一，因此计划外检修的安全管理也是检修安全管理的一个重要内容。

7.4.3　检修管理及安全要求

检修安全管理工作是化工安全检修的一个重要环节。主要做好以下工作。

(1) 组织准备

在化工企业中，不论大修、中修、小修，都必须集中指挥、统筹安排、统一调度、严格纪律，坚决贯彻执行各项制度，认真操作，保证质量，加强现场的监督和检查，杜绝各类事故的发生。为此必须建立健全检修指挥机构，其负责检修项目的落实、物资准备、施工准备、人员准备和开停车、置换方案的拟定工作。检修指挥机构中要设立安全组，各级安全人与各级安全负责人及安全组要构成联络网。计划外检修和日常维护，也必须指定专人负责，办理申请、审批手续，指定安全负责人。

(2) 技术准备

检修的技术准备包括施工项目、内容的审定；施工方案和停、开车方案的制定；计划进度的制定；施工图标的绘制；施工部门和施工任务以及施工安全措施的落实等。

(3) 材料准备

根据检修项目、内容和要求，准备好检修所需的材料、附件和设备，并严格检查是否合格，不合格的不可以使用。

(4) 安全用具准备

为了保证检修的安全，检修前必须准备好安全及消防用具，如安全帽、安全带、防毒面具、脚手架以及测氧、测爆、测毒等分析化验仪器和消防器材、消防设施等。消防器材及设施应指定专人负责。检修中还必须保证消防用水的供应。

(5) 组织领导

大修和中修应成立检修指挥系统，负责检修工作的筹划、调度，安排人力、物力、运输及安全工作。在各级检修指挥机构中要设立安全组，各车间的安全负责人及安全员与厂指挥部安全组构成安全联络网。各级安全机构负责对安全规章制度的宣传、教育、监督、检查，并办理动火、动土及检修许可证。

(6) 指定检修计划

在化工生产中，各个生产装置之间，或厂与厂之间，是一个有机整体，它们相互制约、紧密联系。在检修计划中，根据生产工艺过程及公用工程之间的相互关系，确定各装置先后停车的顺序，停水、停气、停电的具体时间、灭火炬、点火炬的具体时间。还要明确规定各个装置的检修时间、检修项目的进度以及开车顺序，一般都要画出检修计划图（鱼刺图）。

(7) 安全教育

化工装置的检修安全教育不仅包括对本单位参加检修人员的教育，也包括对其他单位参加检修人员的教育。对各类参加检修的人员都必须进行安全教育，并经考试合格后才能准许参加检修。安全教育的内容包括化工厂检修的安全制度和检修现场必须遵守的有关规定。

停工检修的有关规定有以下两个方面。

进入设备作业的有关规定：①动火的有关规定；②动土的有关规定；③科学文明检修的有关规定。

检修现场的十大禁令：

① 不戴安全帽、不穿工作服者禁止进入现场；

② 穿凉鞋、高跟鞋禁止进入现场；

③ 上班前饮酒者禁止进入现场；

④ 在工作中禁止打闹或其他有碍作业的行为；

⑤ 检修现场禁止吸烟；

⑥ 禁止用汽油或其他化工溶剂冲洗设备、机具和衣物；

⑦ 禁止随意泼洒油品、化学危险品、电石废渣等；

⑧ 禁止堵塞消防通道；

⑨ 禁止挪用或损坏消防工具和设备；

⑩ 禁止将现场器材挪作他用。

（8）安全检查

安全检查包括对检修项目的检查、检修机具的检查和检修现场的巡回检查。检修项目，特别是重要的检修项目，在制定检修方案时，需同时制定安全技术措施。没有安全技术措施的项目，不准检修。检修所用的机具，检查合格后由安全主管本部门审查并发给合格证，贴在设备醒目处，以便安全检查人员现场检查。没有检查合格证的设备、机具不准进入检修现场和使用。在检修过程中，要组织安全检查人员到现场巡回检查，检查各检修现场是否认真执行安全检修的各项规定，发现问题及时纠正、解决。如有严重违章者，安全检查员有权令其停止作业。

7.4.4 动火检修技术

在化工企业中，凡是动用明火或可能产生明火的作业都属于动火作业。例如，电焊、气焊、切割、喷灯、电炉、熬炼、烘炒、焚烧等明火作业；铁器工具敲击、铲、刮、凿、敲设备及墙壁或水泥构件，使用砂轮、电钻、风镐等工具，安装皮带传动装置，高压气体喷射等一切能产生火花的作业；采用高温能产生强烈辐射的作业。在化工企业中，动火作业必须严格贯彻执行安全动火和用火的制度，落实安全动火的措施。

7.4.4.1 动火区划分

企业应根据生产工艺过程的危险程度及维修工作的需要，在厂区内划分固定动火区和禁火区。

（1）固定动火区

指允许从事各种动火作业的区域。固定动火区应符合以下条件。

① 距易燃、易爆物区域的距离，应符合国家有关防火规范的防火间距要求。

② 生产装置正常放空或发生事故时，要保证可燃气体不能扩散到固定动火区内，在任何情况下，要保证固定动火区内可燃气体的含量在允许含量以下。

③ 室内固定动火区应与危险源（如生产现场）隔开，门窗要向外开，道路要畅通。

④ 固定动火区要有明确标志，区内不允许堆放可燃杂物。

⑤ 固定动火区内必须配有足够适用的灭火器具，并设置"动火区"字样的明显标志。

（2）禁火区

化工厂厂区内除固定动火区外，其他区域均为禁火区。凡需要在禁火区内动火时，必须申请办理"动火证"。禁火区内动火可划分为两级：一级动火，指在正常生产情况下的要害部位、危险区域动火，一级动火由厂安全技术和防火部门审核，主管厂长或总工程师批准；二级动火，指固定动火区和一级动火区范围以外的动火，二级动火由所在车间主管主任批准即可。

7.4.4.2 动火安全要点

（1）审证

禁火区内动火必须办理"动火证"的申请、审核和批准手续，要明确动火的地点、时间、范围、动火方案、安全措施、现场监护人等。审批动火应考虑两个问题：一是动火设备本身，二是动火的周围环境。要做到"三不动火"，即没有动火证不动火、安全防火措施不落实不动火、监护人不在现场不动火。

（2）联系

动火前要和有关生产车间、工段联系好，明确动火的设备、位置。事先由专人负责做好动火设备的置换、中和、清洗、吹扫、隔离等工作，并落实其他安全措施。

（3）隔离

动火设备应与其他生产系统可靠隔离，防止运行中设备、管道内的物料泄漏到动火设备中来；将动火地区与其他区域采取临时隔火墙等措施加以隔开，防止火星飞溅而引起事故。

（4）拆迁

凡能拆迁到固定动火区或其他安全地方进行的动火作业，不应在生产现场内进行，尽量减少禁火区内的动火作业。

（5）移去可燃物

将动火周围 10m 范围以内的一切可燃物，如溶剂、润滑油、未清洗的盛放过易燃液体的空桶、木框等，移到安全场所。

（6）灭火措施

动火期间动火地点附近的水源要保证充分，不能中断；动火场所准备好足够数量的灭火器具；在危险性大的重要地段动火，消防人员要到现场做好充足准备。

（7）检查与监护

上述工作准备就绪后，根据动火制度的规定，厂、车间或安全、保卫部门的负责人应到现场检查，对照动火方案中提出的安全措施检查是否落实，并再次明确和落实现场监护人和动火现场指挥，交代安全注意事项。

（8）动火分析

动火分析不宜过早，一般不要早于动火前的半个小时。如果动火中断半小时以上，应重做动火分析。分析试样要保留到动火之后，分析数据应做记录，分析人员应在分析化验报告单上签字。

（9）动火

动火应由经安全考核合格的人员担任，压力容器的焊补工作应由锅炉压力容器考试合格的工人担任。无合格证者不得独自从事焊接工作。动火作业出现异常时，监护人员或动火指挥应果断命令停止动火，待恢复正常、重新分析合格并经批准部门同意后，方可重新动火。高处动火作业应戴安全帽、系安全带，遵守高处作业的安全规定。氧气瓶和移动式乙炔瓶发生器不得有泄漏，应距明火 10m 以上，氧气瓶和乙炔发生器的间距不得小于 5m，有五级以上大风时不宜高处动火。电焊机应放在指定的地方，火线和接地线应完整无损、牢靠，禁止用铁棒等物代替接地线和固定接地点。电焊机的接地线应接在被焊设备上，接地点应靠近焊接处，不准采用远距离接地回路。

（10）善后处理

动火作业结束后，应仔细清理现场，熄灭余火，做到不遗漏任何火种，切断动火作业所用电源。

动火作业必须严格遵守和切实落实国家有关部门制定的防止违章动火禁令。

7.4.5　罐内（有限空间）检修技术

进入化工生产区域内的各类塔、球、釜、槽、罐、炉膛、锅筒、管道、容器以及地下室、阴井、地坑、下水道或其他封闭场所内进行的作业均为进入设备作业。

7.4.5.1 进入设备作业证制度

进入设备作业前，必须办理进入设备作业证。进入设备作业证由生产单位签发，由该单位主要负责人负责签署。

生产单位在对设备进行置换、清洗并进行可靠隔离后，事先应进行设备内可燃气体分析和氧含量分析。有电动和照明设备时必须切断电源，并挂上"有人检修，禁止合闸"的牌子，以防止有人误操作伤人。

检修人员凭有负责人签字的"进入设备作业证"及"分析合格单"，才能进入设备内作业。在进入设备内作业期间，生产单位和施工单位应有人专人进行监护和救护，并在该设备外明显部位挂上"设备内有人作业"的牌子。

7.4.5.2 设备内作业安全要求

(1) 安全隔离

设备所有与外界连通的管道、孔洞均应与外界有效隔离。设备与外界连接的电源应有效切断。管道安全隔离可采用插入盲板或拆除一段管道进行隔绝，不能用水封或阀门等代替盲板或拆除管道，电源有效切断可采用取下电源保险熔丝或将电源开关拉下后上锁等措施，并加挂警示牌。

(2) 空气置换

凡用惰性气体置换过的设备，在进入之前必须用空气置换出惰性气体，并对设备内空气中的氧含量进行测定。设备内动火作业除了其中空气的可燃物含量符合动火规定外，氧含量应在 18% 到 21% 之间。若设备内介质有毒的话，还应该测定设备内空气中有毒物质的浓度。有毒气体和可燃气体浓度符合《化工企业安全管理制度》的规定。

(3) 通风

要采取措施，保持设备内气体采样分析，分析合格后办理《设备内安全作业证》，方可进入设备。采样点要有代表性。作业中要加强定时监测，情况异常立即停止作业，并撤离人员。作业现场经处理后，取样分析合格方可继续作业。涂刷具有挥发性溶剂的涂料时，应做连续分析，并采取可靠通风措施。

(4) 用电安全

设备内作业照明，使用的电动工具必须使用安全电压，在干燥的设备内电压小于等于 36V，在潮湿环境或密闭性好的金属容器内电压小于等于 12V；若有可燃物质存在时，还应该符合防爆要求。悬吊行灯时不能使导线承受张力，必须用附属的吊具来进行悬吊；行灯的防护装置和电动工具的机架等金属部分应该预先可靠接地。

设备内焊接应准备橡胶板，穿戴其他电气防护工具，焊机托架应采用绝缘的托架，最好在电焊机上装上防止电击的装置再使用。

(5) 设备外监护

设备内作业一般应指派两人以上作设备外监护。监护人应了解介质的理化性质、毒性、中毒症状和火灾、爆炸性；监护人应位于能经常看见设备内全部操作人员的位置，眼光不得离开操作人员；监护人除了向设备内作业人员递送工具、材料外，不得从事其他工作，更不准擅离岗位；发现设备内有异常时，应立即召集急救人员，设法将设备内受害人员救出，监护人应从事设备外的急救工作；如果没有代理监护人，即使在非常时候，监护人也不得自己进入设备内；凡进入设备内抢救的人员，必须根据现场的情况穿戴防毒面具或氧气呼吸器、安全带等防护器具。决不允许不采取任何个人防护而冒险进入设备救人。

(6) 个人防护

设备内作业应使设备内及其周围环境符合安全卫生要求。进入设备作业，防毒面具务必事先严格检查，确保完好，并规定在设备内的停留时间，严密监护，轮换作业；在设备内空气中氧含量和有毒有害物质均符合安全规定时作业，还应该正确使用劳动保护用品，必须穿戴好工作帽、工作服、工作鞋；衣袖裤子不得卷起，作业人员的皮肤不要露在外面；不得穿戴沾附着油脂的工作服；有可能落下工具、材料及其他物体或漏滴液体等的场合，要戴安全帽；有可能接触酸、碱、苯酚之类腐蚀性液体的场合，应戴防护目镜、面罩、毛巾等保护整个面部和颈部；设备内作业一般穿中筒或高筒橡皮靴，为了防止脚部伤害也可以穿反牛皮靴等工作鞋。其他还有急救措施、升降机具等。

（7）进入容器、设备的八个"必须"

原化学工业部颁布的安全生产禁令中有关进入容器、设备的八个"必须"是：

① 必须申请、办证，并得到批准；

② 必须进行安全隔离；

③ 必须切断动力电，并使用安全灯具；

④ 必须进行置换、通风；

⑤ 必须按时间要求进行安全分析；

⑥ 必须佩戴规定的防护用具；

⑦ 必须有人在器外监护，并坚守岗位；

⑧ 必须有抢救后备措施。

7.4.6 动土检修技术

化工企业内外的地下有动力、通信和仪表等不同用途、不同规格的电缆，有消防用水等水管，还有煤气管、蒸汽管、各种化学物料管。电缆、管道纵横交错，编织成网。以往由于动土没有一套完善的安全管理制度，不明地下设施情况而进行动土作业，结果挖断了电缆、击穿了管道、土石塌方、人员坠落，造成人员伤亡或全厂停电等重大事故。因此，动土作业应该是化工检修技术管理的一个内容。

7.4.6.1 动土检修范围

凡是影响到地下电缆、管道等设施安全的地上作业都包括在动土作业的范围之内，如挖土、打桩、埋设接地极等入地超过一定深度的作业（入土深度以多少为界视各企业地下设施深度而定，有的规定 0.5m，有的可能 0.6m，以可能危及地下设施的原则确定）；绿化植树、设置大型标语牌、宣传画廊以及排放大量污水等影响地下设施的作业；用推土机、压路机等施工机械进行填土或平整场地；除正规道路以外的厂内界区，物料堆放的荷重在 $5t/m^2$ 以上或者包括运输工具在内物件运载总量在 3t 以上的都应作为动土作业。堆物荷重和运载总重的限定值应根据土质而定。

7.4.6.2 动土作业的安全要求

（1）动土作业前的准备工作

动土作业前必须办理《动土安全作业证》，没有《动土安全作业证》不准动土作业。动土作业前，项目负责人应对施工人员进行安全教育；施工负责人对安全措施进行现场交底，并督促落实。作业前必须检查工具、现场支护是否牢固、完好，发现问题应及时处理。

（2）动土作业工程中的安全要求

① **防止损坏地下设施和地面建筑**：动土作业中接近地下电缆、管道及埋设物的地方施工时，不准用铁镐、铁撬棍等工具进行作业，也不准使用机械挖土；在挖掘地区内发现事先未预料到的地下设备、管道或其他不可辨别的东西时，应立即停止工作，报告有关部门处理，严禁随意敲击；挖土机在建筑物附近工作时，与墙柱、台阶等建筑物的距离至少应在

1m 以上，以避免碰撞等。

② **防止坍塌**：开挖没有边坡的沟、坑、池等必须根据挖掘深度装设支撑。开始装设支撑的深度，根据土壤性质和湿度决定。如果挖掘深度不超过 1.5m，可将坑壁挖成小于自然坍落角的边坡而不设支撑。一般情况下深度超过 1.5m 应设支撑。更换支撑时，必须先安上新的，然后拆下旧的。

此外，动土作业要防止工具伤害、防止坠落，必须按《动土安全作业证》的内容进行，不得擅自变更动土作业内容、扩大作业范围或转移作业地点。在可能出现煤气等有害气体的地点工作时，应预先通知工作人员，并做好防毒准备。在化工危险场所动土作业时，要与有关的操作人员建立联系，当化工生产突然排放有毒有害气体时，应立即停止工作，撤离全部人员并报告有关部门处理，在有毒有害气体未彻底清除前不准恢复工作。

（3）《动土安全作业证》的管理

《动土安全作业证》由机动部门负责管理；动土申请单位在机动部门领取《动土安全作业证》，填写有关内容后交施工单位；施工单位接到《动土安全作业证》，填写有关内容后将《动土安全作业证》交动土申请单位；动土申请单位从施工单位收到《动土安全作业证》后，交厂总图及有关水、电、汽工艺、设备、消防、安全等部门审核，由厂机动部门审批；动土作业审批人员应到现场核对图纸，查验标志，检查确认安全措施，方可签发《动土安全作业证》；动土申请单位将办理好的《动土安全作业证》留存后，分别送总图室、机动部门、施工单位各一份。

7.4.7 高空检修技术

有关资料统计，化工企业高处坠落事故造成的伤亡人数仅次于火灾爆炸和中毒事故。发生高处坠落事故的原因主要是：洞、坑无盖板，平台、扶梯的栏杆不符合安全要求，或检修中移去盖板，临时拆除栏杆后不设警告标志，没有防护措施；高处作业不挂安全网、不戴安全帽、不系安全带；梯子使用不当或梯子不符合安全要求；不采取任何安全措施在石棉瓦之类不坚固的结构上作业；脚手架有缺陷；高处作业用力不当，重心失稳等。化工企业在检修作业中，除了做好防火、防爆、防中毒工作外，做好高空坠落事故对大幅度减少化工重大伤亡事故有很大作用。

（1）高处作业的分级

凡距坠落高度基准面（指从作业位置到最低坠落着地点的水平面）2m 及其以上，有可能坠落的高处进行的作业，称为高处作业。高处作业分级按表 7-1。

表 7-1　高处作业的分级

级别	一级	二级	三级	特级
高度 H/m	$2 < H \leqslant 5$	$5 < H \leqslant 15$	$15 < H \leqslant 30$	$H \geqslant 30$

（2）高处作业分类

高处作业分为特殊高处作业、化工工况高处作业和一般高处作业。化工工况高处作业的位置包括：①在坡度大于 45° 的斜坡上面；②在升降（吊装）口、坑、井、池、沟、洞等上面或附近；③在易燃、易爆、易中毒、易灼伤的区域或用电设备附近；④在无平台、无护栏的塔、釜、炉、罐等化工容器、设备及架空管道上；⑤在塔、釜、炉、罐等设备内进行的高处作业和化工工况高处作业以外的高处作业。

（3）《高处安全作业证》的管理

一般高处作业及化工工况①、②类高处作业由车间负责审批；二级、三级高处作业及化工工况③、④类高处作业由车间审核后，报厂安全管理部门审批；特级、特殊高处作业及化工工况⑤类高处作业由厂安全部门审核后报主管厂长或总工程师审批。

施工负责人必须根据高处作业的分级和类别向审批单位提出申请，办理《高处安全作业证》。《高处安全作业证》一式三份，一份交给工作人员，一份交给施工负责人，一份交安全管理部门留存。对施工期较长的项目，施工负责人应经常深入现场检查，发现隐患及时整改，并做好记录。若施工条件发生重大变化，应重新办理《高处安全作业证》。

（4）高处作业的安全要求

高处作业的安全要求主要有：患有精神病、癫痫病、高血压、心脏病等疾病的人不准参加高处作业；工作人员饮酒、精神不振时禁止登高作业，患有深度近视眼病的人员也不宜从事高空作业；高处作业均需先搭脚手架或采取其他防止坠落的措施后，方可进行；在没有脚手架或者没有栏杆的脚手架上工作，高度超过 1.5m 时，必须使用安全带或采取其他可靠的安全措施；高处作业现场应设有围栏或其他明显的安全界标，除有关人员外，不准其他人在作业地点的下面通行或逗留；进入高空作业现场的工作人员必须戴好安全帽；高处作业应一律使用工具袋，防止工具材料坠落；脚手架搭建时应避开高压线，防止触电。

暴雨、打雷、大雾等恶劣天气，应停止露天高处作业。

登高作业人员的鞋子不宜穿塑料底等易滑的或硬性厚底的鞋子；冬季在零下 10℃ 从事露天高处作业应注意防止冻伤，必要时应在施工附近设有取暖的休息所。不过取暖地点的选择和取暖方式符合化工企业有关防火、防爆和防中毒窒息的要求。

7.4.8 电气检修技术

检修使用的电气设施有两种：一是照明电源，二是检修施工机电源（卷扬机、空压机、电焊机）。以上电气设施的接线工作需由电工操作，其他工种不得私自乱接。

电气设施检修应遵照《电气安全工作规程》做好相应的安全措施。

（1）工作票制度

凡电气检修必须执行电气检修工作票制度。工作票应填明工作内容、工作地点、时间、安全措施等内容。工作票签发人、工作负责人、工作许可人要各负其责。

（2）工作监护制度

电气检修工作应有人监护。根据工作需要，可设专职监护人，专职监护人不得同时兼任其他工作。

（3）检修停电安全技术措施

对于要停电检修的设备，必须要把各方面的电源全部断开；验电需选用相应电压等级的验电器，应先在有电部位试验，以确认验电器完好，高压验电必须戴绝缘手套，装设接地线。验明设备确已无电后，应用临时接地线将检修设备接地并三相短路，以防突然来电造成伤害；悬挂标示牌和装设遮栏。在一经合闸即可送电到工作地点的所有开关和闸刀处，均应悬挂"有人工作，禁止合闸"的标志牌。停电作业应履行停、复用电手续。

（4）低压带电操作安全措施

低压带电作业应当使用绝缘性能好的工具，应穿绝缘鞋、站在干燥的地方，戴手套，戴安全帽，穿长袖工作服，必要时戴护目镜。低压带电检修应设专人监护。检修前应分清火线、零线。如无绝缘措施，检修人员不得穿越带电导线。检修时应细心谨慎，防止操作失误造成短路事故。应注意人体不得同时触及两根导线。

（5）临时抢修时的操作安全措施

在生产装置运行过程中，临时抢修用电时，应办理用电审批手续。电源开关要采用防爆型，电线绝缘要良好，宜空中架设，远离传动设备、热源、酸碱等。抢修现场使用临时照明灯具宜为防爆型，严禁使用无防护罩的行灯，不得使用 220V 电源，手持电动工具应使用安全电压。

电气设备着火、触电，应首先切断电源。不能用水来灭电气火灾，宜用干粉灭火机扑救；如触电，用木棍将电线挑开；当触电人停止呼吸时，应进行人工呼吸，送医院急救。

7.4.9 建筑维修技术

建筑作业时用的脚手架和吊架必须能足够承受站在上面的人员及材料等的重量。使用时禁止在脚手架和脚手板上超重聚集人员或放置超过计算荷重的材料。一般脚手架的荷重量不得超过 270kg/m²。

（1）脚手架材料

脚手架杆柱可采用竹、木或金属管，根据化工检修作业的要求和就地取材的原则选用。

（2）脚手架的链接与固定

脚手架要同建筑物链接牢固。禁止将脚手架直接搭靠在楼板的木肋上及未经计算过补加荷重的结构部分上，也不得将脚手架和脚手板固定在栏杆、管子等不十分牢固的结构上；立杆或支杆的底端要埋入地下，深度根据土壤性质而定。在埋入杆子时必须将土夯实，如果是竹竿，必须在基坑内垫以砖石，以防下沉。遇松土或无法挖坑时，必须绑设地杆子；金属管脚手架的立杆，应垂直地稳放在垫板上，垫板安置前把地面夯实、整平。立杆应套上由支柱底板及焊在底板上管子组成的柱座，连接各个构件间的铰链螺栓，一定要拧紧。

7.4.10 其他检修技术

（1）焊接检修场所及消防措施

焊接检修技术是化工检修中常见的作业之一。焊接检修场所应有必要的通道，一旦发生事故便于撤离、消防和急救；焊接检修的设备、工具和材料等应排列整齐，管、线等不得相互缠绕，可燃气瓶和氧气瓶应分别存放，用完气瓶应及时移出现场，不得随意放置；保证焊接作业面不小于 4m²，地面应干燥，作业点周围 10m 范围内不能有易燃、可燃物品；工作场所应有良好的采光或照明；检修场所应保持良好的通风，避免可燃、易爆气体滞留；在半封闭场所作业，必须进行空气检验分析，要注意通风；进入容器内进行作业时，作业过程中要保持通风，要先进行空气置换，并进行分析检验；对于检修附近的设备、孔洞和地沟等，应用不燃隔板（如石棉板）隔开。

（2）厂区吊装作业

吊装作业是利用各种机具将重物吊起，并使重物发生位置变化的作业过程。

吊装作业的安全要求：吊装作业人员必须持有特殊工种作业证。吊装质量大于 10t 的物品必须办理《吊装安全作业证》；吊装质量大于等于 40t 的物体和土建工程主体结构，应编制吊装施工方案。吊装物体质量虽不足 40t，但形状复杂、刚性小、长径比大、精密贵重，或施工条件特殊的情况下，也应编制吊装施工方案。吊装施工方案经施工主管部门和安全技术部门审查，报主管厂长或总工程师批准后方可实施。各种吊装作业前，应预先在吊装现场设置安全警戒标志，并设专人监护，非施工人员禁止入内。吊装作业中，夜间应有足够的照明。室外作业遇到大雪、暴雨、大雾及六级以上大风时，应停止作业。吊装作业人员必须佩戴安全帽，安全帽应符合《头部防护 安全帽》（GB 2811—2019）的规定。高处作业时必须遵守《化学品生产单位高处作业安全规范》（AQ 3025—2008）的规定。吊装作业前，应对吊装设备、钢丝绳、揽风绳、链条、吊钩等各种机具进行检查，必须保证安全可靠，不准带病使用。吊装作业时，必须分工明确、坚守岗位，并按《起重机 手势信号》(GB/T 5082—2019)规定的联络信号，统一指挥。必须按《吊装安全作业证》上填报的内容进行作业，严禁涂改、转借《吊装安全作业证》，变更作业内容，扩大作业范围或转移作业部位。对吊装作业审批手续不全，安全措施不落实，作业环境不符合安全要求的，作业人员有权拒绝作业。

《吊装安全作业证》由机动部门负责管理。《吊装安全作业证》批准后，项目负责人应将《吊装安全作业证》交作业人员。作业人员应检查《吊装安全作业证》，确认无误后方可作业。

7.5 化工装置试车安全技术

在化工装置检修结束时，必须进行全面的检查和验收。对设备检修的安全评价主要体现在安全质量上：整个检修能否抓住关键，把好关，做好安全检修；同时实现科学检修、文明施工；做到安全交接，达到一次开车成功。检修时要认真负责，保证质量。在安全交接上，做好交尾工作，要完工、料尽、场地清，并进行仔细、彻底的检查，确认无误，才能进行装置试车。

7.5.1 现场清理及开工前检查

检修后的安全交接及其安全评价，也就是后期交接的安全管理主要包括以下几个方面。

(1) 现场清理

检修完毕，检修人员要检查自己的工作有无遗漏，要清理现场，将火种、油渍垃圾、边角废料等全部清除，不得在现场遗留任何材料、器具和废物。

大修结束后，施工单位撤离现场前，要做到"三清"：一是清查设备内有无遗忘的工具和零件；二是清扫管路通道，查看有无应拆除的盲板等；三是清除设备、屋顶、地面上的杂物垃圾。撤离现场应有计划地进行，化工生产单位要配合协助。凡是先完成的工种，应先将工具、机具搬走，然后拆除临时支架、临时电气装置等。拆除脚手架时，要自上而下，拆除工程禁止数层同时进行，下方要有人监护，禁止行人逗留；高处要注意电线、仪表等装置。拆下的材料物体要用绳子系好吊下，或采用吊运和顺槽流放的方法，及时清理运出，不能抛掷，要随拆随运，不可堆积。电工临时电线要彻底拆除，如属永久性电气装置，检修完毕，要先检查作业人员是否全部撤离，标志是否全部取下，然后拆除临时接地线、遮栏、护罩等，再检查绝缘，恢复原有的安全防护。在清理现场过程中，应遵守有关安全规定，防止物体打击等事故发生。

检修竣工后，要仔细检查安全装置和安全措施，如护栏、防护罩、设备孔盖板、安全阀、减压阀、各种计量计（表）、信号灯、报警装置、联锁装置、自控设备、刹车、行程开关、制动开关、阻火器、防爆膜、静电导线、接地、接零等，经过校验使其全部恢复好，并经各级验收后方可投入运行。检修移交验收前，不得拆除悬挂的警告牌和开启切断的管道阀门。

(2) 装置开车前安全检查

检修作业结束后，要对检修项目进行彻底检查，确认没有问题，进行妥善的安全交接后，才能进行试车或开车。总之，每一个项目检修完成后，都要进行自检，在自检合格好的基础上再进行互检和专业检查，不合格要及时返修。生产装置经过停工检修后，在开车运行前要进行一次全面的安全检查验收。目的是检查检修项目是否完全完工，质量全部合格，劳动保护安全卫生设施是否全部恢复完善，设备、容器、管道内部是否全部吹扫干净、封闭，盲板是否按要求抽、加完毕，确保无遗漏，检修现场是否完工、料尽、场地清，检修人员、工具是否撤出现场，达到了安全开工条件。

检修质量检查和验收工作，宜组织责任心强、有丰富实践经验的人员进行。这项工作既是评价检修施工效果，又是为了安全生产奠定基础，一定要消除各种隐患，未经验收的设备不允许开车投产。

（3）焊接检验

凡化工装置使用易燃、易爆、剧毒介质以及特殊工艺条件的设备、管线及经过动火检修的部位，都应按相应的规程要求进行 X 射线拍片检验和残余应力处理。如发现焊缝有问题，必须重焊，直到验收合格，否则将导致严重后果。某厂气分装置脱丙烯塔与再沸器之间焊接的一条直径 80mm 丙烷抽出管线，因焊接质量问题，开车后断裂跑料，发生重大爆炸事故。事故的直接原因是焊接质量低劣，有严重的夹渣和未焊透现象，断裂处整个焊缝有三个气孔，其中一个气孔直径达 2mm，有的焊缝厚度仅为 1～2mm。

（4）安全检查要点

① 检查设备、管线上的压力表、温度计、液面计、流量计、电热偶、安全阀是否调校安装完毕，灵敏好用。

② 试压前所有的安全阀、压力表应关闭，有关仪表应隔离或拆除，防止起跳或超程损坏。

③ 对被试压的设备、管线要反复检查。

④ 试压时，试压介质、压力、稳定时间都要符合设计要求，并严格按有关规程执行。

⑤ 对于大型、重要设备和中高压设备及管道，在试压前应编制试压方案，制定可靠的安全措施。

⑥ 采用气压试验时，试压现场应加设围栏或警告牌，管线的输入端应装安全阀。

⑦ 带压设备、管线，在试验过程中严禁强烈机械冲撞或外来气体串入，升压和降压应缓慢进行。

⑧ 在检查受压设备和管线时，法兰、法兰盖的侧面和对面都不能站人。

⑨ 在试压过程中，受压设备、管线如有异常响声，如压力下降、表面油漆剥落、压力表指针不动或来回不停摆动，应立即停止试压，并卸压查明原因，视具体情况再决定是否继续试压。

⑩ 登高检查时应设平台围栏，系好安全带，试压过程中发现泄漏，不得带压紧固螺栓、补焊或修理。

（5）吹扫、清洗

在检修装置开工前，应对全部管线和设备彻底清洗，把施工工程中遗留在管线和设备内的焊渣、泥沙、锈皮等杂质清除掉，使所有管线都贯通。如吹扫、清洗不彻底，杂物易堵塞阀门、管线和设备，对泵体、叶轮产生磨损，严重时还会堵塞泵过滤网。如不及时检查，将泵抽空，会造成泵或电机损坏的设备事故。

一般处理液体管线用水冲洗，处理气体管线用空气或氮气吹扫，蒸汽等特殊管线除外。如仪表用气管线应用净化风吹扫，蒸汽管线按压力等级不同使用相应的蒸汽吹扫等。吹扫、清洗中因拆除易堵卡物件（如孔板、调节阀、阻火器、过滤网等），安全阀加盲板隔离，关闭压力表手阀及液体计连通阀，严格按方案执行；吹扫、清洗要严，按系统、介质的种类、压力等级分别进行，并应符合现行规范要求；在吹扫过程中，要有防止噪声和静电产生的措施，冬季用水清洗应有防冻结措施，以防阀门、管线、设备冻坏；放空口要设置在安全的地方或有专人监视；操作人员应配齐个人防护用具，与吹扫无关的部位要关闭或加盲板隔绝；用蒸汽吹扫管线时，要先慢慢暖管，并将冷凝水引到安全位置排放干净，以防水击，并有防止检查人烫伤的安全措施；对低点排凝、高点放空，要顺吹扫方向逐个打开和关闭，待吹扫达到规定时间要求时，先关阀后停气；吹扫后要用氮气或空气吹干，防止蒸汽冷凝造成真空而损坏管线；输送气体管线如用液体清洗时，核对支撑物强度能否满足要求；清洗过程要用最大安全体积和流量。

（6）烘炉

各种反应炉在检修开车前，应按烘炉规程要求进行烘炉。

① 编制烘炉方案，并经有关部门审查批准。组织操作人员学习，掌握其操作程序和应注意的事项。

② 烘炉操作应在车间主管生产的负责人指导下进行。

③ 烘炉前，有关的报警信号、生产连锁应调校合格，并投入使用。

④ 点火前，要分析燃料气中的氧含量和炉膛可燃气体含量，符合要求后方能点火。点火时应遵守"先火后气"的原则。点火时要采取防止喷火烧伤的安全措施以及灭火的措施。炉子熄火后重新点火前，必须再进行置换，合格后再点火。

（7）传动设备试车

化工生产装置中机、泵起着输送液体、气体、固体介质的作用，由于操作环境复杂，一旦单机发生故障，就会影响全局。因此要通过试车，对机、泵检修后能都保证安全投料一次开车成功进行考核。

① 编制试车方案，并经有关部门审查批准。

② 专人负责进行全面仔细的检查，使其符合要求，安全设施和装置要齐全完好。

③ 试车工作应由车间主管、生产的负责人统一指挥。

④ 冷却水、润滑油、电机通风、温度计、压力表、安全阀、报警信号、联锁装置等，要灵敏可靠，运行正常。

⑤ 查明阀门的开关情况，使其处于规定的状态。

⑥ 试车现场要整洁干净，并有明显的警戒线。

7.5.2 装置性能试验

装置性能试验是对检修过的设备装置进行验证，必须经检查验收合格后才能进行，内容有试温、试压、试速、试漏、试安全装置及仪表灵敏度等。

① **试温**：指高温设备，按工艺要求升温至最高温度，验证其放热、耐火、保温的功能是否符合要求。

② **试压**：试压包括水压试验、气压试验、气密性试验和耐压试验。目的是检验压力容器是否符合生产和安全要求。试压非常重要，必须严格按规定进行。

③ **试速**：指对转动设备的验证，以规定的速度运转，观察其摩擦、振动情况，是否有松动。

④ **试漏**：指检验常压设备、管道的连接部位是否紧密，是否有跑、冒、滴、漏现象。

⑤ **安全装置和安全附件的校验**：安全阀按规定进行检验、定压、铅封；爆破片进行更换；压力表按规定校验、铅封。

⑥ 各种仪表进行校验、调试，达到灵敏可靠。

7.5.3 试运转操作安全与事故预防

生产装置安全运行是一项系统工程，涉及部门广，人员多，应充分做好前期的准备工作，并制定详细可行的方案，以确保试运行的安全。

（1）建立组织保证体系

成立安全运行的领导机构，厂部主要领导全面负责，安全、设备、生产、技术、环保及后勤保障等部门人员参与，并明确分工，各司其职，各负其责。

（2）制定详细的运行方案

安全运行方案至少包括以下内容。

① 工艺过程的说明，具体说明工艺条件，如温度、压力等，工艺的组成内容，如原辅料、中间体、产品的性质等。

② 运转操作程序及时间安排。

③ 运转操作的重点环节，如明确主要设备运转及控制参数，发生误操作的应急措施等。

④ 试运行的准备，如运转前的最后检查，公用工程设备的启动，转动机械类的试运转，有关安全设备的试操作和性能检查，紧急切断回路的动作确认等。

⑤ 模拟运转，包括试压、检漏及单机空运转，联动试车方案。

⑥ 装置性能确认和投料，包括运行各阶段中的操作办法以及中间产品、不合格产品的处理办法，记述保持正常运转的操作方法，记述项目由各单元装置开始运转的顺序及运转变更条件、运转的问题及特殊注意事项等。

⑦ 停车安全。

⑧ 安全管理，有关试运转时的安全应记述下列事项：

- 生产岗位防火、防爆、防毒、防腐蚀的重点部位及预防措施；
- 所用防毒设施、个人防护用品的使用方法；
- 特殊工作服等劳保用品及其他安全用具的数量、设置及保管场所；
- 运行出现异常情况时的处置要领；
- 需要部位的事故处理方法、疏散方法及其他应急救援措施。

⑨ 其他需要说明的事项。

（3）做好安全教育

结合试运转的方案，对参加试运转的有关人员进行一次装置试运转前的安全操作、安全管理的培训，以提高参与人员执行各种规章制度的自觉性和落实安全责任重要性的认识，使其从思想上、组织上、制度上进一步落实安全措施，从而为安全试运行方案的实施创造必要的条件。

（4）联动试车

装置检修后的联动试车，重点要注意做好以下几个方面的工作。

① 编制联动试车方案，并经有关领导审查批准。

② 指定专人对装置进行全面认真的检查，查出的缺陷要及时消除。检修资料要齐全，安全设施要完好。

③ 专人检查系统内盲板的抽、加情况，登记建档，签字认可，严防遗漏。

④ 装置的自保系统和安全联锁装置调校合格，正常运行灵敏可靠，专业负责人要签字。

⑤ 供水、供气、供电等辅助系统运行正常，符合工艺要求。整个装置具备开车条件。

⑥ 在厂部或车间领导统一指挥下进行联动试车工作。

（5）试运转安全事故预防

对于生产装置，即便是安全设计认真详细，特别是新的工艺，要预防事故发生，需要有设计及运转的丰富经验。

① 一般来说，试运转事故的原因比例如下：机械故障引起的事故占75％，设备操作不当引起的事故占20％，由工艺本身引起的事故占5％，因此要重点预防机械故障，从下列事项中检查原因：有关部分的温度、压力和流量，泵、压缩机、电动机等的负荷状态；公用工程运行状态等。

② 正确分析运行中的各种现象，如比较设计条件与生产运转的数据，或比较发生故障之前的数据和正常时的数据，再稍微调整运转条件，消除可能引起事故的因素。

③ 蒸馏塔的液泛会阻碍正常的蒸馏操作，减少进料，减少供给重沸器的热源或暂时提高蒸馏塔的压力，可制止液泛。

④ 要特别注意冷却、加热介质及工艺流体的出入口温度和压力的变化，对加热器未按设计量供给热量，又没有污染时，是蒸汽加热的，检查疏水器效果及加热管内的液体流动是否畅通。

⑤ 在装填催化剂的反应器中，运转条件正常，而得不到所要求的反应物时，应考虑是反应器内部的格子板及分解器等构件上的缺陷，有关仪表有错误，反应器内发生偏流，反应系统污染等，如果这些问题都排除，就查是否催化剂本身有缺陷，活性有问题，或者活化不恰当。

7.5.4 生产开、停车安全

装置开车要在开车指挥部的领导下，统一安排，并由装置所属的车间领导负责指挥开车。岗位操作工人要严格按工艺卡片的要求和操作规程操作。

7.5.4.1 公用工程设备的开车安全

在装置试运转之前，应先启动公用工程设备，确认这些设备运行稳定，确认操作工能熟练掌握设备操作技能。

① 启动水、电、汽等公用工程设备

a. 启动受电、变电、配电、自用发电机等有关电气设备；

b. 运行有关用水设备，启动冷却塔、循环冷却水、接受工业用水等；

c. 启动空气压缩机，向系统开启压缩空气，检查仪表等控制系统；

d. 向系统输送蒸汽，检验蒸汽疏水器功能等；

e. 启动氮气等惰性气体保护设备，确认其运行状况。

② 启动制冷系统、送排风系统。确认其运行状况是否正常。

③ 启动排水设备及环保设施，确认装置区内三废处理设施的功能符合设计要求，环境保护设施有效。

④ 有关安全设备的检验、试运转，如确认消防设备及其他设备的功能等。

7.5.4.2 单元操作试运转

化工生产线由不同单元组成，每个单元内又分容器设备、传动设备，在联动试车前，应对单体设备的运行状况进行检验，并且要预先做好试压、试漏等准备工作。

（1）单机设备试运转的准备

① **试运转前的安全检查、检验：**塔、槽、换热器等容器设备检查内部的清扫状况，确认无残留杂质并确认安装无异常；配管类检查确认配管及附件是否按图纸安装，材质的选择能否满足工艺条件；泵、压缩机等转动类机械，按各自的特点确定检查要点，如泵应用手转

动联轴节，转子应无异常状态，驱动机采用电动机时，核对电动机的转动方向等；通常在施工结束、装置启动前进行仪表检验，使其指示值可靠。

② 施工质量的检查：凡化工装置使用易燃、易爆、剧毒介质以及特殊工艺条件的设备、管线经过焊接等施工的部位，应按相应规程要求进行探伤检查和残余应力处理，如发现焊缝有问题，必须充焊，直到验收合格，否则将导致严重后果。

③ 试压和气密性试验：任何设备、管线在安装施工后，应严格按规定进行试压和气密性试验，以检验施工质量，防止生产时跑、冒、滴、漏，造成事故。

压力容器试压前应编制试压方案，容器和管线的试压一般用水作介质，不得采用有危险的液体，不宜用压缩空气和氮气作耐压试验，气压试验危险性比水压试验大得多，曾有用气压试验代替水压试验而发生事故的教训，特殊情况必须采取气压试验时，试压现场应加设围栏或警告牌，管线输入端应装安全阀。在试压过程中，受压设备、管线如有异常响声，如压力下降、表面油漆剥落、压力指示表针不动或来回不停摆动，应立即停止试压，并卸压查明原因。在试压过程中发现泄漏，不得带压紧固螺栓、补焊或修理。

（2）单元试运转要领

① 转动机械类试运转，每个班组员工最好至少进行启动、停车三次以上，使员工熟练掌握设备的操作要领。压缩机尽量用空气进行试验，并稳定运转一定时间，但是不要使出口压力和出口温度过大；进行泵的水运转时，相对密度及其他方面与工艺流体不一样，所以要采取措施，以防因出口压力过大和超负荷等引起故障。

② 塔、槽、换热器、反应罐类按工艺条件装一定量的水，实际用泵应尽量按工艺系统使水循环。对重沸器等如果可能则通入热源，进行塔内的蒸发。

③ 试运转时进水量应尽量接近实际运转，调节与流量及液位有关的仪表，在此期间试验自动控制回路和调节阀的动作状况。

④ 需要预处理的设备等应按要求操作，如烘炉等。

⑤ 单元操作试运转由生产主管统一负责指挥，试车现场要整洁、干净，并有明显的警戒线和警示标志。

7.5.4.3 流程贯通

用蒸汽、氮气通入装置系统，一方面扫去装置检修时可能残留部分的焊渣、焊条头、铁屑、氧化皮、破布等，防止这些杂物堵塞管线，另一方面验证流程是否贯通。这时应按工艺流程逐个检查，确认无误，做到开车时不窜料。按规定用蒸汽、氮气对装置系统置换，分析系统氧含量达到安全值以下的标准。

7.5.4.4 装置进料

在联动试车贯通流程后，进行装置进料运行。进料前，在升温、预冷等工艺调整操作中，检修工与操作工要配合做好螺栓紧固部位在加热、冷却状态的螺栓紧固工作，防止物料泄漏。岗位应备有防毒面具。油系统要加强脱水操作，深冷系统要加强干燥操作，为投料奠定基础。

① 装置开车要按预先制定的方案统一安排，统一领导，车间领导负责现场指挥，岗位操作工按要求和操作规程操作，并且安全生产措施一定要到位，如有毒有害物质的岗位，虽密闭化生产，岗位还应备防毒面具等。

② 装置进料前，要关闭所有的放空、排污等阀门，然后按规定流程，经班长检查复核，确认安全后，操作工启动机泵进料，进料过程中，操作工沿管线进行检查，防止物料泄漏或物料走错流程；装置开车过程中，严禁乱堆放各种物料；装置升温、升压、加量，按规定进行，操作调整阶段，应注意检查阀门开度是否合适，逐步提高处理量，使达到正常生产为止。

7.5.4.5 装置停车安全

停车安全是化学投料过程中的重要步骤。无论是正常停车、紧急停车，都按方案确定的时间、步骤、工艺变化幅度以及确认的停车操作顺序图，有秩序地进行。

（1）正常停车

正常停车情况要有详细记录，如果停车后装置要维修的还要考虑维修和再启动情况。停车操作应注意的事项如下。

① 停车过程中的操作应准确无误，关键操作采用监护复核制度，操作时都要注意观察是否符合操作意图，如开关动作的缓慢等。

② 降温、降压的速度应严格按照工艺规定进行，防止温度变化过大，使易燃、易爆、有毒及腐蚀性介质产生泄漏。

③ 装置停车时，所有的转动机械、容器设备、管线中的物料要处理干净，对残留物料排放时，应采取相应的安全措施。

（2）紧急停车

因某些原因不能继续运转的情况下，为了装置安全，实施局部或全部的紧急停车。员工紧急停车操作的训练，利用装置模型进行演习，使员工掌握实际操作的技能。紧急停车的判定，如遇冷却水等公用工程供给不足等外部原因或设备发生重大故障，泄漏严重，不能应急处置等内部原因紧急停车。发生紧急情况时，运转指挥人员必须科学地判断原因，采用正确的方式紧急停车。

7.5.5 安全生产工艺参数的控制

化工生产过程中的工艺参数主要包括温度、压力、流量及物料配比等。按工艺要求严格控制工艺参数在安全限度以内，是实现化工安全生产的基本保证，实现这些参数的自动调节和控制是保证化工安全生产的重要措施。

7.5.5.1 温度控制

温度是化工生产中的主要控制参数之一。不同的化学反应都有其自己最适宜的反应温度。化学反应速率与温度有着密切关系。如果超温，反应物有可能加剧反应，造成压力升高，导致爆炸，也可能因为温度过高产生副反应，生产新的危险物质。升温过快、过高或冷却降温设施发生故障，还可能引起剧烈反应发生冲料或爆炸。温度过低有时会造成反应速率减慢或停滞，而一旦反应温度恢复正常时，则往往会因为未反应的物料过多而发生剧烈反应引起爆炸。温度过低还会使某些物料冻结，造成管路堵塞或破裂，致使易燃物泄漏而发生火灾爆炸。液化气体和低沸点液体介质都可能由于温度升高汽化，发生超压爆炸。因此必须防止工艺温度过高或过低。在操作中必须注意、控制反应温度，防止搅拌中断，正确选择传热介质等问题。

7.5.5.2 投料控制

投料控制主要指对投料速度、配比、顺序、原料纯度以及投料量的控制。

（1）投料速度

对于放热反应，加料速度不能超过设备的传热能力。加料速度过快会引起温度急剧升高而造成事故。加料速度若突然减少，会导致温度降低，使一部分反应物料因温度过低而不反应。因此必须严格控制投料速度。

（2）投料配比

对于放热反应，投入物料的配比十分重要。对于连续化程度较高、危险性较大的生产，更要特别注意反应物料的配比关系。

（3）投料顺序

化工生产中，必须按照一定的顺序投料。

（4）原料纯度

许多化学反应，由于反应物料中有过量杂质，以致引起燃烧爆炸。如用于生产乙炔的电石，其磷含量不得超过 0.08%，因为电石中的磷化钙遇水后生成易自燃的磷化氢，磷化氢与空气燃烧而导致乙炔-空气混合物爆炸。此外，在反应原料气中，如果有害气体不清除干净，在物料循环过程中，就会越聚越多，最终导致爆炸。因此，对生产原料、中间产品及成品应有严格的质量检验制度，以保证原料的纯度。

（5）投料量

化工反应设备或储罐都有一定的安全容积，带有搅拌器的反应设备要考虑搅拌开动时的液面升高；储罐、气瓶要考虑温度升高后液面或压力的升高。若投料过多，超过安全容积系数，往往会引起溢料或超压。投料过少，也可能发生事故。投料量过少，可能使温度计接触不到液面，导致温度出现假象，由于判断错误而发生事故；也可能使加热设备的加热面与物料的气相接触，使易于分解的物料分解，从而引起爆炸。

7.5.5.3 溢料和泄漏的控制

化工生产中，发生溢料情况并不鲜见，然而若溢出的是易燃物，则是相当危险的。造成溢料的原因很多，它与物料的构成、反应温度、投料速度以及消泡剂用量、质量有关。投料速度过快，产生的气泡大量溢出，同时夹带走大量物料；加热速度过快，也易产生这种现象；物料黏度大也容易产生气泡。

化工生产中的大量物料泄漏，通常是由设备损坏、人为操作错误和反应失去控制等原因造成的，一旦发生，可能会造成严重后果。因此必须在工艺指标控制、设备结构型式等方面采取相应措施。比如重要的阀门采取两级控制；对于危险性大的装置，应设置远距离遥控断路阀，以备一旦装置异常，立即和其他装置隔离；为了防止误操作，重要控制阀的管线应涂色，以示区别或挂标志、加锁等；此外，仪表配管也要以各种颜色加以区别，各管道上的阀门要保持一定的距离。在化工生产中还存在着反应物料的跑、冒、滴、漏现象，原因较多，加强维护管理是非常重要的。

7.5.5.4 自动控制与安全保护装置

（1）自动控制

化工自动化生产中，大多是对连续变化的参数进行调节。对于在生产控制中要求一定的时间间隔做周期性动作，如合成氨生产中原料气的制造，要求一组阀门按一定的要求作周期性切换，就可采用自动程序控制系统来实现。它主要是由程序控制器按一定时间间隔发出信号，驱动执行机构动作。

（2）安全保护装置

① **信号报警装置**：化工生产中，在出现危险状态时信号报警装置可以警告操作者，及时采取措施消除隐患。发出信号的形式一般为声、光等，通常都与测量仪表相联系。需要说明的是，信号报警装置只能提醒操作者注意已发生的不正常情况或故障，但不能自动排除故障。

② **保险装置**：保险装置在发生危险情况时，能自动消除不正常状况。如锅炉、压力容器上装设的安全阀和防爆片等安全装置。

③ **安全联锁装置**：所谓联锁就是利用机械或电气控制一次连通各个仪器及设备，并使之彼此发生联系，达到安全生产的目的。例如，需要经常打开的带压反应器，开启前必须将反应器内的压力排除，经常连续操作容易出现疏忽，因此可将打开孔盖与排除反应器内压力

的阀门进行联锁。

例如，在硫酸与水和混合操作中，必须首先往设备中注入水再注入硫酸，否则将会发生喷溅和灼伤事故。将注水阀门和注酸阀门依次联锁起来，就可达到此目的。如果只凭工人记忆操作，很可能因为疏忽使顺序颠倒，发生事故。

7.5.6 安全生产隐患的检查和事故的控制

(1) 安全生产检查

安全生产检查对象的确定应本着突出重点的原则，对于危险性大、易发事故、事故危害大的生产系统、部位、装置、设备等应加强检查。一般应重点检查：易造成重大损失的易燃易爆危险品、剧毒品、锅炉、压力容器、起重设备、运输设备、冶炼设备、冲压机械、高处作业和本企业易发生伤亡、火灾、爆炸等事故的设备、工种、场所及作业人员；造成职业中毒或职业病的尘毒点及其作业人员；直接管理重要危险点和有害岗位的部门及其负责人。

安全检查的内容包括软件系统和硬件系统，具体主要是查思想、查管理、查隐患、查整改、查事故处理。

(2) 泄漏处理

① **泄漏源控制**：利用截止阀切断泄漏源、在线堵漏减少泄漏量或利用备用泄料装置使其安全释放。

② **泄漏物处理**：现场泄漏物要及时地进行覆盖、收容、稀释、处理。在处理时，还应按照危险化学品特性，采用合适的方法处理。

(3) 火灾控制

① **正确选择灭火剂并充分发挥其效能**：常用的灭火剂有水、蒸汽、二氧化碳、干粉和泡沫等。由于灭火剂的种类较多，效能各不相同，所以在扑救火灾时，一定要根据燃烧物料的性质、设备设施的特点、火源点部位（高、低）及其火势等情况，要选择冷却、灭火效能特别高的灭火剂扑救火灾，充分发挥灭火剂各自的冷却与灭火的最大效能。

② **注意重点保护部位**：例如，当某个区域内有大量易燃易爆或毒性化学物质时，就应该把这个部位作为重点保护对象，在实行冷却保护的同时，要尽快地组织力量消灭其周围的火源点，以防灾情扩大。

③ **防止复燃复爆**：将火灾消灭以后，要留有必要数量的灭火力量继续冷却燃烧区内的设备、设施、建（构）筑物等，消除着火源，同时将泄漏出的危险化学品及时处理。对可以用水灭火的场所要尽量使用蒸汽或喷雾水流稀释，排除空间内残留的可燃气体或蒸气，以防止复燃复爆。

④ **防止高温危害**：火场上高温的存在不仅造成火势蔓延扩大，也会威胁灭火人员的安全。可以使用喷水降温、利用掩体和防火隔热服装保护、定时组织换班等方法避免高温危害。

⑤ **防止毒害危险**：发生火灾时，可能出现一氧化碳、二氧化碳、二氧化硫、光气等有毒物质。在扑救时，应当设置警戒区，进入警戒区的抢险人员应当佩戴个体防护设备，并采取适当的手段消除毒物。

⑥ **易燃固体**：自燃物品火灾一般可用水和泡沫扑救，只要控制住燃烧范围，逐步扑灭即可。但有少数易燃固体、自燃物品的扑救方法比较特殊，如二硝基苯甲醚、二硝基萘、萘等是易升华的易燃固体，受热放出易燃蒸气，能与空气形成爆炸性混合物，尤其是在室内，易发生爆炸。在扑救过程中应不时向燃烧区域上空及周围喷射雾状水，并消除周围一切点火源。

7.6 安全生产与装置的验收

（1）装置安全的验收标准

化工和石油化工工业及其他流水工业建设中的安全规范、规程和标准是一个庞大的系统，涉及建设和运行中的各个方面。在一个石油化工建设项目被批准后，确定涉及基础条件时就应该确定该项目要执行的各种设计标准和规范。

对化工、石油化工企业而言，国家规定有一些强制性的标准。在设计生产过程中必须无条件执行。如《建设防火设计规范》《石油化工企业设计防火标准（2018年版）》（GB 50160—2008）就是在装置设计时，在总图及装置布置设计中必须严格遵守的。为了保证设计质量，各个专业都应该选取一些必需的标准规范，这些规范要符合国家标准。

（2）装置安全设计验收的内容

通过审查、评价质量管理计划是否稳妥并确认其完成情况，以保证所完成装置能顺利运转。因此，质量保证与质量管理的所有阶段都有关，对于确定能发挥质量保证作用的组织、程序、准备及部署状况、文件等也要全面监督。明确适当的组织、责任、权限以及符合所要求工序的人力调度。全部专业技术的有关人员都要参加。例如，决定设计图时，有关的全部专业技术部门必须派代表参加，提出意见，项目经理或项目工程师根据意见调整后征得全体人员同意。特别是设计基础、地下管道、地下电缆等地下埋设物时，有关的专业技术人员应相互充分协商，决定埋设物的位置，而且在施工计划之前还要在协商的基础上进行设计。设计中的各项目，例如在土木工程基础的设计中，有关的全部专业技术部门，即土木、配管、容器、机工、电气、仪表等技术人员应将各自的检验表分发给有关人员，请有关技术人员检验。即使是与建设、采购有关的事项也要详细无遗漏地通知给有关人员。为此，应规定文件的交流制度，定期地或在工程的每个重要环节召开会议。

（3）安全验收的程序和工作步骤

化工装置验收包括装置堵漏验收、检修后验收、新装置验收等。

① **装置堵漏现场施工操作验收**：在化工装置堵漏后要进行验收，现以带压密封的施工为例，说明现场操作验收内容及要求。

带压密封施工结束后，连续48h无泄漏为合格，并应填写带压密封施工验收记录。

消除泄漏后的检测，可采用目测、肥皂液体、微量检漏仪进行检测或生产单位（甲方）、施工单位（乙方）双方商定的检测方法进行检测。其允许泄漏量，可根据介质泄漏的安全期限，由甲、乙双方共同商定。

带压密封消除泄漏后，保持期应为半年。在保持期内，如出现再泄漏，施工单位应保修。

② **化工装置检修后验收**：在化工装置检修结束时，必须进行全面的检查和验收。检修后进行安全交接及其安全评价，主要包括以下内容：a. 现场清理。检修完毕，检修人员要检查自己的工作有无遗漏，要清理现场，将火种、油渍垃圾、边角废料等全部清除。b. 试车。就是对检修过的设备装置进行验证，必须经检查验收合格后才能进行。试车的规模有单机试车、分段试车和联动试车。内容有试温、试压、试速、试漏、试安全装置及仪表灵敏度等。c. 办理移交。试车合格后，按规定办理验收、正式移交生产。d. 解除检修措施。在设备正式投产前，检修单位拆去临时电源、临时防火墙、安全界标、栅栏以及各种检修用的临时设施。移交后方可解除检修时采取的安全措施。

③ **化工新装置验收**：新安装的化工装置应进行全面验收。验收的具体项目包括设计制造单位资质、保温层隔热层衬里、壁厚、表面缺陷、埋藏缺陷、材质、紧固件、强度、安全附件、气密性以及其他必要的项目。验收方法以资料审查、宏观检查、壁厚测定、表面无损检查为主，必要时可以采用以下检验检测方法：超声检测、射线检测、硬度检测、金相检测、化学分析或者光谱分析、涡流检测、强度校核或者应力检测、气密性试验、声发射检测等。项目验收合格后，经试车，投料生产符合要求，再出具化工装置验收报告。

思考题

1. 化工设备有哪些常用的类型？
2. 化工设备怎样才能安全可靠地运行？
3. 换热器的清洗方法有哪些？各自有什么优点？
4. 常用塔设备有哪些故障？请举例说明故障处理方法。
5. 简述釜式反应设备操作控制要素。
6. 简述阀门使用与维护的主要内容。
7. 简述离心泵的操作要点。
8. 简述往复泵的使用要点。
9. 简述活塞式压缩机运行与维护中应注意的事项。
10. 简述离心式压缩机运行与维护中应注意的事项。
11. 化工装置的检修特点有哪些？
12. 如何保证检修后安全开车？
13. 简述动火作业的安全要点。
14. 入罐作业的基本要求是什么？
15. 简述高处作业的安全要点。
16. 简述化工装置安全试运转的事故预防措施。

第8章

化工生产安全分析与评价

生产安全是化工企业的命脉。化工安全事故不但给企业造成严重的经济损失，还会威胁到员工的人身安全，影响企业的正常发展和社会稳定。近年来国内外工矿企业为了防止重大灾难性事故的发生，开始全面推广现代安全管理方法，变事后处理为事前预防，其主要手段是对工程项目进行系统的安全分析与评价。即采用先进的科学方法，全面分析、预测生产活动中的各种危险，正确辨识和评价危险性问题，从而采取有效措施减少或消除其危险因素。

8.1 危险化学品重大危险源辨识

8.1.1 基本概念

（1）危险化学品

危险化学品指具有毒害、腐蚀、爆炸、燃烧、助燃等性质，对人体、设施、环境具有危害的剧毒化学品和其他化学品。危险化学品的纯物质及其混合物的危险种类应按 GB 30000.X（X=2，3…18）的规定分类。

（2）危险化学品重大危险源

重大危险源是指长期或临时地生产、储存、使用和经营危险化学品，且危险化学品的数量等于或超过临界量的单元。

（3）临界量

某种或某类危险化学品构成重大危险源所规定的最小数量。

（4）单元

涉及危险化学品的生产、储存装置、设施或场所，分生产单元和储存单元。

（5）生产单元

危险化学品的生产、加工及使用等的装置及设施，当装置及设施之间有切断阀时，以切断阀作为分隔界限划分为独立的单元。

（6）储存单元

用于储存危险化学品的储罐或仓库组成的相对独立的区域，储罐区以罐区防火堤为界限划分为独立的单元，仓库以独立库房（独立建筑）为界限划分为独立的单元。

8.1.2 重大危险源辨识的依据

危险化学品重大危险源可分为生产单元危险化学品重大危险源和储存单元危险化学品重大危险源两类。危险化学品重大危险源主要依据其危险程度和数量来对生产和储存过程的危险程度进行辨识。

在《危险化学品重大危险源辨识》(GB 18218—2018) 中明确列出 85 种危险化学品的临界量,在表 8-1 中列出部分常见化学品的临界量,其他数据需要查询 GB 18218—2018。未在表 8-1 中列举的危险化学品类别及其临界量的确定见表 8-2。若一种危险化学品具有多种危险性,按其中最低的临界量确定。

表 8-1　部分危险化学品临界量

序号	危险化学品名称和说明	别名	CAS 号	临界量/t
1	氨	液氨;氨气	7664-41-7	10
2	二氧化氮		10102-44-0	1
3	二氧化硫	亚硫酸酐	7446-09-5	20
4	硫化氢		7783-06-4	5
5	氰化氢	无水氢氰酸	74-90-8	1
6	异氰酸甲酯	甲基异氰酸酯	624-83-9	0.75
7	叠氮化钡	叠氮钡	18810-58-7	0.5
8	硝化甘油	硝化三丙醇	55-63-0	1
9	2,4,6-三硝基甲苯	梯恩梯;TNT	118-96-7	5
10	硝酸钾		7757-79-1	1000
11	氢	氢气	1333-74-0	5
12	乙炔	电石气	74-86-2	1
13	氧(压缩的或液化的)	液氧;氧气	7782-44-7	200
14	苯	纯苯	71-43-2	50
15	甲醇	木醇;木精	67-56-1	500
16	钾	金属钾	7440-09-7	1

表 8-2　危险化学品类别及其临界量和校正系数

类别	符号	危险性分类及说明	临界量/t	校正系数 β
急性毒性	J1	类别 1,所有暴露途径,气体	5	4
	J2	类别 1,所有暴露途径,固体、液体	50	1
	J3	类别 2,类别 3,所有暴露途径,气体	50	2
	J4	类别 2,类别 3,所有途径,液体(沸点≤35℃)	50	2
	J5	类别 2,3,所有暴露途径,液体(除J4)、固体	500	1
爆炸物	W1.1	不稳定爆炸物,1.1 项爆炸物	1	2
	W1.2	1.2,1.3,1.5,1.6 项爆炸物	10	2
	W1.3	1.4 项爆炸物	50	2
易燃气体	W2	类别 1 和类别 2	10	1.5
气溶胶	W3	类别 1 和类别 2	150(净重)	1

类别	符号	危险性分类及说明	临界量/t	校正系数 β
氧化性气体	W4	类别1	50	1
易燃液体	W5.1	类别1,类别2和3(工作温度超过沸点)	10	1.5
	W5.2	类别2、3,具有引发重大事故特殊工艺条件[①]	50	1
	W5.3	不属于W5.1或W5.2的其他类别2	1000	1
	W5.4	不属于W5.1或W5.2的其他类别3	5000	1
自反应物和混合物	W6.1	A型和B型自反应物质和混合物	10	1.5
	W6.2	C型、D型和E型自反应物质和混合物	50	1
有机过氧化物	W7.1	A型和B型有机过氧化物	10	1.5
	W7.2	C型、D型、E型和F型有机过氧化物	50	1
自燃物质	W8	类别1的自燃液体、类别1的自燃固体	50	1
氧化性液体和固体	W9.1	类别1	50	1
	W9.2	类别2、类别3	200	1
易燃固体	W10	类别1的易燃固体	200	1
遇水放出易燃性气体的物质	W11	类别1和类别2	200	1

① 包括危险化工工艺、爆炸极限范围或附近操作、操作压力大于1.6MPa。

注：J—健康危害；W—物理危险。

8.1.3 重大危险源的辨识指标

生产单元、储存单元内存在的危险化学品的数量等于或超过标准规定的临界量，即被定为重大危险源。单元内危险化学品的数量依据危险化学品的种类分为两种情况进行辨识。

① 生产单元、储存单元为单一化学品时，其存在的数量超过或等于标准规定的临界量，就可判断为重大危险源。

② 生产、储存单元如果存在多种危险化学品物质，则按照下式计算辨识指标 S

$$S = q_1/Q_1 + q_2/Q_2 + \cdots + q_n/Q_n \tag{8-1}$$

式中　q_1、q_2、$\cdots$、q_n——各种危险化学品的实际存在量，t；

Q_1、Q_2、$\cdots$、Q_n——与每种危险化学品相对应的临界量，t。

当 $S \geqslant 1$ 时，可判断该评价单元为重大危险源。危险化学品的实际存在量的计算按照储存、生产过程中设计的最大量进行计算。

8.1.4 重大危险源的分级

采用单元内各种危险化学品实际存在量与其相对应的临界量比值，经校正系数校正后的比值之和 R 作为分级指标。重大危险源分级指标 R 按下式计算

$$R = \alpha \left(\beta_1 \frac{q_1}{Q_1} + \beta_2 \frac{q_2}{Q_2} + \cdots + \beta_n \frac{q_n}{Q_n} \right) \tag{8-2}$$

式中　　　　α——该危险化学品重大危险源厂区外暴露人员的校正系数；

β_1、β_2、$\cdots$、β_n——每种化学品相对应的校正系数。

根据单元内危险化学品的类别不同，设定 β。表 8-3 列举了部分毒性气体校正系数 β，其余根据其危险性按表 8-3 中的校正系数 β 来确定。

表 8-3　毒性气体校正系数 β

名称	校正系数 β	名称	校正系数 β
一氧化碳	2	硫化氢	5
二氧化硫	2	氟化氢	5
氨	2	二氧化氮	10
环氧乙烷	2	氰化氢	10
氯化氢	3	碳酰氯	20
溴甲烷	3	磷化氢	20
氯	4	异氰酸甲酯	20

α 的确定，依据危险源厂区边界开始向外延伸 500m 的范围内常住人口的数量根据表 8-4 来选择。

表 8-4　暴露人员校正系数 α

厂区可能暴露人员数量	100 人以上	50~99 人	30~49 人	1~29 人	0
校正系数 α	2.0	1.5	1.2	1.0	0.5

为了确定危险的程度，需要对重大危险源进行分级，依据计算的 R，按照表 8-5 确认重大危险源的等级。

表 8-5　重大危险源级别与 R 的对应关系

重大危险源级别	一级	二级	三级	四级
R	$R \geqslant 100$	$100 > R \geqslant 50$	$50 > R \geqslant 10$	$R < 10$

8.1.5　重大危险源辨识程序

危险化学品重大危险源辨识程序如图 8-1 所示。

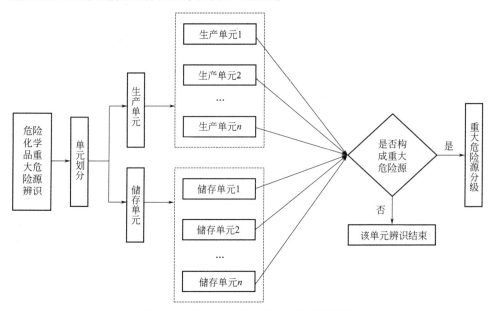

图 8-1　危险化学品重大危险源辨识流程图

【例 8-1】 某化工农药厂的生产原料涉及丙烯、1-丁烯、异丁烯等液化烃物质，故需要在储罐区设置 1 个液化烃罐组用于储存液化烃，以满足生产的需要。根据设计，丙烯、1-丁烯、异丁烯的储存量分别是 21t、60t、24t，采用全压力式储存方式，储罐设计温度 50℃。试对液化烃罐区重大危险源进行辨识和分级。

解： 将丙烯、1-丁烯、异丁烯的液化烃储罐作为一个储存单元。由资料，常压下丙烯沸点为 $-47.4℃$，1-丁烯沸点为 $-6.3℃$，异丁烯沸点为 $-6.9℃$。三种介质均属于易燃液体，沸点均低于环境温度，对照表 8-2，得到三种危险化学品均属于 W5.1，其规定的临界量为 10t，β 均为 1.5。本项目厂界周边 500m 范围内，暴露人员数量大于 100 人，故取 α 为 2.0。

表 8-6 重大危险源分级物质取值表

序号	原料名称	存量 q_i/t	临界量 Q_i/t	比值 q_i/Q_i	β	α
1	丙烯	21	10	2.1	1.5	2
2	1-丁烯	60	10	6.0	1.5	2
3	异丁烯	24	10	2.4	1.5	2

（1）对重大危险源进行辨识

液化烃罐区辨识指标（表 8-6）：$S = 2.1 + 6.0 + 2.4 = 10.5 > 1$，因此，本次设计的液化烃罐区构成危险化学品重大危险源。

（2）辨识结果

$R = \alpha(\beta_1 q_1/Q_1 + \beta_2 q_2/Q_2 + \beta_3 q_3/Q_3) = 2.0 \times (1.5 \times 2.1 + 1.5 \times 6.0 + 1.5 \times 2.4) = 31.5$，液化烃罐区 R 为 31.5，根据表 8-5，本次设计的液化烃罐区构成三级危险化学品重大危险源。

8.2 系统安全分析与评价

系统安全分析就是使用系统工程的原理和方法，辨别、分析系统存在的危险因素，并根据实际需要对其进行定性、定量描述的技术方法。系统安全评价包括对物质、机械装置、工艺过程及人机系统的安全性评价，求出系统的最优方案和最佳工作条件。在此基础上进行安全决策与控制，即针对存在的问题，设计和选用合理的安全措施，对系统进行调整，对危险点或薄弱环节加以改进。

危险性分析与评价有定性分析和定量分析评价两种类型。

定性分析评价法是用非数学的定性观察分析方法来评价系统内潜在的危险因素及危险程度的方法。定性分析方法主要有：安全检查表分析法（SCA）、预先危险性分析法（PHA）、故障类型及影响分析法（FMEA）和危险与可操作性研究法（HAZOP）等。

定量分析评价是在定性分析的基础上，进一步研究事故或故障与其影响因素之间的数量关系（数学模型），以数量大小评定系统的安全可靠性。评价的结果是一些定量的指标，如事故发生的概率、事故的伤害（或破坏）范围、定量的危险性、事故致因因素的关联度或重要度等。定量分析方法主要有：事件树分析法（ETA）、事故树分析法（FTA）、美国道化学公司（DOW）的"火灾、爆炸危险指数评价法"、英国 ICI 公司蒙德部的"火灾、爆炸、毒性指标评价法"及日本劳动省的"化工企业六阶段法"等。

8.2.1 安全检查表分析法（SCA）

安全检查表是指在评价过程中，依据相关的标准、规范，对工程、系统中已知的危险类别、设计缺陷以及与一般工艺设备、操作、管理有关的潜在危险性和有害性进行判别检查。通常事先把检查对象加以分类，将大系统分割成若干小的子系统，编制成表。在评价过程中，以提问或打分的形式，将检查项目列表逐项检查，避免遗漏，这种方法称为安全检查表分析法。该方法是基于经验的方法，可用于工程和系统的各个阶段，常用于对熟知的工艺设计进行分析。

（1）安全检查表分析法步骤

使用安全检查表进行系统安全分析评价的步骤：①确定检查对象；②收集与评价对象有关的数据和资料；③选择或编制安全检查表；④进行检查评价，编制分析结果文件。

（2）安全检查表分析法的特点

① 事先编制，有充分的时间组织有经验的人员来编写，能做到系统化和完整化，不会漏掉能导致危险的关键因素；

② 可以根据规定的标准、规范和法规，检查遵守的情况，提出准确的评价；

③ 表的应用方式是有问有答，给人的印象深刻，能起到安全教育的作用；

④ 表内还可注明改进措施的要求，隔一段时间后重新检查改进情况；

⑤ 简明易懂，容易掌握。

（3）安全检查表分析法应用实例

表 8-7 是某医药化工厂班组日常安全检查表，是由企业有关人员根据实际情况编制的，既有针对性，又有科学性，在长期使用中收到了良好的效果。

表 8-7　某医药化工厂班组日常安全检查表

年　　月　　日　　（星期　　）

序号		检查内容	检查结果		检查问题记录	检查备注情况
			白班	夜班		
班前检查（上班时检查并填写记录）	1	员工是否正确穿戴劳动防护用品				
	2	员工无酒后上班,精神状态良好				
	3	环境安全、卫生,通道畅通				
	4	设备安全连锁、防护、信号、仪表检测、电气线路是否安全有效				
	5	设备润滑情况,紧固件、螺丝无松动				
	6	设备试运转正常完好、无异常				
	7	易燃易爆按规定存储放置,场所安全无危险				
	8	各类工装、工具、废品、废料等物品按要求分类整齐摆放且稳妥安全				
班中检查（工作中发现问题完工时填写）	9	员工正确操作,使用工装、工具、设备、防护用具,无违反操作规程及不安全行为				
	10	员工无串岗或其他违反劳动记录现象				
	11	生产厂所及周围无不安全因素或状态,各类工装、工具、废品、废料等物品按要求分类整齐排放				

序号		检查内容	检查结果		检查问题记录	检查备注情况
			白班	夜班		
班中检查(工作中发现问题完工时填写)	12	设备运行是否正常,设备不超温、超压、超负荷运转				
	13	设备无震动、异响、异味情况,无跑、冒、滴、漏现象				
	14	特种作业人员必须持证上岗				
班后检查(交班下班时填写)	15	下班时必须做好交接工作,不留安全隐患				
	16	设备无损伤,部件完好无缺,安全防护装置完好				
	17	按工作要求做好设备、场地清洁、分类摆放整齐各类物品,环境安全				
	18	是否关好门窗				
安全隐患上报		发现何种自行整改不了的安全隐患?是否已上报部门安全员?				上报给了:
检查人		白班	夜班			
备注		无问题在检查结果栏打"√";有问题在检查结果栏打"×",并在检查问题记录写明,并进行整改,在检查备注情况栏写明整改完成情况,不能自行整改的当班立即上报部分安全员				

8.2.2　预先危险性分析法（PHA）

（1）预先危险性分析法概述

预先危险性分析又称初步危险分析，是在进行某项工程活动（包括设计、施工、生产、维修等）之前，对系统存在的各种危险因素（类别、分布）出现条件和事故可能造成的后果进行宏观、概率分析的系统安全分析方法。其目的是早期发现系统的潜在危险因素，确定系统的危险性等级，提出相应的防范措施，防止这些危险因素发展成为事故，避免考虑不周造成的损失，属定性评价。即讨论、分析、确定系统存在的危险、有害因素，及其触发条件、现象、形成事故的原因事件、事故类型、事故后果和危险等级，有针对性地提出应采取的安全防范措施。

（2）预先危险性分析法步骤

使用预先危险性分析法进行系统安全分析时，一般包括如下步骤。

① 通过经验判断、技术诊断或其他方法调查确定危险源（即危险因素存在于哪个子系统中），对所需分析系统的生产目的、物料、装置及设备、工艺过程、操作条件以及周围环境进行详细了解；

② 收集以前的经验和同类生产中发生过的事故情况，判断所要分析对象中是否也会出现类似情况，查找能够造成系统故障、物质损失和人员伤害的危险性，危险分析组应尽可能从不同渠道汲取相关经验，包括相似设备的危险性分析、相似设备的操作经验等；

③ 根据经验、技术诊断等方法确定危险源；

④ 识别危险转化条件，研究危险因素转变成事故的触发条件；

⑤ 进行危险性分级，确定危险程度，找出应重点控制的危险源；

⑥ 编制分析结果文件，制定危险防范措施。

（3）PHA 分析过程中应考虑的因素

在进行 PHA 分析时，应注意的几个要点。

Ⅰ．应考虑生产工艺的特点，列出系统基本单元可能的危险性和危险状态，这些是概念设计阶段所要确定的，包括：①原料、中间产品、衍生产品和成品的危害特性；②设备、设施和装置；③作业环境；④操作过程；⑤各单元之间的联系；⑥各系统之间的联系；⑦消防和其他安全设施。当识别出所有的危险情况后，列出可能的原因、后果以及可能的改正或防范措施。

Ⅱ．PHA 分析过程中应考虑的因素：①危险设备和物料，如燃料、高反应活动性物质、有毒物质、爆炸高压系统、其他储运系统；②设备与物料之间与安全有关的隔离装置，如物料的相互作用、火灾、爆炸的产生和发展、控制、停车系统；③与安全有关的设施设备，如调节系统、备用设备等；④影响设备与物料的环境因素，如地震、洪水、振动、静电、湿度等；⑤操作、测试、维修以及紧急处置规定；⑥辅助设施，如储槽、测试设备等。

（4）划分危险性等级

对工艺过程的每一个区域，都要识别危险并分析这些危险的可能原因及导致事故的可能后果。为了评判危险、有害因素的危害等级以及它们对系统破坏性的影响大小，预先危险性分析法给出了各类危险性的划分标准。根据事故的原因和后果，将危险性划分为四个等级，见表 8-8。分析组将列出消除或减少危险的建议。

表 8-8　危险性等级划分

级别	危险程度	可能导致的后果
Ⅰ	安全的	不会造成人员伤亡及系统损坏
Ⅱ	临界的	处于事故的边缘状态，暂时还不至于造成人员伤亡、系统损坏或降低系统性能，但应予以排除或采取控制措施
Ⅲ	危险的	会造成人员伤亡和系统损坏，要立即采取防范对策措施
Ⅳ	灾难性的	造成人员重大伤亡及系统严重破坏的灾难性事故，必须予以果断排除并进行重点防范

（5）预先危险分析表格

预先危险性分析的结果一般采用表格的形式列出，表格的形式和内容可根据实际情况确定；通常表格内容包括识别出的危险、危险产生的原因、主要后果、危险等级以及改正或预防措施。PHA 分析结果表常作为 PIIA 的最终产品提交给装置设计人员。PHA 的分析结果表格式样见表 8-9。

表 8-9　PHA 分析结果记录表格

区域：_____　　　　　　　　会议日期：_____

图号：_____　　　　　　　　分析人员：_____

危险	危险产生的原因	主要后果	危险等级	建议改正/预防措施

（6）预先危险性分析法的特点

预先危险性分析法是进一步进行危险分析的先导，是一种宏观概略定性分析方法。在项目发展初期使用 PHA 有以下优点：①方法简单易行、经济、有效；②能为项目开发组分析和设计提供指南；③能识别可能的危险，用很少的费用、时间就可以实现改进。

预先危险性分析法适用于固有系统中采取新的方法，接触新的物料、设备和设施的危险性评价。该法一般在项目的发展初期使用。当只希望进行粗略的危险和潜在事故情况分析时，也可以用PHA对已建成的装置进行分析。

(7) 预先危险性分析法应用实例

试分析将 H_2S 从储气罐送入工艺设备的危险性。在设计阶段，分析人员只知道在工艺过程中要用到 H_2S，H_2S 有毒且易燃，其他一无所知。主要分析如下。

Ⅰ. 分析人员将 H_2S 可能释放出来作为一个可能事故，分析导致事故发生的原因如下：

① 盛装 H_2S 的储罐受压泄漏或破裂；

② 工艺过程中没 H_2S 过剩；

③ 反应装置供料管线泄漏或破裂；

④ 在连接 H_2S 储罐和反应装置过程中发生泄漏；

⑤ 储罐的位置位于易于输送的地方，但远离其他设备。

Ⅱ. 分析人员确定这些导致 H_2S 泄漏的原因可能产生的后果，确定危险源以及应采取的控制措施。本案例中当 H_2S 发生大量泄漏时，对附近人员会造成严重伤害。根据泄漏情况将危险程度划分为Ⅲ及和Ⅳ。下一步通过对每种可能导致 H_2S 释放的原因提出改正或避免措施，以便为设计提供依据。例如，分析人员可建议设计人员：

① 物质替代：用低毒性物质反应产生 H_2S；

② 开发能收集和处理过程中过剩的 H_2S 的系统；

③ 开发复合人机工程学要求的储罐连接程序，并由熟练的操作人员进行储罐的连接；

④ 设置由 H_2S 泄漏监控系统驱动的水洗系统封闭储罐；

⑤ 储罐的位置布置在远离其他设备、易于输送的地方；

⑥ 建立培训计划，在投产前教育、训练所有职工了解 H_2S 的危害，掌握应急程序。

H_2S 系统PHA部分分析结果见表8-10。

表 8-10 H_2S 系统 PHA 部分分析结果

区域：H_2S 工艺　　　　　　　　　　会议日期：_____月_____日_____年

图纸号：无　　　　　　　　　　　　分析人员：_____

事故	事故原因	事故后果	危险等级	改正或避免措施
有毒物质泄漏	H_2S 储罐破裂	大量泄漏将导致人员伤亡	Ⅳ	(a)采用泄漏报警系统；(b)保持最小储存量；(c)制定巡检规程
	反应过剩	大量泄漏将有致命危险	Ⅲ	(a)设计过剩 H_2S 收集处理系统；(b)设计 H_2S 安全监控系统；(c)建立规程保证过剩 H_2S 处理系统先于装置运行

8.2.3   道化学（DOW）火灾、爆炸危险指数评价法

8.2.3.1   道化学评价法概述

道化学火灾、爆炸危险指数评价法（简称道化学评价法）是美国道化学公司于1964年在《化工过程及生产装置的火灾爆炸危险度评价法及其相应措施》中提出的，后经过不断修改，目前已发展到了第七版。这种评价法是以过去的事故统计资料以及物质的潜在能量和现行安全措施为依据，定量地对工艺单元潜在火灾、爆炸和反应危险性进行分析与评价。其原

理是通过对工艺单元危险物质的辨识，以评价单元中的重要物质系数（MF）为基础，用一般工艺危险系数（F_1）确定影响事故损害的大小，以特殊工艺危险系数（F_2）来表示事故发生的主要概率，并根据 MF、F_1、F_2 三者之间的关系来确定工艺单元的危害系数（F）和火灾、爆炸危险指数（F&EI），并以此来确定危害区域和危害程度，确定危险等级。进而可求出经济损失的大小，以经济损失评价生产装置的安全性。评价中定量的依据是以往事故的统计资料、物质的潜在能量和现行安全措施的状况。

该评价方法具有较广泛的实用性，不仅可用于评价生产、储存、处理具有可燃、爆炸、化学活泼物质的化工过程，而且还可用于供排水（气）系统、污水处理系统、配电系统以及锅炉、发电厂的某些设施和具有一定潜在危险的装置等的危险性评价。其目的主要包括：量化潜在火灾、爆炸和反应性事故的预期损失；确定可能引起事故发生或使事故扩大的装置；向有关部门通报潜在的火灾、爆炸危险性；使有关人员及工程技术人员了解到各工艺部门可能造成的损失，以此确定减轻事故严重性和总损失的有效、经济的途径。因此，它已被世界化学工业及石油化学工业公认为最主要的危险指数评价法。道化学（DOW）评价法要点示于图 8-2 中。

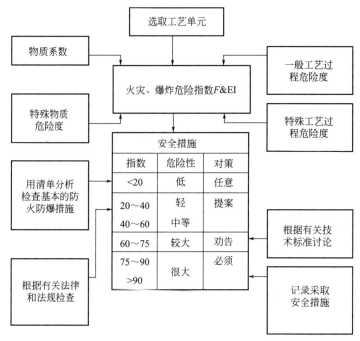

图 8-2 道化学公司火灾、爆炸危险指数评价法要点

8.2.3.2 道化学评价法步骤

在进行道化学评价之前，要准备以下资料：装置或工厂的设计方案；火灾、爆炸指数危险度分级表；火灾、爆炸危险指数（F&EI）计算表；安全措施补偿系数表；工艺单元风险分析汇总表；工厂风险分析汇总表；有关装置的更换费用数据。

道化学公司火灾、爆炸危险指数评价法计算程序见图 8-3，通常包括以下十大步骤。

（1）选取工艺单元

单元是装置的一个独立部分，与其他部分保持一定的距离，或用防火墙、防爆墙、防护堤等与其他部分隔开。通常，在不增加危险性潜能的情况下，可把危险性潜能类似的几个单元归并为一个较大的评价单元。

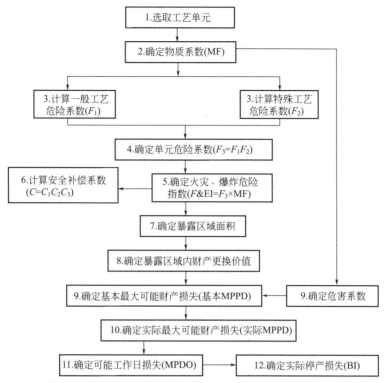

图 8-3 道化学公司火灾、爆炸危险指数评价法计算程序图

（2）确定物质系数（MF）

物质系数（MF）是表述物质由燃烧或其他化学反应引起的火灾、爆炸中释放能量大小的内在特性，是评价最基础的数值。物质系数根据美国消防协会规定的物质可燃性 N_F 和化学活性（或不稳定性）N_R，查表求取。

通常，N_F 和 N_R 是针对正常环境温度而言的。但物质发生燃烧和反应的危险性随温度上升而急剧增大，当温度超过 60℃时，物质系数需要进行修正。

（3）确定火灾、爆炸危险指数（F&EI）

F&EI 按下式计算：

$$F \text{\&} EI = F_3 \times MF \tag{8-3}$$

式中　F_3——工艺单元危险系数，$F_3 = F_1 F_2$（F_3 值的正常范围为 $1 \sim 8$，若大于 8，也按最大值 8 计）；

　　　F_1——一般工艺危险系数；

　　　F_2——特殊工艺危险系数。

根据求出的 F&EI 值，按表 8-11 确定火灾、爆炸危险等级。

表 8-11　火灾、爆炸危险等级

F&EI 值	$1 \sim 60$	$61 \sim 96$	$97 \sim 127$	$128 \sim 158$	> 159
危险程度	最低	较低	中等	高	非常高
危险等级	Ⅰ	Ⅱ	Ⅲ	Ⅳ	Ⅴ

（4）确定暴露区域面积

常以一个围绕着单元的圆柱体体积来表征发生火灾、爆炸事故时生产单元所承受的风险大小，圆柱体的底面积为暴露区域面积，高为暴露半径，有时也用球体体积表征。

暴露区域面积为 $$S = \pi R^2 \tag{8-4}$$

如果设备较大，则应从设备表面向外量取暴露半径。

$$实际暴露区域面积＝暴露区域面积＋评价单元面积$$

暴露半径由 $F\&EI$ 转换而成。从评价单元的中心位置算起，在一定程度上表明了影响区域的大小，在这个区域内的设施、设备会在火灾、爆炸中遭受破坏。

暴露区域半径为 $$R = 0.84 \times 0.3048 \times (F\&EI) \approx 0.256 \times (F\&EI) \tag{8-5}$$

（5）确定暴露区域财产更换价值

暴露区域内的财产价值可由该区域内含有的财产（包括在存物料）的更换价值来确定。

$$更换价值＝原来成本 \times 0.82 \times 增长系数 \tag{8-6}$$

式（8-6）中，0.82 是考虑了场地、道路、地下管线、地基等在事故发生时不会遭到损失或无需更换的系数；增长系数由工程预算专家确定。

由于暴露区域内财产价值估计的难度很大，它一般应包括该区域内的设备价值和物料价值。储罐的物料量可按其容量的 80% 计算；塔器、泵、反应器等计算在存量或与之相连的物料储罐物料量，亦可用 15min 内的物流量或其有效容积计算。此外，还应考虑随着时间推移、价格上涨而形成的增长系数。

（6）确定危害系数

危害系数代表了单元中的物料或反应能量释放所引起的火灾、爆炸事故的综合效应。根据道化学公司的规定，危害系数由物质系数（MF）和单元危险系数（F_3）确定，需要查询《安全评价》有关图表。

（7）确定基本最大可能财产损失（基本 MPPD）

暴露区域内财产价值与危害系数的乘积就是基本最大可能财产损失，是假定没有采用任何一种安全措施来降低的损失，其计算式为

$$基本 MPPD＝暴露区域内财产价值 \times 危害系数＝更换价值 \times 危害系数 \tag{8-7}$$

（8）计算安全补偿系数

选择的安全措施应能切实地减少或控制评价单元的危险，提高安全可靠性，最终结果是确定损失减少的金额或使最大可能财产损失降到可接受的程度。

安全措施补偿可以分为 3 种：工艺控制补偿（C_1）、物质隔离补偿（C_2）和防火措施补偿（C_3）。每一类的各项控制措施取值依据实际情况而定，每一类的安全补偿系数等于该类各项安全措施选取的补偿系数之积。补偿系数取值按道化学公司《化工过程及生产装置的火灾爆炸危险度评价法及其相应措施》(第七版) 所确定的原则选取。无任何安全措施时，补偿系数为 1.0。

$$安全补偿系数 C＝C_1 C_2 C_3 \tag{8-8}$$

（9）确定实际最大可能财产损失（实际 MPPD）

$$实际最大可能财产损失＝基本最大可能财产损失 \times 安全补偿系数 \tag{8-9}$$

它表示在采取适当的防护措施后事故造成的财产损失。

（10）确定可能工作日损失（MPDO）

估算最大可能工作日损失（MPDO）是评价停产损失（BI）的必经步骤，根据物料储量和产品需求的不同状况，停产损失往往等于或超过财产损失。MPDO 可以根据实际最大可能财产损失值，从道化学公司《化工过程及生产装置的火灾爆炸危险度评价法及其相应措施》(第七版) 给定的图中查取。

停产损失（BI，按美元计）按下式计算，式中，VPM 为每月产值。

$$BI = \frac{MPDO}{30} \times VPM \times 0.70 \tag{8-10}$$

8.2.3.3 道化学评价法的特点

道化学评价法能定量地对工艺过程、生产装置及所含物料的实际潜在火灾、爆炸和反应性危险逐步推算并进行客观的评价，并能提供评价火灾、爆炸总体危险性的关键数据，能很好地剖析生产单元的潜在危险，其最大的特点就是能用经济的大小来反映生产过程中火灾、爆炸性的大小和所采取安全措施的有效性。但该方法大量使用图表，涉及大量参数的选取，指数的采用使得系统结构复杂，且参数取值宽，因人而异，因而影响了评价的准确性。

8.2.3.4 道化学评价法应用实例

我国小氮肥行业全国现有 500 多家工厂，其合成氨生产力为每年 2.5 万～20 万吨。合成氨生产是以白煤为原料，在煤气发生炉内燃烧，间隙加入空气和水蒸气，产生伴水煤气；经气柜到脱硫工段，脱出气体中的硫；到变换工段将气体中一氧化碳变换为二氧化碳；经压缩机输送到碳化工段，生产碳酸氢铵或送脱碳工段，清除并回收气体中的二氧化碳；再到铜洗工段，清除气体中少量有害成分；最后送合成工段，生成氨；氨再与二氧化碳合成尿素。生产工艺流程共九段，其流程图见图 8-4。

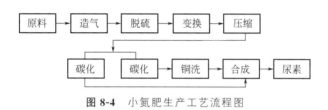

图 8-4 小氮肥生产工艺流程图

在整个合成氨生产操作过程中，始终存在着高温、高压、易燃、易爆、易中毒等危险因素。同时，因生产工艺流程长、连续性强，设备长期承受高温和高压，还有内部介质的冲刷、渗透和外部环境的腐蚀等因素影响，各类事故发生率比较高，尤其是火灾、爆炸和重大设备事故经常发生。通过以往经验，造气工段的危险程度最大（表 8-12、表 8-13）。

表 8-12 造气、合成和尿素工段生产装置单元火灾、爆炸危险指数（F&EI）表

项目		造气	项目		造气
物质名称		CO	基本系数		1.0
物质系数		21	1. 毒性物质		0.4
一般工艺危险 F_1	基本系数	1.0	特殊工艺危险 F_2	2. 压力	—
	1. 放热化学反应	0.5		3. 易燃及不稳定物质量/kg 物质燃烧热 H_c/(J/kg)	0.3
	2. 吸热化学反应	0.2		4. 一直在燃烧范围内	0.8
	3. 物料的处理和运输	0.4		5. 低温	—
	4. 密闭式或室内工艺单元	0.25		6. 腐蚀与磨损	0.2
	5. 通道	0.2		7. 泄漏-连接和填料	0.1
	6. 排放和泄漏控制	0.2		8. 使用明火设备	0.4
				9. 转动设备	0.2

表 8-13 单元补偿系数表

项目		造气	项目			造气
C_1 工艺控制	1. 应急电源	0.98	C_2			
	2. 冷却装置	0.99	C_3 防火措施	1. 泄漏检测装置		0.98
	3. 抑爆装置	0.98		2. 钢制结构		0.98
	4. 紧急切断装置	0.98		3. 消防水供应		0.94
	5. 计算机控制	0.97		4. 特殊系统		0.91
	6. 惰性气体保护	0.96		5. 喷洒系统		0.97
	7. 操作规程	0.99		6. 水幕		0.98
	8. 活性化学物质检查	—		7. 泡沫装置		0.94
C_1				8. 手提式灭火器		0.97
C_2 物质隔离	1. 远距离控制阀	0.98		9. 电缆保护		0.94
	2. 备用泄料装置	0.98	C_3			
	3. 排放系统	0.91				
	4. 连锁装置	0.98				

表 8-14　F&EI 及危险等级

F&EI 值	1~60	61~96	97~127	128~158	>158
危险等级	最轻	较轻	中等	很大	非常大

问题：根据所述条件和数据，应用道化学火灾、爆炸危险指数评价法对小氮肥厂生产中造气工段、合成工段及尿素工段进行分析评价，要求得出火灾、爆炸危险指数及危险程度，补偿后火灾、爆炸危险指数及实际危险程度，暴露半径和暴露面积。

解：（1）本工段危险物质为 CO，MF＝21

（2）根据表 8-12 计算

一般工艺危险系数 $F_1=1.0+0.5+0.2+0.4+0.25+0.2+0.2=2.75$

特殊工艺危险系数 $F_2=1.0+0.4+0.3+0.8+0.2+0.1+0.4+0.2=3.4$

（3）工艺单元危险系数 $F_3=F_1F_2=2.75\times3.4=9.35$，取值 $F_3=8$。

（4）火灾、爆炸危险指数 $F\&EI=MF\times F_3=21\times8=168$

（5）根据 $F\&EI$ 及危险等级表 8-14，此时的危险程度为"非常大"。

（6）确定暴露区域半径 $R=0.84\times0.3048\times168=43.01m$

（7）确定暴露区域面积 $S=\pi R^2=3.14\times43.01^2=5808.6m^2$

（8）根据表 8-13 确定安全补偿系数：

$C_1=0.98\times0.99\times0.98\times0.98\times0.97\times0.96\times0.99=0.8590$

$C_2=0.98\times0.98\times0.91\times0.98=0.8565$

$C_3=0.98\times0.98\times0.94\times0.91\times0.97\times0.98\times0.94\times0.97\times0.94=0.6693$

$C=C_1C_2C_3=0.8590\times0.8565\times0.6693=0.4924$

（9）补偿后火灾、爆炸危险指数：$F\&EI=MF\times F_3C=21\times8\times0.4924=82.72$

（10）根据 $F\&EI$ 及危险等级表 8-14，补偿后的危险程度为"较轻"。

8.2.4 事故树分析法 (FTA)

8.2.4.1 事故树分析法概述

事故树分析法 (FTA) 又称故障树，是安全系统工程最重要的分析方法。该方法是一种逻辑演绎评价方法，由美国贝尔电话研究所的 Watson 于 1961 年在研究民兵式导弹发射系统时首次提出。其分析方法是从要分析的特定事故或故障顶上事件开始，层层分析其发生原因（中间事件），一直分析到不能再分解或没有必要分析时为止，即分析至基本原因事件为止，用逻辑门符号将各层中间事件和基本原因事件连接起来，得到形象、简洁的表达其因果关系的逻辑树图形即故障树（FTA 的基本结构见图 8-5，FTA 事件符号、逻辑门符号和运算基本定律见表 8-15），然后定性或定量地分析事件发生的各种可能途径及发生的概率，找出避免事故发生的各种方案并选出最佳安全对策。

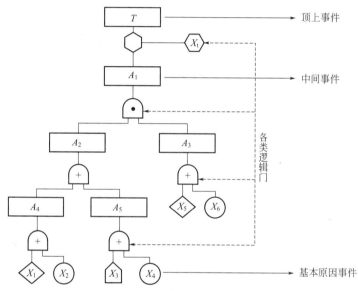

图 8-5 事故树分析法的基本结构

表 8-15 事故树分析相关名词术语的符号和定义及逻辑运算基本定律

分类	符号	名称	意义
事件符号	▭	顶上事件或中间事件	事故树分析中由许多其他事件或事件组合所引起的事件，这些事件需要进一步分析，处于事故树的顶端或中间
	○	基本原因事件	事故树分析中最基本的原因事件，是分析中无须探明其发生原因的底事件
	◇	未探明事件	原则上应进一步探明其原因，但暂时不必或者暂时不能探明其原因的底事件
	⬠	开关事件	正常工作条件下必然发生或者必然不发生的特殊事件
	▭	条件事件	当符号中给定的具体限制条件满足时，对应的逻辑门才起作用的特殊事件

分类	符号	名称	意义
逻辑门符号	A B_1 B_2	与门	表示所有输入事件都发生才能使输出事件发生,其表达式为:$A=B_1 \cdot B_2$(逻辑乘)
	A B_1 B_2	或门	表示下面的输入事件只要有一个发生时,就会引起上面的输出事件发生,其表达式为:$A=B_1+B_2$(逻辑和)
	S	非门	表示输出事件是输入事件的对立事件
	顺序条件	条件与门	表示仅当输入事件按规定的顺序发生时,输出事件才发生
	不同时发生	条件或门	表示仅当单个输入事件发生时,输出事件才发生
逻辑运算法则	运算公式		逻辑运算定律
	$A+B=B+A$ $A \cdot B=B \cdot A$		交换律
	$A+(B+C)=(A+B)+C$ $A \cdot (B \cdot C)=(A \cdot B) \cdot C$		结合律
	$A \cdot (B+C)=A \cdot B+A \cdot C$ $A+(B \cdot C)=(A+B) \cdot (A+C)$		分配律
	$A \cdot (A+B)=A$ $A+A \cdot B=A$		吸收律
	$A \cdot A=A$ $A+A=A$		幂等律

事故树分析逻辑性强,灵活性高,既能找到引起事故的直接原因,又能揭示事故发生的潜在原因,既可定性分析,又能进行定量分析,具有简明、形象化的特点,体现了以工程方法研究安全问题的系统性、准确性和预测性。事故树分析可用来分析事故,特别是重大恶性事故因果关系,也适用于航空航天、核动力、化工、制药、石化业及其他高风险领域的风险识别。

8.2.4.2　事故树分析法步骤

事故树分析是根据系统可能发生的事故及已经发生的事故所提供的信息,去寻找同类事故发生有关的原因,从而采取有效的防范措施,防止事故发生。通常包括编制事故树、事故树定性分析、定量分析和编制分析结果文件四个步骤。目前我国事故树分析法一般都进行到定性分析为止。

（1）编制事故树

事故树编制步骤如下。

① 确定并熟悉所分析的系统，收集好相关资料，确定所分析系统的顶端事件。

确定系统所包括的内容及其边界范围，熟悉系统的整体情况，详细了解系统状态及各种参数，绘出工艺流程图或平面布置图。收集、调查所分析系统过去、现在以及将来可能发生的事故，同时还要收集、调查本单位与外单位、国内与国外同类系统曾发生的所有事故。确定事故树的顶上事件，即所要分析的对象事件。

② 找出顶上事件的各种直接原因，并用"与门"或"或门"与顶上事件连接。

调查与顶上事件有关的所有原因事件，从人、机、环境和管理各方面调查与事故树顶上事件有关的所有事故原因，直到找出最基本的原因事件。这些原因事件包括：机械设备的元件故障；原材料、能源供应、半成品、工具等的缺陷；生产管理、指挥、操作上的失误与错误；影响顶上事件发生的环境不良等。

③ 绘制事故树图并进行必要的整理。

采用一些规定的符号，按照演绎分析的原则，从顶上事件起，一级一级往下分析各自的直接原因事件，根据彼此间的逻辑关系，用逻辑门连接上下层事件，直至所要求的分析深度，绘制成反映因果关系的逻辑树形图。

（2）事故树定性分析

定性分析是事故树分析的核心内容。其目的是分析某类事故的发生规律及特点，找出控制该事故的可行方案，并从事故树结构上分析各基本原因事件的重要程度，以便按轻重缓急分别采取对策。事故树定性分析的主要内容有：利用布尔代数化简事故树；求取事故树的最小割集或最小径集；计算各基本事件的结构重要度；定性分析结论。根据分析结论并结合本企业的实际情况，订出具体、切实可行的预防措施。

（3）事故树定量分析

事故树定量分析是用数据来表示系统的安全状况。其内容包括：确定引起事故发生的各基本原因事件的发生概率；计算事故树顶上事件发生概率，并将计算结果与通过统计分析得出的事故发生概率进行比较；如果两者不符，则必须重新考虑编制事故树图是否正确以及各基本原因事件的故障率、失误率是否估计得过高或过低等等；计算基本原因事件的概率重要度和临界重要度。

8.2.4.3　事故树分析法的特点

事故树分析描述了事故发生和发展的动态过程，便于找出事故的直接原因和间接原因及原因的组合。可以用其对事故进行定性分析，辨明事故原因的主次及未曾考虑到的隐患，也可以进行定量分析，预测事故发生的概率。

但事故树分析是数学和专业知识的密切结合，步骤较多，计算也较复杂，事故树的编制和分析需要扎实的数学基础和相当的专业基础知识、专业技能。在国内数据较少，进行定量分析还需要做大量工作。

8.2.4.4　事故树分析法应用实例

某钢铁集团有限责任公司开展节能降耗和长江清洁生产型工厂活动，于 1997 年建立工业煤气和民用煤气工程，使焦炉产生的余气及高炉煤气经过净化、输送、储存，供生产、生活使用。

煤气含有 CO、CO_2、N_2、H_2S 等多种成分，是一种易燃、易爆、无色、有毒的气体，一旦发生煤气输送管道事故，就会造成严重的人员伤亡和生产事故，故对煤气输送管道的安全监控是实现煤气系统安全生产的关键。因此，该公司组织人员，针对煤气管线在运行过程中曾经发生过的事故及可能的原因，管线发生穿孔、开裂造成煤气泄漏事故的情况进行分析，分析结果如下。

管道存在缺陷、管道腐蚀穿孔、外力破坏、人为操作失误、管线内超压、阀门泄漏等原因是造成管道穿孔开裂泄漏事故发生的主要原因，管道腐蚀穿孔则是由于腐蚀严重和日常管理维护不力造成的；外力破坏来自人为破坏或地震、雷电等自然灾害；管道缺陷由材质缺陷或施工缺陷引起，材质缺陷包括：强度设计不符合规定、管材选择不当、管材质量差等三种类型，管材质量差是由于制造加工质量差和使用前未检测造成的，施工缺陷则包括：安装质量差、焊接质量差、撞击挤压破损三个原因。

根据以上情景，利用事故树分析管线穿孔开裂造成煤气泄漏事故，了解煤气泄漏事故的原因和预防措施。

FTA 分析步骤：

（1）编制事故树

根据以上情景，利用事故树分析管线穿孔开裂造成煤气泄漏事故，编制事故树图如图 8-6 所示。

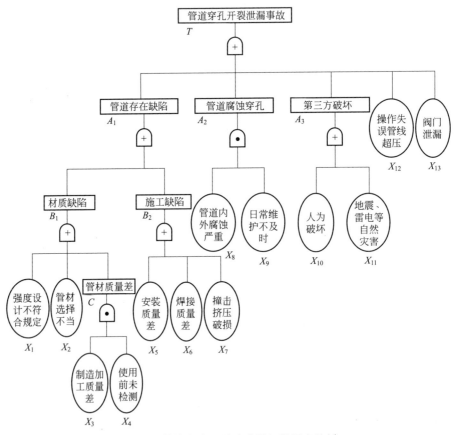

图 8-6　管线穿孔开裂造成煤气泄漏事故树

（2）进行定性分析

如图 8-6 所示，对其事件 T 进行定性分析求出最小割集，排出各基本事件的结构重要度顺序。

① 求最小割集

$$T = A_1 + A_2 + A_3 + X_{12} + X_{13}$$
$$= B_1 + B_2 + X_8 \cdot X_9 + X_{10} + X_{11} + X_{12} + X_{13}$$
$$= (X_1 + X_2 + C) + X_5 + X_6 + X_7 + X_8 \cdot X_9 + X_{10} + X_{11} + X_{12} + X_{13}$$
$$= X_1 + X_2 + X_3 \cdot X_4 + X_5 + X_6 + X_7 + X_8 \cdot X_9 + X_{10} + X_{11} + X_{12} + X_{13}$$

由此可得到最小割集 11 个：$\{X_1\}$、$\{X_2\}$、$\{X_3, X_4\}$、$\{X_5\}$、$\{X_6\}$、$\{X_7\}$、$\{X_8, X_9\}$、$\{X_{10}\}$、$\{X_{11}\}$、$\{X_{12}\}$、$\{X_{13}\}$。

最小割集表明系统的危险性，每个最小割集都是顶上事件发生的一种可能渠道。最小割集的数目越多，系统越危险。

② **结构重要度分析**：根据单事件最小割集中的基本事件结构重要度大于所有高阶最小割集中基本事件的结构重要系数和仅在同一最小割集中出现的所有基本事件结构重要系数相等的原则。有：

$$I\Phi(1) = I\Phi(2) = I\Phi(5) = I\Phi(6) = I\Phi(7) = I\Phi(10) = I\Phi(11) = I\Phi(12) = I\Phi(13) > I\Phi(3) = I\Phi(4) = I\Phi(8) = I\Phi(9)$$

此外，还可以用近似判别式判断

$$I(i) = \sum_{K_i} \frac{1}{2^{n_i - 1}} \tag{8-11}$$

式中　$I(i)$——基本事件 X_i 的结构重要系数近似判断值；

　　　　K_i——包含 X_i 的所有最小割集；

　　　　n_i——包含 X_i 的最小割集中的基本事件个数。

（3）进行定量分析

概率用最小割集计算

$$T = X_1 + X_2 + X_3 \cdot X_4 + X_5 + X_6 + X_7 + X_8 \cdot X_9 + X_{10} + X_{11} + X_{12} + X_{13}$$
$$= 0.1 + 0.1 + 0.1 \times 0.1 + 0.1 + 0.1 + 0.1 + 0.1 \times 0.1 + 0.1 + 0.1 + 0.1 + 0.1 = 0.92$$

分析事故树可得到如下结论：由煤气管道泄漏事故树分析可知，有九个基本事件可直接导致管道泄漏事故发生。因此，对以下几类事件应重点管理和监控：强度设计不符合规定、管材选择不当、安装质量差、焊接质量差、撞击挤压破损、操作失误管线超压、阀门泄漏等。尽量避免初始缺陷和施工缺陷，并加强操作和日常检查的监督和管理。

8.2.5　其他化工安全评价方法简介

（1）故障类型及影响分析法（FMEA）

FMEA 是一种系统安全分析归纳方法，是在产品设计过程中，通过对产品各组成单元潜在的各种故障类型及其对产品功能的影响进行分析，并把每一个故障按它的严重程度予以分类，提出可以采取的预防、改进措施，以提高产品可靠性的一种设计分析方法。该法对设备设计以及使用过程中安全基础信息的完整性和准确性提出了很高的要求，有一定局限性，主要针对的是单体设备，且设备结构相对比较复杂，无法从整个工艺系统角度进行工艺风险分析。

（2）危险与可操作性研究法（HAZOP）

HAZOP 是英国帝国化学工业公司（ICI）于 1974 年对化工装置开发的一种危险性评价方法，从系统的角度出发对工程项目或生产装置中潜在的危险进行预先的识别、分析和评价，并寻求必要的解决对策，以提高装置工艺过程的安全性和可操作性，为制定基本防灾措施和应急预案进行决策提供依据。其基本过程是以关键词为引导，找出系统中工艺过程或状态的变化，即偏差，然后再继续分析造成偏差的原因、后果及可采取的对策。这种方法被广泛应用于间歇式或连续性化工过程和装置的安全评价中,既适用于设计阶段,又适用于现有的生产装置。

(3) 事件树分析法 (ETA)

事件树分析法 (ETA) 是一种归纳逻辑的演绎法,它在给定一个初因事件的情况下,按事故发展的时间顺序分析由此初因事件开始可能导致的各种事件序列的结果,从而进行危险源辨识的方法,并帮助分析人员获得正确的决策。它常用于安全系统的事故分析和系统的可靠性分析,由于事件序列是以图形表示,并且呈扇状,故称事件树。其特点是能够看到事故发生的动态发展过程。该分析法通过对事件树的定性与定量分析,找出事故发生的主要原因,为确定安全对策提供可靠依据,以达到猜测与预防事故发生的目的。

(4) ICI 蒙德火灾、爆炸、毒性指标评价法

ICI 蒙德火灾、爆炸、毒性指标评价法在道化学火灾、爆炸危险指数评价法的基础上进行了改进和扩充,增加了毒性的概念和计算,并发展了一些补偿系数,提出了"蒙德火灾、爆炸、毒性指标评价法",简称蒙德法。蒙德法在考虑火灾、爆炸、毒性危险方面的影响范围及安全补偿措施方面都较 DOW 法更为全面;在安全补偿措施方面强调了工程管理和安全态度,突出了企业管理的重要性,因而可对较广的范围进行全面、有效、更接近实际的评价。但是使用此法进行评价时参数取值宽,且因人而异,这在一定程度上影响了评价结果的准确性,而且此法只能对系统整体进行宏观评价。蒙德法适用于生产、储存和处理涉及易燃、易爆、有化学活性、有毒性的物质的工艺过程及其他有关工艺系统。

(5) 日本劳动省的"化工企业六阶段法"

"化工企业六阶段法"又称"化工装置安全评价方法",是综合应用安全检查表、定量危险性评价、事故信息评价、故障树分析以及事件树分析等方法,分成六个阶段,采取逐步深入、定性与定量相结合以及层层筛选的方式识别、分析和评价危险,并采取措施修改设计,消除危险,是一种考虑较为周到的评价方法。除化工行业外,还可用于其他有关行业。该法准确性高,但工作量大。

8.3 安全评价报告的编制

安全评价的程序包括前期准备,辨识与分析危险有害因素,划分评价单元,进行定性、定量评价,提出安全对策措施及建议,给出评价结论,最后编制安全评价报告。

安全评价报告是安全评价过程的具体体现和概括性总结,是安全评价工作过程的成果,用以指导评价对象实现安全运行。安全评价报告作为第三方出具的技术性咨询文件,可为政府安全生产监管监察部门、行业主管部门等相关单位对评价对象的安全行为进行法律法规、标准、行政规章、规范的符合性判别所用。

8.3.1 安全评价的类别

安全评价根据工程、系统生命周期和评价的目的分为安全预评价、安全验收评价和安全现状评价三类。

(1) 安全预评价

在建设项目可行性研究、规划阶段或生产经营活动组织实施之前,根据相关的基础资料,辨识与分析建设项目、工业园区、生产经营活动潜在的危险、有害因素,确定其与安全生产法律法规、标准、行政规章、规范的符合性，预测发生事故的可能性及其严重程度，提出科学、合理、可行的安全对策措施建议，做出安全评价结论的活动。

（2）安全验收评价

在建设项目竣工后、正式生产运行前或工业园区建设完成后，通过检查建设项目安全设施与主体工程同时设计、同时施工、同时投入生产和使用的情况或工业园区内的安全设施、设备、装置投入生产和使用的情况，检查安全生产管理措施到位情况，检查安全生产规章制度健全情况，检查事故应急救援预案建立情况，审查确定建设项目、工业园区的建设及运行状况、安全管理是否符合安全生产法律法规、标准、规范要求，做出安全验收评价结论的活动。

（3）安全现状评价

针对生产经营活动中、工业园区的事故风险、安全管理等情况，辨识与分析其存在的危险、有害因素，审查确定其与安全生产法律法规、规章、标准、规范要求的符合性，预测发生事故或造成职业危害的可能性及其严重程度，提出科学、合理、可行的安全对策措施建议，做出安全现状评价结论的活动。有时，政府在特定的时期内进行专项整治时开展的评价又称专项安全评价。

8.3.2 安全评价报告格式

（1）安全评价报告的基本格式

报告应采用 A4 幅面，左侧装订。装订顺序为：封面-安全评价资质证书影印件-著录项-前言-目录-正文-附件-附录。

（2）封面格式

封面的内容应包括：

① 委托单位名称（二号宋体加粗）。

② 评价项目名称（二号宋体加粗）。

③ 标题：安全××评价报告（一号黑体加粗）。××指评价类别：预、验收或现状。

④ 安全评价机构名称（二号宋体加粗）。

⑤ 安全评价机构资质证书编号（三号宋体加粗）。

⑥ 评价报告完成时间（三号宋体加粗）。

（3）著录项格式

"安全评价机构法定代表人、评价项目组成员"等著录项，一般分两页布置。第一页署明安全评价机构的法定代表人、技术负责人、评价项目负责人等主要责任者姓名，下方为报告编制完成的日期及安全评价机构公章用章区；第二页为评价人员、各类技术专家以及其他有关责任者名单，评价人员和技术专家均应亲笔签名。

8.3.3 安全评价报告主要内容

安全评价报告应全面、概括地反映安全评价过程的全部工作，文字应简洁、准确，提出的资料应清楚可靠，论点明确，利于阅读和审查。

8.3.3.1 安全评价报告的要求

不同类别的安全评价报告，针对的评价对象不同，要求评价的内容和深度也不同。

（1）安全预评价报告要求

内容应能反映安全预评价的任务；建设项目的主要危险、有害因素评价；应重点防范的重大危险有害因素；重要的安全对策措施；建设项目从安全生产角度是否符合国家有关法律、法规、技术标准。

（2）安全验收评价报告要求

安全验收评价有两个义务：一是帮助企业查出安全隐患，落实整改措施以达到安全要求；二是为政府安全生产监督管理机构提供建设项目安全验收的依据。具体内容要求：初步设计中的安全设施或措施，是否已按设计要求与主体工程同时建成并投入使用，经现场检查是否符合国家有关安全规定或标准；工作环境、劳动条件等，经测试是否符合国家有关规定；是否建立健全了安全生产管理机构、安全生产规章制度和安全操作规程，是否配备了必要的检测仪器、设备，是否组织进行劳动安全卫生培训教育及特种作业人员培训、考核等情况；特种设备是否取得安全使用证或检验合格证书；是否有事故应急救援预案等。

（3）安全现状评价报告要求

内容比安全预评价报告要更详尽、更具体，特别是对危险分析要求较高，整个评价报告的编制，要由懂工艺和操作的专家参与完成。评价专家组成员的专业能力应涵盖评价范围所涉及的专业内容。

8.3.3.2 安全评价报告的主要内容

（1）安全预评价报告

可按以下章节进行组织，报告应当包括如下重点内容。

第一章　概述：包括编制预评价报告书的依据（相关法规、标准、文件及参考的其他资料）和评价范围；建设单位简介、建设项目概况。

第二章　生产工艺简介和主要危险、有害因素分析：在分析建设项目资料和对同类生产厂家初步调研的基础上，对建设项目建成投产后生产过程中所用原辅材料、中间产品的数量、危险性、有害性及其储运，以及生产工艺、设备，公用工程，辅助工程，地理环境条件等方面危险、有害因素进行分析，确定主要危险、有害因素的种类、产生原因、存在部位及其可能产生的后果，以便确定评价对象和选用评价方法。

第三章　评价方法和评价单元：根据建设项目主要危险、有害因素的种类和特征，选用评价方法。对重要的危险、有害因素，必要时可选用两种（或多种）评价方法进行评价，相互补充验证，以提高评价结果的可靠性。在选用评价方法的同时，应明确评价对象和评价单元。

第四章　定性、定量评价：本章是预评价报告书的核心章节，应分别运用所选取的评价方法，对相应的危险、有害因素进行定性、定量的评价计算和论述。

第五章　安全对策措施及建议：这也是预评价报告书中的一个重要章节，提出的安全对策措施针对性要强，要具体、合理、可行。一般情况下，按总图布置和建筑方面；工艺和设备、装置方面；安全工程设计和安全管理方面分别列出可行性研究报告中已提出的和建议补充的安全对策措施。本章还应列出建设项目必须遵守的国家和地方安全方面的法规、法令、标准、规范和规程。

第六章　安全预评价结论：应包括以下几方面内容。

① 简要地列出对主要危险、有害因素评价（计算）的结果。

② 明确指出在生产过程中应重点防护的重大危险因素。

③ 指出建设单位应重视的重要安全技术措施和管理措施，以确保今后的安全生产。

（2）安全验收评价报告

验收评价报告要比预评价复杂得多，可按如下章节编写。

第一章　概述：包括安全验收评价依据、建设单位简介、建设项目概况、生产工艺、主要安全卫生设施和技术措施、建设单位安全生产管理机构及管理制度等。

第二章　主要危险、有害因素识别：包括主要危险、有害因素及相关作业场所分析，并指出重要危险、有害因素存在的部位。

第三章　总体布局及常规防护设施措施评价。

第四章　易燃易爆场所评价：包括爆炸危险区域划分符合性检查；可燃气体泄漏检测报警仪的布防安装检查；防爆电气设备安装认可及消防安全认可检查等。

第五章　有害因素安全控制措施评价：包括防急性中毒、窒息措施；防止粉尘爆炸措施；高、低温作业安全防护措施及其他有害因素控制安全措施等。

第六章　特种设备监督检验记录评价。

第七章　强制检测设备、设施情况检查：包括安全阀；压力表；可燃、有毒气体泄漏检测报警仪及其他强制检测设备、设施情况。

第八章　电气安全评价：包括变电所、配电室、防雷防静电系统及其他电气安全检查。

第九章　机械伤害防护设施评价：包括夹击、碰撞、剪切伤害、卷入与绞碾、割刺及其他机械伤害。

第十章　工艺设施安全连锁有效性评价：包括工艺设施安全连锁设计及相关硬件设施；开车前工艺设施安全连锁有效性验证记录等。

第十一章　安全生产管理评价：包括安全生产管理组织机构；安全生产管理制度；事故应急救援预案；特种作业人员培训及日常安全管理。

第十二章　安全验收评价结论：在对现场评价结果分析归纳和整合基础上，作出安全验收评价结论，包括：①建设项目安全状况综合评述；②归纳、整合各部分评价结果，提出存在问题及改进建议；③建设项目安全验收总体评价结论。

第十三章　安全验收评价报告附件：包括：①数据表格、平面图、流程图、控制图等安全评价过程中制作的图表文件；②建设项目存在问题与改进建议汇总表及反馈结果；③评价过程中专家意见及建设单位证明材料。

第十四章　安全验收评价报告附录：包括：①与建设项目有关的批复文件（影印件）；②建设单位提供的原始资料目录；③与建设项目相关数据资料目录。

（3）安全现状评价报告

其内容一般包括：

第一章　前言：包括项目单位简介、评价项目的委托方及评价要求和评价目的。

第二章　评价项目概述：应包括评价项目概况、地理位置及自然条件、工艺过程、生产运行现状、项目委托约定的评价范围、评价依据（包括法规、标准、规范及项目的有关文件）。

第三章　评价程序和评价方法：说明针对主要危险、有害因素和生产特点选用的评价程序和评价方法。

第四章　预先危险性分析：应包括工艺流程、工艺参数、控制方式、操作条件、物料种类与理化特性、工艺布置、总图位置、公用工程的内容，运用选定的分析方法对生产中存在的危险、危害隐患逐一分析。

第五章　危险度与危险指数分析：根据危险、有害因素分析的结果和确定的评价单元、评价要素，参照有关资料和数据，用选定的评价方法进行定量分析。

第六章　事故分析与重大事故模拟：结合现场调查结果，以及同行或同类生产事故案例分析，统计其发生的原因和概率，运用相应的数学模型进行重大事故模拟。

第七章　对策措施与建议：综合评价结果，提出相应的对策措施与建议，并按照风险程度的高低进行解决方案的排序。

第八章　评价结论：明确指出项目安全状态水平，并简要说明。

需要注意的是，在编写安全评价报告时，不同行业在评价内容上有不同的侧重点，可进行部分调整或补充。

思考题

1. 简述安全检查表分析法的分析步骤、适用范围及优缺点。
2. 简述预先危险分析法的分析步骤与特点。
3. 简述说明道化学火灾、爆炸危险指数评价法的评价程序。
4. 简述事故树分析法的分析步骤、适用范围及优缺点。
5. 请对下图所示的事故树进行定性和定量分析。

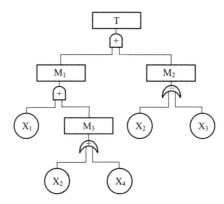

6. 以某石油化工企业乙烷裂解制备乙烯为例，应用道化学火灾、爆炸危险指数评价法对制备乙烯的装置进行安全评价。制备乙烯的生产工艺流程主要是将石油烃通过裂解炉进行高温裂解反应制取乙烯，其流程主要包括：裂解，原料经预热后，与过热蒸汽按一定比例混合并加热到 500～600℃ 后进入辐射室，而后在辐射炉中加热至 780～900℃，发生裂解；急冷-分馏，裂解产物经急冷锅炉冷却后温度降为 350～600℃，进一步冷却至 2000～220℃ 左右后再进入精馏系统，即可获得乙烯。制备过程中由于易发生乙烯（或与乙烷混合）泄漏，同时由于乙烯的爆炸极限在 3.4%～34.0% 之间，所以泄漏后遇明火极易爆炸，具有很大的危害性。（经查表：$F_1 = 1.90$；$F_2 = 3.85$；乙烯 $MF = 24$，乙烷 $MF = 21$；安全补偿系数为 0.41）

问题：根据所述条件和数据，应用道化学火灾、爆炸危险指数评价法对制备乙烯的装置进行分析评价，要求得出火灾、爆炸危险指数及危险程度，补偿后火灾、爆炸危险指数及实际危险程度，暴露区域半径和暴露区域面积。

7. 安全评价报告分为哪几类？其侧重点各有何不同？

第9章

化工环境保护

9.1 化工环境概述与环境评价

人类赖以生存的环境由自然环境和社会环境（人工环境）组成，自然环境是社会环境的基础，而社会环境又是自然环境的发展。环境法的保护对象是一个国家管辖范围内人的生存环境，主要是自然环境。《中华人民共和国环境保护法》从法学的角度对环境概念进行了阐述："环境是指影响人类生存和发展的各种天然的和经过人工改造的自然因素的总体，包括大气、水、海洋、土地、矿藏、森林、草原、野生生物、自然遗迹，人文遗迹、风景名胜区、自然保护区、城市和乡村等"。由此可见，环境是人类赖以生存、从事生产和生活活动的外界条件。

自然环境按人类对其影响程度以及其所保存的结构形态与能量平衡可分为原生环境和次生环境。原生环境（又称第一类环境）是指天然形成的，未受或少受人为因素影响的环境，如原始森林、冻原地区、人迹罕到的荒漠和高山及大洋中心区等；次生环境（又称第二类环境）是指在人类社会经济活动影响下，自然环境遭到破坏，改变了原生环境的物理、化学或生物学的状态，如耕地、种植园、城镇、工业区等。根据自然环境的分类，环境问题也主要分为两大类：原生环境问题（也称第一环境问题）是由于自然因素造成的环境问题，如地震、洪涝、干旱、海啸、台风、滑坡、崩塌、泥石流、火山爆发等；次生环境问题（也称第二环境问题和"公害"）是指由人为原因引起的环境问题，如废弃物排放造成大气、水体与土壤等物质组分变化，矿产资源不合理开发与利用造成的气候变暖、地面沉降、诱发地震等，滥砍滥伐引起的森林植被破坏、土地沙漠化、突然盐渍化，草原的过度放牧造成的沙漠化等。

环境问题产生的根源是由于人类和人类社会的快速发展。随着世界经济的高度发展，工业化既极大地丰富了人类的物质生活条件，同时也产生了"废气、废水、废渣"，破坏了人类赖以生存的自然环境。

9.1.1 化工环境概述

化学工业与人类关系密不可分，如人类的衣食住行等物质生活以及文化艺术等精神生活均离不开化工产品，然而化学工业的快速发展既给人类带来了福利，也带来了挑战。化学工业产生的大量废弃物进入到环境中，会造成环境污染。化工污染物的种类，按照污染物的性质来划分主要包括无机化工污染物和有机化工污染物两种；按照污染物的形态可分为废气、废水和废渣，即通常所说的工业"三废"。

9.1.1.1　化工废气污染

化工废气是指在化工生产中由化工行业排放出的有毒有害的气体。例如，氮肥工业排放的 NO_x、CO、NH_3、SO_2、CH_4、尿素粉尘等；氯碱行业排放的 Cl_2、HCl、汞和氯乙烯等；石油化工行业燃烧烟气和工艺废气中排放的 SO_2、NO_x、CO_2、CO、粉尘、烷烃、烯烃、醇、醛、酚、卤代烃和氰化物等；石油炼制行业排放的苯并芘、SO_2、NO_x、CO_2、CO、H_2S、硫醇、酚、粉尘等；以及煤化工企业排放的苯系物（如苯并芘）、酚、氰、硫氧化物、碳氢化合物、NH_3、CH_4、砷、镉、汞、CO_2、CO、SO_2 等。化工废气来源广泛且污染物种类繁多，不同化工企业生产过程排放的尾气成分和含量差别很大，理化性质复杂，易燃易爆、毒性和腐蚀性不同，严重影响人类身体健康和污染自然环境，难以治理。

9.1.1.2　化工废水污染

化工废水是指在化工生产中排放的工艺废水、洗涤水、冷却水、设备与场地冲洗水等废水。化工废水量大、来源广泛、污染物复杂、有毒有害化学品种类多，已经成为化工污染控制的一大难题。化工废水按成分主要分为三类：含有机物的废水、含无机物的废水以及含有机物和无机物的混合废水。按化工废水中主要污染物成分可分为含油废水、含酚废水、含硫废水、含苯废水、含氟废水、含砷废水、含氰废水、含氨氮废水等。化工行业排放的废水若直接排放，会导致水体不同性质和程度上的污染，从而危害人类健康以及影响工农业生产。目前，我国化学工业排放入环境的废水量已占全国工业废水排放量的 20% 左右。

9.1.1.3　化工废渣污染

化工废渣是指化学工业生产过程中产生的固体和泥浆状废物，包括化工生产过程中排出的废溶剂、废催化剂、不合格的产品、副产品、反应釜底料、滤饼渣以及废水处理产生的污泥等。化工废渣的来源及主要污染物包括：无机盐行业排放的铬渣、氰渣、电炉炉渣和富磷泥等；氮磷肥行业生产过程中产生的炉渣、废催化剂、铜泥、氧化炉灰、电炉炉渣、泥磷等；硫酸工业排出的硫铁矿烧渣、水洗净化污泥、废催化剂、蒸馏高沸残液、废硫酸亚铁、电石渣等；石油工业排放的废白土渣、废页岩渣、各种废弃催化剂、油罐底底油污泥以及污水处理场活性污泥等。据统计，用于化工生产的各种原料最终约有 2/3 变成废物，其中化工废渣约占 1/2 以上，化工废渣产生量是非常巨大的；此外，化工废渣还具有毒性、易燃性、腐蚀性以及放射性等特点，对人体健康损害巨大，还会严重污染环境。

9.1.2　碳达峰·碳中和"3060"双碳目标

自工业革命以来，由于人类活动排放了过量的以 CO_2 为主的温室气体，使全球温度平均升高约 1℃，引起的气候变化已经对地球生态系统和人类社会造成了一系列重大影响，如海平面上升、冰川融化、极端天气、干旱和洪涝等。目前，我国化石能源占一次能源比重为 85%，产生的碳排放约为每年 100 亿吨，约占全球总排放量的三分之一。2015 年，在《联合国气候变化框架公约》第 21 次缔约方大会上，各缔约国达成了具有里程碑意义的《巴黎协定》，核心目标是"加强对气候变化所产生的威胁做出全球性回应，实现与前工业化时期相比将全球温度升幅控制在 2℃ 以内，并争取把温度升幅限制在 1.5℃"。2020 年 9 月 22 日，习近平总书记在第七十五届联合国大会一般性辩论上发表重要讲话"中国将提高国家自主贡献力度，采取更加有力的政策和措施，二氧化碳排放力争于 2030 年前达到峰值，努力争取 2060 年前实现碳中和"。气候变化是当今人类面临的重大威胁和全球性挑战，我国为了积极应对气候变化提出碳达峰、碳中和"3060"目标。一方面是我国实现可持续发展的内在要求，是加强生态文明建设、实现美丽中国目标的重要抓手；另一方面也是我国作为负责任大国履行国际责任、推动构建人类命运共同体的责任担当，也在国际社会展现了大国担当，为落实《巴黎协定》、强化全球气候行动和疫情后绿色复苏注入了强大政治推动力。

"碳达峰"就是我国承诺在 2030 年前，煤炭、石油、天然气等化石能源燃烧活动和工业生产过程以及土地利用变化与林业等活动产生的温室气体排放（也包括因使用外购的电力和热力等所导致的温室气体排放）不再增长，达到峰值。"碳中和"是指在一定时间内直接或间接产生的温室气体排放总量，通过植树造林、节能减排等形式，以抵消自身产生的二氧化碳排放量，实现二氧化碳"零排放"。实现"碳达峰、碳中和"，减少 CO_2 碳排放问题关键要减少能源碳排放。随着我国实现碳中和，迈向净零排放，脱碳过程从一维演变为一个多维清洁技术生态系统，其中包括在实现净零排放的道路上相互关联的四项关键技术：可再生能源（太阳能、风能、水电、生物能源）、氢能源、应对气候变化时代中国的出口贸易，以及二氧化碳碳捕获、利用与封存（CCUS）。化工行业碳排量在工业领域占比 17%，碳达峰、碳中和对化工行业造成的五大影响包括：高排碳行业价值将被重估；利好有技术优势的企业；利好国际化布局的企业；新能源上游获利好，重点关注绿色消费新材料；碳捕集、利用与封存（CCUS）技术成发展新机遇。CCUS 技术是指将 CO_2 从工业过程、能源利用或大气中分离出来，直接加以利用或注入地层以实现 CO_2 永久减排的过程。CCUS 技术作为一种大规模的温室气体减排技术，为我国实现碳中和目标技术组合的重要组成部分，不仅是我国化石能源低碳利用的唯一技术选择，保持电力系统灵活性的主要技术手段，而且是钢铁水泥等难减排行业的可行技术方案。因此，化工行业需要通过技术创新和引进国际国内的新工艺、新技术，突破源头减排和节能提效的瓶颈，弱化化工行业的高碳性；同时 CCUS 与新能源耦合的负排放技术还是抵消无法削减碳排放、实现碳中和目标的托底技术保障。

9.1.3　环境评价

环境评价包括环境质量评价和环境影响评价，是对环境系统状况的价值评定、判断和提出对策。

9.1.3.1　环境质量评价

（1）环境质量的概念

环境质量是环境品质优劣的表征，是环境系统客观存在的一种本质属性，是对不同环境系统所处的状态进行定性和定量的描述。一般意义的理解为环境系统的某些要素或总体对人类和生物界的生存与发展的适宜程度。环境质量具有相对性和动态性，即在不同的地方和不同的历史时期人类对环境适应程度的要求不同。环境质量既表示环境的总体质量，也指各环境要素的质量。引起环境质量变化的原因主要为自然原因以及人类活动和生产行为两方面。

（2）环境质量评价的概念

环境质量评价是环境科学的重要分支，是指按照一定的评价指标和评价方法对一定区域范围内环境质量的优劣进行分析、说明、评估和预测。环境质量评价的意义是通过评价人类活动对环境质量的影响和对环境质量现状定量判定，为控制环境污染、进行环境综合治理、搞好环境管理、制定环境规划、制定环境法规、制定环境标准、资源开发利用和区域环境污染程度和变化趋势提供科学依据。

（3）环境质量评价的分类

环境质量评价因角度不同可分为不同的类型。按照环境要素可分为大气环境质量评价、水环境质量评价和土壤环境质量评价等；按照地域范围可分为单项工程环境质量评价、城市环境质量评价、区域（流域）质量环境评价以及全球环境质量评价；按照时间要素可分为环境质量回顾评价、环境质量现状评价和环境质量影响（预测）评价；按照评价因素可分为单因素环境质量评价和综合环境质量评价；按照参数选择可分为生态学参数、污染物参数、地球化学参数、卫生学参数、经济学参数、美学参数、热力学参数等质量评价；按照评价内容可分为健康影响评价、生态影响评价、美学景观评价、经济影响评价和风险评价等。

（4）环境质量现状评价

环境质量评价的内容取决于评价的种类和目的，一般主要包括对污染源、环境质量和环境效应3方面的评价。基于上述评价作出环境质量综合评价，提出环境污染综合防治方案，为环境污染治理、环境规划制定和环境管理提供参考。

环境质量现状评价是依据国家颁布的环境质量标准和评价方法，基于近期的环境检测数据，对一个区域内当前的环境质量进行评价。对环境质量现状进行评价的基本程序为：

① 需要确定评价对象、评价目的、评价范围和评价精度，并制定出评价工作计划。一般而言，对工业区和城市的评价精度较高，对流域和海洋的评价精度比较低。

② 依据评价目的和评价要求，收集环境本底特征资料（包括环境背景调查、污染源调查和环境污染现状监测）。

③ 根据调查资料，经整理和分析研究制定现状监测方案，进行环境质量现状监测。其主要内容包括：确定监测项目、确定监测范围、确定监测时间（即采样时间和采样频率）、确定监测点位。

④ 采用适当的方法对环境质量现状进行评价，即采用不同的方法对评价对象不同地点、不同时间的环境污染程度进行定性和定量的描述和分析判断，划分环境质量等级，并分析说明造成环境污染的原因，以及对人类和动植物的影响程度等。

⑤ 做出环境质量评价结论和提出综合防治环境污染的建议、对策。

（5）环境质量评价方法

环境质量评价方法是指依据一定标准，对特定区域范围内的环境质量进行评定和预测的科学方法。目前，国内外已有多种环境质量评价方法，但普遍应用指数评价法和模糊综合评价法两大类。

1）环境质量指数评价法

环境质量指数评价法是利用某种计算方法，求出简明、概括地描述和评价环境质量的数值，根据数值的大小划分几个范围或级别来表示环境质量的优劣，该方法因公式简单、容易计算且能以一个连续的数值表示而被广泛采用。常用的环境质量指数方法有单因子评价指数和多因子环境质量分指数。

① **单因子评价指数**：单因子评价指数又称为单因子环境质量标准指数或单因子标准指数，是评价因子的实际监测值与对应的评价标准值的比值，随观测值和评价标准而变化，指数越大表示该单项的环境质量越差。根据所采用的评价标准、计算方法和评价因子观测值的获取方式不同，将单因子指数一般分为4类，即采用环境质量标准绝对值、采用环境质量标准相对值、采用环境质量相对百分数和采用经验公式直接计算的单因子评价指数。值得注意的是，单因子环境质量指数只能反映单个环境因子的环境质量，不能表达环境综合质量，但其是其他各种环境质量分指数和环境质量综合指数的基础。

② **多因子环境质量分指数**：多因子环境质量分指数是对某一待评价环境要素中多个因子的单因子评价指数进行综合成一个单指数。计算环境质量分指数的方法主要有：（i）累加型分指数，即将多个具有可比性的单因子评价指数累加后得到的综合指数；（ii）幂函数累加型分指数，即将多个具有可比性的单因子评价指数进行加权累加后取幂函数方式映射得到的综合指数；（iii）兼顾极值的累加型分指数，是指简单累加型分指数和幂函数累加型分指数加权累加（该计算结果有一种平均化效应，能掩盖某单因子评价指数极端不好时对环境质量评价的影响）。

但是单因子评价指数和多因子环境质量分指数只是针对环境中某一要素的评价方法，如空气质量评价、地表水质评价、土壤环境质量评价等。然而，要对包含多种环境要素的某一区域进行环境质量评价，不但要对该区域中的每个环境要素进行评价，还需要对该区域的环境质量进行综合评价，获得该地区的总体环境质量状况。对某一区域的环境质量通常采用环境质量综合指数进行评价，根据综合指数的范围确定评价对象的环境质量等级，该综合指数能更宏观、更高层次和更综合地对环境进行评价。环境质量综合指数是通过对各环境质量分指数的线性加权累加得到的一个综合指数，最常见的权值确定方法包括层次分析法、主成分分析法、专家评分法和模糊综合评判法等。

2）环境质量模糊综合评价法

环境是一个多因素耦合的复杂动态系统，随环境质量评价的不断深入，需要研究的变量关系越来越多、越来越复杂，既有确定可循环的变化规律，也有不确定的随机变化规律。因此，环境质量评价等级大多数情况下很难用一个简单的数值来表示。在环境质量评价中引入模糊评价方法是客观事物的需要，模糊数学为精确与模糊的沟通建立了一套数学方法，也为解决环境质量评价中的不确定性提供了一定的途径。模糊综合评价的步骤一般包括：建立评价对象的因素集（因素即参与评价的 n 个因子的数值），建立评价集（与因素集相应的评价标准分级的集合），找出因素域与评价域之间的模糊关系矩阵，综合评价。

9.1.3.2 环境影响评价

(1) 环境影响的概念和分类

环境影响是指人类活动（经济活动、政治活动和社会活动）对环境的作用和导致的环境变化以及由此引起的对人类社会和经济的效应。环境影响的种类按照分类方法不同主要包含以下几种。

按照影响来源：直接影响、间接影响和累积影响。

按照影响程度：可恢复影响和不可恢复影响。

按照影响效果：有利影响和不利影响。

按照影响时间：短期影响和长期影响，或短暂影响和连续影响。

按照影响方式：污染影响和非污染影响。

按照影响范围：地方影响、区域影响、国家影响和全球影响等。

按照影响时序：建设期影响、运行期影响和终结后影响。

此外，影响还可分为可逆影响和不可逆影响，大气环境影响、水环境影响、土壤环境影响和海洋环境影响等。

(2) 环境影响评价的概念

环境影响评价（EIA）是环境质量评价中一种带主导性类型的评价，实质是环境质量评价中的环境质量预判评价。《中华人民共和国环境影响评价法》（2018 年 12 月 29 日修订）所称环境影响评价是指对规划和建设项目实施后可能造成的环境影响进行分析、预测和评估，提出预防或者减轻不良环境影响的对策和措施，进行跟踪监测的方法与制度。通俗来讲是指分析项目建成投产后可能对环境产生的影响，并提出污染防治对策及措施。环境影响评价的分类与环境质量评价基本一致。此外，按照人类活动性质，可划分为建设项目、规划项目和公共政策的环境影响评价，我国现阶段只进行建设项目和规划项目的环境影响评价，暂时不对公共政策进行环境影响评价。

(3) 需进行环境影响评价的项目类型

根据《中华人民共和国环境影响评价法》，主要包括规划和建设项目的环境影响评价两种类型。

1）规划的影响评价

国务院有关部门、设区的市级以上地方人民政府及其有关部门，对其组织编制的土地利用的有关规划，区域、流域、海域的建设、开发利用规划，应当在规划编制过程中组织进行环境影响评价，编写该规划有关环境影响的篇章或者说明。

国务院有关部门、设区的市级以上地方人民政府及其有关部门，对其组织编制的工业、农业、畜牧业、林业、能源、水利、交通、城市建设、旅游、自然资源开发的有关专项规划，应当在该专项规划草案上报审批前，组织进行环境影响评价，并向审批该专项规划的机关提出环境影响报告书。其中，专项规划的环境影响报告书应当包括下列内容：

① 实施该规划对环境可能造成影响的分析、预测和评估；

② 预防或者减轻不良环境影响的对策和措施；

③ 环境影响评价的结论。

2）建设项目的影响评价

国家根据建设项目对环境的影响程度，对建设项目的环境影响评价实行分类管理。建设项目包括新建项目、改建项目、扩建项目和技术改造项目等。其中，建设项目的环境影响报告书应当包括下列内容：

① 建设项目概况；

② 建设项目周围环境现状；

③ 建设项目对环境可能造成影响的分析、预测和评估；

④ 建设项目环境保护措施及其技术、经济论证；

⑤ 建设项目对环境影响的经济损益分析；

⑥ 对建设项目实施环境监测的建议；

⑦ 环境影响评价的结论。

（4）环境影响评价的程序

2016 年 12 月 8 日发布的《建设项目环境影响评价技术导则　总纲》（HJ 2.1—2016）给出了环境影响评价的工作程序，环境影响评价工作大体分为三个阶段。

第一阶段为准备阶段，主要工作为研究有关文件，进行初步的工程分析和环境现状调查，筛选重点评价项目，确定各单项环境影响评价的工作等级，编制评价大纲。

第二阶段为正式工作阶段，其主要工作为进一步做工程分析和环境现状调查，并进行环境影响预测和评价环境影响。

第三阶段为报告书编制阶段，其主要工作为汇总、分析第二阶段工作所得的各种资料、数据，给出结论，完成环境影响报告书的编制。

（5）环境影响识别和评价方法

环境影响评价方法是指在环境影响评价的实际工作中，按照环境评价技术导则和评价工作规律，为解决某些特殊问题而创建的一类方法，主要包括类比法、核查表法、专家调查法和模型分析法等方法。

① **类比法**：类比法是最简单的评价方法，基本原理是通过两个研究对象（即拟建工程与选择的已建工程）的比较做出评价的一种方法。该方法主要根据已建工程对环境产生的影响作为评价拟建工程对环境影响的主要依据。但是，类比法的难点是很难找到两个完全相似的项目，使得类比对象的选择尤为重要，其是进行对比分析的基础，也是该法成败的关键。

② **核查表法**：核查表法也称一览表法或者列表清单法，是将可能受开发方案影响的环境因子和产生的影响性质通过核查在一张表上列出的一种定性分析方法。该方法具有简单明

了、使用方便、针对性强和易被大众所接受等优点；但存在不能对环境影响程度进行定量评价，及无法清楚地显示出影响过程、程度和影响的综合效果等缺点。核查表单主要有三种形式：简单型清单、描述型清单和分级型清单。

③ **专家调查法**：一般在缺乏数据、资料而无法进行客观或定量分析时，最简单的解决办法就是依靠专家做出判断。专家调查法是组织环境评价相关领域的专家，依靠专家的知识和经验，由专家对被评价区域环境的过去、现状及发展趋势等做出科学的判断、评估和预测的一种方法，是一种预测性的环评调查方法。专家调查法包括头脑风暴法、特尔菲法、广议法、集体商议法、圆桌仲议法等，其中最具代表性的为特尔菲法。

④ **模型分析法**：核查表法、类比法和专家调查法很难反映人类活动对环境的众多影响因素和复杂的影响机理，因此根据环境毒理学规律或污染物迁移转化规律等理论基础建立环境影响模型，即模型分析法，在很大程度上弥补了上述方法的不足。人类活动对环境的影响过程是通过人类-环境系统发生的，因此环境影响模型是以环境系统模型为基础的。环境系统模型是对一个系统某一方面本质属性的抽象或模仿，采用某种确定的形式（如实物、图表、数学表达式等）描述系统本质的主要因素，且该模型能够集中体现这些因素之间的关系。系统模型一般可分三大类：物理模型，如实体模型、相似模型和仿真模型；文字模型；以及数学模型，即网络模型、图表模型、逻辑模型和解析模型。值得一提的是物理模型因需建立实物模型历时较长、所需耗费的人力和财力较多而较少采纳；数学模型因其建模快、耗费人力和财力少、计算结果可重复、便于检验等优点，得到了广泛的应用。

9.2 化工废气处理技术

9.2.1 化工废气的分类与特点

9.2.1.1 化工废气的来源和分类

不同的化工企业、生产环节、生产规模所排放废气的种类和有害物质的组成不尽相同，废气的来源主要包括以下几个方面：

① 生产过程中化学反应和反应不完全产生的废气；

② 生产技术路线及设备陈旧落后，造成反应不完全、生产过程不稳定产生的废气；

③ 化工产品加工与使用过程中所产生的废气；

④ 因操作失误、指挥不当、管理不善造成的废气排放；

⑤ 化工生产中排放的某些气体，在光或雨的作用下产生的有害气体。

主要行业及其大气污染物见表 9-1。

表 9-1 主要行业及其大气污染物

行业	主要化工产品/工艺	废气中主要污染物
石化	甲醇、醋酸、环氧丙烷、乙醛、甲苯、乙基苯、聚乙烯、聚丙烯、苯乙烯、氯乙烯、丙烯腈、环氧丙烷、对苯二甲酸、柴油、煤油、汽油、沥青、石蜡、塑料、橡胶、纤维等	SO_2、H_2S、NO_x、CO、CO_2、尘、苯并芘、烷烃、环烷烃、烯烃、醇、芳香烃、酮、醛、酯、酚、氰化物等
氮肥	合成氨、尿素、碳酸氢铵、硝酸铵、硝酸	NO_x、尿酸粉尘、CO、Ar、NH_3、SO_2、CH_4、粉尘

行业	主要化工产品/工艺	废气中主要污染物
磷肥	磷矿加工、普通过磷酸钙、钙镁磷肥、重过磷酸钾、磷酸铵类氮磷复合肥、磷酸、硫酸	氟化物、粉尘、SO_2、酸雾、NH_3
无机盐	铬盐、二硫化碳、钡盐、过氧化氢、黄磷	SO_2、P_2O_5、HCl、H_2S、CO、CS_2、As、F、S、重芳烃
氯碱	烧碱、氯气、氯产品	Cl_2、HCl、氯乙烯、汞、乙炔
有机原料及合成原料	烯类、苯类、含氧化合物、含氮化合物、卤化物、含硫化合物、芳香烃衍生物、合成树脂	SO_2、Cl_2、HCl、H_2S、NH_3、NO_x、CO、有机气体、烟尘、烃类化合物
农药	有机磷类、氨基甲酸酯类、聚酯类、有机氯类	Cl_2、HCl、氯乙烷、氯甲烷、有机气体、H_2S、光气、硫醇、三甲醇、二硫醇、氨
染料	染料中间体、原染料、商品染料	H_2S、SO_2、NO_x、Cl_2、HCl、有机气体、苯、苯类、醇类、醛类、烷烃、硫酸雾、SO_3
涂料	涂料:树脂类、油脂类 无机颜料:钛白粉、立德粉、铬黄、氧化锌、氧化铁、红丹、黄丹、金属粉	芳烃
炼焦	炼焦、煤气净化及化学产品加工	CO、SO_2、NO_x、H_2S、芳烃尘、苯并芘

化工废气按照大气污染物存在的状态，可分为颗粒污染物和气态污染物。

① 颗粒污染物是指固态或液态颗粒分散并悬浮在气体介质中形成的胶体分散体系，按照气溶胶颗粒的物理性质分为烟尘、粉尘、飘尘、尘粒、煤尘和雾尘。

② 气态污染物是指在分子状态下且以气态形式进入大气的污染物，包括气体和蒸气。气态污染物主要包括含硫化物（SO_2、SO_3、H_2S）、碳氧化物（CO、CO_2）、含氮化物（NO、NO_2、NH_3 等）、有机化合物（如烷烃、烯烃、醛、酮、芳烃化合物等）、卤素化合物（HCl、HF 等）以及二次烟雾（光化学烟雾、硫酸烟雾）。

9.2.1.2 化工废气的特点

(1) 化工废气成分复杂、种类繁多且排放量大

化工废气可能包含一种或几种气体或气溶胶污染物，且不同的化工生产工艺和生产过程中产生不同的化工废气，排放量大。

(2) 易燃易爆气体多

主要包括氢、一氧化碳、醛、酮和易聚合的不饱和烃等，若不采取适当措施，当排放量大时易引起火灾与爆炸等事故。

(3) 大多具有腐蚀性和刺激性

主要指 SO_2、NO_x、Cl_2、HCl 和 HF 等，这些气体除了损害人体健康外，还会严重污染土壤、森林和水体，以及损害建筑材料和人文景观等。

(4) 浮游粒子种类多、危害大

主要指粉尘、烟气和酸雾等，种类繁多，对环境的危害较大。

(5) 污染范围广

化工企业行业多、种类多，污染面大。

9.2.2 颗粒态污染物的处理技术

进入大气中的颗粒污染物一般质量较大，如煤尘、烟尘、飘尘等颗粒污染物。从化工废气中去除颗粒物质的过程称为除尘。

9.2.2.1 除尘装置的技术性能指标

除尘装置的主要性能指标包括技术指标和经济指标两类。技术性能指标主要包括气体处理量、除尘效率和压力损失等。

（1）气体处理量

即除尘装置处理能力大小的参数，具体表示为单位时间内除尘装置所能处理废气量的大小。废气量一般采用体积流量表示，m^3/h 或 m^3/s。

（2）除尘效率

除尘装置的效率包括除尘装置的总效率、分级效率和多级效率等。除尘装置的效率是评价除尘装置捕集粉尘效率的重要指标，是选择除尘装置的重要参数。

① 除尘装置的总效率又名集尘率或捕集效率，是指在同一时间内，由除尘装置捕集的粉尘量与进入该装置的粉尘量之比（%）。总除尘效率反映了装置除尘程度的平均值，是除尘装置性能评价的一个重要技术指标。

② 除尘装置的分级效率指除尘器对某一粒径 d_p 或粒径范围 Δd_p 内粉尘的除尘效率。也就是同一时间内，由除尘装置捕集的该粒径范围内的粉尘量与进入该装置该粒径范围内的粉尘量之比（%）。反映了除尘装置对不同粒径范围的粉尘的捕集能力。

在实际应用中，为了提高除尘效率，常将两种或多种不同类型或规格的除尘器串联使用。

（3）压力损失

指除尘装置进出口气体的全压差，也称压力降。表明除尘装置消耗能量大小的指标，压力损失越小，则动力消耗越少。

9.2.2.2 除尘装置的类型

除尘装置种类繁多，根据除尘机理可将其分为机械式除尘器、过滤式除尘器、静电除尘器以及湿式除尘器。

（1）机械式除尘器

通过重力或惯性作用达到除尘目的的除尘器，主要包括重力沉降室、惯性除尘器和旋风除尘器等。

① 重力沉降室是根据粉尘与气体密度的不同，使含尘气流中的粉尘依靠自身重力作用达到从气流分离出来的目的的除尘装置。其机理为含尘气流进入沉降室后，由于扩大了流动截面积而使得气流速度大大降低，使较重颗粒在重力作用下缓慢向灰斗沉降。重力沉降室具有结构简单、投资低、维护管理方便、压力损失小、可处理高温气体等优点，但是装置体积大、除尘效率相对低等。重力沉降室是一种最简单的除尘器，一般作为高效除尘装置的初级除尘装置，用来捕集粒径较大和较重的粉尘。

② 惯性除尘器是利用粉尘和气体具有不同的惯性力，使粉尘从气流中分离出来的装置。惯性除尘器一般是在气体流动的通道内设置一个或数个挡板，使含尘气流冲击在挡板上从气流中分离出来。不同结构的惯性除尘器其除尘性能不同，总体而言其设备结构简单、阻力较小，但除尘效率较低，只能捕集 $10 \sim 20 \mu m$ 以上的粗尘粒，常用于多级除尘中的初级除尘。

③ 旋风除尘器是借助于离心力将粉尘从作旋转运动的气流中分离并捕集于器壁，再依靠重力作用粉尘粒落入灰斗的装置。普通操作条件下旋风除尘器作用于粉尘颗粒上的离心力

是自身重力的 5～2500 倍，故其除尘效率显著高于重力沉降室。旋风除尘器是机械式除尘器中除尘效率最高、应用广泛的一种除尘器。其具有结构简单，易于制造、安装和维护管理，且设备投资和操作费用都较低等优点，但对细尘粒（粒径＜5μm）的捕集效率较低。

（2）过滤式除尘器

使含尘气体通过多孔滤料，将气流中的尘粒截留下来，使气体得到净化的除尘装置。按照滤尘方式分为内部过滤与外部过滤；按过滤介质分为布袋除尘器、滤筒除尘器和塑烧板除尘器；按照过滤元件形状分为圆袋除尘器、扁袋除尘器和星形袋除尘器；按照清灰方式分为反吹清灰袋式除尘器、在线/离线脉冲喷吹清灰袋式除尘器、振打/振动清灰袋式除尘器。袋式除尘器是最典型的过滤式除尘器，也是一种应用最广泛的过滤式除尘器。过滤式除尘器具有使用寿命长、除尘效率高、机械强度高、造价便宜、耐温、耐腐蚀、易清洗、使用方便及性能稳定等优点，但不适用于黏结性粉尘。

（3）静电除尘器

利用高压电场产生的静电力（库仑力）使烟气发生电离，实现粉尘与气流分离的除尘器。静电除尘器的正极由不同几何形状的金属板制成，称集尘电极；负极由不同断面形状的金属导线制成，称放电电极。静电除尘器具有耗能低、除尘效率高、耐高温、耐压等优点，可捕集烟气中 0.01～50μm 的粉尘；但存在占地面积大、设备庞大与装置投资高等缺点。

（4）湿式除尘器

也称洗涤除尘器，是含尘气体与液体（一般为水）密切接触，尘粒与液膜、液滴或雾沫等碰撞而被吸附、凝集变大，尘粒随液体一起排出，使气体得到净化的装置。湿式除尘器主要包括重力喷雾湿式除尘器、旋风湿式除尘器、填料湿式除尘器和文丘里湿式除尘器等。因湿式除尘器中所使用洗涤液物化性质不同而对多种气态污染物具有选择性吸收作用，使其具有脱除含尘气体中的固体颗粒物和部分有害气态物质的效果，是湿式除尘器独有的特点。湿式除尘器具有结构简单、造价低、占地面积小、除尘效率高、运行安全、操作及维修方便以及协同脱除部分气态有害物质等优点；但存在需对排出的废液或泥浆进行处理，否则会造成二次污染，除尘过程中易产生腐蚀性液体，易堵塞管道和叶片等，用水量大等缺点。

9.2.3 气态污染物的处理技术

目前，根据气态污染物的物理和化学性质，主要的处理方法包括：吸收法、吸附法、催化转化法、燃烧法、冷凝法和生物法等。

9.2.3.1 吸收法

吸收法即采用适当的液体作为吸收剂选择性地脱除废气中的有害气体，根据吸收反应原理可分为物理吸收和化学吸收。在吸收设备中，含有害物质的废气与吸收液接触，利用废气中不同气体组分在吸收液中的溶解度不同，将废气中的一种或几种有害物质吸收于吸收液中，进而达到气体净化的目的。可根据废气的特点选择不同的吸收法，对于处理气量大、有害组分气体浓度低的废气一般采用化学吸收法。吸收法具有设备简单、捕集效率高、应用范围广、一次性投资低等特点。但因吸收液中含有有害气体组分，为了循环利用吸收液，需对其进行处理（副产物的利用或再生），但再生过程能耗高。

9.2.3.2 吸附法

吸附法即利用多孔性物质表面存在的未平衡和未饱和的分子引力或化学键力，废气中的有害组分被选择性地吸附在多孔性固体表面，从而达到净化的目的。常用的固体吸附剂包括活性炭和分子筛等，其中活性炭为应用最为广泛的吸附剂。当吸附剂吸收到一定容量时，为了循环利用吸附材料，需采用加热和吹气等方法使其再生，将有害组分解吸，实现有害组分的分离和再生。吸附法具有净化效率高的优点，特别对低浓度的气体具有很强的净化能力；但因一般吸附剂的吸附容量有限，设备体积庞大，不适用于对高浓度废气净化。

9.2.3.3 催化转化法

催化转化法是利用催化剂的催化作用，将废气中的有害组分化学转化为无害物质的方法。催化转化法包括：催化还原法，主要处理废气中的氮氧化物和汽车尾气等；催化氧化法，利用催化燃烧法处理高浓度挥发性有机化合物（VOC）和恶臭化合物等。工业上常见的气固相催化反应器包括固定床和流化床两类。催化转化法具有净化效率较高、无二次污染等优点；但存在所用催化剂价格较贵、催化剂易中毒、操作要求较高等缺点。

9.2.3.4 燃烧法

燃烧法是对含有可燃有害物质的混合气体进行氧化燃烧或高温分解，将有害物质转化或分解为无害物质的方法。燃烧法包括：直接燃烧法，即将含有可燃性有害组分的废气当作燃料直接燃烧，适用于可燃组分浓度高或燃烧时热值高的废气；热力燃烧法，借助辅助燃料将废气加热至一定温度，使可燃的有害组分高温分解为无害物质，一般适用于可燃组分浓度低或燃烧时热值低的废气；催化燃烧法属于催化转化法，即在催化剂存在的条件下，将有害物质燃烧转为无害物质，较其他两种方法反应温度低，工艺简单。燃烧法主要适用于处理含有一氧化碳、碳氢化合物、恶臭、沥青烟等废气的处理。燃烧法工艺比较简单，操作方便，可回收燃烧后的热量；但不能回收有用物质，并容易造成二次污染。

9.2.3.5 冷凝法

冷凝法是利用不同气态污染物在不同温度下的饱和蒸气压不同，通过降低废气温度或提高废气压力，使易于凝结的蒸气状态的污染物冷凝成液体并从废气中分离出来的方法。冷凝法适用于处理较高浓度的有机废气，但冷凝法对废气的净化程度受冷凝温度的限制，对处理低浓度废气或要求净化程度高的工艺，需要将废气冷凝到很低的温度，运行成本高，因此常用作吸附、燃烧净化等方法的预处理工序。冷凝法设备简单和操作简单方便，回收物质纯度较高。

9.2.3.6 生物法

生物法处理有机废气是利用微生物的生理过程，使附着在滤料中的微生物在有利于其生长的环境中，有效地吸收废气中的有机成分，通过微生物自身的新陈代谢将有机物分解为 CO_2、H_2O 等无害物质的过程，从而达到净化废气的目的。生物法处理有机废气污染物是近几年发展起来的新型大气污染控制技术，已在德国、荷兰得到了规模化应用。

9.2.3.7 新型处理技术

随着对大气污染物控制要求的不断提高及控制系统高效率和低成本的追求，近年来出现了一批新型气态污染控制技术。除上述提到的生物法之外，已经具有一定商业应用的发展中技术包括膜分离法和常温氧化法，正在开发但尚未得到商业推广应用的技术为等离子体法。

① 膜分离法的基本原理是根据废气中各组分在压力推动下透过膜的传递速率不同，从而达到污染物分离的目的。膜分离法的核心是膜，膜的性能主要由膜材料和成膜工艺决定。按照材料性质分类，气体分离膜材料主要包括高分子膜、无机膜和金属膜。目前工业化主要采用高分子膜，但因无机膜在高温和腐蚀性条件下分离过程中的应用有着其他膜材料无可比拟的优势，其研究和开发成为现在膜科学技术中的研究热点之一。膜分离净化效率可达 $90.0\% \sim 99.9\%$ 以上，可回收有用物质，无二次污染等；但膜分离法需较高的操作压力，能耗较高，目前只适合于一些小气量和高浓度气流的处理场合。

② 常温氧化法是利用光能或者与催化联合作用使得气态有机污染物在常温条件下发生氧化的过程。与常规技术中的燃烧和催化氧化等高温法相比，常温氧化技术不需要对气态污

染物进行较大幅度的加热或冷却，因此能量消耗相对较少。目前，常温氧化法包括紫外氧化法和光催化氧化法。紫外氧化法是利用大气中发生的光化学反应机理来促使气态有机污染物氧化成水和二氧化碳。光催化氧化法是基于光催化剂在紫外线照射下具有的氧化还原能力实现污染物的转化。光催化氧化法中光和催化剂是光催化氧化的必要条件，常见的光催化剂属于半导体材料，主要包括 TiO_2、ZnO、Fe_2O_3、CdS 等。

9.2.3.8 二氧化硫、二氧化碳和氮氧化物的脱除工艺

(1) 二氧化硫脱除工艺

SO_2 是目前大气污染物中危害最大的一种，大气中 SO_2 会生成硫酸盐或硫酸雾气溶胶，造成环境污染，主要来源于化石能源燃烧和化工生产工艺排放。大气中 SO_2 浓度达到 0.5×10^{-6} 将会对人体造成潜在的影响。而且 SO_2 与大气中的烟尘有协同作用，会造成极大危害，如伦敦烟雾事件和马斯河谷烟雾事件等。目前，我国 SO_2 年排放量达 1520 万吨，居世界第三位，极大地造成了环境污染和硫资源浪费。

目前，烟气 SO_2 的处理技术主要分为湿法脱硫和干法脱硫两大类。湿法脱硫是利用脱硫剂与烟气中的 SO_2 在液态条件下发生化学反应，产生副产物，达到脱除 SO_2 的目的，常见的湿法脱硫技术包括氨法、石灰石/石膏法、氧化镁法及钠碱法。干法脱硫是指利用粉状或粒状吸附剂或催化剂将烟气中 SO_2 进行转化脱除，常见的技术有活性炭吸附和催化氧化。

1) 湿法脱硫技术

① **氨法**：采用氨水作为洗涤液或吸收剂吸收烟气中的 SO_2，生成亚硫酸铵和亚硫酸氢铵吸收液，其中亚硫酸铵是氨法吸收 SO_2 的主要吸收剂。

反应方程式：

$$2NH_3 \cdot H_2O + SO_2 \longrightarrow (NH_4)_2SO_3 \tag{9-1}$$

$$(NH_4)_2SO_3 + H_2O + SO_2 \longrightarrow 2NH_4HSO_3 \tag{9-2}$$

吸收 SO_2 后的混合液经过不同的方法处理可获得不同的产品。如将吸收液用 $NH_3 \cdot H_2O$ 中和后再利用空气对产物 $(NH_4)_2SO_3$ 进行氧化得到副产物 $(NH_4)_2SO_4$（硫铵）；用浓硝酸或浓硫酸等对 NH_4HSO_3 进行酸解，可获得高浓度的 SO_2、$(NH_4)_2SO_4$ 或 NH_4NO_3 等副产物。

氨法脱硫工艺成熟、流程简单、脱硫成本低、操作方便、脱硫副产物价值高，已广泛应用于硫酸等化工生产尾气处理。但因氨易挥发，使得吸收剂消耗量大，此外氨源受地域和企业的限制较大，该法在缺乏氨源的地域不宜采用。氨法脱硫工艺如图 9-1 所示。

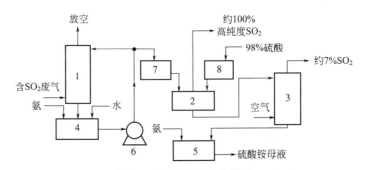

图 9-1　氨法脱硫工艺流程

1—吸收塔；2—混合器；3—分解塔；4—循环槽；5—中和器；6—泵；7—母液；8—硫酸

② **石灰石/石膏法**：是利用石灰石或石灰的乳液作为吸收液脱除烟气中的 SO_2 的方法，脱硫的副产物为石膏，其主要反应包括：

脱硫过程：

$$CaCO_3 + SO_2 + 1/2H_2O \longrightarrow CaSO_3 \cdot 1/2H_2O + CO_2 \tag{9-3}$$

$$Ca(OH)_2 + SO_2 \longrightarrow CaSO_3 \cdot 1/2H_2O + 1/2H_2O \tag{9-4}$$

$$CaSO_3 \cdot 1/2H_2O + SO_2 + 1/2H_2O \longrightarrow Ca(HSO_3)_2 \tag{9-5}$$

氧化过程：

$$2CaSO_3 \cdot 1/2H_2O + O_2 + 3H_2O \longrightarrow 2CaSO_4 \cdot 2H_2O \tag{9-6}$$

$$Ca(HSO_3)_2 + O_2 + 2H_2O \longrightarrow CaSO_4 \cdot 2H_2O + H_2SO_4 \tag{9-7}$$

石灰石/石膏法是目前世界上技术最成熟、应用最广泛的湿法脱硫工艺。石灰石/石膏法脱硫工艺具有一套非常完善的系统，包括烟气换热、吸收塔脱硫、脱硫剂浆液制备、石膏脱水和废水处理系统。石灰石/石膏法具有技术成熟可靠、脱硫效率高、吸收剂利用率高、系统运行稳定、设备运转率高、工作的可靠性高、脱硫剂来源丰富且成本低以及脱硫副产品石膏可进行综合利用等优点，但存在初期投资费用高、运行费用高、设备体积庞大、系统容易结垢和堵塞及磨损腐蚀现象严重等缺点。

③ **氧化镁法：**利用氧化镁浆液（即氢氧化镁）与烟气中的 SO_2 进行化学反应，生成亚硫酸镁和硫酸镁，达到脱除烟气中 SO_2 的方法。目前，氧化镁湿法烟气脱硫技术成熟，并在中国台湾、日本、东南亚等地得到了广泛应用。

吸收塔中的主要化学反应为：

$$Mg(OH)_2 + SO_2 \longrightarrow MgSO_3 + H_2O \tag{9-8}$$

$$MgSO_3 + SO_2 + H_2O \longrightarrow Mg(HSO_3)_2 \tag{9-9}$$

$$Mg(OH)_2 + Mg(HSO_3)_2 \longrightarrow MgSO_3 + 2H_2O \tag{9-10}$$

脱硫产物氧化阶段：

$$MgSO_3 + \frac{1}{2}O_2 + 7H_2O \longrightarrow MgSO_4 \cdot 7H_2O \tag{9-11}$$

我国氧化镁的储量十分可观，原料来源充足。氧化镁法脱硫工艺较成熟、脱硫效率高、运行费用低、运行可靠、结构简单、投资费用少、安全性能高且能够减少二次污染。与钙法脱硫工艺相比，避免了管路堵塞、烟气带水和二次污染等问题。因氧化镁法脱硫工艺技术循环使用脱硫剂且副产物也具有一定的经济效益，同时还避免了湿法脱硫的诸多缺点，该技术会逐步得到更广泛的应用。

④ **钠碱法：**是利用氢氧化钠（NaOH）或纯碱（Na_2CO_3）等活性极强的钠碱水溶液作为吸收剂吸收 SO_2，生成亚硫酸钠（Na_2SO_3），再用钙碱（石灰石或石灰浆液）再生，得到石膏产物，再生后的钠碱水溶液可继续循环使用。以采用纯碱（Na_2CO_3）溶液吸收 SO_2 为例，其反应如下。

脱硫过程：

$$2Na_2CO_3 + SO_2 + H_2O \longrightarrow 2NaHCO_3 + Na_2SO_3 \tag{9-12}$$

$$2NaHCO_3 + SO_2 \longrightarrow Na_2SO_3 + 2CO_2 + H_2O \tag{9-13}$$

$$Na_2CO_3 + SO_2 + H_2O \longrightarrow 2NaHSO_3 \tag{9-14}$$

再生过程：

$$2NaHSO_3 + CaCO_3 \longrightarrow Na_2SO_3 + CaSO_3 \cdot 1/2H_2O + CO_2 + 1/2H_2O \tag{9-15}$$

$$2NaHSO_3 + Ca(OH)_2 \longrightarrow Na_2SO_3 + CaSO_3 \cdot 1/2H_2O + 3/2H_2O \tag{9-16}$$

$$2CaSO_3 \cdot 1/2H_2O + O_2 + 3H_2O \longrightarrow 2CaSO_4 \cdot 2H_2O \tag{9-17}$$

钠碱法技术成熟、工艺先进、运行费用低、吸收剂不易挥发、吸收容量大、吸收效率高、净化气纯度高、溶液可循环使用、系统运行稳定可靠、吸收系统无结垢、无堵塞等现象。

2）干法脱硫技术

① 活性炭吸附法：是利用活性炭的吸附性能吸附净化烟气中 SO_2 的方法。当有氧气和水蒸气存在的条件下，因活性表面具有的催化作用，同时存在物理吸附和化学吸附，使活性炭吸附表面上的 SO_2 被 O_2 氧化生成 SO_3，SO_3 再和水蒸气反应生成硫酸。活性炭上吸附的硫酸可用水洗出或加热放出 SO_2，使得活性炭再生并可循环利用。活性炭脱离工艺简单、副反应少以及无污水排出等，但存在吸附剂吸附容量有限、活性炭用量大、吸附剂需要频繁再生、吸收装置体积大和一次性投资费用高等缺点。

② 催化氧化法：是在催化剂的作用下将 SO_2 直接氧化为 SO_3 的干式烟气脱硫技术。干式催化氧化法广泛应用于处理有色金属冶炼和硫酸尾气，技术工艺成熟；但是该法在处理电厂锅炉和炼油厂尾气中 SO_2 时在技术上和经济上尚未成熟。

（2）二氧化碳捕集工艺

二氧化碳（CO_2）是最主要的温室气体，二氧化碳排放量的增加会导致气温上升，从而引发温室效应和全球气候变暖等问题，严重影响环境和人类活动，CO_2 减排问题引起了全球范围内的广泛关注。由化石燃料燃烧排放的 CO_2 量约占全球 CO_2 排放总量的 95％，我国化石燃料燃烧排放的 CO_2 约占全球化石燃料燃烧排放 CO_2 总量的 24％左右。因此，迫切需要采取措施降低化石燃料使用过程中的 CO_2 排放量。

二氧化碳捕获、利用与封存（CCUS）技术允许化石能源持续使用，具有降低整体减排成本、实现温室气体减排灵活性等优势，是一种应对气候变化的重要战略选择。CO_2 捕获分离是 CCUS 技术的源头，是大规模降低化石能源利用过程中 CO_2 排放的基础。根据不同燃烧阶段 CO_2 分离技术基础和适用性，CO_2 捕获技术分为三类：燃烧前脱碳、燃烧中脱碳和燃烧后脱碳技术。采取哪种捕获技术需充分考虑企业的实际情况或生产工艺流程，同时需考虑气体中 CO_2 的浓度和压力等。

1）燃烧前脱碳

燃烧前 CO_2 捕获技术是指在碳基燃料燃烧前，利用气化装置将化石燃料气化，采用合适的方法将化学能从碳中转移出来（如通入水蒸气与合成气中的 CO 反应生成 CO_2 和 H_2，是将燃料中的化学能从 CO 转移到 H_2 上），然后再将碳与携带能量的物质进行分离，从而得到清洁的燃料，达到脱碳的目的，同时分离出的 CO_2 压缩至一定压力后运输至目的地应用。最典型的可进行燃烧前脱碳的实例为整体煤气化联合循环发电系统（IGCC），是未来电力行业捕集 CO_2 的优选方案。一般 IGCC 电站系统中气化炉均采用富氧技术，大幅度降低了分离的混合气的气量，CO_2 分压较燃烧后捕集明显增大，从而大大降低 CO_2 捕集系统投资与运行费用。但是，电厂的初步投资成本较大，因燃烧前 CO_2 捕获工艺系统较复杂，增加发电成本。

2）燃烧中脱碳

燃烧中 CO_2 捕获技术包括富氧燃烧和化学链燃烧 CO_2 捕获技术。

① 富氧燃烧技术：是指利用空分系统获得富氧或纯氧，然后将富氧或纯氧（取代传统的空气）与燃料一起输送至纯氧燃烧炉进行燃烧，避免了空气中的氮气混入烟道气，生成的烟道气主要为 CO_2 和水蒸气，显著提高了烟道气中 CO_2 气体浓度（达 95％以上），节省了物理/化学溶剂的使用，进而降低了 CO_2 捕集能耗，达到 CO_2 气体零排放；同时降低了燃烧温度，提高了燃烧质量。但是，富氧燃烧所需的氧气需要空分系统提供，这将大幅提高系统的投资成本；且由于燃烧温度高，该技术对纯氧燃烧设备的材料要求很高。目前，大型富氧燃烧技术还不太成熟，仍处于试验研究阶段。

② **化学链燃烧技术**：是借助金属氧化物作为传递氧的载体——氧载体，将传统的化石燃料与空气直接接触的燃烧反应分解为 2 步气固反应进行。该技术是利用金属氧化物将空气中的氧气传递给燃料，从而避免了燃料直接与空气接触反应。金属氧化物（MO）在还原反应器中与燃料反应生成 H_2O 和 CO_2，金属氧化物被还原成金属单质；然后金属单质被输送至氧化反应器被空气中的氧气氧化再生生成金属氧化物。化学链燃烧技术打破了传统的火焰燃烧的燃料化学能释放方式，是一种新型的能源利用与能量释放方法，具有更高的能量利用率和环境友好性。

3）燃烧后 CO_2 捕获技术

燃烧后 CO_2 捕获技术是指采用适当的方法从化石燃料燃烧后的烟气中捕集分离 CO_2。燃烧后 CO_2 捕集技术可适用范围相对广泛，原理相对简单，与现有燃煤电厂匹配性好。目前，大部分燃煤电厂均采用直接燃烧煤的方式进行电力生产，通常用空气助燃，产生的烟道气为常压且 CO_2 浓度较低（15％左右）。因烟道气的体积流量大，CO_2 分压小，使得脱碳过程的能耗较大，导致捕集成本较高。尽管燃烧后脱碳技术有以上缺点，但是燃烧后碳捕获技术在短期来看还是最具经济潜力且相对比较成熟的脱碳技术，预期三分之二的燃煤电厂会采用该技术。燃烧后碳捕集技术主要包括：物理吸收法、化学吸收法、吸附法、膜分离法以及低温分离法等几种。

① **物理吸收法**：是指吸收剂对 CO_2 的吸收是基于物理溶解的方式进行的，认为 CO_2 单纯地溶解于液相的物理过程，物理吸收服从亨利定律。物理吸收法主要通过压力来调节 CO_2 在溶剂中的溶解度达到脱除 CO_2 的目的。物理吸收法的关键是溶剂的选择，所采用的吸收剂需对 CO_2 溶解度大、选择性高、稳定性强，一般在加压、低温条件下使 CO_2 溶解在吸收剂中，再通过减压（升温）或常压汽提的方式将 CO_2 释放出来，完成一次吸收解吸交替过程。物理溶剂法捕集 CO_2 适用于处理具有较高 CO_2 分压的尾气，且脱碳程度要求不高。常见的物理吸收剂包括低温甲醇、碳酸丙烯酯（PC）、N-甲基吡咯烷酮（NMP）、环丁砜、聚乙二醇二甲醚、碳酸二甲酯、磷酸三丁酯（TBP）、N-甲酰吗啉、丁醚等。

② **化学吸收法**：是利用化学吸收剂与 CO_2 在吸收塔内逆流接触发生化学反应而生成一种弱联结的中间体化合物，并通过在解吸塔内加热富 CO_2 溶液释放 CO_2 使溶液再生循环利用，从而达到脱除 CO_2 的技术。虽然化学吸收法存在解吸能耗高、设备腐蚀性较强等缺点，但因其吸收效率高、选择性好、处理量大等优势得到了广泛应用。目前化学吸收法常用的吸收剂主要有氨水、K_2CO_3、NaOH、$NH_3 \cdot H_2O$、离子液体和醇胺溶液等。与最初采用的氨水和热钾碱溶液法相比，有机醇胺法捕集分离 CO_2 的效果较好。

醇胺法脱除 CO_2 工艺自 20 世纪 30 年代开始研发，已有 80 多年的发展历史，其应用范围在诸多脱碳方法中占主导地位。醇胺法捕获二氧化碳工艺主要包括吸收和解吸两部分，其工艺流程图如图 9-2 所示。

根据胺基氮原子上连接的"活泼"氢原子数，胺类分子可分为伯胺、仲胺及叔胺三类，其分子式如图 9-3 所示。

采用伯胺和仲胺时，吸收 CO_2 过程典型的反应机理为两性离子机理，认为 CO_2 与伯胺、仲胺反应形成两性离子（zwitterion）中间体时为两步反应，然后中间体去质子形成氨基甲酸酯。两性离子机理的具体反应如下

$$RR'NH + CO_2 \rightleftharpoons RR'NH^+COO^- \qquad (9\text{-}18)$$

$$RR'NH + RR'NH^+COO^- \rightleftharpoons RR'NCOO^- + RR'NH_2^+ \qquad (9\text{-}19)$$

其总反应为

$$2RR'NH + CO_2 \rightleftharpoons RR'NCOO^- + RR'NH_2^+ \qquad (9\text{-}20)$$

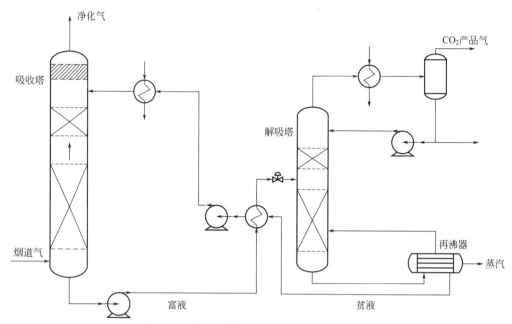

图 9-2 醇胺法捕集 CO_2 吸收解吸工艺流程

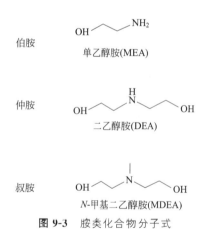

图 9-3 胺类化合物分子式

伯胺和仲胺吸收 CO_2 时受热力学限制，每摩尔胺吸收 CO_2 的最大吸收容量为 0.5mol；但因部分氨基甲酸根会水解生成自由酸胺，使其吸收能力超过上述限制。

叔胺是胺分子中三个氢均被烃基取代的产物，分子中不存在活泼氢原子，因此与 CO_2 反应不会生成氨基甲酸根。这使叔胺与 CO_2 的反应机理与伯胺、仲胺有明显不同，叔胺分子不能在反应中生成两性离子，使叔胺不能直接与 CO_2 发生反应，其在反应中仅起催化水分子解离的作用，水分子在失去一个质子的同时，即与 CO_2 发生反应，该过程只有一步反应。

$$RR'R''N + CO_2 + H_2O \rightleftharpoons RR'R''NH^+ + HCO_3^-$$

(9-21)

叔胺不受热力学限制，每摩尔叔胺吸收 CO_2 的最大吸收容量为 1mol；但叔胺具有较低的吸收速率。常见叔胺主要包括 N-甲基二乙醇胺（MDEA）、三乙醇胺（TEA）等。

③ **吸附法**：是利用固体吸附剂对 CO_2 的选择性与可逆性，将含有 CO_2 的原料气通入吸附塔中，一定条件下 CO_2 被选择性吸附，再通过改变条件将 CO_2 脱附，从而达到分离回收 CO_2 的目的。按吸附原理可将吸附法分为变压吸附（PSA）、变温吸附（TSA）、变温变压吸附（PTSA）和真空变压吸附（VSA）等，工业上普遍采用变压吸附法。但是，目前吸附剂存在吸附容量低、CO_2 回收率较低（60%左右）、吸附解吸操作频繁及对 CO_2 吸附选择性差等缺陷，导致运行能耗较大、捕集成本高。

④ **膜分离法**：是指在膜两侧的两种或多种推动力（如压力差、浓度差等）下依靠气体各组分在膜表面上的吸附能力及膜内溶解-扩散的差异，即利用渗透率不同来实现气体的分离，使得渗透率大的气体集中在膜的渗透侧，渗透率小的气体集中在膜的滞留侧，从而达到

气体分离的目标。按照膜材料不同可分为无机膜和有机膜；按照选择透过机理不同可分为扩散选择膜、溶解选择膜、反应选择膜和分子筛选择膜。常用的无机多孔膜有玻璃膜、沸石膜、陶瓷膜和炭膜等。膜分离法具有无相变、能耗低、设备简单、装置规模灵活性高、操作方便安全、运行可靠性高、环境友好型等优点；但膜仍然存在耐久性、湿润性、选择性与分离纯度差等一些亟待解决的问题，限制了膜分离技术的广泛应用。

⑤ **低温分离法**：即低温精馏或低温分馏，是采用低温冷凝分离 CO_2。低温分离法适用于含有高浓度 CO_2 的工业尾气，特别适用于油田采出气中 CO_2 的捕集。目前典型的低温精馏技术包括 Ryan/Holmes 工艺、CryoCell 技术和新型 CO_2 分离液化提纯一体化系统等。低温分离法具有 CO_2 纯度高、产品为液态 CO_2、便于管道输送、技术可靠和装置简单等优势；但还存在系统运行能耗高、设备占地面积广、分离效果差等缺点。

(3) 氮氧化物处理工艺

大气污染物中主要的氮氧化物是指一氧化氮（NO）和二氧化氮（NO_2）。氮氧化物毒性很大，对人类及环境危害非常严重，可刺激肺部，NO 和 NO_2 是形成酸雨和光化学烟雾的一个重要原因。氮氧化物废气净化处理按作用原理不同分为吸收法、吸附法和催化还原法。

① **吸收法**：采用水或酸、碱、盐的水溶液吸收尾气中的氮氧化物，达到净化尾气的目的。目前采用比较多的为碱性溶液吸收法，常用的碱溶液包括氢氧化钠（NaOH）溶液、纯碱（Na_2CO_3）溶液、氨水等。碱性溶液吸收 NO_x 后会生成亚硝酸盐和硝酸盐等，如采用氨水会生成硝酸铵和亚硝酸铵，采用 NaOH 和 Na_2CO_3 溶液生成 $NaNO_3$ 和 $NaNO_2$，生成的硝酸盐可作为肥料。以 NaOH 溶液吸收 NO_x 为例，其化学反应如下

$$2NaOH + 2NO_2 \Longrightarrow NaNO_3 + NaNO_2 + H_2O \tag{9-22}$$

$$2NaOH + NO_2 + NO \Longrightarrow 2NaNO_2 + H_2O \tag{9-23}$$

吸收法处理氮氧化物具有吸收率高、设备投资省、运行成本较低、反应产物可部分回收或综合利用、无二次污染等优点，达到经济和环境的双重效益。

② **吸附法**：主要是利用吸附剂吸附废气中的 NO_x，根据吸附剂的种类不同可分为活性炭法、分子筛法和硅胶法等。因吸附剂的吸附容量小，故吸附法仅适用于处理 NO_x 浓度低、气量小的废气。

活性炭法即吸附过程中氮氧化物（NO_x）与活性炭充分接触，基于活性炭良好的选择性，达到氮氧化物与废气中气体组分分离的目的。一般情况下，NO_x 的转化机理即选择性地将 NO、NO_2 和 O_2 吸附在活性炭上，在活性炭活性位上 NO 被氧化为 NO_2，还有些活性炭可将 NO_x 还原为 N_2；在有水蒸气存在的条件下，反应可生成亚硝酸或硝酸。此外，活性炭对低浓度 NO_x 具有较高的吸附能力，经再生后可回收 NO_x。

分子筛法常采用泡沸石、丝光沸石等分子筛。分子筛对 NO 基本不吸附，但对 NO_2 有较强的吸附能力；在有氧存在的条件下，分子筛能够将 NO 催化氧化为 NO_2 再进行吸附。

吸附法的缺点是吸附剂容量小、吸附设备体积大、投资成本较高、吸附剂需频繁再生。

③ **催化还原法**：催化还原法是在催化剂存在、高温和催化作用下利用还原剂将废气中的 NO_x 还原成无害物质 N_2 和 H_2O。根据还原剂是否与 O_2 发生氧化还原反应，催化还原法可分为非选择性催化还原法（如使用钯催化剂）和选择性催化还原（如使用铂催化剂）。因该法反应温度高，常使用钯、铂等贵催化剂，设备投资费用较高，运行成本也较高。

9.3 化工废水处理技术

9.3.1 化工废水的来源与分类

9.3.1.1 化工废水的主要来源

① **化工生产的原料和产品**：在开采和运输等过程中，会有一部分原料流失；产品在生产、包装、运输、堆放的过程中有一部分物料流失，这些原料和产品经过大风、雨水、大雪的冲刷形成化工废水。

② **因化学反应不完全而产生的废料**：在一些化学反应中，原料受反应条件和自身纯度的限制，转化率只能达到一定程度，使得这些未反应完的原料，通过不同途径流入水体后，形成化工废水。

③ **化学反应中副反应生成的废水**：在化工生产过程发生的化学反应常伴随副反应的发生，会生成副产物。副反应产生的副产物虽数量不大，但是成分比较复杂，分类回收效率不高且分离困难，一般不回收利用而作为废水进行排放。

④ **冷却水**：当采用直接接触式冷却使冷却水与物料直接接触时，会排放出含有物料的废水；采用间接冷却时，若排出的水温度较高，则可能会形成热污染；在冷却水中投加水质稳定剂，也会形成污染。

⑤ **管道及设备的泄漏**：由于管道和设备密封不严或操作不当，在物料运输和化工生产过程中形成的泄漏。

⑥ **生产设备、管道等的清洗**：实际生产过程中需要对化工生产的容器、设备和管道等经常进行清洗，清洗过程中残留的物料可能会随清洗水一并排出，最终形成化工废水。

⑦ **特定生产过程排放的废水**：这类化工废水一般是由蒸汽汽提、酸洗、碱洗的排放水，如焦炭生产的水力割焦排水，蒸馏和汽提的排水与高沸残液，蒸汽喷射泵的排出废水，溶剂处理中排放的废溶剂，酸洗或碱洗过程排放的废水，机泵冷却水和水封排水等。

9.3.1.2 化工废水的分类

化学工业是一个多行业多品种的工业部门，化工生产过程离不开水，不同行业、企业、原料产生的废水量和废水中污染物的种类、浓度均不相同。化工废水按所含主要污染物成分可分为含油废水、含硫废水、含环烷酸废水、含氰废水、含酚废水、含氟废水、含苯废水、含氨氮废水、含铬废水、含砷废水、含酸碱废水等。按成分可分为三大类：含有机物的废水，主要来自基本有机原料、造纸、合成材料（含塑料、合成橡胶、合成纤维）、皮革、农药、染料等企业排出的废水；含无机物的废水，如氮肥、磷肥、无机盐、硫酸及纯碱等行业排出的废水；既含有机物又含无机物的混合废水，如氯碱、感光材料、涂料等行业排放出的废水。

9.3.2 化工废水的特点及危害

（1）排放量大

化工生产中的化学反应均需要在一定温度和压力等条件下进行，使得生产过程中工艺用水和冷却水用量很大，故废水排放量大。化工废水排放量占全国工业废水排放总量的30%左右，居各工业系统之首。

（2）水质成分复杂、污染物种类多

化工废水的水量和水质因其生产行业、原料路线、生产工艺与生产规模不同而有很大的区别；此外，水体中含有烷烃、烯烃、卤代烃、醇、酮、酚类、多环芳香族化合物、氨氮、酸碱等很多种有机和无机污染物。

（3）污染物毒性大

化工废水含有许多有毒或剧毒的污染物，如氰、酚、砷、汞、镉和铅等；另外化工废水中还含有无机酸、碱类等刺激性、腐蚀性的物质。

（4）不易生物降解

有些物质不易被氧化和分解，物化性质十分稳定，通过饮水或食物链进入人体后，在生物体内长期积累并不断富集，对健康极为有害。

（5）营养化物质多

化工废水中含磷、含氮量过高，会导致水体富营养化，使水中藻类和微生物大量繁殖，严重时会形成"赤潮"，造成鱼类大批死亡。

（6）废水温度高

由于一些化学反应需在高温条件下进行，使得排出的化工废水水温较高，高温废水排入水体后造成水体热污染，降低水中溶解氧，从而破坏水生生物的生存条件。

（7）污染范围广

因化工企业具有厂点多、品种多、生产工艺不同、原料种类及消耗多，以及能源消耗多等特点，造成污染面广。

9.3.3 化工废水污染物的指标

9.3.3.1 废水的物理指标

废水的物理指标主要是指固体含量、色度、臭度、浊度和温度等。

（1）固体含量

在规定条件下，废水蒸发烘干至恒重时残留的残渣总和称为总固体（TS）。总固体包括溶解性固体（DS）和悬浮固体（SS），按其化学性质可分为无机物和有机物。

（2）色度

即水体颜色的定量程度，一般天然水为浅黄、浅褐、黄绿等不同颜色。当水体受到工业废水的污染时也会呈现不同的颜色。水体的颜色主要分为真色和表色，真色是除去水中悬浮物后因水中溶解性物质产生的颜色，表色是未除去水中悬浮物时产生的颜色。

（3）臭度

臭度基本是因水中微生物的作用、有机质的腐败、硫化氢的产生、某些异味污染物的进入而引起的，通常按强度分为六级。

（4）浊度

指水中悬浮物对光线透过时所发生的阻碍程度，所谓的悬浮物一般是指砂粒、泥土、微细的有机物和无机物、微生物、胶体物质和浮游生物等。废水的浊度与水中悬浮物质的含量、大小、形状及折射率等都有关。

（5）温度

许多化工企业排出的废水温度较高，会影响水体生态，使水质恶化。

9.3.3.2 废水的化学指标

废水的化学指标一般包括酸碱度（pH）、化学需氧量（COD）、生化需氧量（BOD）、总需氧量（TOD）、总有机碳（TOC）、氨氮（NH_3-N）、总氮（TN）、总磷（TP）、无机盐、重金属含量等。

（1）酸碱度（pH）

指水体的酸碱性。水体受到酸碱污染后，使得水质逐渐酸化或碱化，会抑制水中的微生物的生长，降低水体的自净能力，会造成水下建筑物、水处理设备以及船舶等的腐蚀。

（2）化学需氧量（COD）

在严格条件下用化学氧化剂氧化水中有机污染物所消耗的氧量，单位为 mg/L。

（3）生化需氧量（BOD）

在有氧条件下，好氧微生物氧化分解单位体积水中有机物所需的氧量，单位 mg/L。

（4）总需氧量（TOD）

即水中能被氧化的物质，主要是指有机物质在燃烧中变成稳定的氧化物时所需要的氧量，单位为 mg/L。

（5）总有机碳（TOC）

表示水体中所有有机污染物的含碳量，单位为 mg/L。

（6）总氮（TN）、总磷（TP）和氨氮（NH_3-N）

总氮是水中各种形态无机和有机氮的总量；总磷是水样经消解后将各种形态的磷转变成正磷酸盐后测定的结果，单位为 mg/L；氨氮是指水中以游离氨（NH_3）和铵离子（NH_4^+）形式存在的氮。

9.3.4 化工废水的处理方法

化工废水污染的控制技术按处理的程度，可划分为一级处理、二级处理和三级处理。

一级处理主要是去除污水中的悬浮物（悬浮固体物、浮油或重油等），同时起到调节水体 pH 值以及减轻污水腐化程度的工艺过程。一级处理可采用筛滤、沉淀、浮选和隔油等物理处理技术，可除去污水中大部分粒径 $100\mu m$ 以上的颗粒物质。

二级处理是利用各种生物处理技术，即经一级处理的污水再经活性污泥的曝气池及沉淀池，去除废水中呈胶体或溶解状态的有机物，使污水进一步净化的工艺过程。二级处理为废水处理的主体部分，处理水可达到排放标准。

三级处理是进一步去除污水中难降解的氮、磷、微细悬浮物、无机盐和微量有机物等的工艺处理过程。主要方法包括凝集沉淀法、砂滤法、生物脱氮法、活性炭过滤法、冷冻法、蒸发法、反渗透法、离子交换法和电渗析法等。三级处理为污水高级处理工业过程，处理水可直接排放到地表系统或回用。

化工废水污染的控制技术按作用原理，可划分为物理处理法、化学处理法、物理化学处理法和生物处理法四大类。

9.3.4.1 物理处理法

物理处理法是利用物理作用分离和去除废水中的悬浮固体、漂浮物、沙和油类物质的方法。在处理过程中不会改变污染物的化学性质。物理处理法具有设备简单、操作方便、成本低等优点，一般作为预处理或补充处理工序。常采用的方法有沉淀法、气浮法、离心分离法和过滤法等。

① 沉淀法指利用废水中呈悬浮状的污染物与水的密度不同的原理，依靠重力作用而沉淀，使废水中的悬浮物与水分离的方法。沉淀法又分为自然沉淀和混凝沉淀两种，常用来作预处理或再处理。所采用的处理设备包括沉淀池、沉砂池和隔油池等。

② 气浮法也称浮选法，利用液体表面张力的作用和污染物的疏水性，设法使水中产生大量的微气泡，使废水中的污染物黏附在高度分散的微小气泡上，形成气泡、水和污染物的三相混合体，因混合体的密度小于水而上浮至水面，实现污染物从水中分离去除的过程。气

浮法中气泡在水中的分散程度是影响气浮效率的重要因素，故气浮设备按气泡产生的方法分为布气气浮、电解气浮和溶气气浮等。气浮法主要除污水中处于乳化状态的油以外，还广泛应用于除去污水中密度接近于水的微细悬浮颗粒状态的杂质。

③ 离心分离法是利用离心力的作用原理，在装有废水的容器高速旋转形成的离心力的作用下，使悬浮颗粒按质量依次分布，通过不同的排出口分别引出，实现污染物分离和废水净化的方法。按照离心力产生的方式，离心分离设备有压力式水力旋转器和离心机等。离心分离法具有设备结构简单、体积小、操作方便、单位容积处理量大等优点，但离心设备存在易磨损和电耗较大的缺点。

④ 过滤法是利用具有微细孔道的过滤介质截留废水中的悬浮固体颗粒和漂浮物，从而使废水中的污染物从废水中分离出来，避免这些悬浮或漂浮物质破坏水泵、堵塞阀门及管道等。常作为废水处理过程中的预处理，常用过滤介质有格栅、筛网、粒状滤料等。

9.3.4.2 化学处理法

化学处理法是利用化学反应的作用来去除或回收废水中污染物的方法。常采用的方法包括中和法、混凝沉淀法、化学沉淀法和氧化还原法等。

(1) 中和法

中和法是利用碱性物质/酸性物质中和酸性废水/碱性废水以调整废水 pH 值的方法，常用作废水的预处理。对于酸性废水的处理，可向废水中投入烧碱、纯碱、石灰石等碱性物质进行中和；也可让酸性废水通过装填有石灰石等碱性材料的过滤池；或使其与碱性废水混合，实现以废治废。对碱性废水的处理，向废水中通入含有酸性气体（如 CO_2）的烟道气、酸性物质或酸性废水进行中和。

(2) 混凝沉淀法

混凝沉淀法是在废水中投加混凝剂，与废水中通常带有负电荷的胶体物电中和，胶体颗粒失去稳定性，在分子引力的作用下聚集成大颗粒而沉淀下来的方法。混凝沉淀法主要是去除废水中的胶体颗粒，同时还可以去除色度、油分、氮、磷等营养物质等。混凝沉淀法具有经济、处理效果好、操作运行简单等特点，在工业污水处理中应用非常广泛，既可作为独立的污水处理系统，又可与其他处理方法联合使用，作为预处理、中间处理或最终处理。

(3) 化学沉淀法

化学沉淀法是向废水中投加特定的化学物质，使其与废水中溶解性污染物发生化学反应生成难溶于水的沉淀物，进而从废水中分离脱除的方法。该方法常用于处理含金属离子的工业废水，特别是重金属离子，如 Cu^{2+}、Zn^{2+}、Cr^{6+}、Hg^{2+}、Cd^{2+}、Pb^{2+}。化学沉淀法按使用的沉淀剂可分为氢氧化物法、石灰法、钡盐法、硫化物法等。

(4) 氧化还原法

氧化还原法是向废水中投加药剂（氧化剂或还原剂），通过药剂与废水中有毒害的无机物质或有机物质的氧化还原反应，将污染物转变成无毒或毒性较小物质的方法。目前常用的氧化还原法包括空气氧化法、氯氧化法、臭氧氧化法、药剂氧化还原法和光催化氧化法等。该法可以处理废水中的有机污染物（脱色、除臭、杀菌、降低 COD 和 BOD 等），还原性无机离子（CN^-、S^{2-}、Mn^{2+}）以及重金属离子（Hg^{2+}、Cd^{2+}、Cu^{2+} 等）。

9.3.4.3 物理化学处理法

物理化学处理法是利用物理和化学的综合作用达到废水净化的方法。一般应用物理化学方法处理之前，废水需先经预处理尽量去除废水中的油类、悬浮物等污染物，或调整废水的酸碱度以提高废水中污染物的脱除效率或降低损耗。常用的物理化学方法有吸附法、萃取法、电渗析法、反渗透法和超过滤法等。

（1）吸附法

吸附法是利用吸附剂（多孔性固体）吸附废水中一种或几种污染物而实现废水净化的方法。常用的吸附剂有活性炭、焦炭、沸石等。吸附法主要用来处理含汞、铬、酚、氰等的废水，以及废水的脱色、脱臭，广泛应用于废水的深度处理。

（2）萃取法

萃取法是利用萃取作用实现废水净化的方法，即向废水中投入不溶于或难溶于水的萃取剂，根据污染物在不同溶剂中的溶解度不同，某些污染物经两相界面转入萃取剂中，然后根据萃取相与水的密度差，将萃取相分离出来；最后根据污染物（溶质）与萃取剂的沸点不同，使得污染物蒸馏回收，萃取剂再生后循环利用。

（3）电渗析法

电渗析法是在外加直流电场的作用下，利用阴、阳离子交换膜对废水中阴、阳离子的选择透过性作用，把电解质（污染物）从废水中分离出来，实现废水净化和污染物分离的方法。电渗析可以用于废酸废碱、含盐、放射性、电镀废水的处理。

（4）反渗透法

反渗透法是以压力（渗透压）为推动力，借助于半透过（选择透过）性膜过滤废水中的所有污染物，污染物被反渗透膜截留并在截留液中浓缩。反渗透是最精密的膜法液体分离技术，应用于废水的深度处理。反渗透膜是实现反渗透过程的关键，要求反渗透膜具有良好的分离透过性和物化稳定性。

9.3.4.4　生物处理法

生物处理法是利用微生物的代谢功能，使废水中的某些有机污染物分解转化为无害物质的废水处理法。根据作用微生物的种类和供氧情况分为好氧生物处理法和厌氧生物处理法两种。

（1）好氧生物处理法

好氧生物处理法是好氧微生物（含兼性微生物）在有氧条件下，利用废水中有机污染物为底物（营养物质）进行新陈代谢，经过一系列的生化反应，将有机污染物分解为稳定、无害物质的处理方法。常用的好氧生物处理法有活性污泥法和生物膜法等。

① 活性污泥法是利用活性污泥的生物凝聚、吸附和氧化能力分解去除废水中的有机污染物的方法，是处理工业废水最常用的生化处理法。该法是向曝气池的废水中连续注入空气进行曝气，经过一段时间后，形成由大量繁殖的微生物群体（细菌、真菌、原生动物和后生动物）所构成的一种呈黄褐色的絮凝体——活性污泥，活性污泥具有很强的吸附与氧化有机物的能力，且活性污泥易于与水分离，使得废水得到净化和澄清。从曝气池中出来的含有污泥的废水进入沉淀池在重力作用下通过静止沉淀进行污泥和水的分离，澄清的水被净化排放，一部分污泥作为种泥回流至曝气池，剩余污泥送至污泥处理系统。活性污泥法基本流程如图9-4所示。

② 生物膜法也称固着生化法，是通过在载体表面上的微生物生长繁殖形成的膜状活性生物污泥生物膜来降解废水中的有机污染物，从而使废水得到净化的方法。该法克服了活性污泥法中污泥上浮和污泥膨胀等问题，还具有抗冲击负荷强，运行稳定，参与净化反应微生物多样化，污泥沉降性能良好，宜于固液分离，经济节能，较好的硝化与脱氮功能，可实现封闭运转，防止臭味等优点；生物填料易在曝气池内形成拥堵、结团或沟流、传质不均匀，会降低生物膜法的效率等。生物膜法处理废水最具代表性的工艺有生物滤池、生物接触氧化和生物转盘等。

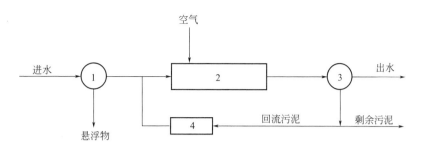

图 9-4 活性污泥法基本流程图

1—初次沉淀池；2—曝气池；3—二次沉淀池；4—再生池

（2）厌氧生物处理法

厌氧生物处理法是指在没有氧气存在的条件下，利用厌氧微生物的作用将废水中的有机污染物分解为甲烷和二氧化碳等无机物的过程。厌氧生物处理法因不需要提供氧气，故具有设备简单、动力消耗少等优点；但因厌氧微生物增殖缓慢，使得厌氧设备启动和处理时间长，处理后的出水水质差，需进一步处理才能达标排放。目前，比较典型的厌氧生化处理工艺有厌氧活性污泥法、升流式厌氧污泥床法和厌氧滤池法。

9.4 化工废渣处理技术

固体废物是指在生活、生产和其他活动中产生的废弃的固态、半固态和置于容器中的气态物质。部分国家把废碱、废酸、废油、废有机溶剂等高浓度的液体也归为固体废物。修订后的《中华人民共和国固体废物污染环境防治法》中明确提出：固体废物，是指在生产、生活和其他活动中产生的丧失原有利用价值或者虽未丧失利用价值但被抛弃或者放弃的固态、半固态和置于容器中的气态的物品、物质以及法律、行政法规规定纳入固体废物管理的物品、物质。《中华人民共和国固体废物污染环境防治法》（1995 年公布）将固体废物分为城市生活垃圾、工业固体废物和危险废物 3 类。其中工业固体废物和危险废物中均包含化工废渣，化工废渣具有种类繁多，产量大，成分和性质复杂，其危害具有长期性、潜在性和不易恢复性等，且其治理方法和综合利用的工艺技术较为苛刻等特点；但相当一部分化工固废通过加工可回收利用有价值的物质，资源化潜力很大。

9.4.1 化工废渣的来源与分类

化工废渣是指化工生产过程中产生的固态、半固态或液态废弃物，主要来源为化工生产过程中产生的不合格产品（含中间产品）、副产物、废催化剂、未反应的原料、废溶剂、工艺废物、报废的设备、化学品容器、废水处理产生的污泥、空气污染控制设备中排出的粉尘和工业垃圾等。此外，不同的化工行业和不同的规模会产生不同的化工固废，如氯碱工业中会产生含汞盐泥、汞膏、废石棉隔膜、电石渣（浆）等；硫酸工业会产生硫铁矿烧渣、高浓度废母液、废催化剂、水洗净化污泥、稀醛液、蒸馏高沸残液、皂化废渣、电石渣和废硫酸亚铁等。

化工废渣种类繁多、成分复杂。化工废渣按照化学性质可分为有机废渣和无机废渣两类；按化工固体废物进行分类，一般分为固体固废和泥状固废；按照化工固废污染防治的需求分为一般化工废渣和危险废渣。

9.4.2 化工废渣的特点和危害

9.4.2.1 化工废渣的特点

化工废渣的特点主要包含以下几个方面。

（1）产量和排放量大

化工废渣的排放量与化工行业的规模、生产水平和原材料的质量呈正比。随着经济和工业生产的快速发展，我国产生工业固废达每年百亿吨。

（2）有毒性、危险废物种类多

化工废渣中有相当一部分具有毒性、反应性和腐蚀性等特征，对人体健康和环境有危害或潜在危害。化工废渣因其来源广泛，同时受化工生产过程等因素的影响，使得成分和性质非常复杂。有些化工废渣含有危害性大且有毒的物质，如铬渣和汞渣；有些含有重金属、放射性等有害物质。我国化工危险废物生产量约占全国危险工业固体废物生产总量的 23.8%（2014 年）。

（3）污染范围广、难恢复性

化工废渣不仅侵占土地、污染土壤，直接威胁周边的生态系统，还会受雨水的冲洗作用污染地表水或地下水，进而威胁整个地下生态系统；同时化工废渣不进行任何处理排放至水域（江、河、湖、海）中，会造成严重的水体环境污染；在堆放过程中，某些有机物会发生分解产生有害气体扩散到大气中，会造成大气污染。此外，土壤一旦受到污染，短时间内很难恢复，甚至永远成为不毛之地。

（4）再资源化可行性大

固体废物中的"废"具有时间和空间的相对性，在某一生产过程或方面暂无使用价值的，随着时空条件的变化，可能在其他生产过程或方面具有使用价值，因此也被称为"放错了地方的资源"。化工废渣中有相当一部分为反应原料和副产物，根据废物的成分和性质找到其用途，通过采取工艺措施可从废物中回收有价值的物质，使废物资源化。例如煤矸石可作为大型沸腾炉燃料供热或发电，也可生产水泥、免烧砖瓦等建筑材料，或者生产聚合铝、分子筛等化工原料，用作农用肥料，促进农作物生长等；一部分硫铁矿烧渣、废催化剂中等含金、银等贵金属，有极高的回收利用价值。

9.4.2.2 化工废渣的危害

随着工业和经济的快速发展，化工废渣的排放量日益增加，有相当一部分直接排放至环境中，对环境造成污染，会间接或直接危害人类健康。化工废渣对环境造成的危害主要体现在以下三个方面。

（1）侵占土地、污染土壤

化工废渣产量大且体积庞大，因治理率低使得大部分废渣累积堆积，会侵占大量土地。化工废渣长期堆放，其含有的有害成分会污染土壤，改变土壤的成分和结构，直接影响周边环境的生态系统，如影响植物生长、降低生物多样性等。

（2）污染水体

化工废渣因雨水的淋洗作用，使其中有害成分随渗沥水进入地下水，同时也随雨水进入水网或随地表径流进入湖泊、河流和海洋；若直接排放至江河湖泊中，会造成更严重的水体污染。废渣中有害成分进入水体后会造成水体污染，毒害生物，使水体富营养化，降低水体质量等。

（3）污染大气

化工废渣在运输、处理或堆放过程中，释放出的有害气体会扩散至大气中，影响大气质量，对大气造成污染。

9.4.3　化工废渣的处理原则与技术

9.4.3.1　化工废渣的处理原则

化工废渣对环境的污染是多方面、全方位的，因其种类繁多、成分和性质复杂、物理性状千变万化，使其处理难度大。我国对固体废物污染控制工作起步较晚，在 20 世纪 80 年代中期制定了以"无害化""减量化"和"资源化"作为控制化工废渣的政策，并确定了在较长的一段时间内以"无害化"为主，从"减量化"向"资源化"过渡。为了防治固体废物污染环境，保障人体健康，维护生态安全，促进经济社会可持续发展，我国于 1996 年 4 月 1 日实施了《中华人民共和国固体废物污染环境防治法》。

"无害化"是指将有害固体废物通过物理、化学或生物方法处理，达到不危害人体健康、不污染周围自然环境的目的。

"减量化"是采取适宜的手段减少或减小化工废渣的数量和容积，以控制或消除其对环境的危害。

"资源化"是采取工艺措施从化工废渣中回收有价值的物质和能源。

9.4.3.2　化工废渣的处理技术

化工废渣中一部分经分选后可回收利用，其余部分的处理方法有卫生填埋法、压实法、破碎法、固化处理法、焚烧法、热解法和微生物分解法等，其中应用最广的为卫生填埋法。

（1）卫生填埋法

卫生填埋法俗称安全填埋法，是一种非资源化利用技术，但属于无害化、减量化处理中最经济的方法。卫生填埋法是将被处理的固体废物如化工废渣等进行土地填埋，且采取底层防渗、逐层堆积压实、覆盖土层，以达到无害的处理方法。卫生填埋法需要考虑的问题包括：化工废渣填埋场的开发和利用；防止浸出液的渗漏；固体废弃场表面覆土和排气管网的设置；臭味和病原菌的消除等。该法主要分为厌氧填埋法、好氧填埋法和准好氧填埋法，一般均采用厌氧填埋法。填埋处理方法的优点是填埋操作对废物量、性质变化不太敏感，且填埋场发生灾难性事故的概率较小；但填埋法存在占地多、选址标准严、较难获得合适的土地等缺点。

（2）压实法

压实法也称压缩法，是用机械方法减少松散状态废渣（如金属容器等）的空隙率或体积，提高其聚集程度，实现减容化，以便于运输和降低运输成本、延长填埋寿命的预处理方法。

（3）破碎法

通过机械等外力的作用，破坏化工废渣内部的凝聚力或分子间作用力使废物破碎的操作方法。化工废渣的破碎方法主要有冲击破碎、挤压破碎、摩擦破碎、剪切破碎等机械破碎法，以及低温破碎、热力破碎和超声破碎等非机械破碎法。破碎法为固体废物中最常用的预处理工艺。

（4）分选法

是根据固体废物物理性能的差异进行分拣的处理方法。固体废物在处理和回收利用之前，分选是重要的操作工序，将有价值的物质分选出来加以利用或进行进一步处理，同时将有害成分分离出来。分选法是实现固体废物减量化和资源化的重要技术手段，常见的分选方法主要有筛分、重力分选、磁力分选和浮选等。

（5）固化处理法

是采取物理或化学法将化工废渣包容或固定在惰性固化基材料中，以降低有害成分逸出的一种无害化处理技术。经过固化后的产物应具有良好的抗渗透性、抗浸出、抗干裂、抗冻和机械性能等特性。根据固化基材料的不同可将固化处理法分为水泥固化法、热塑性材料固化法、石灰固化法、玻璃固化法以及高分子有机物聚合固化法等。

（6）焚烧法

是指利用焚烧炉及其附属设备，使固体废物在高温和足够氧气存在的条件下进行氧化燃烧反应，达到消减容量、消灭各种病原体、将一些有毒物质转化为无毒物质并回收利用热量的处理技术。焚烧法是固体废物在焚烧炉内高温分解和深度氧化的综合处理过程，是目前消减固体废物量最大的一种处理技术，也是一种可同时实现固体废物无害化、减量化和资源化的处理技术。但是焚烧法容易造成二次污染，且投资和运行费用较高，设备锈蚀现象严重等。在大城市附近或者发达国家，因土地资源紧张，缺乏固体废物填埋场，可采用焚烧法处理废弃物，且焚烧过程获得的热能可以用于发电和供居民取暖等。根据我国《危险废物焚烧污染控制标准》的规定，为确保焚烧危险废物，在焚烧过程中必须至少具备以下技术条件：

① 焚烧炉内温度达到 850～1500℃；

② 烟气在炉内停留时间大于 2s；

③ 燃烧效率大于 99.99%；

④ 焚毁去除率大于 99.99%；

⑤ 灰渣的热灼减率小于 5%；

⑥ 配备净化系统；

⑦ 配备应急和警报系统；

⑧ 配备安全保护系统或装置。

（7）热解法

是利用有机废物的热不稳定性，在高温及无氧（或缺氧）条件下使固体废物受热分解的处理技术。热解法与焚烧法不同，热解是吸热过程，焚烧为放热过程；热解法处理的产物主要为可燃的低分子化合物（如甲烷、一氧化碳、气态氢气、醋酸、甲醇、焦炭等），焚烧法处理的产物主要为二氧化碳和水。而且热解炉处理后的废气量较焚烧炉大大降低，且可减轻对大气的二次污染；但因废物种类多且组分复杂，达到连续、稳定地分解，在技术和操作上要求高、难度大。

（8）微生物分解法

是依靠自然界广泛分布的微生物，利用微生物自身的新陈代谢的作用，使有机废物生物降解转化为腐殖肥料、沼气等，达到固体废物"无害化"处理的方法。目前应用较广泛的微生物分解法为好氧堆肥技术和厌氧发酵技术。好氧堆肥技术，也称高温堆肥技术，即在通入空气（氧气）和 50～60℃（最高达 80～90℃）的条件下，借助好氧微生物降解有机废物的方法；厌氧发酵技术是在无氧的条件下，借助厌氧微生物作用来分解有机废物，主要包括酸性发酵阶段和碱性发酵阶段。

9.5 清洁生产与可持续发展

从源头上消除环境污染，要树立"防污"重于"治污"的观念。化工企业"三废"治理技术虽然在一定程度上减轻了环境污染，但并未改变整体环境恶化趋势，而且传统末端治理环境问题效果不突出，高消耗成为工业污染的主要原因之一，因此可持续发展成为全球的必然选择。清洁生产是可持续发展战略的最佳模式，为此全球大力提倡清洁生产。2002 年 6 月 29 日我国颁布了《中华人民共和国清洁生产促进法》，2012 年 2 月 29 日颁布了修改版（案），在法律方面确立了发展清洁生产的重要地位。

9.5.1 清洁生产

9.5.1.1 清洁生产的含义

"清洁生产（Cleaner Production）"的概念最早追溯到由欧洲共同体 1976 年在巴黎举行的"无废工艺和无废生产国际研讨会"，会上提出了"消除造成污染的根源"的思想。清洁生产在不同的国家和不同的发展阶段有不同的叫法，如有些欧洲国家称"无废生产""少废或无废工艺"，美国称"废物最少化""消废技术"，此外还有"无害化工艺""污染预防""再循环工艺"和"绿色工艺"等叫法，但各种叫法的基本内涵是一致的。

我国《中华人民共和国清洁生产促进法》中清洁生产的定义为：是指不断采取改进设计、使用清洁的能源和原料、采用先进的工艺技术与设备、改善管理、综合利用等措施，从源头削减污染，提高资源利用率，减少或者避免生产、服务和产品使用过程中污染物的产生和排放，以减轻或者消除对人类健康和环境的危害。《中国 21 世纪议程》中给出的清洁生产的定义：既可满足人们的需要，又可合理使用自然资源和能源并保护环境的实用生产方法和措施，其实质是一种物料和能耗最少的人类生产活动的规划和管理，将废物减量化、资源化和无害化，或消灭于生产过程之中。同时对人体和环境无害的绿色产品的生产亦将随着可持续发展进程的深入而日益成为今后产品生产的主导方向。

9.5.1.2 清洁生产的内容

清洁生产主要包括三个方面的内容，即清洁的能源、清洁的生产过程和清洁的产品。

（1）清洁的能源

也称绿色能源。包括常规能源的清洁利用，例如低污染的化石能源（天然气等）和利用清洁能源技术（如洁净煤技术和洁净油）处理过的化石能源；常规能源节能技术的开发，即开发新工艺技术有效回收利用生产过程的各类余热，降低能耗对环境的污染；可再生能源和新能源的利用，指消耗后可得到恢复补充的能源，如太阳能、风能、水能、生物能、地热能、潮汐能、氢能和核能等。

我国政府高度重视可再生能源的研究与开发，原国家经贸委制定了新能源和可再生能源产业发展的"十五"规划，并制定与颁布了《中华人民共和国可再生能源法》，重点发展风力发电、生物质能高效利用、太阳能光热利用和地热能的利用。在国家政府的大力扶持下，我国近年来在风力发电及太阳能利用等领域已经取得了很大的进展，目前我国是国际洁净能源的巨头，是全球最大的风力、太阳能与环境科技公司的发源地。

（2）清洁的生产过程

包括：①尽可能少用或不用有毒有害的原料。②生产过程产出无毒、无害的中间产品。

③减少或消除生产过程中的各种危险性因素，如易燃、易爆、高温、高压等。④物料的再循环利用，例如将流失的原料和产品回收并返回主体工艺中使用，将废物、废热回收作为能量利用，组织闭路水循环或一水多用等。⑤选用少废或无废的工艺和高效的设备，如简化工艺流程，减少工序和所用设备，提高单套设备的生产能力和强化生产过程，使工艺过程易于连续操作，保持生产过程的稳定性；优化工艺条件；开发新工艺、新设备。⑥简便、可控的操作和可靠的控制、完善的管理等，实践证明规范操作、强化管理可实现利用较小的费用提高资源/能源的高效利用，降低相当比例的污染。

（3）清洁的产品

包括尽量节约原料和能源，少用昂贵和稀缺原料；多采用二次资源作原料；消除产品使用过程中和使用后危害人体健康和生态环境的因素；使用后的产品易于回收、复用和再生；合理的使用功能，即节水、节能、降低噪声的功能和合理的使用寿命；报废的产品易处理、易降解等。

9.5.1.3　我国清洁生产的发展

早在 1973 年，我国就在《关于保护和改善环境的若干规定》中提出"预防为主、防治结合"的方针。20 世纪 70 年代末，我国已出现了清洁生产的案例。到 20 世纪 80 年代，随着我国环境问题的日益严重，提出了消除"三废"的根本途径是技术改造，陆续研究开发了许多清洁生产技术，在环境管理的政策文件中零星地出现了清洁生产的思想。1992 年，我国政府将清洁生产列入《环境与发展十大对策》中。1993 年 10 月，国务院、国家经贸委和国家环保总局在第二次全国工业污染防治工作会议上强调了清洁生产的重要意义和作用，明确提出工业污染防治必须从单纯的末端治理向生产全过程控制转变，实施清洁清产。自1993 年开始，我国逐步推行清洁生产工作，并启动和实施了一系列推进清洁生产的项目，我国清洁生产进入政府有组织的依法推广阶段。

2003 年 1 月 1 日，《中华人民共和国清洁生产促进法》（简称《促进法》）正式开始实施。《促进法》是我国第一部以预防为主要内容的专门法律，该法的实施标志我国清洁生产工作进入法制化稳步发展阶段。2003 年 12 月 17 日，国务院办公厅以国办发〔2003〕100 号转发发展改革委等部门《关于加快推行清洁生产的意见》，明确推行清洁生产的基本原则等6 项内容。2005 年 12 月 13 日，国家环保总局出台了《重点企业清洁生产审核程序的规定》，规范清洁生产审核，明确指出重点企业需进行强制性清洁生产审核的工作程序和要求，使强制性清洁生产审核有章可依、有规可循。

为进一步有效开展清洁生产和完善清洁生产审核制度，我国相继出台和实施了一系列制度和政策，环保部于 2008 年 7 月 1 日出台的《重点企业清洁生产审核评估、验收实施指南》和《重点审核的有毒有害物质名录》（第二批），以及 2010 年 4 月 12 日发布的《关于深入推进重点企业清洁生产的通知》，明确依法公布应实施清洁生产审核的重点企业名单等内容；2012 年 7 月 1 日实施《中华人民共和国清洁生产促进法》修订版，强化了政府推进清洁生产的工作职责、扩大了对企业实施强制性清洁生产审核范围、强化了清洁生产审核法律责任等条款；2014 年 11 月 26 日通过了《中华人民共和国大气污染防治法（修订草案）》，增加了对重点区域和燃煤、工业、机动车、扬尘等重点领域开展多污染物协同治理和区域联防联控的专门规定。为落实《中华人民共和国清洁生产促进法》，进一步规范清洁生产审核程序，更好地指导地方和企业开展清洁生产审核，对《清洁生产审核暂行办法》进行了修订，并于2016 年 7 月 1 日起正式实施。

近年来，我国将清洁生产作为促进节能减排的重要手段，在工业领域清洁生产推行工作取得了一定的进展，但与欧美发达国家和地区相比，在技术和管理层面上仍然存在很大的差距，我国实施清洁生产企业的比重依然很低，仍然处理起步阶段。目前，我国清洁生产实施工作仍存在一些突出的问题，如企业普遍对清洁生产认识的高度不够，重末端治理且着眼于眼前的利益；清洁生产未全面开展，实施清洁生产审核企业的比例偏低；清洁生产技术研发投入不够，缺乏先进有效的技术；机制政策有待进一步完善健全等。随着经济发展和生产技术继续推荐，对清洁生产的目标应不断提高，整个国家应树立足够的环保意识，做好清洁生产的示范和推广工作，为节能减排和低碳经济发展提供动力。

【清洁生产实例】 唐山中润煤化工有限公司精苯工序中为保证脱重塔内负压，需在塔顶抽出部分含环戊烷等非芳烃和少量的苯可燃物质输送至火炬燃烧排放。该公司 2010 年进行清洁生产审核活动，对精苯车间进行了全面的物料平衡分析，其中脱重塔塔顶抽出的真空尾气中 10.4% 的苯和含环戊烷等非芳烃为生产副产品，直接排放燃烧属于产品浪费。经对排放尾气的物理性质进行分析，该公司技术部门和咨询专家提出了低温冷凝法回收真空尾气的技术方案。具体实施方案为：将制冷车间冷却水输送至精苯车间，利用该冷凝水将真空尾气冷凝至 10℃，在该温度下尾气中的环戊烷、非芳烃和少量苯冷凝为液体，这部分凝液作为非芳烃产品外销。该方案投资 132 万元用于安装管道系统和两套热交换系统，投入产出比高达 1：3.9，企业当年回收芳烃为 900t，增加效益 522 万元。

9.5.1.4 绿色化工

化工行业是国民经济不可或缺的重要组成部分，与一国综合国力和人民生活密切相关。化学工业的发达程度是衡量国家工业化和现代化的重要标志。在美国以及日本、德国等制造业强国，化工行业均是排名前三的重要工业产业。传统化工行业为"高能耗、高污染"行业，目前资源与环境是世界各国经济发展所需共同面临的两大基本问题。绿色化工是适应目前时代要求基于可持续发展的理念，已被列为 21 世纪实现可持续发展的一项重要战略，我国化工行业向绿色升级是大势所趋。

绿色化工简单而言是把传统的化工绿色化，具体是指将综合预防的环境策略持续地应用于生产过程和产品中，节约原料和能源，淘汰有毒原材料，减少废弃物的毒性和排放，进行生产过程的集成优化，废物利用与资源化，进而降低生产成本和能源消耗；减少产品在整个生命周期过程中对人类和环境的不良影响。绿色化工的宗旨是将现有的化工生产技术路线从"先污染、后治理"转向"从源头上根除污染"。

绿色化工内容包括：①清洁的能源，即不可再生能源的清洁利用，以及太阳能、水能、波浪能、潮汐能、风能、生物质能、地热能等可再生能源的使用；②清洁的生产过程，即在生产过程中运用高新技术和加强管理，以提高效率和减少生产过程中的各种排放物的数量和毒性；③清洁的产品；④清洁的服务；⑤清洁的消费，即提高消费者的觉悟，促进对环境友好产品的消费，减少污染。

绿色化工的特点主要为：①战略性，即污染预防战略，是实现可持续发展的环境战略；②预防性，即绿色化工从工艺源头运用环保的理念，实行生产过程全控制，最大可能地减少乃至消除废物或污染物的产生，实质为预防污染；③综合性，即实施综合性的预防措施，包含技术进步、结构调整和完善管理；④统一性，即能同时实现经济效益和环境效益相统一；⑤持续性，即绿色化工是个相对的概念，随着技术和管理水平的不断创新，是个持续不断的过程，没有终极目标。

目前，我国绿色化工发展的三个主要方向是：重点对现有化工技术进行绿色化改造；二是强化生物技术的应用，生物技术比传统的物理化学法具有效率高、选择性高、成本低、二次污染少等优势，将成为化工产物合成的主导技术；三是大力推广微化工技术，其将增强化工过程安全性，促进过程强化和化工系统小型化，提高能源、资源利用效率，达到节能降耗之目的。近年来，我国化工产业突出生态环保导向，并取得很大成绩，但我国推行绿色化工仍任重道远。

9.5.2 可持续发展

9.5.2.1 可持续发展的提出与进程

1972年6月在斯德哥尔摩召开的联合国人类环境会议上第一次提出了"可持续发展（Sustainable Development）"。1981年美国布朗（Lester R. Brown）出版的《建设一个可持续发展的社会》一书系统地提出了以控制人口增长、保护资源基础和开发再生能源来实现可持续发展的观点。1987年，世界环境与发展委员会发表的《我们共同的未来》报告，明确给出了可持续发展的定义为："既能满足当代人的需要，又不对后代人满足其需要的能力构成危害的发展"，提出了可持续发展的战略，系统地阐述了可持续发展的思想。在全球环境持续恶化、发展问题更趋严重的情况下，1992年6月联合国在巴西里约热内卢召开"联合国环境与发展会议（United Nations Conference on Environment and Development）"，该会议围绕环境与发展这一主题，最后通过了以可持续发展为核心的《关于环境与发展的里约热内卢宣言》和《21世纪议程》等3项文件。1994年，我国编制了《中国21世纪人口、资源、环境与发展白皮书》，首次把可持续发展战略纳入我国经济和社会发展的长远规划。1997年，中共十五大会议报告中提到"我国是人口众多、资源相对不足的国家，在现代化建设中必须实施可持续发展战略"，进一步明确将可持续发展战略作为我国经济发展的战略之一。2002年8月26日～9月4日在南非约翰内斯堡协商通过《约翰内斯堡可持续发展宣言》和《可持续发展世界首脑会议执行计划》。后者旨在对过去10年全球可持续发展实践的评估以及对世界未来可持续发展的具体规划。2030年可持续发展议程由联合国193个成员国在2015年9月一致通过，旨在从2015年到2030年间以综合方式彻底解决社会、经济和环境三个维度的发展问题，转向可持续发展道路。2019年9月25日中国外交部官网发布《中国落实2030年可持续发展议程进展报告（2019）》，报告全面梳理了中国落实2030年议程的举措、进展、面临的挑战和下步规划，展现了我国践行新发展理念、实现高质量发展的决心和取得的成就。

9.5.2.2 可持续发展的内涵

可持续发展就是建立在经济、资源、环境、人口、社会相互协调和共同发展的基础上，其宗旨是既能满足当代人的需求而又不危害后代人的发展，核心思想是经济发展、保护资源和保护生态环境协调一致，让子孙后代能够享受充分的资源与良好的环境。进入21世纪后，我国进一步深化对可持续发展内涵的认识，于2003年提出了以人为本、全面协调可持续的科学发展观。

9.5.2.3 可持续发展的原则

可持续发展主要包含三项基本原则，即公平性原则、持续性原则和共同性原则。

① **公平性原则**：主要包括本代人的公平即代内的横向公平和代际公平性（即世代之间的纵向公平性）两方面。后代人应与当代人拥有相同的权力来提出他们对资源与环境的需求，各代人都应有同样选择的机会空间。

② **持续性原则**：即指人类的经济活动和社会发展必须在资源和环境承载能力的基础上，也指生态系统受到某种干扰时能保持其生产力的能力。

③ **共同性原则**：即指发展经济和保护环境需要全球共同配合行动，需要世界各国的共同和积极参与。

9.5.2.4 中国对全球推进可持续发展的原则立场

我国2012年6月1日发布的《中华人民共和国可持续发展国家报告》中明确地提出了我国对全球推进可持续发展的原则立场。

（1）坚持经济发展、社会进步和环境保护三大支柱统筹原则

国际社会要紧紧围绕可持续发展目标，统筹协调经济、社会、环境因素，推动实现全面、平衡、协调、可持续发展。世界各国应该坚持发展经济，改变不可持续的生产和消费方式；坚持社会公平正义，确保发展成果惠及所有国家和地区；坚持以人为本，保持资源环境的可持续性。

（2）坚持发展模式多样化原则

世界各国发展阶段、发展水平和具体国情各不相同，可持续发展没有普适的模式，要尊重各国可持续发展自主权，由各国自主选择适合本国国情的发展模式和发展道路，并确保其足够的政策空间。在推进可持续发展的进程中，政府的作用不可替代，同时也需要民间社会、私营部门、工商界等主要群体的广泛参与。

（3）坚持"共同但有区别的责任"原则等里约热内卢环发大会各项原则

实现可持续发展是国际社会的共同责任和使命，国际合作是实现全球可持续发展的必由之路。国际合作应该以平等和相互尊重为基础，充分考虑发展中国家与发达国家不同的发展阶段和发展水平，正视发展中国家面临的困难和问题。发达国家要切实履行做出的各项承诺，帮助发展中国家实现可持续发展。中国作为一个发展中国家，愿意与各方加强合作，携手推进全球可持续发展进程，为人类实现可持续发展做出应有贡献。

9.5.2.5 中国可持续发展的总体思路

2012年《中华人民共和国可持续发展国家报告》，提出我国进一步推进可持续发展战略的总体思路为：

① 把经济结构调整作为推进可持续发展战略的重大举措；

② 把保障和改善民生作为推进可持续发展战略的主要目的；

③ 把加快消除贫困进程作为推进可持续发展战略的急迫任务；

④ 把建设资源节约型和环境友好型社会作为推进可持续发展战略的重要着力点；

⑤ 把全面提升可持续发展能力作为推进可持续发展战略的基础保障。

思考题

1. 环境的内涵是什么？

2. 当前危害人类生存的全球十大环境问题是什么？

3. 酸雨形成的原因是什么？酸雨的危害有哪些？

4. 简述温室效应形成的原因及危害。

5. 臭氧层空洞形成的原因是什么？危害有哪些？

6. 简述化工生产对环境的污染主要分类。

7. 哪些项目需要进行环境影响评价？

8. 环境影响评价的目的和意义是什么？

9. 环境影响评价包括哪些？

10. 简述化工废气的主要污染物和主要特点。

11. 比较二氧化硫和氮氧化物处理方法中的异同点。

12. 简述气态污染物的主要处理方法。

13. 衡量水污染的主要指标有哪些？

14. 化工废水的特点有哪些？

15. 化工废水的处理方法有哪些？

16. 调查你所在的省份是否有水体受到污染？其污染源有哪些？

17. 简述化工废渣的危害。

18. 试述化工废渣的处理原则。

19. 化工废渣的处理技术有哪些？

20. 清洁生产的意义有哪些？

21. 可持续发展的内涵是什么？

22. 简述可持续发展的原则。

第10章

化工职业卫生与防护

10.1 职业病及其预防

10.1.1 职业病的概念

10.1.1.1 职业病的定义

职业病是指企业、事业单位和个体经济组织的劳动者在职业活动中，因接触粉尘、放射性物质和其他有毒、有害物质等因素而引起的疾病。如：在职业活动中，接触粉尘可导致尘肺（肺尘埃沉着病，下同）；接触工业毒物可导致职业中毒；接触工业噪声可导致噪声聋等。

由国家主管部门公布的职业病目录所列的职业病称为法定职业病，界定法定职业病必须具备以下四个条件：

① 患病主体是企业、事业单位或个体经济组织的劳动者；

② 必须是在从事职业活动的过程中产生的；

③ 必须是因接触粉尘、放射性物质和其他有毒、有害物质等职业病危害因素引起的；

④ 必须是国家公布的职业病分类和目录所列的职业病。

10.1.1.2 职业病的特点

与其他职业伤害相比，职业病有以下特点。

（1）病因明确

病因是劳动者在职业性活动过程中接触到的职业危害因素，这些影响因素可能直接或间接地、个别或共同地发生着作用。在接触同样因素的人群中，常有一定的发病率出现，病因控制后可消除或减少发病。

（2）潜伏期长

职业病不同于突发的事故或疾病，要经过一个较长的逐渐形成期或潜伏期后才能显现病症，属于缓发性伤残。发病时间与所接触的病因的强度有关，需要达到一定的程度，才能发现病症。

（3）隐蔽性

某些职业病为体内生理器官或生理功能的损伤，表现在只见"疾病"不见"外伤"。

（4）不可逆性

职业病属于不可逆性损伤，很少有痊愈，目前尚无特效治疗效果。除了使患者远离致病源外，没有更为积极的治疗方法，重在预防。可以通过改善作业环境条件和改进作业方法等管理手段减少患病率。如能早期诊断，进行合理处理，会得到较好的康复。

此外，在同一生产环境从事同一种工作的劳动者中，个体发生职业性损伤的机会和程度也有较大差别。例如患有某些遗传性疾病或有遗传缺陷的人，容易受某些有毒物质的侵害；未成年人和老人易受危害因素的作用，妇女所接触的危害因素会对胎儿、乳儿有影响；具有一定的科学知识和良好的卫生习惯者，能较为自觉地采取预防危害因素的措施，减少伤害，反之则容易引起职业性损害。

10.1.2 职业病的范围

从广义讲，职业病是指作业人员在从事生产活动中，因接触职业性危害因素而引起的疾病。但从法律意义上讲，职业病是有一定范围的，仅指由政府部门或立法机构所规定的法定职业病。2002 年卫生部颁发的职业病目录规定的法定职业病为十大类 115 种。根据《中华人民共和国职业病防治法》有关规定，2013 年 12 月 23 日国家卫生和计划生育委员会、人力资源和社会保障部、安全生产监督管理总局和中华全国总工会四部门联合组织对职业病的分类和目录进行了调整，发布了新修订的《职业病分类和目录》，将纳入法定范围的职业病共分为十大类 132 种。这十类职业病的主要区别就是其职业性有害因素不同，其中，因毒物造成的职业性中毒 60 种；职业性尘肺病及其他呼吸系统疾病 19 种（其中粉尘导致的尘肺病13 种，其他呼吸系统疾病 6 种）；职业性放射性疾病 11 种；物理因素所致职业病 7 种；生物因素所致职业性传染病 5 种；职业性皮肤病 9 种；职业性眼病 3 种；职业性耳鼻喉口腔疾病 4 种；职业性肿瘤 11 种；其他职业病 3 种。

拓展阅读

在我国职业病病例中尘肺和职业中毒两项占大多数，是我国重点防治的职业病。同时为确保科学、公正地进行职业病诊断与鉴定，卫生部发布了《职业病诊断与鉴定管理办法》以及一系列《职业病诊断标准》，使得职业病诊断、鉴定工作能够依据法定的标准与程序实施。

10.1.3 职业病危害因素

职业病危害，是指对从事职业活动的劳动者可能导致职业病的各种危害。职业病危害因素是指职业活动中影响劳动者健康的、存在于生产工艺过程以及劳动过程和生产环境中的各种危害因素的统称，包括职业活动中存在的各种有害的化学、物理、生物因素以及在作业过程中产生的其他职业有害因素。职业病危害分布很广，其中以煤炭、冶金、建材、机械、化工等行业最为突出。职业病危害因素按其来源分为以下三类。

（1）生产工艺过程中的有害因素

① **化学有害因素**：化学有害因素是引起职业病的最常见的职业性有害因素。它主要包括生产性毒物和生产性粉尘。

生产性毒物是指生产过程中形成或采用的各种对人体有害的物质。生产性毒物包括窒息性毒物（如 CO、H_2S 等），刺激性毒物（如 Cl_2、NH_3 等），损害血液毒物（如苯、氮氧化物等），损害神经毒物（如重金属、有机农药等）。

生产性粉尘是指能够较长时间悬浮于空气中的固体微粒。它包括无机性粉尘、有机性粉尘和混合性粉尘三类。

② **物理因素**：包括异常气象条件（如高温、高湿、低温等）、异常气压、噪声、振动、非电离辐射（如紫外线、红外线、射频、激光）、电离辐射（如 X 射线等）。

③ **生物因素**：附着在皮毛上的如炭疽杆菌、布氏杆菌、森林脑炎病毒等传染性病原体。

（2）劳动过程中的有害因素

劳动过程是指生产过程的劳动组织、操作体位和方式以及体力和脑力劳动的比例等，此过程产生的有害因素有：

① 劳动作息制度不合理，如大检修或抢修期间，易发生加班加点超负荷工作的情况；

② 自动化程度提高，造成操作者精神过度紧张，如在生产流水线上的装配作业工人等；

③ 劳动强度过大或生产定额不当，如安排的作业与职工生理状况不相适应等；

④ 个别系统或器官过分紧张，如长期坐在电脑前伏案工作或由于光线不足而造成的视力紧张，或者长期站立工作导致腰膝疼痛等；

⑤ 长时间处于某种不良体位或使用不合理的工具等，如检修过程中的仰焊等。

（3）生产环境中的有害因素

主要包括自然环境因素、厂房建筑或布局不合理或来自其他生产过程散发的有害因素造成的生产环境污染。

① 自然环境因素，如炎热季节的太阳辐射或高温环境；

② 生产场所设计不符合卫生标准，如车间布置设计不合理，厂房矮小、狭窄，特别是把有毒和无毒工段安排在同一车间等；

③ 缺少必要的卫生防护设施，如缺少防尘、防毒、防暑降温、防噪声的措施和设备，或者配备的设施效果不好，造成各种不良的生产劳动环境；

④ 对于危险及毒害严重的作业，缺少必要的安全防护措施或由不合理生产过程所致的环境污染，如氯气泄漏等；

⑤ 在空气中含氧较少的地方工作或由于供氧不足而造成的缺氧症等。

10.1.4 职业病预防原则和措施

职业病防治工作应坚持预防为主、防治结合的方针，建立用人单位负责、行政机关监管、行业自律、职工参与和社会监督的机制，实行分类管理、综合治理。根据《中华人民共和国职业病防治法》制定了《工业企业设计卫生标准》（GBZ 1—2010），该标准规定了工业企业选址与总体布局、工作场所、辅助用室以及应急救援的基本卫生学要求。适用于工业企业新建、改建、扩建和技术改造、技术引进项目的卫生设计及职业病危害评价。

《中华人民共和国职业病防治法》对于职业病的前期预防、劳动过程中的防护与管理、职业病诊断与职业病病人保障、监督检查等做出了明确规定。由国务院卫生行政部门统一负责全国职业病防治的监督管理工作，国务院和县级以上地方人民政府应当制定职业病防治规划，将其纳入国民经济和社会发展规划，并组织实施，用人单位应当为劳动者创造符合国家职业卫生标准和要求的工作环境和条件，并保障劳动者获得职业卫生保护。用人单位应当采取下列职业病防治管理措施。

① 设置或者指定职业卫生管理机构或者组织，配备专职或者兼职的职业卫生专业人员负责本单位的职业病防治工作。

② 制定职业病防治计划和实施方案。

③ 建立健全职业卫生管理制度和操作规程。

④ 建立健全职业卫生档案和劳动者健康监护档案。

⑤ 建立健全工作场所职业病危害因素监测及评价制度。

⑥ 建立健全职业病危害事故应急救援预案。

⑦ 建立健全职业健康宣传教育培训制度。

《中华人民共和国职业病防治法》规定了劳动者的权利和义务。劳动者有权获得职业卫生教育、培训；获得职业健康检查、职业病诊疗、康复等职业病防治服务；了解工作场所产生或者可能产生的职业危害因素、危害后果和应当采取的防护措施，要求用人单位提供符合防治职业病要求的防护设施和个人使用的防护用品，改善工作条件；对违反职业病防治法

拓展阅读

律、法规以及危及生命健康的行为提出批评、检举和控告；拒绝违章指挥和强令进行没有职业病防护措施的作业；参与用人单位职业卫生工作的民主管理，对职业病防治工作提出意见和建议的权利。

劳动者应尽的义务是：学习、了解并遵守相关的职业病防治法律、法规，学习并掌握相关的职业卫生知识；正确使用、维护职业病防护设备和个体防护用品；严格遵守职业病防治规章制度和操作规程，发现职业危害隐患应当及时报告。

10.2 粉尘及防尘措施

10.2.1 粉尘危害与分级

（1）粉尘类型

粉尘是指能够较长时间悬浮于空气中的固体微粒，国际上将粒径小于 $75\mu m$ 的固体悬浮物定义为粉尘，在工业生产过程中产生的粉尘称为生产性粉尘，生产性粉尘按其性质分为以下几种。

① **无机粉尘**：矿物性粉尘，如石英、石棉、煤等；金属性粉尘，如铁、铝、锰、铅等；人工合成的无机粉尘，如金刚砂、水泥、玻璃纤维等。

② **有机粉尘**：动物性粉尘，如丝、毛、骨质等；植物性粉尘，如棉麻、谷物、茶叶、草木等；人工合成的有机粉尘，如有机农药、有机染料、合成橡胶、合成纤维等。

③ **混合性粉尘**：指上述各类粉尘，以两种或两种以上物质混合形成的粉尘，在生产中这种粉尘最常见。

生产性粉尘主要是在如下生产过程中形成：固体的机械粉碎、磨粉过程；固体的钻孔、切削、锯断过程；物质的不完全燃烧过程可产生炭粉尘；粉状化工产品本身在包装、运输等环节与人员接触。

（2）粉尘对人体的危害

粉尘的危害有两个方面：一方面是部分可燃性粉尘与空气混合，可能形成爆炸性气体，其危险性和预防措施见本书第3章；另一方面就是对于人体健康的危害。对工业粉尘如果控制不好，将危害工人身体健康和损坏机器设备，破坏作业环境，甚至污染大气环境。

粉尘侵入人体的途径主要有呼吸系统、眼睛、皮肤等，其中以呼吸系统为主要途径。在粉尘环境中工作，人的鼻腔只能阻挡吸入粉尘总量的 $30\%\sim50\%$，其余部分进入呼吸道。粉尘对人体的危害如下。

① **尘肺**：有尘作业工人长时间吸入粉尘，伤害呼吸系统，易引发尘肺。尘肺包括石棉肺、铁肺、煤尘肺、电焊工尘肺等病症。尤其是长期吸入含游离二氧化硅的粉尘，可导致肺组织纤维化，肺功能减退，最后因缺氧而死亡。有些生产性粉尘危害较小，如锡、钡、锑等吸入后沉积于肺部组织中，呈现一般异物反应，经治疗或脱离粉尘后病变可逐渐减轻或消失。

② **中毒**：铅、砷、锰、氰化物、塑料助剂等毒性粉尘，吸入后在呼吸道溶解进入血液循环系统，可引起中毒。

③ **上呼吸道慢性炎症**：某些粉尘如棉尘、毛尘、麻尘等，可附着于鼻腔、气管、支气管的黏膜上，长期发生刺激作用，继发感染，发生慢性炎症。

④ **眼睛**：粉尘侵入眼睛，可引起结膜炎、角膜混浊、眼睑水肿和急性角膜炎等症状，

金属粉尘可引起角膜损伤。

⑤ **皮肤**：粉尘侵入皮肤后，堵塞皮脂腺、汗腺，造成皮肤干燥，易受感染，引起毛囊炎、皮炎等。

⑥ **致癌作用**：如接触放射性矿物粉尘、铬酸盐易发生肺癌，石棉粉尘可引起胸膜间皮瘤。

（3）生产性粉尘作业分级

生产性粉尘作业分级在综合评估生产性粉尘的健康危害、劳动者接触程度等的基础上进行。劳动者接触粉尘的程度应根据工作场所空气中粉尘的浓度、劳动者接触粉尘的作业时间和劳动者的劳动强度综合判定。分级标准见《工作场所职业病危害作业分级　第1部分：生产性粉尘》（GBZ/T 229.1—2010）。

生产性粉尘作业按危害程度，根据分级指数 G 分为四级：相对无害作业（0级）、轻度危害作业（Ⅰ级）、中度危害作业（Ⅱ级）和高度危害作业（Ⅲ级），其分级标准见表10-1。

分级指数 G 按式（10-1）计算：

$$G = W_M W_B W_L \qquad (10\text{-}1)$$

式中　W_M——粉尘中游离二氧化硅（结晶型）含量的权重数；

　　　W_B——工作场所空气中粉尘职业接触比值（接触比值指工作场所劳动者接触某种职业性有害因素的实际测量值与相应职业接触限值的比值）的权重数；

　　　W_L——劳动者体力劳动强度的权重数。体力劳动强度参照《工作场所物理因素测量　第10部分：体力劳动强度分级》（GBZ/T 189.10—2007）。

表 10-1　生产性粉尘作业分级标准

作业级别	分级指数（G）	游离 SiO_2 含量（M）/%	权重数（W_M）	接触比值（B）	权重数（W_B）	体力劳动强度级别	权重数（W_L）
0 级	0	$M < 10$	1	$B < 1$	0	Ⅰ（轻）	1.0
Ⅰ 级	$0 < G \leqslant 6$	$10 \leqslant M \leqslant 50$	2	$1 \leqslant B \leqslant 2$	1	Ⅱ（中）	1.5
Ⅱ 级	$6 < G \leqslant 16$	$50 < M \leqslant 80$	4	$B > 2$	B	Ⅲ（重）	2.0
Ⅲ 级	> 16	$M > 80$	6			Ⅳ（极重）	2.5

如果生产工艺及原料无改变，连续3次监测（每次间隔1个月以上），测定粉尘浓度未超过职业接触限值且无尘肺病人报告的作业可以直接确定为相对无害作业。

10.2.2　粉尘防护措施

车间空气中有害粉尘的最高允许浓度按照《工作场所有害因素职业接触限值　第1部分：化学有害因素》（GBZ 2.1—2019）中粉尘的最高允许浓度的规定执行。预防粉尘危害应采取以下技术措施和个体防护措施。

（1）密闭

对可能产生粉尘的工艺装置，宜采取密封机械，并在负压状态下使用，以防止粉尘外溢。

（2）加湿

固体的机械粉碎、磨粉、钻孔、切削或锯断过程会产生大量粉尘，应尽可能采取加湿措施以降低空气中粉尘的悬浮量。如石英磨粉用水磨代替干磨；矿井采用喷雾洒水和湿式凿岩（水电钻）。

（3）局部机械排风

产生粉尘、烟尘、烟雾的场所，不适合全面通风，可以选用合适的排风罩，采用局部排风措施，以降低粉尘的浓度，消除粉尘危害。排气罩参照《排风罩的分类及技术条件》（GB/T 16758—2008）的要求，遵循形式适宜、位置正确、风量适中、强度足够、检修方便的设计原则，罩口风速或控制点风速应足以将发生源产生的尘、毒吸入罩内，确保达到高的捕集效率。局部排风罩不能采用密闭形式时，应根据不同工艺操作要求和技术经济条件选择适宜的伞形排风装置。

（4）工业除尘系统

化工企业中，当工艺气体中的粉尘对于后续加工有不利影响或排放的废气中所含粉尘对于人体或环境有害时，需要加设除尘系统。除尘器一般分为干式除尘与湿式降尘两类。能够被水浸润的粉尘，称亲水性粉尘；不能够被水浸润的，称疏水性粉尘。亲水性粉尘可以使用湿式除尘器除掉，疏水性粉尘则需要使用干式除尘器除掉。对于遇水可能形成爆炸的粉尘，严禁采用湿式除尘器。除尘器类型有多种，如空塔、文丘里、泡沫塔、布袋除尘、电除尘器等，常常将不同方法联合使用，组成一套有效除尘系统。

（5）粉尘监测

粉尘监测是对作业环境的粉尘浓度实施定期检测，使作业环境的粉尘浓度达到国家标准规定的允许范围。粉尘的测定按照《工作场所空气中粉尘测定》（GBZ/T 192X—2007）第1、3、4部分进行。

（6）其他工程措施

① 对可能释放粉尘的设备最好单独集中布置，以限制和缩小粉尘危害区域的范围。

② 散发可燃性粉尘的生产、储存场所和除尘器室、除尘管道、地沟等地方，表面应平整光滑，易于清扫，没有粉尘聚集的死角，并配有及时吸清积尘的设施，定期清除沉积的粉尘。

③ 在粉尘爆炸危险环境，要设置水喷雾设施，根据情况给物料加湿，以降低空气中粉尘悬浮量。

（7）加强个人防护

依据粉尘对人体的危害方式和伤害途径，进行针对性的个人防护。粉尘（或毒物）对人体伤害途径有三种：一是通过呼吸道吸入进入体内；二是通过人体表面皮汗腺、皮脂腺、毛囊进入体内；三是通过消化道食入进入体内。相应的防护对策：

① 切断粉尘进入呼吸系统的途径，依据不同性质的粉尘，佩戴不同类型的防尘口罩、呼吸器，对某些有毒粉尘还应佩戴防毒面具；

② 阻隔粉尘对皮肤的接触，正确穿戴工作服、头盔和眼镜等，人体头部是汗腺、皮脂肪和毛囊较集中的部位，需要重点保护，根据需要穿连裤、连帽的工作服；

③ 禁止在粉尘作业现场进食、饮水、抽烟等。

10.3　工业毒物及防毒措施

10.3.1　工业毒物与职业中毒

10.3.1.1　基本概念

凡是作用于人体并产生有害作用的物质均可称为毒物。而狭义的毒物是指小剂量下，通过一定条件作用于机体，引起机体功能或器质性改变，导致暂时性或持久性病理损害乃至危及生命的化学物质。工业毒物（或称生产性毒物）是指在工业生产过程中所使用或生产的有毒物质，如化工生产中所使用的原材料，生产过程中的产品、中间产品、副产品以及其中的杂质，生产中的"三废"排放物中的毒物等均属于工业毒物。物质的有毒与无毒也不是绝对的，具体讲某种物质是否有毒与它的数量及作用人体条件有直接关系。任何物质只要具备一定条件就能出现毒害作用，毒物只有在一定条件下作用于人体才具有毒性。

毒物侵入人体后与人体组织发生化学或物理化学作用，并在一定条件下破坏人体的正常生理机能，引起某些器官和系统发生不同程度的病变，这种病变称为中毒。在生产过程中由工业毒物引起的中毒即为职业中毒。因此判断是否为"职业中毒"要看是否同时具备"生产过程中""工业毒物"和"中毒"三个要素。

10.3.1.2 工业毒物的分类

工业毒物常以气体、蒸气、烟、尘、雾等形态存在于生产环境。工业毒物可按毒物存在的状态、化学属性及作用于人体的性质和部位来分类。

（1）按物理形态分类

① **气体**：指在常温常压下呈气态的物质。如常见的一氧化碳、氯气、氨气、二氧化硫等。

② **蒸气**：指液体蒸发（如苯、汽油蒸气）、固体升华而形成的气体（如熔磷时的磷蒸气）。

③ **粉尘**：为悬浮于空气中的固体微粒，其直径一般大于 $1\mu m$，经机械粉碎、研磨固体物料或粉状物料在生产、包装、储运过程中产生。

④ **烟尘（烟气）**：为悬浮在空气中的固体微粒，其直径一般小于 $1\mu m$，如塑料、橡胶热加工、金属冶炼时产生的烟尘。

⑤ **雾**：为悬浮于空气中的液体微粒，多为蒸气冷凝或液体喷射所形成。如铬电镀时产生的铬酸雾，喷漆作业时产生的漆雾等。

（2）按毒物作用性质分类

① **刺激性毒物**：酸的蒸气、氯、氨、二氧化硫等。

② **窒息性毒物**：常见的如一氧化碳、硫化氢、氰化氢等。

③ **麻醉性毒物**：芳香族化合物、醇类、脂肪族硫化物、苯胺、硝基苯等。

④ **全身性毒物**：其中以金属为多，如铅、汞等重金属。

（3）按生物作用性质分类

可分为刺激性气体、窒息性气体、麻醉性气体、溶血性及致敏性毒物。

（4）按损害的器官或系统分类

可分为神经系统、呼吸系统、血液系统、循环系统、肝脏、肾脏毒物。

10.3.1.3 工业毒物的毒性

（1）毒性评价指标

毒性是指毒物的剂量与机体作用反应之间的关系。毒性一般以化学物质引起实验动物某种毒性反应所需的剂量表示；对于吸入中毒，则用空气中该物质的浓度表示。某种毒物的剂量或浓度越小，表示该物质毒性越大。物质的毒性通常用实验动物的死亡数来表达，常用的评价指标有以下四种。

① **绝对致死剂量或浓度（LD_{100} 或 LC_{100}）**：指使全组染毒动物全部死亡的最小剂量或浓度。

② **半数致死剂量或浓度（LD_{50} 或 LC_{50}）**：指使全组染毒动物半数死亡的剂量或浓度，是将动物实验所得的数据经统计处理而得的。

③ **最小致死剂量或浓度（MLD 或 MLC）**：指使全组染毒动物中有个别动物死亡的剂量或浓度。

④ **最大耐受剂量或浓度（LD$_0$ 或 LC$_0$）**：指使全组染毒动物全部存活的最大剂量或浓度。"剂量"通常是用毒物的质量（mg）与动物的体重（1kg）之比（mg/kg）来表示，"浓度"常用单位体积空气中所含毒物的质量（mg/m^3、g/m^3、mg/L）来表示。

（2）毒物的急性毒性分级

根据动物染毒实验资料，将毒物的急性毒性进行分级，分为剧毒、高毒、中等毒、低毒、微毒五级，详见表 10-2。

表 10-2　化学物质的急性毒性分级

毒物分级	大鼠一次经口 LD$_{50}$/(mg/kg)	6只大鼠吸入 4h 死亡 2～4 只的 浓度/(μg/g)	涂在兔皮肤 LD$_{50}$/(mg/kg)	对人可能致死剂量	
				g/kg	总量(以 60kg 体重) /g
剧毒	<1	<10	<5	<0.05	0.1
高毒	1～50	10～100	5～44	0.05～0.5	3
中等毒	50～500	100～1000	44～340	0.5～5	30
低毒	500～5000	1000～10000	340～2810	5～15	250
微毒	5000～15000	10000～100000	2810～22590	>15	>1000

（3）职业中毒的类型

① **急性中毒**：急性中毒是短时间内有大量毒物进入人体后突然发生的病变，具有发病急、变化快和病情严重的特点。急性中毒可能在生产现场或下班 36h 内发生，多数是因为生产事故或工人违反安全操作规程所引起的。

② **慢性中毒**：慢性中毒是指长时间内有低浓度毒物不断进入人体，逐渐引起的病变。慢性中毒绝大部分是蓄积性毒物所引起的，往往在从事该毒物作业数月、数年或更长时间才出现症状，如慢性铅、汞、锰等中毒。

③ **亚急性中毒**：亚急性中毒介于急性与慢性中毒之间，病变较急性时间长、发病症状较急性缓和的中毒，如二硫化碳中毒。

10.3.2　工业毒物的危害

10.3.2.1　工业毒物进入人体的途径

工业毒物进入人体的途径有三种，即通过呼吸道、皮肤和消化道，其中最主要的是呼吸道，其次是皮肤，经过消化道进入人体仅在特殊情况下才会发生。

（1）经呼吸道进入

毒物经呼吸道进入人体是最主要、最危险、最常见的途径。在全部职业中毒者中，约 95% 是经呼吸道吸入引起的。因为呈气态、蒸气或气溶胶状态的毒物极容易伴随呼吸过程进入人体，而且人的呼吸系统有很大的吸收能力，从气管到肺泡都布满丰富的微血管，毒物会随血液循环迅速分布全身。工业毒物进入人体后，被吸收量的大小取决于毒物的水溶性和血/气分配系数。血/气分配系数是指毒物在血液中的最大浓度与肺泡内气体浓度之比值。毒物的水溶性越大，血/气分配系数越大，被吸收在血液中的毒物也越多，导致中毒的可能性越大。例如，甲醇、乙醇、乙醚的血/气分配系数分别为 1700、1300、15。

（2）经皮肤进入

毒物经皮肤表皮和毛囊进入人体，极少数是通过汗腺导管进入。皮肤本身是具有保护作用的屏障，水溶性物质不能通过无损的皮肤进入人体内，但是当水溶性物质与脂溶性或类脂溶性物质共存时，就有可能穿过屏障进入体内。毒物经皮肤进入人体的数量和速率，除了与毒物的脂溶性、水溶性、浓度和皮肤的接触面积有关外，还与环境中气体的温度、湿度等条件有关。能经过皮肤进入人体的毒物一般包括能溶于脂肪或类脂质的物质（如芳香族的硝基、氨基化合物）、具有腐蚀性的物质（如强酸、强碱）及能与皮肤的酯酸根结合的物质（如汞、砷化合物）。

（3）经消化道进入

毒物从消化道进入人体，主要是误服毒物或发生事故时毒物喷入口腔，或者由于不遵守卫生制度等所致。这种中毒情况一般比较少见。

10.3.2.2 职业中毒对人体的损害

职业中毒可对人体多个系统或器官造成损害，主要包括神经系统、血液和造血系统、呼吸系统、消化系统、肾脏及皮肤等。

（1）神经系统

绝大多数慢性神经系统中毒的早期症状是神经衰弱症候群及植物性神经紊乱，患者出现全身无力、易疲劳、记忆力减退、睡眠障碍、情绪激动、思想不集中等症状；当发生二硫化碳、汞、四乙基铅中毒时，可出现狂躁、忧郁、消沉、健谈或寡言等症状。

（2）血液和造血系统

慢性苯中毒、放射病等可导致血细胞减少，严重时形成再生障碍性贫血，经常出现头昏、无力、牙龈出血、鼻出血等症状；苯胺、一氧化碳中毒等可使血红蛋白变性，造成血液运氧功能障碍，出现胸闷、气急、发绀等症状。

（3）呼吸系统

吸入刺激性气体毒物后，可造成支气管炎、肺炎、肺水肿；铍中毒致肺纤维化；苯二胺、乙二胺等导致支气管过敏性哮喘；吸入一氧化碳、氰化氢、硫化氢等物质轻者可出现咳嗽、胸闷、气急等症状，重者甚至出现闪电式窒息死亡。

（4）消化系统

经消化系统进入人体的毒物可直接刺激、腐蚀胃黏膜产生绞痛、恶心、呕吐、食欲不振等症状。非经消化系统中毒者有时也会出现一些消化道症状，如四氯化碳、硝基苯、砷、磷等物质导致的中毒。

（5）肾脏

某些毒物是经肾脏排出，对肾脏往往产生一定的损害，如砷化氢、四氯化碳等引起的中毒性肾病，出现蛋白尿、血尿、水肿等症状。

（6）皮肤

皮肤接触毒物如沥青、石油、铬酸雾、合成树脂等后，由于刺激和变态反应可发生瘙痒、刺痛、潮红、瘀丘疹等各种皮炎和湿疹。

10.3.2.3 毒性的影响因素

人体接触毒物后能否中毒及中毒程度受多种因素影响，了解这些因素间相互制约、相互联系的规律，有助于控制不利因素，防止中毒事故的发生。

（1）物质的理化性质对毒性的影响

① 可溶性：毒物的可溶性越大，其毒性作用越大。如 As_2O_3 在水中的溶解度比 As_2S_3

大 3 万倍，故前者较后者毒性大。毒物在不同液体中的溶解度不同，不溶于水的物质有可能溶解于脂肪和类脂肪中，如黄丹，微溶于水但易溶于血清中。

② **挥发性**：其挥发性越大，在空气中的浓度越大，进入人体的毒量越大，对人体的危害作用越大。如苯、乙醚、三氯甲烷、四氯化碳等都是挥发性大的物质，它们对人体的危害也严重。而乙二醇的毒性虽高，但挥发度很小，很少发生严重中毒事故。

③ **分散度**：毒物的颗粒越小，分散度越大，则其化学活性越强，更易于随人的呼吸进入人体，因而毒性越大。如锌金属本身并无毒，但加热形成氧化锌烟雾时，可与人体内蛋白质作用，产生异性蛋白而引起人体急性发热反应，称为"铸造热"。

（2）毒物的联合作用影响

在生产环境中，现场人员接触到的毒物往往是多种毒物共存。毒物联合作用的综合毒性比单一毒物毒性可能减弱，也可能是成倍数增加，如氨和氯的联合作用具有毒性减小效果；一氧化碳和氮氧化物共存时属于相乘作用，具有毒性增加效果。此外，生产性毒物与生活性毒物的联合作用也很常见，如嗜酒的人易引起中毒，因为酒精可增加铅、汞、砷、四氯化碳、甲苯、二甲苯、氮氧化物以及硝基氯苯等毒物的吸收能力，接触这类毒性物质的人不宜饮酒。

（3）生产环境的影响

毒物的数量和存在状态、人与毒物的接触机会和接触方式均受生产工艺的影响。生产环境如温度、湿度、气压等也会影响毒物作用，如高温可促进毒物的挥发，使空气中毒物的浓度增加；较高的湿度会增加某些毒物的毒性，如氯化氢、氟化氢等；较高的气压可使溶解于体液中的毒物量增多。

（4）劳动强度的影响

劳动强度对毒物的吸收、分布、排泄均有明显的影响。劳动强度大，排汗量增多，促进皮肤吸收毒物的速率加快，同时耗氧量增加，也会使工人对某些毒物所致的缺氧更加敏感。

（5）个体因素的影响

不同的个体对毒物的耐受性不同。妇女在特殊时期生理功能发生变化，对某些毒物的敏感性会增强，如在经期对苯、苯胺的敏感性增强，在孕期、哺乳期参加接触汞和铅的作业，会影响到胎儿及婴儿的健康，此阶段应回避这些工作场合。患有代谢功能障碍、肝脏及肾脏疾病的人，其解毒功能大大降低，较易中毒，如贫血者接触铅，肝脏疾病患者接触四氯化碳，肾病患者接触砷，有呼吸系统病变的人接触刺激性气体都较易中毒。因此，为了保护劳动者的身体健康，分配工作时应考虑职业禁忌证的状况。

10.3.2.4 职业接触毒物危害程度分级标准

《工作场所有害因素职业接触限值　第 1 部分：化学有害因素》（GBZ 2.1—2019）中，对包括工作场所存在或产生的化学物质、粉尘及生物因素的化学有害因素的职业接触限值（分为时间加权平均容许浓度、短时间接触容许浓度和最高容许浓度三类）进行了规定。

工业毒物对人体的危害不仅取决于毒物的毒性，还取决于毒物的危害程度。毒物的危害程度是指毒物在生产和使用条件下产生损害的可能性，取决于接触方式、接触时间、接触量及防护设备的良好程度等。为了区分工人在进行接触毒物的作业时有毒物质对工人的危害大小，国家颁布了《有毒作业分级》（GB 12331—90）。该标准依据毒物危害程度级别权数 D、有毒作业劳动时间权数 L 和毒物浓度超标倍数 B 三项指标综合评价，将有毒作业分为五级，分别是 0 级（安全作业）、1 级（轻度危害作业）、2 级（中度危害作业）、3 级（高度危害作业）和 4 级（极度危害作业）。

职业性接触毒物危害程度分级，是以毒物的急性毒性、扩散性、蓄积性、致敏性、致癌性、生殖毒性、刺激与腐蚀性、实际危害后果与预后等九项指标为基础的定级标准。职业性接触毒物分项指标危害程度分级和评分按表 10-3 的规定。分级原则是依据各分级指标的危害程度积分值 F 及对职业危害影响作用的权重系数 k 综合分析，按公式（10-2）计算毒物危害指数 THI，以确定职业接触毒物危害程度级别。毒物危害指数计算公式：

$$\mathrm{THI} = \sum_{i=1}^{n} k_i \cdot F_i \tag{10-2}$$

式中　THI——毒物危害指数；

　　　k_i——分项指标权重系数；

　　　F_i——分项指标积分值。

职业接触毒物危害程度分为轻度危害（Ⅳ级）、中度危害（Ⅲ级）、高度危害（Ⅱ级）和极度危害（Ⅰ级）四个等级，见表 10-4。

表 10-3　职业性接触毒物危害程度分级和评分依据

分项指标		极度危害	高度危害	中度危害	轻度危害	轻微危害	权重系数 k
积分值 F		4	3	2	1	0	
急性吸入 LC_{50}	气体[①]/(cm³/m³)	<100	≥100～<500	≥500～<2500	≥2500～<20000	≥20000	5
	蒸气/(mg/m³)	<500	≥500～<2000	≥2000～<10000	≥10000～<20000	≥20000	
	粉尘和烟雾/(mg/m³)	<50	≥50～<500	≥500～<1000	≥1000～<5000	≥5000	
急性经口 LD_{50}/(mg/kg)		<5	≥5～<50	≥50～<300	≥300～<2000	≥2000	
急性经皮 LD_{50}/(mg/kg)		<50	≥50～<200	≥200～<1000	≥1000～<2000	≥2000	1
刺激与腐蚀性		pH≤2 或 pH≥11.5 腐蚀或不可逆损伤	强刺激作用	中等刺激作用	轻刺激作用	无刺激作用	2
致敏性		能引起人类特定的呼吸系统致敏或重要脏器的变态反应性损伤	有证据表明该物质能导致人类皮肤过敏	动物试验证据充分,但无人类相关证据	现有动物试验证据不能对该物质的致敏性做出结论	无致敏性	2
人类生殖毒性		明确	推定	可疑	未定论	无	3
人类致癌物		Ⅰ组,致癌物	ⅡA组,近似	ⅡB组,可能	Ⅲ组,未归入	Ⅳ组,非人类	4
实际危害后果与预后		职业中毒病死率≥10%	职业中毒病死率<10%;或致残(不可逆损害)	器质性损害(可逆性重要脏器损害),脱离接触后可治愈	仅有接触反应	无危害后果	5
扩散性（常温或工业使用状态）		气态	液态,挥发性高(沸点<50℃);固态,扩散性极高(使用时形成烟或烟尘)	液态,挥发性中(沸点50～150℃);固态,扩散性高(细微而轻的粉末,可见尘雾形成,并在空气中停留数分钟以上)	液态,挥发性低(沸点≥150℃)。固态,晶体、粒状固体,扩散性中,使用时能见到粉尘但很快落下,后留在表面	固态,扩散性低[不会破碎的固体小球(块),使用时几乎不产生粉尘]	3

分项指标	极度危害	高度危害	中度危害	轻度危害	轻微危害	权重系数 k
积分值 F	4	3	2	1	0	
蓄积性（或生物半减期）（动物实验，下同）	蓄积系数<1；生物半减期≥4000h	蓄积系数1～3；生物半减期400～4000h	蓄积系数≥3～<5；生物半减期40～400h	蓄积系数>5；生物半减期4～40h	生物半减期<4h	1

① $1cm^3/m^3 = 1ppm$，在气温20℃、大气压101.3kPa条件下：$1ppm = 24.04/M_r\ mg/m^3$，其中 M_r 为该气体的分子量。

注：1. 急性毒性分级指标以急性吸入和急性经皮毒性为分级依据。无急性吸入毒性数据的物质，参照急性经口毒性分级。无急性经皮毒性数据且不经皮吸收的物质，按轻微危害分级；无急性经皮毒性数据，但可经皮肤吸收的物质参照急性吸入毒性分级。

2. 强、中、轻和无刺激作用的分级依据 GB/T 21604—2008 和 GB/T 21609—2008。

3. 缺乏蓄积性、致癌性、致敏性、生殖毒性分级有关数据的物质的分项指标暂按极度危害赋分。

4. 工业使用在5年内的新化学品，无实际危害后果资料的，该分项指标暂按极度危害赋分；工业使用在5年以上的物质，无实际危害后果资料的，该分项指标按轻微危害赋分。

5. 一般液态物质的吸入毒性按蒸气类划分。

表 10-4　职业性接触毒物危害程度分级列表

危害级别	THI 范围	毒物举例
极度危害（Ⅰ级）	THI≥65	汞及其化合物、苯、砷及其无机化合物（非致癌的除外）、氯乙烯、铬酸盐与重铬酸盐、铍及其化合物、羰基镍、八氟异丁烯、氯甲醚、氰化物、丙烯腈、硫酸二甲酯、甲苯二异氰酸酯
高度危害（Ⅱ级）	THI≥50～<65	铅及其化合物、二硫化碳、氯、硫化氢、甲醛、苯胺、氟化氢、五氯酚及其钠盐、镉及其化合物、钒及其化合物、溴甲烷、金属镍、黄磷、对硫磷、环氧氯丙烷、砷化氢、敌敌畏、光气、氯丁二烯、一氧化碳、硝酸、盐酸、氢氧化物、苯酚、三氯乙烯
中度危害（Ⅲ级）	THI≥35～<50	苯乙烯、硫酸、二甲基甲酰胺、锰及其无机化合物、四氟乙烯、氨、三硝基甲苯、四氯化碳、硝基苯、六氟丙烯、敌百虫、氯丙烯、甲苯、二甲苯
轻度危害（Ⅳ级）	THI<35	溶剂汽油、丙酮、氢氧化钠、甲醇

10.3.3　综合防毒措施

开展防毒工作的基本原则是"预防为主，防治结合"。综合防毒措施主要包括：工艺设计预防措施、有毒作业环境管理措施和健康管理防护措施三个方面。

10.3.3.1　工艺设计预防措施

《中华人民共和国劳动法》第六章第五十三条明确规定："劳动安全卫生设施必须符合国家规定的标准。新建、改建、扩建工程的劳动安全卫生设施必须与主体工程同时设计、同时施工、同时投入生产和使用"。所以在化工厂启动设计时就要严格执行"三同时"方针，从生产原料的选择、工艺路线的确定、有毒物质的治理等方面充分考虑，使劳动者尽量减少与工业毒物直接接触，将毒物的危害程度降到最低。

（1）采用无毒或低毒的生产原料

在选择原料及各种辅助材料时，尽量以无毒或低毒物料代替有毒或高毒物料。这是从根本上解决工业毒物对人体危害的最佳措施，如在喷漆中用甲苯代替苯或改用无苯稀料等措施。

（2）确定合适工艺路线

在选择工艺路线时，应把工艺过程是否有毒、可能的毒性及环境污染后果作为工艺选择的首要条件，同时要把所需的防毒费用和"三废"治理费用计入技术经济指标中。应尽量选用生产过程中不产生（或少产生）有毒物质或将这些有毒物质消灭在生产过程中的工艺路线。对原有的工艺进行改革，通过改造设备、改变作业方法或改变生产工序等，以达到不用（或少用）、不产生或（少产生）有毒物质的目的。例如在传统的电镀工艺中，需要使用氰化物作为络合剂。而氰化物是剧毒物质，且用量较大，在镀槽表面易散发出剧毒的氰化氢气体，同时排放含 CN^- 的污水，严重污染环境。通过改革电镀工艺，改用非氰化物电解液代替剧毒的氰化物电解液的电镀新工艺，如应用硫代硫酸盐电镀银、焦磷酸盐电镀铜等工艺，从而消除氰化物对人体和环境的危害。

（3）保证生产过程密闭化

防止有毒物质从生产过程散发、外逸，取决于生产过程的密闭程度。生产过程的密闭包括设备本身的密闭，物料的输送、粉碎、包装等工艺过程的密闭。如生产条件允许，应尽可能使密闭的设备内保持负压，以提高设备的密闭效果，或者把生产设备放在隔离室内，工人远离生产设备，远程使用仪表自动控制生产，采用排风装置使隔离室内保持负压状态。

10.3.3.2　有毒作业环境管理措施

为了控制或消除作业环境中的有毒物质，使作业环境有毒物质的浓度降低到国家卫生标准，从而减少或消除对劳动者的危害，必须加强有毒作业环境管理。

（1）健全有毒作业规章制度

涉及工业毒物的企业应健全安全生产组织机构，了解企业当前职业毒害的现状，建立健全有关防毒的规章制度，如有关防毒的宣传教育制度、防毒操作规程、设备定期检查保养制度、作业环境定期监测制度、毒物的储运与废弃制度等。对职工进行防毒的宣传教育，使职工既清楚有毒物质对人体的危害，又了解预防措施，从而使职工主动地遵守安全操作规程，加强个人防护。防毒操作规程是指操作规程中的一些特殊规定，对防毒工作有直接的指导意义。如工人进入密闭容器或低坑等维修检修作业的监护制度，是防止急性中毒事故发生的重要措施；执行落实岗位"6S"制度，则是消除易挥发物料和粉状物料"二次尘毒源"危害的重要环节。

（2）定期进行作业环境监测

车间空气中有毒物质的监测工作是搞好防毒工作的重要环节。通过监测可以了解生产现场受污染的程度、污染的范围及动态变化情况，是评价劳动条件、采取防毒措施的依据；通过监测有毒物质浓度的变化，可以判明防毒措施实施的效果；通过对作业环境的监测，有助于及时识别作业场所出现的新毒物质，并明确其毒害机理和作用，为职业病的诊断提供依据。

（3）净化回收治理措施

采用一系列防毒技术预防措施后，生产环境中仍然存在有毒气体、蒸气逸出的情况，则必须对作业环境进行治理，以达到国家卫生标准。一般可采用通风排毒的方法将作业环境中的有毒物质稀释或收集起来，采取净化回收措施消除其危害。

① **全面通风换气**：对于作业场所中逸出的有毒物质，在浓度较低时，以排风为主，用新鲜空气将有毒气体稀释到符合国家排放标准。一般来说全面通风换气，所需风量大，无法集中，故只能净化不能回收。全面通风换气适用于低毒物质、有毒气体散发源过于分散且散发量不大的情况或作为局部排风的辅助措施。

采用全面通风换气措施时，应根据车间的气流条件，使新鲜气流先经过工作地点，再经过污染地点。数种溶剂蒸气或刺激性气体同时散发于空气中时，全面通风换气量应按各种物质分别稀释至最高允许浓度所需的空气量的总和计算；其他有害物质同时散发于空气中时，所需风量按需用风量最大的有害物质计算。全面通风量可按换气次数进行估算，换气次数即每小时的通风量与通风房间的容积之比。不同生产过程的换气次数可通过相关的设计手册确定。在排风量不大时可以依靠门窗渗透来补偿，排风量较大时则需考虑车间进风的条件。

② **局部排风收集：** 对于逸出的有毒物质，浓度较高时，较为经济有效的方法是采用局部排风把有毒物质从发生源直接抽出去，再行净化回收。

局部排风系统由排风罩、风道、风机、净化装置等组成。设计局部排风系统时，首要的问题是正确地选择排风罩的形式、尺寸以及所需控制的风速，从而确定排风量。对于可能突然释放高浓度毒物或燃烧爆炸物质的场所，应设置事故通风装置，以满足临时性大风量送风的要求。考虑事故排风系统排风口的位置时，要把安全作为重要因素，绝对不能对着操作人员活动的位置。

③ **净化回收：** 局部排风系统中的有害物质浓度较高，往往高出允许排放浓度的几倍甚至更多，必须对其进行净化处理后才能排入大气中。常用的净化方法一般有两种：一种是燃烧净化法，即将可燃或在高温下可分解的有害气体、蒸气或烟尘，通过焚烧使之变为无害物质。燃烧净化法广泛用于碳氢化合物和有机溶剂蒸气的净化处理，如石油化工厂的火炬系统，燃烧的最终产物为二氧化碳和水蒸气。另一种是采用化工分离过程（吸收和吸附）净化回收方法，对于浓度较高具有回收价值的有害物质进行回收并综合利用、化害为利。废气的吸收净化，是应用吸收操作除去废气中的一种或几种有害组分，以防危害人体及污染环境。气体吸附可以清除空气中浓度相当低的某些有害物质，是有害物质净化回收的重要手段。

10.3.3.3 健康管理防护措施

健康管理是企业针对从事有毒工种岗位的劳动者进行的个体管理和关爱，主要包括如下内容。

① 卫生部门应定期对从事有毒作业的劳动者做健康检查，特别要针对有毒物质的种类及可能受损的系统或器官进行健康检查，以便能对职业中毒患者早期发现、早期治疗。

② 对新入厂员工进行健康体检。由于个体对有毒物质的适应性和耐受性不同，检查发现有禁忌证的，调配避开相应的有毒作业岗位。

③ 对从事有毒作业的人员，应按国家有关规定，按期发放防毒保健补贴及保健用品。

④ 对劳动者进行个人卫生指导，明确纪律，如不在作业场所吃饭、饮水，下班后淋浴，工作服清洗制度等，并安排和提供相应的条件。这对于防止有毒物质污染人休，特别是防止有毒物质从口腔、消化道进入人体非常重要。

⑤ 正确佩戴合适的个人防护用品。正确使用呼吸防护器是防止有毒物质从呼吸道进入人体引起职业中毒的重要措施之一。用于防毒的呼吸器材，分为过滤式防毒呼吸器和隔离式防毒呼吸器。此外，仍然需要依靠其他个人防护用品，如工作服、工作帽、工作鞋、手套、眼镜等，对外露的皮肤需涂上皮肤防护剂。

10.4 其他职业安全技术

10.4.1 工业噪声

噪声是指一切有损听力、有害健康或有其他危害的声响。随着现代工业生产的发展，噪声对职业人群的健康影响越来越大，工业噪声是引发职业病的主要因素之一。

10.4.1.1　工业噪声来源及分类

工业噪声又称为生产性噪声，来自生产过程和市政施工中机械振动、摩擦、撞击以及气流扰动等产生的声音。工业噪声因产生的动力和方式不同，分为机械性噪声、空气动力性噪声、电磁性噪声；根据噪声随时间变化的特点，又可分为稳态噪声、非稳态噪声和脉冲噪声。

（1）按工业噪声产生来源分类

① **机械性噪声：**由于机械的撞击、摩擦、固体的振动和转动而产生的噪声，如纺织机、球磨机、电锯、机床、碎石机启动时发出的声音。

② **空气动力性噪声：**是由于空气振动而产生的噪声，如通风机、空气压缩机、喷射器、锅炉排气放空等产生的声音。

③ **电磁性噪声：**因电机中交变力相互作用而产生的噪声，如发电机、变压器发出的声音。

（2）按噪声随时间变化的特点分类

① **稳态噪声：**在观察时间内，采用声级计"慢挡"动态特性测量时，声压级波动＜3dB（A）的噪声。如纺织行业的织布机、纺纱机开启后持续工作，车间内噪声始终保持平稳状态。

② **非稳态噪声：**在观察时间内，采用声级计"慢挡"动态特性测量时，声压级波动≥3dB（A）的噪声。如机械加工行业的铣床、钻床、车床、打磨等作业，当进行部件加工时噪声很大（可能超过90dB），没有部件加工时噪声较小（80dB左右）。

③ **脉冲噪声：**噪声突然爆发又很快消失，持续时间≤0.5s，间隔时间＞1s，声压有效值变化＞40dB（A）的噪声。如机械加工行业的冲床、锻床等工种作业。

10.4.1.2　噪声对人体的危害

噪声令人烦躁，会降低工作效率，特别是需要注意力高度集中的工作，噪声的破坏作用会更大。强烈的噪声可导致某些机器、设备、仪表损坏或精度下降；在某些特殊场所，强烈的噪声会妨碍通信，干扰警报讯号的接收，进而可能诱发各类工伤事故。噪声对人体的危害是多方面的。

（1）损害听觉

长期接触一定强度的噪声，会对听觉系统造成危害，主要表现在听觉敏感度下降、语言接收和信号辨别力差；耳鸣，凭空听到嗡嗡声或其他不正常的声音；交谈困难，听不清别人在说什么；声音听不真切，严重时会造成听力损失和职业性噪声聋。

（2）引起人体病症

噪声对人体多系统、多器官的损害，主要表现在神经系统出现神经衰弱综合征，脑电图异常，自主神经系统功能紊乱；血压增高，心率加快，心律不齐等；消化系统出现胃液分泌减少，蠕动减慢，食欲下降；内分泌系统表现有甲状腺功能亢进，肾上腺皮质功能增强，性功能紊乱，月经失调等。

（3）影响睡眠

噪声在40dB（A）以下，对人的睡眠基本无影响；噪声在55dB（A）以上，将严重影响人的休息和入睡。

10.4.1.3　噪声的预防与治理

工业噪声相当广泛，声级（A）大多数都在90dB以上，对劳动者身心造成困扰和损害，需要采取一定措施将劳动岗位噪声强度降到卫生标准（90dB）以下。根据《工作场所职业病危害作业分级　第4部分：噪声》（GBZ/T 229.4—2012），将稳态和非稳态连续噪声及脉冲噪声作业级别分别按照危害程度分为轻度（Ⅰ级）、中度（Ⅱ级）、重度（Ⅲ级）和极重（Ⅳ级）四级。解决工业噪声的危害，必须坚持"预防为主"和"防治结合"的方针。应该把工业噪声污染问题与厂房车间的设计、建筑布局以及辐射强烈噪声机械设备的设计制造同时考虑，坚持工业企业建设的"三同时"原则，即噪声控制设施与主体工程同时设计、同时施工、同时投产，使新的工业企业将噪声污染降到最低。

噪声控制，就是针对控制对象的性质、工作环境和控制要求，运用各种噪声控制原理来减小或消除有害噪声效应。对于高频噪声采用无源控制方法效果较好，对低频噪声需采用有源噪声控制（active noise control，ANC）技术。

我们知道，声学系统一般是由声源、传播途径和接受器三个环节组成。噪声是由噪声源产生，并通过一定的传播途径，被接受者接受，从而形成危害或干扰。因此，噪声控制可以从噪声声源、噪声传播途径和噪声接受者三个方面进行，基本措施是消除或降低噪声声源、隔离噪声及加强接受者的个人防护。

（1）消除或降低噪声声源

要想从根本上消除或降低噪声声源，首先从工艺设计上采取合理、必要的措施。

① **选用低噪声设备、低噪声工艺和低噪声材料**：对于高压、高速辐射的噪声，要降低压差和流速，或改变气流喷嘴形状，以降低噪声。对高声强声源，要合理选择和布置传播方向，利用声源的指向性控制噪声，对车间内的小口径高速排气管道，应引至室外，让高速气流向上空排放，如把排气管道与烟道或地沟连接，也能减少噪声环境污染。

② **合理布局**：具有生产性噪声的车间和设备应尽量独立设置，远离其他非噪声作业区；尽可能把同类型的强噪声源，如空压机、真空泵等集中在一个机房内，以缩小污染面并便于集中处理。

③ **应用隔振和阻尼减振技术**：在机械设备下面安装减振垫层，将机器与其他机构的刚性连接设计为弹性连接，以减弱振动的传递，降低机器源噪声。利用阻尼材料能使部分声音振动的能量转变为热能而消散掉的原理，在金属板材上涂上阻尼材料，可起到抑制板材的振动和减少噪声辐射的作用。

（2）隔离噪声

在噪声传播的途径中采用隔声、吸声、消声等方法是控制噪声的有效措施。

① **隔声降噪**：工艺上允许远距离控制的噪声较大的设备，可设置隔声操作，尽量用屏蔽物与操作人员隔开，把声源封闭在有限的空间内，使其与周围环境隔绝。隔声操作的主要设计是隔声屏障和隔声罩，其他隔声结构还有隔声室、隔声墙、隔声幕、隔声门等。隔声结构一般采用密实无孔隙或缝隙、有较大重量的材料，如钢板、铅板、砖墙、混凝土等材质。隔声结构的性能用传声损失 TL（隔音量）表示，TL 越大，则隔声性能越好。一般，三合板的 TL 值为 18dB，3mm 钢板的 TL 值为 32dB，一砖厚的墙 TL 值为 50dB。对隔声壁体要防止共振，如机罩、金属壁、玻璃窗等轻质结构，具有较高的固有振动频率，在声波作用下往往发生共振，必要时可在轻质结构上涂一层损耗系数大的阻尼材料。

② **室内吸声降噪**：吸声降噪是利用一定的吸声材料或吸声结构来吸收声能，从而达到降低噪声强度的目的。

吸声材料主要以多孔材料为主，一般有纤维类、泡沫类和颗粒类三大类型。最常用的吸声材料有超细玻璃棉、岩棉、聚氨酯泡沫塑料、膨胀珍珠岩、微孔吸声砖等。吸声材料降噪是利用吸声材料松软多孔的特性来吸收一部分声波，当声波入射到多孔材料细孔中，引起孔隙内的空气和材料本身振动，空气的摩擦和黏滞作用使振动能（声能）不断转化为热能，从而使声能衰减，产生降低噪声的效果。

吸声结构可以采用内填吸声材料的穿孔板吸声结构，也可以采用由穿孔板和板后密闭空腔组成的共振吸声结构。吸声材料（主要指多孔材料）对中、高频声吸收较好，而对低频声吸收性能较差，若采用共振吸声结构，则可以改善低频吸声性能。降噪量一般在 6～10dB，当房间容积小于 $3000m^3$ 时，降噪效果较好。

③ **消声器降噪：** 消声器是阻止声音传播而允许气流通过的一种器件，是消除空气动力性噪声的重要措施。消声器种类很多，根据消声机理可以分为阻性、抗性、阻抗复合式、微穿孔板、小孔和有源消声器。消声器通常安装在空气动力设备的气流通道上或进、排气系统中，使气体动力噪声的声能衰减，大幅度降低各种风机、空压机、内燃机、锅炉等进排气的噪声级。如装上了消声器的空气调节器，其噪声可降低 18dB。

消声器的选用应根据防火、防潮、防腐和洁净度要求，根据安装的空间位置、噪声源频谱特性、系统自然声衰减、系统气流再生噪声、房间允许噪声级、允许压力损失、设备价格等诸多因素综合考虑，并根据实际情况有所偏重。一般来说，消声器的消声量越大，压力损失越大及价格越高；消声量相同时，如果压力损失越小，消声器所占空间就越大。目前，新型高效抗喷阻复合型系列消声器设备因具有消声频带宽、使用范围广、消声量大、耐高温高压、不怕水汽和油雾的优点，被广泛使用于各种型号锅炉（或汽机）排汽、风机、安全门等设备的消声降声。

（3）个人防护

平时做好个人防护，尽量远离强噪声。如必须接触 90dB SPL（声压级）以上的噪声时，应当佩戴合适的护耳器保护听力，以预防职业性耳聋的发生。噪声劳动保护用品有耳塞、耳罩、耳棉、隔声帽等，是个体噪声临时防护最经济有效的措施。选用时，应考虑作业环境中噪声的强度、性质及各种防噪声用具衰减噪声的性能。没有专业防护用具时即使外耳道内塞以棉花亦能起到一定的防声作用。

（4）健康监护

定期进行健康监护体检，筛选出对噪声敏感者或早期听力损伤者，积极采取相应措施。

10.4.2 电磁辐射污染

辐射是以粒子或者波的形式进行的能量传递、传播和吸收的活动。辐射能量从辐射源向外所有方向直线放射，传播速度快，在真空中的传播速度与光波（$3×10^8 m/s$）相同。电磁辐射无色、无味、无形，却可以穿透包括人体在内的多种物质。随着现代科学技术的发展，在工业中越来越多地应用各种电磁辐射能和原子能制造产品或进行产品检测分析，在日常生活中也处处使用着手机、电脑等现代高科技办公设备。实际上，任何带电体都有电磁辐射，当电磁辐射强度超过国家标准，就会产生负面效应，对人体造成危害，这部分超过标准的电磁场强度的辐射叫电磁辐射污染。由电磁波和放射性物质所产生的辐射，根据其对原子或分子是否形成电离效应而分成两大类型——电离辐射和非电离辐射。随着各类辐射源日益增多，危害相应增大，必须正确了解各类辐射源的特性，加强防护，以免作业人员受到辐射的伤害。电磁辐射防护按《电离辐射防护与辐射源安全基本标准》（GB 18871—2002）和环境保护部令第 18 号《放射性同位素与射线装置安全和防护管理办法》执行。

10.4.2.1 电离辐射的危害与防护

电离辐射是指能引起原子或分子电离的辐射，如 α 粒子、β 粒子、X 射线、γ 射线、中子射线的辐射，都是电离辐射，最常见的辐射源是 X 射线机和用于无损检测（NDT）中的同位素。射线探伤是检验金属对接焊缝质量的重要手段，对设备管道的对接焊缝进行射线探伤检验，可有效预防新装置、新设施投产后的损坏或泄漏事故，确保化工生产安全运行。

（1）电离辐射的危害

电离辐射危害是超过允许剂量的放射线对人体作用的结果。放射性危害分为体外危害和体内危害。体外危害是放射线由体外穿入人体而造成的危害，如 X 射线、γ 射线和中子都能造成体外危害。较低能量的 β 粒子和穿透力较弱的 α 粒子由于能被皮肤阻止，不致造成严重的体外伤害。体内危害是由于吞食、吸入、接触放射性物质，或通过受伤的皮肤直接侵入人体内造成的。电离能力很强的 α 粒子侵入人体后，将导致严重伤害。

电离辐射对人体细胞组织的伤害作用，主要是阻碍和伤害细胞的活动机能及导致细胞死亡。人体如果长期或反复受到允许放射剂量的照射，会引起人体细胞机能改变，出现白细胞过多、眼球晶体浑浊、皮肤干燥、毛发脱落和内分泌失调现象；放射性也会损伤遗传物质，引起基因突变和染色体畸变，祸及后代。较高剂量能造成贫血、出血、白细胞减少、胃肠道溃疡、皮肤溃疡或坏死。在极高剂量放射线作用下，造成的放射性伤害最为严重，表现在：

① 对中枢神经和大脑伤害，主要表现为虚弱、倦怠、嗜睡、昏迷、震颤、痉挛，可在两天内死亡。

② 对胃肠道伤害，主要表现为恶心、呕吐、腹泻、虚弱或虚脱，症状消失后可出现急性昏迷，通常可在两周内死亡。

③ 对造血系统伤害，主要表现为恶心、呕吐、腹泻，但很快好转，约 2～3 周无病症之后出现脱发、经常性流鼻血，再度腹泻，造成极度憔悴，2～6 周后死亡。

（2）电离辐射的防护

辐射的强度取决于辐射源的强度、受辐射的物体与辐射源的距离、暴露时间及保护屏的效果。防止辐射危害的根本方法是控制辐射源的用量，把开放源与外界隔离并控制在有限的空间内。根据使用放射性核素的放射性毒性大小、用过多少以及操作形式繁简，把放射性工作单位分为三类。一、二类单位不得设于市区，三类和属于二类医疗单位可设于市区。在污染源周围按单位类别要划出一定范围的防护监测区，作为定期监测环境污染的范围。按照《电离辐射防护与辐射源安全基本标准》（GB 18871—2002）要求，任何放射工作都应首先考虑在保证应用效果的前提下，尽量减少辐射源的用量。选择危害小的辐射源，如医学脏器超声显像应选用纯 γ 发射体，而治疗选用纯 β 发射体，有利于防护；X 射线诊断和工业探伤，采用灵敏的影像增强装置，可减少照射剂量。

除控制放射源外，主要从时间、距离和屏蔽三个方面进行防护，同时加强放射性工作场所管理和个人防护。

时间防护是在不影响工作质量的原则下，设法减少人员受照射时间，如熟练掌握操作技术，几个人轮流操作，减少不必要的停留时间等。

距离防护是在保证应用效果的前提下，尽量远离辐射源。辐射强度与从辐射源到辐射目标间的距离的平方成反比——遵循反平方定律。在操作中切忌直接用手触摸放射源，工艺操作尽量使用自动或半自动化的作业方式。

屏蔽防护是外防护应用最多、最基本的方法。屏蔽设施可设置在房间、设备或辐射源物质运输储存的场所，工作者可佩戴具有屏蔽功能的防护服。屏蔽材料则需根据射线的种类和能量来选择，如 X、γ 射线可用铅、铁、混凝土等物质，β 射线宜用铝和有机玻璃等。

对人员和物品出入放射性工作场所要进行有效的管理和监测。放射性工作场所、放射源以及盛放射性废物的容器等要加上明显的放射性标记，以提醒人们注意。对放射性"三废"必须要按国家规定统一存放和处理。对应用放射源的场所，应定期通风过滤，做除污保洁，随时监测污染，使污染控制在国家规定的限制量以下。个人防护的总原则是禁止一切能使放射性核素侵入人体的行为，如饮水、进食、吸烟、用口吸取放射性药物等。要根据不同的工作性质，配用不同的防护面具，如口罩、手套、防护服等。

10.4.2.2 非电离辐射的危害与防护

不能引起原子或分子电离的辐射称为非电离辐射，如紫外线、红外线、无线电或微波设备发射的射频电磁波、激光等都是非电离辐射。

(1) 紫外线的危害与防护

紫外线是在电磁波谱中介于 X 射线和可见光之间的频带。自然界中的紫外线主要来自太阳辐射、火焰和炽热的物体。凡物体温度达到 1200℃ 以上时，辐射光谱中即可出现紫外线，物体温度越高，紫外线波长越短，强度越大。紫外线辐射按照其生物作用可分为三个波段：

① **长波 (UVA)**：波长 320～400nm，称晒黑线，其穿透能力最强，生物学作用很弱。

② **中波 (UVB)**：波长 280～320nm，称红斑线，其穿透能力中等，可引起皮肤强烈刺激。

③ **短波 (UVC)**：波长 200～280nm，称灭菌线，穿透能力最弱，作用于组织蛋白及类脂质。

紫外线可造成眼睛和皮肤的急、慢性损伤。强紫外线短时间照射眼睛致病，多数在受照后 4～24h 发病。长期暴露于小剂量的紫外线，可发生慢性结膜炎。电光性眼炎就是电弧焊工常见的一种职业病，眼部受到弧光中的紫外线过度照射会引起角膜炎和结膜炎。一般来说，紫外线照射 4～5h 后眼睛便会充血，10～12h 后会使眼睛剧痛、怕光、流泪并伴有视觉模糊、眼睑充血、水肿不能睁开，这属于临时症状，大多可以治愈。

皮肤受强烈紫外线的作用可引起皮炎、慢性红斑，有时会出现小水泡、渗出液和浮肿、有烧灼感、发痒、脱皮等现象。不同波长的紫外线，可被皮肤的不同组织层吸收。UVA 可以直达肌肤的真皮层，破坏弹性纤维和胶原蛋白纤维，将皮肤晒黑，长期积累导致皮肤老化。UVB 对人体具有红斑作用，能促进体内矿物质代谢和维生素 D 的形成，但长期或过量照射会使皮肤晒黑，并引起红肿脱皮，红斑潜伏期为数小时至数天。UVC 对人体的伤害最大，短时间照射即可灼伤皮肤，出现红斑、炎症、皮肤老化，长期或高强度照射还会造成皮肤癌。

另外，环境空气受大剂量紫外线照射后，能产生臭氧，对人体的呼吸道和中枢神经都有一定的刺激，对人体造成间接伤害。

在紫外线发生装置或有强紫外线照射的场所，必须佩戴能吸收或反射紫外线的防护面罩及眼镜。此外，在紫外线发生源附近可设立屏障，或在室内和屏障上涂以黑色，可以吸收部分紫外线，减少反射作用。

(2) 射频辐射的危害与防护

任何交流电路都能向周围空间发射电磁能，形成有一定强度的电磁场。射频辐射是指频率在 100kHz～300GHz 的电磁辐射，又称无线电波，包括高频电磁场（频率为 100kHz～30MHz，波长 3km～10m）、超高频（频率为 30～300MHz，波长为 10～1m）和微波（频率为 300MHz～300GHz、波长为 1m～1mm），其能量较小。

应用射频辐射的领域包括高频感应加热（如冶炼、半导体材料加工）、高频介质加热（如塑料制品的热合、橡胶硫化等）和微波应用（如雷达导航、探测、微波加热等）。

射频辐射对人体的危害表现在致热效应和非致热效应两方面。致热效应指人体接受电磁辐射后，体内的水分子会随电磁场的方向转换快速运动而使机体升温。在非常条件下或生产操作事故中，接触高强度微波辐射可致体温明显升高，眼晶体受热损伤，造成某些视觉障碍或导致白内障，造成性器官功能下降，还可能导致机体糖代谢紊乱。非致热效应指吸收的辐射能转化为化学能，不足以引起体温升高，但会出现生物学的变化或反应，即使射频电磁场强度较低，接触人员也会出现神经衰弱综合征，发生血流动力学失调，血压和心率不稳，使自主神经机能或血管功能紊乱，甚至引起癌症。微波辐射对人体的伤害，主要是指低强度慢性辐射的影响，大强度的急性作用也可伤害人体，但很少发生。

我国职业卫生标准《工业企业设计卫生标准》规定，工作地点高频辐射强度按 8h/天计算的卫生限值为：连续微波 $0.05mW/cm^2$（14V/m）；脉冲微波 $0.025mW/cm^2$（10V/m）。工作地点微波电磁辐射强度的限值如表 10-5 所示。

表 10-5　工作地点微波电磁辐射强度的限值

辐射类型		日总计量 /($\mu W \cdot h/cm^2$)	8h 平均功率密度 /($\mu W/cm^2$)	小于 8h 容许辐射平均功率密度/($\mu W/cm^2$)	短时间接触功率密度/($\mu W/cm^2$)
全身	连续微波	400	50	400/t	5000
	脉冲微波	200	25	200/t	5000
局部	连续或脉冲微波	4000	500	4000/t	5000

生产工艺过程有可能产生微波或高频电磁场的设备，应采取有效措施防止电磁辐射能的泄漏，将射频辐射产生场所尽可能地远离非专业工人的作业点和休息场所，使劳动者非电离辐射作业的接触水平符合 GBZ 2.2—2007 的要求。防护射频辐射基本措施是：减少辐射源本身的直接辐射，屏蔽辐射源和工作场所远距离（隔离）或自动化操作以及采取个人防护（穿戴微波防护服）等。应根据辐射源及其功率、辐射波段以及工作特性，采用上述单一或综合的防护措施。针对泄漏源和辐射源，关键要明确电磁场辐射源位置并进行屏蔽吸收，尽量减少设备的泄漏能，以便把泄漏到空间的功率密度降到最低限度。高频感应加热介质时，辐射源有高频振荡管、振荡回路、高频馈线、高频感应线圈、工作电容器等。高频淬火的主要辐射源是高频变压器，熔炼的辐射源是感应炉，黏合塑料的辐射源是工作电极。通常振荡电路系统均在机壳内，只要接地良好，不打开机壳，发射出的场强一般很小。针对作业人员操作岗位的环境采取的安全防护措施，即对作业地屏蔽和使用个人防护用具。屏蔽作用是尽量增加电磁波在传播媒质中的衰减，以便把入射到人体的功率密度降低到微波照射的卫生标准值以下。

屏蔽材料一般应选用导电性和透磁性良好的材料，如选用铜、铁、铝等金属材料，利用金属的吸收和反射作用，使操作地点的电磁场强度减低。可将屏蔽材料做成板式或网眼式屏蔽设备。屏蔽体与辐射源之间应保持一定距离，并有良好的接地装置，以免成为二次辐射。屏蔽装置周围应设有明显标志，禁止人员靠近。根据微波发射有方向性的特点，工作地点应置于辐射强度最小的部位，避免在辐射流的正前方工作。

10.5　个体防护用品管理

个体防护用品是指由生产经营单位为从业人员配备的，使其在劳动过程中免遭或者减轻事故伤害及职业危害的个人防护装备，也称劳动保护用品。劳动防护用品是安全生产工作的一个重要组成部分，是直接保护劳动者人身安全与健康，防止发生伤亡事故和职业病的防护性装备。据统计，2006 年上海市发生安全生产事故 951 起，其中因缺乏有效安全防护设施和个体防护装备而造成的事故约占 50%。使用劳动保护用品，通过采取阻隔、封闭、吸收、分散、悬浮等措施，能起到保护机体的局部或全部免受外来侵害的作用。防护用品应该严格保证质量，安全可靠，而且穿戴要舒适方便，经济耐用。

10.5.1　个体防护用品及分类

劳动防护用品按其性质和防护部位大略分为：头部防护用品、呼吸性防护用品、眼面部防护用品、听力防护用品、防护服、防护手套、防护鞋（靴）、防坠落防护用品和劳动护肤品等，见图 10-1。

图 10-1　个人防护用品

当工程技术措施还不能消除或完全控制职业性有害因素时，个体防护用品是保障健康的主要防护手段，应该根据工作环境和作业特点，选择不同类型的个人防护用品，并正确使用和维护，保证其应有的防护效果。

（1）头部防护用品

头部防护用品是为防御头部不受外来物体打击、防止有害物质污染或其他因素危害而配备的个人防护装备。根据防护功能要求，主要有一般防护帽、防尘帽、安全帽、防静电帽、防高温帽、防电磁辐射帽等。

（2）呼吸防护器

为防御有害气体、蒸气、粉尘、烟、雾从呼吸道进入，或直接向使用者提供氧气或清净空气，保证尘、毒污染或缺氧环境中作业人员正常呼吸的防护用具。按功能分为防尘口罩、防毒口罩和防毒面具等，根据结构和作用原理，可分为过滤式和隔离式两大类。

①　**过滤式呼吸防护器：** 过滤式呼吸防护器的作用是过滤或净化空气中的有害物质，用于空气中有害物质浓度不很高且空气中含氧量不低于 18% 的场合，一般分为机械过滤式和化学过滤式两种。机械过滤式主要是指防尘口罩，用于粉尘环境；化学过滤式即防毒口罩和防毒面具，用于含有低浓度有害气体和蒸气的作业环境。过滤式呼吸防护器形状见图 10-2。

防尘口罩用于防御各种粉尘、烟或雾等质点较大的有害物质，其过滤净化作用全靠多孔性滤料，通常将吸气与呼气分为两个通路。这种防尘口罩能滤掉细尘，且阻力小，有较好的通气性，但使用一段时间后，因粉尘阻塞滤料孔隙，吸气阻力会增大，需及时更换新滤料或将滤料处理后再用。防尘口罩是易患尘肺病工种的有效个体防护措施，要按使用说明正确佩戴，否则不能有效防尘。《呼吸防护　自吸过滤式防颗粒物呼吸器》(GB 2626—2019) 规定，过滤元件按过滤性能分为 kN 和 kP 两类，kN 类只适用于过滤非油性颗粒物。呼吸器级别根据对非油性颗粒物过滤效率水平分为 kN100、kN95 和 kN90，对于 $0.075\mu m$ 以上的非油性颗粒物过滤效率分别达到 99.97%、95% 和 90%，防护等级与过滤效率越高的防尘口罩安全

(a) 防尘口罩　　　　　　　　(b) 防毒口罩　　　　　　　　(c) 防毒面具

图 10-2　过滤式呼吸防护器

性越高。选用防尘口罩时要注意口罩和脸型相适应，最大限度地保证粉尘空气不会从口罩和面部的缝隙进入呼吸道，同时口罩重量要轻，佩戴舒适，感觉呼吸不费力。需要注意的是，纱布口罩对危害人体最大的细小粉尘（粒径 $5\mu m$ 以下）阻尘效率只有 10% 左右，不能起到防止粉尘危害的作用。无纺布口罩是不可以清洗的一次性防护用品，因为粉尘被超细静电纤维布捕捉住后，极不易清洗掉，且水洗亦会破坏静电的吸尘能力。

防毒口罩由过滤元件和面罩主体组成，面罩主体起到密封并隔绝外部空气和保护口鼻面部的作用；过滤元件即滤毒盒或滤毒罐，主要由活性炭布制成，即在活性炭里形状不同和大小不一的孔隙表面，浸渍了铜、银、铬金属氧化物等化学药剂，以达到吸附粉尘和毒气后与其反应，使毒气丧失毒性的作用。滤毒盒常用的滤料活性炭对各种气体和蒸气都有不同程度的吸附作用。口罩滤毒盒按照 GB 2890—2009 标色，不同产品型号，其颜色不同，代表不同的防护对象，有的综合防毒，有的单一防毒。如 8 号（H_2S 型），蓝色，可防硫化氢或氨。

防毒面具与防毒口罩性能和结构相似，都是由面罩、滤毒盒等组成，如果现场有刺激性物体，需要保护眼睛，就要选择防毒面具。防毒口罩不能保护有毒物质对眼睛的伤害。防毒面具广泛应用于石油、化工、矿山、冶金、军事、消防、抢险救灾、卫生防疫和科技环保、机械制造等领域，以及在雾霾、光化学烟雾较严重的城市也能起到比较重要的个人呼吸系统保护作用。防毒面具从造型上可以分为全面具和半面具，全面具又分为正压式和负压式。

拓展阅读

② **隔离式呼吸防护器**：隔离式呼吸防护器也称为隔绝式防毒面具，所需的空气并非现场空气，而是另行供给，故又称供气式呼吸防护器，按其供气的方式又可分为自带式与外界输入式两类。

自带式供气瓶背在身上，工作时间视气瓶的大小可维持 $30\sim120min$。面具本身提供的氧气，分储气式、储氧式和化学生氧式三种，主要供意外事故时救灾人员使用，或在密不通风且有害物质浓度极高（体积分数大于 1% 时），或在缺氧的高空、水下或密闭舱室等特殊场合下使用。在易燃、易爆物质存在的场合，要注意气瓶万一漏气会引起事故。外界输入式有蛇管面具和送气口罩两种，空气由空压机或鼓风机供给，活动范围受固定蛇管绳子的长度限制。现代防毒面具能有效地防御战场上可能出现的毒剂、生物战剂和放射性灰尘，最轻的重量仅有 0.6kg 左右，可持续佩戴 8h 以上。佩戴防毒面具后还可较方便地使用光学、通信器材和武器装备。

（3）眼面部防护用品

按功能分为防尘、防水、防冲击、防高温、防电磁辐射、防射线、防化学飞溅、防风沙、防强光九类。目前我国安全生产使用的有焊接护目镜和面罩、炉窑护目镜和面罩以及防冲击眼护具等。防护眼镜和面罩主要作用是保护眼睛和面部免受电磁波辐射，粉尘、烟尘、金属、砂石碎屑或化学溶液溅射等损伤。

（4）听力防护用品

包括防噪耳塞、耳罩和帽盔，用于避免噪声侵入外耳道，对人耳过度刺激，减少听力损失，预防噪声对人体引起的不良影响。

防噪耳塞一般由硅胶或低压泡模材质、高弹性聚酯材料制成，插入耳道后与外耳道紧密接触，以隔绝声音进入中耳和内耳（耳鼓），达到隔声的目的。一般耳塞在 $250\sim8000Hz$ 频率范围内平均的隔声值在 $20\sim30dB$。

防噪声耳罩由弓架连接的两个圆壳状体组成，壳内附有吸声材料和密封垫圈，整体形如耳机，可将整个耳郭罩住。脱戴方便，可以单独使用，也可以与耳塞结合使用。适用于噪声较高的环境，声衰减量可达 $10\sim40dB$。

防噪声帽盔能将整个头部罩起来，以防止强烈噪声经空气和骨传导而到达内耳危害，帽盔两侧耳部常垫衬防声材料，以加强防护效果，同时可防头部撞击。帽盔结构复杂、使用不方便，但隔声作用强，对中高频隔声值可达 $40\sim50dB$。

（5）防护服

按功能分为一般防护服、防水服、防寒服、防砸背心、防毒服、阻燃服、防静电服、防高温服、防电磁辐射服、耐酸碱服、防油服、水上救生衣、防昆虫服、防风沙服等十四类。如灭火人员应穿阻燃服，从事酸碱作业人员应穿耐酸碱服，易燃易爆场所应穿防静电服等。防静电服是为了防止衣服上静电积聚，用防静电织物为面料缝制的工作服，不使用衬里和金属附件，如加注液氢和液氧的工作人员必须穿戴防静电服；耐酸碱服一般以丙纶、涤纶或氯纶等面料制作，因其耐酸碱性较好；炼油作业的防油服常用氟单体接枝的化纤织物制作，因在织物表面形成高聚物的大分子栅栏，能防止油类污染皮肤，而空气可以自由通过；防电磁辐射服一般是由铝丝或涂银布料制成的金属防护服。化学防护服的缺点是不利于汗水蒸发和散热，从而使皮肤温度和湿度增高。从事易燃易爆物作业的工人，不宜穿着化纤织物的工作服，因一旦发生火灾，燃烧时的高温会使化纤熔融，黏附在人的皮肤上，造成严重的灼伤。根据从事作业的不同，应选择不同颜色的防护服，以便及时发现污染。

（6）手和臂防护用品

是具有保护手和手臂功能的劳动防护手套，按功能分为一般防护手套，防水、防寒、防毒、防静电、防高温、防 X 射线、防酸碱、防油、防振、防切割手套及绝缘手套等十二类。

（7）足部防护用品

劳动防护鞋是防止生产过程中有害物质和能量损伤劳动者足部的护具，按功能分为防尘鞋、防水鞋、防寒鞋、保护足趾鞋、防静电鞋、防酸碱鞋、防油鞋、防烫脚鞋、防滑鞋、防刺穿鞋、电绝缘鞋、防震鞋等十二类。

（8）防高处坠落防护用品

主要分为安全带（绳）和安全网两类，为防止人体从高处坠落，使用绳（带）将高处作业者身体系接于固定物体上，或在作业场所的边沿下方张网，以防不慎坠落。

10.5.2　个体防护用品的管理

（1）个体防护用品的选用

劳动防护用品选择得正确与否，关系到其防护性能的发挥和生产作业的效率，一定要正确选用合格的劳动防护用品，使其具备充分的防护功能。《劳动防护用品选用规则》（GB 11651—2017）国家标准，为劳动防护用品的选用提供了依据。正确选用优质的防护用品是保证劳动者安全与健康的前提，选用的基本原则是：

① 严格按国家标准、行业或地方标准正确选用。

② 根据生产作业环境、劳动强度以及生产岗位接触有害因素的形式、性质、浓度和防护用品的防护性能进行选用，如滤毒罐要定期更换，纱布口罩不能代替防尘口罩使用等。

③ 穿戴要舒适方便，不影响工作。如气密性防护服具有较好的防护功能，但在穿着和脱下时都很不方便，还会产生热应力，给人体健康带来一定的负面影响，也会影响工作效率。

（2）个体防护用品的发放管理

2001 年，国家经贸委颁布了《劳动防护用品配备标准（试行）》（国经贸委安全〔2000〕189 号），规定了国家工种分类目录中的 116 个典型工种的劳动防护用品配备标准。用人单位应当按照有关标准，按照不同工种、不同劳动条件发给职工个人劳动防护用品。生产经营单位是职业安全健康管理的责任主体，是相关法律法规的执行者，应该切实落实好个体防护用品的管理工作，具体责任如下。

① 生产经营单位应当按照《劳动防护用品选用规则》和国家颁发的劳动防护用品配备标准以及有关规定，为从业人员配备劳动防护用品。

② 生产经营单位应当安排用于配备劳动防护用品的专项经费，不得以货币或者其他物品替代，应当按规定配备劳动防护用品。

③ 生产经营单位不得采购和使用无安全标志的特种劳动防护用品，要保证生产许可证、产品合格证和安全鉴定证齐全；购买的特种劳动防护用品须经本单位的安全生产技术部门或者管理人员对其防护功能检查验收。

④ 生产经营单位应当督促、教育从业人员在作业过程中按照防护用品的使用规则和防护要求正确佩戴和使用劳动防护用品。使职工不仅会正确使用，还会检查可靠性和正确维护保养，并进行监督检查。从业人员未按规定佩戴和使用劳动防护用品的，不得上岗作业。

⑤ 个体防护用品使用前必须认真检查其防护性能及外观质量，并与防御的有害因素相匹配，严禁使用过期或失效的劳动防护用品。

⑥ 超过使用期限应按照防护产品说明书的要求，及时更换在使用或保管储存期内遭到损坏或超过有效使用期的个体防护用品予以报废，报废过期和失效的防护用品。

⑦ 生产经营单位应当建立健全劳动防护用品的采购、验收、保管、发放、使用、报废等管理制度。

思考题

1. 职业病有哪些特点？

2. 职业病的危害因素有哪些？

3. 劳动者有哪些权利和义务？

4. 粉尘侵入人体的途径和危害有哪些？

5. 预防粉尘危害应采取哪些技术措施和个体防护措施？

6. "职业中毒"的三个要素是什么？

7. 简述工业生产的综合防毒措施。

8. 简述噪声控制的基本措施。

9. 简述电离辐射的危害与防护。

10. 简述射频辐射的危害与防护。

参 考 文 献

[1] 罗云, 等. 注册安全工程师手册. 北京: 化学工业出版社, 2010.

[2] 孙洪伟. 环境保护与可持续发展: 理论与实践. 北京: 学苑出版社, 2014.

[3] 王德堂, 何伟平. 化工安全与环境保护. 2版. 北京: 化学工业出版社, 2015.

[4] 羌宁, 季学李, 等. 大气污染控制工程. 2版. 北京: 化学工业出版社, 2015.

[5] 曲向荣. 环境保护概论. 北京: 机械工业出版社, 2014.

[6] 潘家华, 陈孜. 2030年可持续发展的转型议程: 全球视野与中国经验. 北京: 社会科学文献出版社, 2016.

[7] 郭延忠. 环境影响评价学. 北京: 科学出版社, 2007.

[8] 金腊华. 环境影响评价. 北京: 化学工业出版社, 2015.

[9] 智恒平. 化工安全与环保. 2版. 北京: 化学工业出版社, 2016.

[10] 钱易, 唐孝炎. 环境保护与可持续发展. 2版. 北京: 高等教育出版社, 2010.

[11] 朱建军, 徐吉成. 化工安全与环保. 2版. 北京: 北京大学出版社, 2015.

[12] 王献红. 二氧化碳捕集和利用. 北京: 化学工业出版社, 2015.

[13] 中国石油天然气公司安全环保部. HSE风险管理理论与实践. 北京: 石油工业出版社, 2009.

[14] 牛聚粉. 事故致因理论综述. 工业安全与环保, 2012, 38 (9): 45-48.

[15] (荷) 埃琳娜·卡瓦尼亚罗, 乔治·柯里尔. 可持续发展导论: 社会·组织·领导力. 江波, 陈海云, 吴赟译. 上海: 同济大学出版社, 2018.

[16] 王凯全. 化工安全工程学. 北京: 中国石化出版社, 2007.

[17] 程春生, 秦福涛, 等. 化工安全生产与反应风险评估. 北京: 化学工业出版社, 2011.

[18] 程春生, 魏振云, 等. 化工风险控制与安全生产. 北京: 化学工业出版社, 2014.

[19] 弗朗西斯, 施特塞尔. 化工工艺的热安全——风险评估与工艺设计. 陈网桦, 彭金华, 陈利平译. 北京: 科学出版社, 2009.

[20] 张峰, 王勇, 等. 化工工艺安全分析. 北京: 中国石化出版社, 2019.

[21] 中国安全生产科学研究院. 安全生产技术基础. 北京: 应急管理出版社, 2019.

[22] 中国安全生产科学研究院. 安全生产法律法规. 北京: 应急管理出版社, 2019.

[23] 中国安全生产科学研究院. 安全生产管理. 北京: 应急管理出版社, 2019.

[24] 刘彦伟. 化工安全技术. 北京: 化学工业出版社, 2011.

[25] 倾明. 化工装备安全技术. 北京: 中国石化出版社, 2013.

[26] 楚彦方. 加氢裂化装置安全特点和常见事故分析. 内蒙古石油化工, 2006 (08): 64-65.

[27] 王瑾. 化工常见化学反应及其安全技术. 广西轻工业, 2008 (04): 22-28.

[28] 姜剑. 化工行业中几种反应过程的安全隐患及对策. 辽宁化工, 2011, 40 (05): 490-492.

[29] 王德堂, 孙玉叶. 化工安全生产技术. 天津: 天津大学出版社, 2009.

[30] 陈诵英. 催化反应工程基础. 北京: 化学工业出版社, 2011.

[31] 曾鹏, 夏术军. 化工行业精对苯二甲酸装置中氧化反应器危险性分析及评价. 品牌与标准化, 2016 (05): 69-70.

[32] 付燕平. 化工工艺设备本质安全程度评价模式研究. 沈阳: 沈阳航空工业学院, 2006.

[33] 薛盛雁, 杨守难. 化工生产氧化工艺危险性分析. 化工管理, 2014 (14): 84-85.

[34] 余彦锋. 化工生产高危工艺装置的危险性分析. 科技展望, 2015, 25 (27): 68.

[35] 汪加海. 加氢处理装置安全特点和常见事故分析. 广州: 广州石化公司, 2016.

[36] 李绍芬. 反应工程. 北京: 化学工业出版社, 2015.

[37] 隋燕玲, 吕金昌. 化工安全生产中存在的问题及应对措施. 中国石油和化工标准与质量, 2018, 38 (06): 42-43.

[38] 于登博. 氯化工艺过程安全检查要点及危险特性的探析. 当代化工研究, 2018 (10): 151-152.

[39] 陈志新. 浅谈氯化工艺的危险与氯化生产的安全管理. 山东化工, 2009, 38 (12): 40-42.

[40] 张其忠. 氯化工艺的危险与氯化生产的安全管理. 化工管理, 2019 (16): 210-211.

[41] 潘祖仁. 高分子化学. 北京: 化学工业出版社, 2007.

[42] 姜海霞. 管式法高压低密度聚乙烯生产的危险性和安全对策. 当代化工, 2018, 47 (02): 400-402.

[43] 刘佳, 王伟娜, 等. 悬浮法氯乙烯聚合工艺的风险分析及安全技术. 安全与环境学报, 2005 (05): 15-19.

[44] 宋振彪, 赵瑞军, 等. ABS树脂生产工艺中丁二烯聚合技术及安全措施. 弹性体, 2014, 24 (01): 63-66.

[45] 王跃, 柳红梅. 硝化工艺过程危险性及安全检查要点. 精细化工原料及中间体, 2010 (11): 30-32.

[46] 刘世友, 吕先富. 硝化过程中的安全生产技术. 煤炭与化工, 2010, 33 (03): 69-70.

[47] 国家质量监督检验检疫总局. 中华人民共和国特种设备安全法. 北京：中国质检出版社，2013.

[48] 魏绪刚. 锅炉运行的安全管理与操作常识. 黑龙江科技信息，2016（20）：5.

[49] 中华人民共和国国家质量监督检验检疫总局，中国国家标准化管理委员会. 安全阀一般要求（GB/T12241—2005）. 北京：中国标准出版社，2005.

[50] 中华人民共和国机械工业部. 锅炉水压试验技术条件. 北京：机械工业部标准化研究所，1994.

[51] 中华人民共和国卫生部. 工作场所物理因素测定第5部分：微波辐射（GBZ/T 189.5—2007）. 北京：人民卫生出版社，2007.

[52] 许滨，许忠信. 微波辐射危害的控制措施. 青岛建筑工程学院学报，1993（04）：37-41.

[53] 王贵生. 安全生产技术. 北京：中国建筑工业出版社，2011.

[54] 周亚丽，张奇志. 有源噪声与振动控制. 北京：清华大学出版社，2014.

[55] 张琼，等. 浅谈压力管道材料的选用. 中国井矿盐，2010，41（05）：26-29.

[56] 司法部. 中华人民共和国职业病防治法，2018.

[57] 中国安全生产协会注册安全工程师工作委员会，中国安全生产科学研究院. 安全生产管理知识. 北京：中国大百科全书出版社，2011.

[58] 陈建国. 化工安全生产与管理探讨. 技术与市场，2015，22（02）：126-127.

[59] 范伟中，戴泉力. 浅谈化工安全管理的重要性. 中国石油和化工标准与质量，2014，34（01）：225.

[60] 刘美玲，石琛，等. 危险化学品的安全管理. 当代化工，2014，43（12）：2661-2662.

[61] 孙红梅. 化工安全管理及事故应急管理. 化工管理，2019（25）：132-133.

[62] 魏万军. 化工安全生产及管理模式探讨. 中国石油和化工标准与质量，2018，38（23）：12-13.

[63] 韩松平. 解析化工安全生产管理问题和要点. 化工管理，2020（04）：83.

[64] 吕东良. 如何做好化工过程安全管理. 今日消防，2019，4（10）：4-5.

[65] 张学辉. 新时期背景下化工生产及安全管理措施探讨. 化工管理，2020（04）：91-92.

[66] 闫玉兵. 化工生产技术管理与化工安全生产的关系探讨. 化学工程与装备，2019（12）：235-236.

[67] 范良. 化工行业安全管理的重要性问题探讨. 化工管理，2014（17）：66.

[68] 黄宇皎. 浅谈化工安全管理的重要性. 民营科技，2014（09）：135.

[69] 邢丽梅. 试析化工工艺的风险识别与安全评价. 黑龙江科技信息，2014（16）：92.

[70] 邢宪东. 工艺设计在化工生产安全管理中的重要性. 化学工程与装备，2019（08）：284-285.

[71] 魏万军. 浅析化工安全管理中存在的问题及对策. 化工管理，2018（20）：55-56.

[72] 殷敏萱，贾亮. 化工安全问题评价分析. 化工管理，2019（18）：98-99.

[73] 徐光栋. 化工电气设备设计和安全管理. 智能城市，2019，5（20）：116-117.

[74] 谭君，钟兢. 浅谈化工安全管理的重要性. 科技创新与应用，2017（06）：151.

[75] 杨茂强，孙粉霞. 加强氯碱化工行业设备安全管理的措施. 化工设计通讯，2019，45（06）：97-98.

[76] 汪清. 浅析化工生产中安全管理模式. 化学工程与装备，2018（03）：243-245.

[77] 徐武. 实行"以人为本"的化工安全管理. 绿色环保建材，2017（04）：135.

[78] 王小群，张兴容，等. 基于层次灰色理论的工业区化工生产安全评价. 人类工效学，2008（02）：26-30.

[79] 任占凤. 化工安全及评价方法现状解析. 江西建材，2016（22）：286-290.

[80] 郑清启. 化工工艺的风险识别与安全评价. 化工设计通讯，2019，45（01）：117.

[81] 顾黎萍，乐传俊. 化工安全的绿色化评价. 石油化工安全环保技术，2018，34（05）：21-25.

[82] 张洪武. 化工工艺的风险识别及安全评价初探. 化工设计通讯，2020，46（04）：132.

[83] 张雪艳，刘爱华. 化学工艺及设备安全性的评价体系. 中国石油和化工标准与质量，2012，33（10）：55.

[84] 古继国. 探究化工生产过程HAZOP安全评价技术. 中国石油和化工标准与质量，2019，39（01）：15-16.

[85] 贾哲，曹少波. 浅析化工工艺的风险识别与安全评价. 化工管理，2018（28）：103-104.

[86] 马永忠. 浅析化工安全及评价方法现状. 黑龙江科技信息，2014（30）：139.

[87] 韦鹏. 化工安全及评价方法现状分析. 化工管理，2018（17）：222.

[88] 刘亚雄. HAZOP安全评价技术在化工生产中的应用. 科技创新导报，2016，34：049.

[89] 姜威，贺建飞. 风险识别及安全评价在化工生产中的重要性. 化工管理，2019（27）：83.

[90] 安全评价通则：AQ 8001—2007.

[91] 危险化学品重大危险源辨识：GB 18218—2018.

[92] 安全评价报告的编写规范.

[93] 廖鹏. 液化烃全压力式卧式储罐组的工程设计. 长沙：湖南大学，2019.